丛书总主编　陈宜瑜
丛书副总主编　于贵瑞　何洪林

中国生态系统定位观测与研究数据集

森林生态系统卷

广东鹤山站

（2005—2015）

饶兴权　刘素萍　孙　聃　主编

中国农业出版社
北　京

丛书指导委员会

丛书编委会

中国生态系统定位观测与研究数据集
森林生态系统卷·广东鹤山站

编 委 会

主 编 饶兴权 刘素萍 孙 聃

编 委 林永标 周丽霞 谭向平 叶 清

进入 20 世纪 80 年代以来，生态系统对全球变化的反馈与响应、可持续发展成为生态系统生态学研究的热点，通过观测、分析、模拟生态系统的生态学过程，可为实现生态系统可持续发展提供管理与决策依据。长期监测数据的获取与开放共享已成为生态系统研究网络的长期性、基础性工作。

国际上，美国长期生态系统研究网络（US LTER）于 2004 年启动了 Eco Trends 项目，依托 US LTER 站点积累的观测数据，发表了生态系统（跨站点）长期变化趋势及其对全球变化响应的科学研究报告。英国环境变化网络（UK ECN）于 2016 年在 *Ecological Indicators* 发表专辑，系统报道了 UK ECN 的 20 年长期联网监测数据推动了生态系统稳定性和恢复力研究，并发表和出版了系列的数据集和数据论文。长期生态监测数据的开放共享、出版和挖掘越来越重要。

在国内，国家生态系统观测研究网络（National Ecosystem Research Network of China，简称 CNERN）及中国生态系统研究网络（Chinese Ecosystem Research Network，简称 CERN）的各野外站在长期的科学观测研究中积累了丰富的科学数据，这些数据是生态系统生态学研究领域的重要资产，特别是 CNERN/CERN 长达 20 年的生态系统长期联网监测数据不仅反映了中国各类生态站水分、土壤、大气、生物要素的长期变化趋势，同时也能为生态系统过程和功能动态研究提供数据支撑，为生态学模型的验证和发展、遥感产品地面真实性检验提供数据支撑。通过集成分析这些数据，CNERN/CERN 内外的科研人员发表了很多重要科研成果，支撑了国家生态文明建设的重大需求。

近年来，数据出版已成为国内外数据发布和共享，实现"可发现、可访问、可理解、可重用"（即 FAIR）目标的重要手段和渠道。CNERN/CERN 继 2011 年出版"中国生态系统定位观测与研究数据集"丛书后再次出版新一期数据集丛书，旨在以出版方式提升数据质量、明确数据知识产权，推动融合专业理论或知识的更高层级的数据产品的开发挖掘，促进CNERN/CERN 开放共享由数据服务向知识服务转变。

该丛书包括农田生态系统、草地与荒漠生态系统、森林生态系统及湖泊湿地海湾生态系统共 4 卷（51 册）以及森林生态系统图集 1 册，各册收集了野外台站的观测样地与观测设施信息，水分、土壤、大气和生物联网观测数据以及特色研究数据。本次数据出版工作必将促进 CNERN/CERN 数据的长期保存、开放共享，充分发挥生态长期监测数据的价值，支撑长期生态学以及生态系统生态学的科学研究工作，为国家生态文明建设提供支撑。

2021 年 7 月

科学数据是科学发现和知识创新的重要依据与基石。大数据时代，科技创新越来越依赖于科学数据综合分析。2018 年 3 月，国家颁布了《科学数据管理办法》，提出要进一步加强和规范科学数据管理，保障科学数据安全，提高开放共享水平，更好地为国家科技创新、经济社会发展提供支撑，标志着我国正式在国家层面开始加强和规范科学数据管理工作。

随着全球变化、区域可持续发展等生态问题的日趋严重以及物联网、大数据和云计算技术的发展，生态学进入了"大科学、大数据"时代，生态数据开放共享已经成为推动生态学科发展创新的重要动力。

国家生态系统观测研究网络（National Ecosystem Research Network of China，简称 CNERN）是一个数据密集型的野外科技平台，各野外台站在长期的科学研究中积累了丰富的科学数据。2011 年，CNERN 组织出版了"中国生态系统定位观测与研究数据集"丛书。该丛书共 4 卷、51 册，系统收集整理了 2008 年以前的各野外台站元数据，观测样地信息与水分、土壤、大气和生物监测以及相关研究成果的数据。该丛书的出版，拓展了 CNERN 生态数据资源共享模式，为我国生态系统研究、资源环境的保护利用与治理以及农、林、牧、渔业相关生产活动提供了重要的数据支撑。

2009 年以来，CNERN 又积累了 10 年的观测与研究数据，同时国家生态科学数据中心于 2019 年正式成立。中心以 CNERN 野外台站为基础，生态系统观测研究数据为核心，拓展部门台站、专项观测网络、科技计划项目、科研团队等数据来源渠道，推进生态科学数据开放共享、产品加工和分析应用。为了开发特色数据资源产品、整合与挖掘生态数据，国家生态科学数据中心立足国家野外生态观测台站长期监测数据，组织开展了新一版的观测与研究数据集的出版工作。

本次出版的数据集主要围绕"生态系统服务功能评估""生态系统过程与变化"等主题进行了指标筛选，规范了数据的质控、处理方法，并参考数据论文的体例进行编写，以翔实地展现数据产生过程，拓展数据的应用范围。

该丛书包括农田生态系统、草地与荒漠生态系统、森林生态系统以及湖泊湿地海湾生态系统共4卷（51册）以及图集1本，各册收集了野外台站的观测样地与观测设施信息，水分、土壤、大气和生物联网观测数据以及特色研究数据。该套丛书的再一次出版，必将更好地发挥野外台站长期观测数据的价值，推动我国生态科学数据的开放共享和科研范式的转变，为国家生态文明建设提供支撑。

2021 年 8 月

广东鹤山森林生态系统国家野外科学观测研究站暨中国科学院鹤山丘陵综合开放试验站（简称鹤山站）始建于 1984 年，是中国科学院华南植物园与鹤山市合作建设的长期定位监测研究站，是中国科学院华南植物园生态学科重要的研究平台，也是中国生态系统研究网络（CERN）和国家生态系统观测研究网络的野外台站。

鹤山站建站 30 多年来，从开展荒山绿化，进行植被恢复开始，在"五年消灭荒山、十年绿化广东"中起到引领和带动作用；在丘陵山地及资源综合利用方面，根据生态学原理，构建各种复合农林模式，取得了显著的经济效益和生态效益；同时，也带动了学科的发展，鹤山站围绕恢复生态学这一学科，先后出版了《热带亚热带恢复生态学研究与实践》《南亚热带森林群落动态学》及《恢复生态学导论》等专著，代表了鹤山站在植被恢复方面的研究成果。虽然鹤山站通过植被快速恢复构建人工林取得了一些成效，但随着人工林发展，其结构简单、抗逆性差以及生态服务功能较弱的问题逐渐显现，鹤山站也开展第二阶段的工作，从 1994 年开始持续进行林分改造等人工林提质增效方面的研究和实践，研究领域也从地上部分的群落、结构及生态功能，逐渐向地下生态学过程及地上与地下部分协同等研究领域扩展，同时关注全球变化对地上地下生态学过程的影响。

在长期观测数据积累方面，鹤山站严格按 CERN 监测指标和规范进行观测和数据采集，在数据应用方面，结合观测与研究实践出版了《热带亚热带退化生态系统植被恢复生态学研究》；利用研究数据出版了《生态系统水热原理及其应用》和《南亚热带森林生态系统的能量生态研究》等专著；2011 年出版了第一版鹤山站数据集——《中国生态系统定位观测与研究数据集·森林生态系统卷：广东鹤山站（1998—2008）》，汇总了鹤山站 1998—2008 年观测研究数据；利用鹤山市植物资源调查研究成果，出版了《鹤山树木志》；进行鹤山市古树名木普查，出版了《鹤山古树名木》等各种数据类专著。

本书生物观测数据由饶兴权提供并负责编写；土壤观测数据由刘素萍提供并负责编写；大气及水分观测数据由孙聃提供并负责编写；特色研究数据由周丽霞、谭向平提供，刘素萍、林永标负责编写。部分数据的修改和审核由林永标负责，饶兴权、刘素萍负责数据集整编和统稿，叶清负责数据集审核和把关。本书在编写过程中得到鹤山站全体工作人员的支持和帮助，也得到 CERN 综合中心的指导和支持。谨在本书即将出版之际，对在本书编写过程中给予支持和帮助的单位和同志致以衷心的感谢。

由于数据收集时间长，数据量大，以及受人员变动等诸多因素影响，数据整理及编辑时间仓促，难免存在问题，敬请批评指正。需要具体数据，请登录并查阅鹤山站（http：//hsf. cern. ac. cn/）资源服务的数据服务。

本书编委会
2021 年 4 月

CONTENTS

目 录

序一
序二
前言

第1章

台 站 介 绍

1.1 概述

中国科学院鹤山丘陵综合开放试验站（以下简称鹤山站），建于 1984 年，位于广东省中南部的鹤山市，名为"鹤山人工森林生态系统试验站"；1991 年成为中国生态系统研究网络（CERN）野外重点台站；1997 年成为"中国科学院野外开放试验站"；2005 年 12 月，获科学技术部批准，成为"国家野外科学观测研究站"，命名为"广东鹤山森林生态系统国家野外科学观测研究站"。

鹤山站的建设者于 1959 年在广东省电白区小良镇建立了"小良植物生态系统定位观察站"（以下简称小良站），开展退化生态系统植被恢复试验，经过 20 多年的试验研究，在极度退化的沿海侵蚀台地上建立了 433 hm² 人工植被恢复的样板，找到从不毛荒坡恢复成阔叶混交林的有效途径，取得显著的生态、经济和社会效益。小良站的"广东热带沿海侵蚀地的植被恢复途径及其效应"试验示范成果，先后荣获中国科学院科技进步一等奖（1986 年）和国家科技进步二等奖（1989 年）。

为进一步推广小良站经验，扩展恢复生态学的研究区域，1984 年，中国科学院华南植物研究所（现名中国科学院华南植物园）在广东省江门市鹤山县设点，与该县林业科学研究所合作共建鹤山站，并与小良站、鼎湖山站联网比较研究；旨在理论上揭示热带亚热带退化生态系统恢复过程和机理，完善和发展恢复生态学的学科理论；在实践上，针对热带亚热带区域退化生态系统的综合整治和可持续利用进行深入研究，提供成熟技术及示范样板，把鹤山站建设成为热带亚热带红壤丘陵地区的资源开发利用、生态环境保护和现代化管理的研究中心。

1996 年，鹤山站结合 30 多年在热带亚热带地区退化生态系统恢复实践研究，出版了国内第一本恢复生态学专著《热带亚热带退化生态系统植被恢复生态学研究》，为热带亚热带退化生态系统恢复提供科学依据和实践经验；此后，陆续出版了《热带亚热带恢复生态学研究与实践》《恢复生态学导论》等学术著作，成为鹤山站在恢复生态学研究与实践中最具代表性的一些成果。

1.1.1 自然概况

鹤山市地处广东省中南部，珠江三角洲西南，其地质构造位于新华夏系第二隆起带西南段的块断沉降区，构成本区的基岩为新四纪构造层（砂页岩），境内侵入岩分布较多，属酸性花岗岩。地形东西宽，南北狭长，中部丘陵起伏，面积占全市总面积的 90.5%，海拔 500 m 以上的山地约占 2.1%，冲积平原约占 7.4%。境内河流众多，主要有西江干流、沙坪河、雅瑶河、宅梧河、址山河等 8 条，总长 200.8 km，流域面积 1 003.28 km²，除沙坪河属西江支流外，其余均属潭江水系。全市径流总量约 10.17 亿 m³（不含西江干流）。

鹤山站位于鹤山市桃源镇，112°53′15″E—112°54′00″E，22°40′27″N—22°41′07″N，属亚热带季风常绿阔叶林气候。根据 2005—2017 年多年数据统计，年均温度 22.1 ℃，7 月平均温度 28.4 ℃，1 月平均温度 13.2 ℃，极端最高温度 38.5 ℃，极端最低温度 1.5 ℃，年平均太阳辐射 4 451.3 kJ/cm²，年平均≥10 ℃的有效积温为 4 428.8 ℃，年均降水量 1 803.9 mm，年蒸发量 1 895.2 mm，无霜期
365 d。典型代表性土壤为赤红壤。

1.1.2　社会经济状况

鹤山站所在的鹤山市东北与佛山市南海区隔西江相望，东南毗邻江门市蓬江区、新会区，西南与
开平市交界，西北接新兴县，北邻高明区。325 国道、江鹤高速公路、江肇高速公路、佛开高速公路
和江肇公路、江门大道纵横贯穿全市。水路交通以西江为主航道，鹤山港是国家一类口岸，客货船经
西江水路可达香港、澳门。

2022 年数据统计表明（鹤山概况，2022）：鹤山先后跨入全国 80 个小康县（市）、全国综合实力
百强县（市）、全国投资潜力百强县市等先进行列，荣获全国绿化百佳县（市）、全国造林绿化先进单
位、国家森林城市、广东省卫生城市、广东省县级文明城市和全国文明城市提名城市等称号。2021
年，全市实现地区生产总值 440.69 亿元，同比增长 9.7%。规模以上工业增加值 180 亿元，同比增
长 21.2%。农林牧渔业总产值 60.75 亿元，同比增长 8.2%。地方一般公共预算收入 36.51 亿元，同
比增长 8.0%。固定资产投资增长 6.2%。外贸进出口总值 268.1 亿元，同比增长 43.5%。社会消费
品零售总额 155.79 亿元，同比增长 9.8%。

1.1.3　代表区域与生态系统

鹤山站属亚热带丘陵地区，所代表的区域范围包括粤中、闽南和桂东南等广大丘陵地区，是国家
"三区四带"生态安全屏障中的重要生态屏障带——南方丘陵山地带的代表性区域。

鹤山站地处北回归线附近，属典型的亚热带季风湿润气候，地带性植被类型为亚热带季风常绿阔
叶林。而北回归线附近的世界同纬度地区，除印度、中南半岛北部以外，2/3 以上的陆地属于沙漠、
半沙漠或干旱草原，因此，鹤山站所属区域的生态系统类型独具特色。这里的森林生态系统具有更高
的生产潜力，生态系统的结构、功能更加复杂多样，而且运转效率更高，对全球大气圈、生物圈和水
圈影响更大。因此，鹤山站长期的定位监测和研究不仅为区域退化生态系统的恢复提供指导，也为陆
地生态系统对全球变化的响应提供重要科学数据。

由于本区域开发历史较长，退化生态系统类型多、面积广，除自然恢复的草坡、次生林外，其恢
复过程主要受人类活动影响，形成了各种人工植被类型，但是这些植被多结构单一、服务功能低下。
如何针对粤、桂、闽丘陵地区各类退化生态系统，综合考虑经济、生态和社会效益进行有效恢复，需
要进行长期监测、研究。因此，鹤山站通过区域联网构建了一系列人工植被类型和复合农林业生态系
统模式，积累相关理论知识和实践经验，为绿色崛起及区域经济的可持续发展提供科学数据支撑和模
式示范。

1.2　研究领域与定位

1.2.1　研究方向与定位

鹤山站从建站伊始始终以"恢复生态学"为核心研究方向，开展生态系统退化机理与恢复过程研
究、植被恢复物种选育及其生态评价，以及退化生态系统恢复的设计示范与管理评价。对退化生态系
统，提出两种恢复途径，一种是通过植被恢复，促使其向地带性植被演替，最终演变为地带性季风常
绿阔叶林；另外一种是通过构建复合农林业模式，充分利用丘陵山地的地形优势，发展立体农林业，
为丘陵山区农林业可持续发展提供支撑。同时，鹤山站紧跟世界科技前沿，关注全球变化与生态恢
复、生态系统健康与生态恢复、生态系统管理与生态恢复以及人工林可持续发展等。

1.2.2　主要研究领域

鹤山站紧跟世界科技前沿，围绕新时期恢复生态学出现的热点问题，以生态恢复为主线，结合乡村振兴，为建设粤港澳大湾区宜居宜业宜游生态绿色发展模式提供支撑。目前，主要研究领域体现在以下几个方面。

1.2.2.1　关注全球变化与生态恢复

依托鹤山站建设的林冠模拟氮沉降平台、氮磷添加实验平台，探讨大气氮沉降增加背景下我国森林生态系统中碳、氮循环及生态系统稳定性，南亚热带人工林中氮的转化、存留及去向。依托降水格局变化和氮添加野外控制实验平台，研究降水格局变化和氮沉降背景下生态系统结构及功能变化，重点关注土壤微生物群落结构与功能性状的响应行为及对生态系统关键过程的调控机理、对全球变化的反馈机制。

1.2.2.2　关注生态系统健康与生态恢复

依托养分持留与调控实验平台、土壤动物剔除实验平台，研究退化丘陵生态系统的植被和土壤恢复机理，建立受损生态系统的优化恢复模式；研究土壤微生物多样性与生态系统健康的关系，关注生态系统地上群落和地下群落生物学联系及其对生态系统功能的影响，特别是植物与土壤微生物的相互作用，为生态系统健康评价和退化生态系统的恢复与重建提供科学基础和技术支撑。

1.2.2.3　关注生态系统管理与生态恢复以及人工林可持续发展

以区域主要人工林和次生林为研究对象，依托大型野外控制实验平台，开展低效林和残次林林分改造、结构与功能优化等提质增效技术研究，开展林下灌草生态功能评价，发展林下经济等，为区域农林业可持续发展和乡村振兴提供支撑服务。

1.3　研究项目与成果

承担项目：2013—2017 年，鹤山站研究人员承担各类科研项目共计 99 项，其中国家自然科学基金项目 44 项［包括国家杰出青年科学基金项目 1 项，重点项目 2 项，重大研究计划项目课题 1 项，重大国际（地区）合作研究项目 1 项，国际（地区）合作研究与交流项目 1 项，面上项目 22 项，青年科学基金项目 16 项］，国家基金-广东省联合基金项目 1 项，主持科技部国家重点研发计划项目 1 项，参与科技部国家重点研发计划和科技部 973 计划项目课题 5 项，中国科学院项目 15 项（包括中国科学院战略性先导科技专项 B 课题 1 项，中国科学院战略生物资源计划专项 1 项，青年创新促进会优秀会员项目 1 项，中国科学院重要方向性项目 1 项等），地方及其他项目 33 项。总合同经费约 10 290.6 万元。

发表论文、出版专著及专利申请与授权：2013—2017 年，鹤山站研究人员共发表论文 200 篇，其中 SCI 论文 166 篇，CSCD 论文 34 篇，SCI 论文影响因子大于 4.0 的论文 39 篇；主编专著 2 部，参编专著 2 部（英文专著 1 部）；申请专利 10 项，授权专利 9 项。

获奖成果：2013—2017 年，鹤山站共获各类成果奖励 3 项；其中，"南亚热带典型林分提质增效关键技术与应用"科技成果，是鹤山站对人工林提质增效试验示范成果的一次总结，以第一完成人获得广东省科学技术奖一等奖（2015 年）；"乡土植物在生态园林中应用的关键技术研究与产业化"科技成果，是鹤山站研究人员参与的在乡土植物研究及应用方面的示范成果，以第二完成人获得广东省科学技术一等奖（2013 年）；"鹤山植物资源调查及《鹤山树木志》出版"科技成果，以第一完成人获鹤山市科技进步奖二等奖（2013 年），该奖项虽是地方性奖项，但其是对鹤山站技术支撑人员为地方开展服务工作的一种肯定，是鹤山站服务于地方的具体表现，该工作也列入 2014 年鹤山市政府工作报告。

1.4 支撑条件

1.4.1 野外观测试验样地及实验平台

鹤山站现有桃源试验区（图1-1）和共和试验区（图1-2）2个长期监测研究试验区。桃源试验区总面积166.7 hm²，其中核心试验样地面积33.3 hm²，以集水区为单位设计，每个集水区为一植被类型，设有气象观测场1个，植被类型包括草坡、马占相思林、桉林、针叶林、豆科混交林、乡土林等及2个复合农林生态系统（"林-果-草-鱼""林-果-苗"）。共和试验区总面积47.7 hm²，建于2005年，设置对照草坡、纯林、混交林等不同树种水平的植被恢复系列，其中对照草坡设置烧山与不烧山2种处理，纯林有桉树纯林（烧山与不烧山）、厚荚相思纯林和红锥纯林，混交林有10个树种和28个树种的混交林，设置乡土树种与桉树不同配比的经营模式4种（乡桉比例为2∶8、3∶7、4∶6、5∶5）等，一共设置了42个面积约1 hm²长期试验样地，每种样地类型均设3个重复。

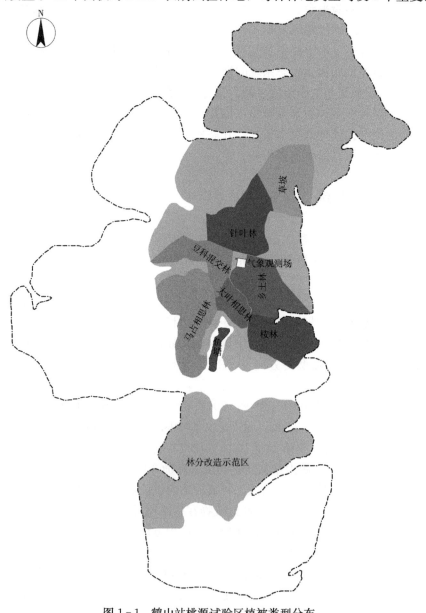

图1-1　鹤山站桃源试验区植被类型分布

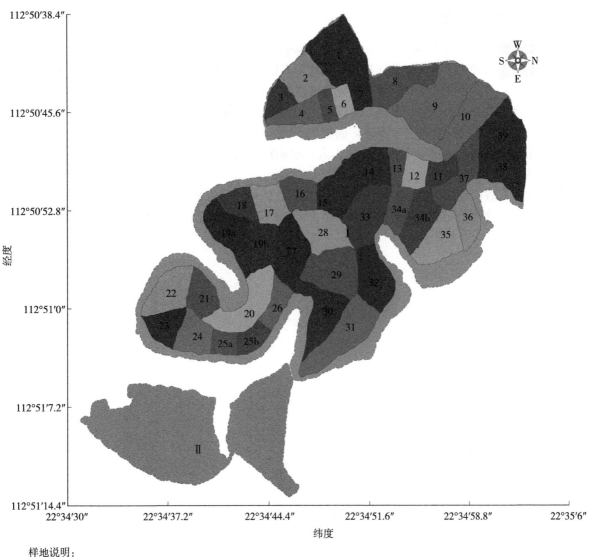

样地说明：

■ Ⅰ：恢复模式试验区　　　　　　　　　　　　　　　（生态类型：样方号）

■ 草坡（烧山）：1、15、32　　　　　　　　　　■ 乡土树种+尾叶桉（2：8）：8、21、25a
■ 草坡（不烧山）：9、10、24　　　　　　　　　■ 乡土树种+尾叶桉（3：7）：13、16、34a
■ 厚荚相思纯林：6、12、20　　　　　　　　　　■ 乡土树种+尾叶桉（4：6）：2、22、36
■ 尾叶桉纯林（烧山、环割）：14、19b、30　　　■ 乡土树种+尾叶桉（5：5）：11、18、33
■ 尾叶桉纯林（烧山、施肥）：3、7、19a　　　　■ 红锥纯林：5、29、37
■ 尾叶桉纯林（不烧山）：23、27、38、39　　　■ 28种树种混交林：4、26、31
■ 尾叶桉纯林（烧山、轮伐）：25b、34b　　　　■ 10种树种混交林：17、28、35

■ Ⅱ：植物中试区

图 1-2　鹤山站共和试验区样地分布

　　同时，依托站研究团队或研究项目，建设各种长期研究及示范观测的野外控制实验平台 7 个，包括"氮沉降对热带亚热带森林生态系统的影响及其机理"研究平台、"土壤动物的生态功能研究"实验平台、"红壤退化坡地恢复模式构建及其养分持留和调控"实验平台、"降水格局变化对亚热带常绿阔叶林土壤生态过程的影响"实验平台、"退化森林生态系统植被恢复与功能优化"实验平台、"典型人工林林分改造试验"示范平台，以及在广东英德石门台国家级自然保护区内建设的"林冠模拟氮沉降"控制实验平台。

1.4.2 基础条件及设施

鹤山站距鹤山市区约 12 km，距离中国科学院华南植物园（鹤山站的依托单位）约 90 km，交通便利，有 325 国道和多条高速公路连接，车程约 1.5 h，轨道交通可达江门站，距鹤山站约 40 km。

鹤山站站内建筑面积约 1 729 m²，有完善的工作生活设施，设有办公室、实验室、会议室、展览室、样品储藏室、专家公寓和食堂等，可满足 30 多人同时开展监测研究工作。在依托单位中国科学院华南植物园内，鹤山站有办公室 2 间，面积约 60 m²；实验室 2 间，面积约 80 m²。鹤山站有稳定的管理技术支撑队伍，包括专职管理人员 1 人，专职技术支撑人员 3 人，长期聘用的辅助人员有 4 人，确保鹤山站的正常运行和稳定运行。

鹤山站现有各类仪器设备 49 台（套），设备总价值约 450 万元。基本可以满足水分、土壤、气象、生物等 4 个要素长期监测任务的完成和相关研究的需求。除用于长期观测收集连续数据外，所有设备都能供站内外人员使用。

第2章
□□□□□□□□□□□□□□□□□□□□□□□□□

主要样地与观测设施

2.1 概述

目前，鹤山站有观测样地 52 个，采样地（点）134 个，其中气象观测样地（点）4 个，水分采样地（点）79 个，土壤采样地（点）48 个，生物采样地（点）99 个（表 2-1）。所有观测场、采样地（点）均进行定点定位，并按照长期观测样地元数据编码的方法进行统一编码，保证长期监测数据的规范、统一和数据利用的便利。

表 2-1 鹤山站主要样地与观测场地

类型	序号	观测场名称	观测场代码	采样地（点）或观测设施	观测要素类别
	1	鹤山站气象观测场	HSFQX01	鹤山站自动气象观测样地（HSFQX01DZD＿01）	气象
				鹤山站人工气象观测样地（HSFQX01DRG＿01）	气象
				鹤山站气象观测场水面蒸发皿（HSFQX01CZF＿01）	水分
				鹤山站气象观测场土壤水分采样地（HSFQX01CTS＿01）	水分
				鹤山站气象观测场雨水采样点（HSFQX01CYS＿01）	水分
联网长期观测样地	2	鹤山站马占相思林综合观测场	HSFZH01	鹤山站马占相思林综合观测场永久样地（HSFZH01A00＿01）	生物
				鹤山站马占相思林综合观测场破坏性采样地（HSFZH01ABC＿02）	生物、土壤、水分
				鹤山站马占相思林综合观测场凋落物采样点（HSFZH01DLW＿01）	生物
				鹤山站马占相思林综合观测场土壤水分采样地（HSFZH01CTS＿01）	水分
				鹤山站马占相思林综合观测场树干径流采样点（HSFZH01CSJ＿01）	水分
				鹤山站马占相思林综合观测场穿透降水采样点（HSFZH01CCJ＿01）	水分
				鹤山站马占相思林综合观测场烘干法采样点（HSFZH01CHG＿01）	水分

（续）

类型	序号	观测场名称	观测场代码	采样地（点）或观测设施	观测要素类别
联网长期观测样地				鹤山站马占相思林综合观测场人工径流场1号（HSFZH01CRJ_01）	水分
				鹤山站马占相思林综合观测场人工径流场2号（HSFZH01CRJ_02）	水分
				鹤山站马占相思林综合观测场枯枝落叶含水量采样点（HSFZH01CKZ_01）	水分
				鹤山站马占相思林综合观测场流动地表水采样点（HSFZH01CLB_01）	水分
				鹤山站马占相思林综合观测场静止地表水采样点（HSFZH01CJB_01）	气象
				鹤山站马占相思林综合观测场小气候观测样地（HSFZH01DXQ_01）	水分
				鹤山站马占相思林综合观测场土壤水采样点（HSFZH01CTR_01）	水分
	3	鹤山站乡土林辅助观测场	HSFFZ01	鹤山站乡土林辅助观测场永久样地（HSFFZ01A00_01）	生物
				鹤山站乡土林辅助观测场破坏性采样地（HSFFZABC_02）	生物、土壤、水分
				鹤山站乡土林辅助观测场凋落物采样点（HSFFZ01DLW_01）	生物
				鹤山站乡土林辅助观测场枯枝落叶含水量采样点（HSFFZ01CKZ_01）	水分
				鹤山站乡土林辅助观测场土壤水分采样地（HSFFZ01CTS_01）	水分
				鹤山站乡土林辅助观测场人工径流场（HSFFZ01CRJ_01）	水分
				鹤山站乡土林辅助观测场树干径流采样点（HSFFZ01CSJ_01）	水分
				鹤山站乡土林辅助观测场穿透降水采样点（HSFFZ01CCJ_01）	水分
				鹤山站乡土林辅助观测场小气候观测样地（HSFFZ01DXQ_01）	气象
	4	鹤山站针叶林站区调查点	HSFZQ01	鹤山站针叶林站区调查点永久样地（HSFZQ01A00_01）	生物
				鹤山站针叶林站区调查点破坏性采样地（HSFZQ01ABC_02）	生物、土壤、水分
				鹤山站针叶林站区调查点凋落物采样点（HSFZQ01DLW_01）	生物

（续）

类型	序号	观测场名称	观测场代码	采样地（点）或观测设施	观测要素类别
联网长期观测样地				鹤山站针叶林站区调查点枯枝落叶含水量采样点（HSFZQ01CKZ _ 01）	水分
				鹤山站针叶林站区调查点人工径流场（HSFZQ01CRJ _ 01）	水分
				鹤山站针叶林站区调查点树干径流采样点（HSFZQ01CSJ _ 01）	水分
				鹤山站针叶林站区调查点穿透降水采样点（HSFZQ01CCJ _ 01）	水分
				鹤山站针叶林站区调查点土壤水分采样地（HSFZQ01CTS _ 01）	水分
	5	鹤山站桉林站区调查点	HSFZQ02	鹤山站桉林站区调查点永久样地（HSFZQ02A00 _ 01）	生物
				鹤山站桉林站区调查点破坏性采样地（HSFZQ02ABC _ 02）	生物、土壤、水分
				鹤山站桉林站区调查点人工径流场（HSFZQ02CRJ _ 01）	水分
				鹤山站桉林站区调查点树干径流采样点（HSFZQ02CSJ _ 01）	水分
				鹤山站桉林站区调查点穿透降水采样点（HSFZQ02CCJ _ 01）	水分
	6	鹤山站大叶相思林站区调查点	HSFZQ03	鹤山站大叶相思林站区调查点生物土壤长期采样地（HSFZQ03AB0 _ 01）	生物、土壤、水分
				鹤山站大叶相思林站区调查点枯枝落叶含水量采样点（HSFZQ03CKZ _ 01）	水分
				鹤山站大叶相思林站区调查点凋落物采样点（HSFZQ03DLW _ 01）	生物
	7	鹤山站豆科混交林站区调查点	HSFZQ04	鹤山站豆科混交林站区调查点永久样地（HSFZQ04A00 _ 01）	生物
	8	鹤山站草坡站区调查点	HSFZQ05	鹤山站草坡站区调查点生物土壤长期采样地（HSFZQ05AB0 _ 01）	生物、土壤、水分
	9	鹤山站地下水位观测点	HSFFZ10	鹤山站流动地表水采样点（HSFFZ10CLB _ 01）	水分
				鹤山站地下水观测点 1 号（HSFFZ10CDX _ 01）	水分
				鹤山站地下水观测点 2 号（HSFFZ10CDX _ 02）	水分
生态站长期观测与试验样地	1	鹤山站共和 1 号长期样地	HSFSY01	鹤山站共和 1 号长期样地永久样地（HSFSY01A00 _ 01）	生物
				鹤山站共和 1 号长期样地破坏性采样地（HSFSY01ABC _ 02）	生物、土壤、水分
	2	鹤山站共和 2 号长期样地	HSFSY02	鹤山站共和 2 号长期样地永久样地（HSFSY02A00 _ 01）	生物

（续）

类型	序号	观测场名称	观测场代码	采样地（点）或观测设施	观测要素类别
生态站长期观测与试验样地				鹤山站共和2号长期样地破坏性采样地（HSFSY02ABC_02）	生物、土壤、水分
	3	鹤山站共和3号长期样地	HSFSY03	鹤山站共和3号长期样地永久样地（HSFSY03A00_01）	生物
				鹤山站共和3号长期样地破坏性采样地（HSFSY03ABC_02）	生物、土壤、水分
	4	鹤山站共和4号长期样地	HSFSY04	鹤山站共和4号长期样地永久样地（HSFSY04A00_01）	生物
				鹤山站共和4号长期样地破坏性采样地（HSFSY04ABC_02）	生物、土壤、水分
	5	鹤山站共和5号长期样地	HSFSY05	鹤山站共和5号长期样地永久样地（HSFSY05A00_01）	生物
				鹤山站共和5号长期样地破坏性采样地（HSFSY05ABC_02）	生物、土壤、水分
	6	鹤山站共和6号长期样地	HSFSY06	鹤山站共和6号长期样地永久样地（HSFSY06A00_01）	生物
				鹤山站共和6号长期样地破坏性采样地（HSFSY06ABC_02）	生物、土壤、水分
	7	鹤山站共和7号长期样地	HSFSY07	鹤山站共和7号长期样地永久样地（HSFSY07A00_01）	生物
				鹤山站共和7号长期样地破坏性采样地（HSFSY07ABC_02）	生物、土壤、水分
	8	鹤山站共和8号长期样地	HSFSY08	鹤山站共和8号长期样地永久样地（HSFSY08A00_01）	生物
				鹤山站共和8号长期样地破坏性采样地（HSFSY08ABC_02）	生物、土壤、水分
	9	鹤山站共和9号长期样地	HSFSY09	鹤山站共和9号长期样地永久样地（HSFSY09A00_01）	生物
				鹤山站共和长期9号样地破坏性采样地（HSFSY09ABC_02）	生物、土壤、水分
	10	鹤山站共和10号长期样地	HSFSY10	鹤山站共和10号长期样地永久样地（HSFSY10A00_01）	生物
				鹤山站共和10号长期样地破坏性采样地（HSFSY10ABC_02）	生物、土壤、水分
	11	鹤山站共和11号长期样地	HSFSY11	鹤山站共和11号长期样地永久样地（HSFSY11A00_01）	生物
				鹤山站共和11号长期样地破坏性采样地（HSFSY11ABC_02）	生物、土壤、水分

（续）

类型	序号	观测场名称	观测场代码	采样地（点）或观测设施	观测要素类别
生态站长期观测与试验样地	12	鹤山站共和 12 号长期样地	HSFSY12	鹤山站共和 12 号长期样地永久样地（HSF-SY12A00 _ 01）	生物
				鹤山站共和 12 号长期样地破坏性采样地（HSF-SY12ABC _ 02）	生物、土壤、水分
	13	鹤山站共和 13 号长期样地	HSFSY13	鹤山站共和 13 号长期样地永久样地（HSF-SY13A00 _ 01）	生物
				鹤山站共和 13 号长期样地破坏性采样地（HSF-SY13ABC _ 02）	生物、土壤、水分
	14	鹤山站共和 14 号长期样地	HSFSY14	鹤山站共和 14 号长期样地永久样地（HSF-SY14A00 _ 01）	生物
				鹤山站共和 14 号长期样地破坏性采样地（HSF-SY14ABC _ 02）	生物、土壤、水分
	15	鹤山站共和 15 号长期样地	HSFSY15	鹤山站共和 15 号长期样地永久样地（HSF-SY15A00 _ 01）	生物
				鹤山站共和 15 号长期样地破坏性采样地（HSF-SY15ABC _ 02）	生物、土壤、水分
	16	鹤山站共和 16 号长期样地	HSFSY16	鹤山站共和区长期 16 号样地永久样地（HSF-SY16A00 _ 01）	生物
				鹤山站共和区长期 16 号样地破坏性采样地（HS-FSY16ABC _ 02）	生物、土壤、水分
	17	鹤山站共和 17 号长期样地	HSFSY17	鹤山站共和区长期 17 号样地永久样地（HSF-SY17A00 _ 01）	生物
				鹤山站共和区长期 17 号样地破坏性采样地（HS-FSY17ABC _ 02）	生物、土壤、水分
	18	鹤山站共和 18 号长期样地	HSFSY18	鹤山站共和区长期 18 号样地永久样地（HSF-SY18A00 _ 01）	生物
				鹤山站共和区长期 18 号样地破坏性采样地（HS-FSY18ABC _ 02）	生物、土壤、水分
	19	鹤山站共和 19A 号长期样地	HSFSY19	鹤山站共和区长期 19A 号样地永久样地（HSF-SY19A00 _ 01）	生物
				鹤山站共和区长期 19A 号样地破坏性采样地（HSFSY19ABC _ 02）	生物、土壤、水分
	20	鹤山站共和 19B 号长期样地	HSFSY20	鹤山站共和 19B 号长期样地永久样地（HSF-SY20A00 _ 01）	生物
				鹤山站共和 19B 号长期样地破坏性采样地（HS-FSY20ABC _ 02）	生物、土壤、水分
	21	鹤山站共和 20 号长期样地	HSFSY21	鹤山站共和 20 号长期样地永久样地（HSF-SY21A00 _ 01）	生物

（续）

类型	序号	观测场名称	观测场代码	采样地（点）或观测设施	观测要素类别
				鹤山站共和 20 号长期样地破坏性采样地（HSF-SY21ABC _ 02）	生物、土壤、水分
	22	鹤山站共和 21 号长期样地	HSFSY22	鹤山站共和 21 号长期样地永久样地（HSF-SY22A00 _ 01）	生物
				鹤山站共和 21 号长期样地破坏性采样地（HSF-SY22ABC _ 02）	生物、土壤、水分
	23	鹤山站共和 22 号长期样地	HSFSY23	鹤山站共和 22 号长期样地永久样地（HSF-SY23A00 _ 01）	生物
				鹤山站共和 22 号长期样地破坏性采样地（HSF-SY23ABC _ 02）	生物、土壤、水分
	24	鹤山站共和 23 号长期样地	HSFSY24	鹤山站共和 23 号长期样地永久样地（HSF-SY24A00 _ 01）	生物
				鹤山站共和 23 号长期样地破坏性采样地（HSF-SY24ABC _ 02）	生物、土壤、水分
	25	鹤山站共和 24 号长期样地	HSFSY25	鹤山站共和 24 号长期样地永久样地（HSF-SY25A00 _ 01）	生物
生态站长期观测与试验样地				鹤山站共和 24 号长期样地破坏性采样地（HSF-SY25ABC _ 02）	生物、土壤、水分
	26	鹤山站共和 25A 号长期样地	HSFSY26	鹤山站共和 25A 号长期样地永久样地（HSF-SY26A00 _ 01）	生物
				鹤山站共和 25A 号长期样地破坏性采样地（HSFSY26ABC _ 02）	生物、土壤、水分
	27	鹤山站共和 25B 号长期样地	HSFSY27	鹤山站共和 25B 号长期样地永久样地（HSF-SY27A00 _ 01）	生物
				鹤山站共和 25B 号长期样地破坏性采样地（HSFSY27ABC _ 02）	生物、土壤、水分
	28	鹤山站共和 26 号长期样地	HSFSY28	鹤山站共和 26 号长期样地永久样地（HSF-SY28A00 _ 01）	生物
				鹤山站共和 26 号长期样地破坏性采样地（HSF-SY28ABC _ 01）	生物、土壤、水分
	29	鹤山站共和 27 号长期样地	HSFSY29	鹤山站共和 27 号长期样地永久样地（HSF-SY29A00 _ 01）	生物
				鹤山站共和 27 号长期样地破坏性采样地（HSF-SY29ABC _ 02）	生物、土壤、水分
	30	鹤山站共和 28 号长期样地	HSFSY30	鹤山站共和 28 号长期样地永久样地（HSF-SY30A00 _ 01）	生物
				鹤山站共和 28 号长期样地破坏性采样地（HSF-SY30ABC _ 02）	生物、土壤、水分

（续）

类型	序号	观测场名称	观测场代码	采样地（点）或观测设施	观测要素类别
生态站长期观测与试验样地	31	鹤山站共和 29 号长期样地	HSFSY31	鹤山站共和 29 号长期样地永久样地（HSF-SY31A00＿01）	生物
				鹤山站共和 29 号长期样地破坏性采样地（HSF-SY31ABC＿02）	生物、土壤、水分
	32	鹤山站共和 30 号长期样地	HSFSY32	鹤山站共和 30 号长期样地永久样地（HSF-SY32A00＿01）	生物
				鹤山站共和 30 号长期样地破坏性采样地（HSF-SY32ABC＿02）	生物、土壤、水分
	33	鹤山站共和 31 号长期样地	HSFSY33	鹤山站共和 31 号长期样地永久样地（HSF-SY33A00＿01）	生物
				鹤山站共和 31 号长期样地破坏性采样地（HSF-SY33ABC＿02）	生物、土壤、水分
	34	鹤山站共和 32 号长期样地	HSFSY34	鹤山站共和 32 号长期样地永久样地（HSF-SY34A00＿01）	生物
				鹤山站共和 32 号长期样地破坏性采样地（HSF-SY34ABC＿02）	生物、土壤、水分
	35	鹤山站共和 33 号长期样地	HSFSY35	鹤山站共和 33 号长期号样地永久样地（HSF-SY35A00＿01）	生物
				鹤山站共和 33 号长期样地破坏性采样地（HSF-SY35ABC＿02）	生物、土壤、水分
	36	鹤山站共和 34A 号长期样地	HSFSY36	鹤山站共和 34A 号长期样地永久样地（HSF-SY36A00＿01）	生物
				鹤山站共和 34A 号长期样地破坏性采样地（HS-FSY36ABC＿02）	生物、土壤、水分
	37	鹤山站共和 34B 号长期样地	HSFSY37	鹤山站共和 34B 号长期样地永久样地（HSF-SY37A00＿01）	生物
				鹤山站共和 34B 号长期样地破坏性采样地（HS-FSY37ABC＿02）	生物、土壤、水分
	38	鹤山站共和 35 号长期样地	HSFSY38	鹤山站共和 35 号长期样地永久样地（HSF-SY38A00＿01）	生物
				鹤山站共和 35 号长期样地破坏性采样地（HSF-SY38ABC＿02）	生物、土壤、水分
	39	鹤山站共和 36 号长期样地	HSFSY39	鹤山站共和 36 号长期样地永久样地（HSF-SY39A00＿01）	生物
				鹤山站共和 36 号长期样地破坏性采样地（HSF-SY39ABC＿02）	生物、土壤、水分
	40	鹤山站共和 37 号长期样地	HSFSY40	鹤山站共和 37 号长期样地永久样地（HSF-SY40A00＿01）	生物

（续）

类型	序号	观测场名称	观测场代码	采样地（点）或观测设施	观测要素类别
				鹤山站共和 37 号长期样地破坏性采样地（HSF-SY40ABC_02）	生物、土壤、水分
	41	鹤山站共和 38 号长期样地	HSFSY41	鹤山站共和 38 号长期样地永久样地（HSF-SY41A00_01）	生物
生态站长期观测与试验样地				鹤山站共和 38 号长期样地破坏性采样地（HSF-SY41ABC_02）	生物、土壤、水分
	42	鹤山站共和 39 号长期样地	HSFSY42	鹤山站共和 39 号长期样地永久样地（HSF-SY42A00_01）	生物
				鹤山站共和 39 号长期样地破坏性采样地（HSF-SY42ABC_02）	生物、土壤、水分
	43	鹤山站尾叶桉林长期样地	HSFSY43	鹤山站尾叶桉林长期样地通量观测采样点（HSFSY43CTL_01）	水分

2.2 主要样地介绍

2.2.1 鹤山站气象观测场（HSFQX01）

鹤山站气象观测场始建于 1983 年，位于鹤山站桃源试验区，原观测场地址在站区驻地对面集水区（现马占相思林林分改造样地）的山顶；由于植被恢复后不能满足长期监测需要，1989 年将气象观测场迁至现址至今（迁址后与原观测场进行了 1 年的平行观测）。鹤山站气象观测场按照国家气象观测规范的标准进行建设。

气象观测监测的主要要素：风速、风向、温度、湿度、地表温度、土壤温度、大气压、太阳辐射各要素、日照时间、降水、蒸发量、土壤水分等。

2.2.2 鹤山站马占相思林综合观测场（HSFZH01）

鹤山站马占相思林综合观测场设计使用年限为 100 年，位于鹤山站桃源试验区，112°53′51″E—112°53′58″E，22°40′35″N—22°40′46″N。总面积约 45 800 m²，海拔高度 77.3 m，地貌特征为低山丘陵，地势较平缓，地形多变，坡度为 18°~23°。根据全国第二次土壤普查分类，土类为赤红壤，亚类为典型赤红壤；根据中国土壤系统分类，土壤属于富铁土，发育母质为砂页岩。群落平均高度为18 m，乔木树种单一并且为同龄林，高度相差不大；林分分乔木、灌木、草本 3 层，乔木只有 1 层。乔灌草层的优势种：乔木层的马占相思（*Acacia mangium*），灌木层的桃金娘（*Rhodomyrtus tomentosa*）、秤星树（*Ilex asprella*）、三桠苦（*Melicope pteleifolia*），草本层的芒萁（*Dicranopteris pedata*）。本观测场建立之前为极度退化的荒草坡，人类活动干扰频繁，无法自然演替；现为人工种植而成的常绿阔叶林马占相思纯林。马占相思纯林植于 1983 年 7 月，株行距为 3 m×3 m，种植方式为沿等高线带状开沟，沟宽 0.5 m、深 0.2 m，沟施垃圾肥，平均每株施肥量约 4 kg；9 月追施速效肥1 次，每株施用氯化钾和尿素各 50 g，此后未进行任何人工管理和施肥。目前，观测场内人类活动为轻度，大部分区域用于长期监测试验；少量区域干扰较大，用于采样地观测。动物活动主要为蛇、鼠和鸟类。

鹤山站马占相思林综合观测场设置各类观测样地、观测采样点共 14 个，观测内容涉及气象、水分、土壤和生物等 4 个要素指标。详见表 2-1。

2.2.3　鹤山站乡土林辅助观测场（HSFFZ01）

鹤山站乡土林辅助观测场以乡土树种为建群种进行人工植被栽植，代表区域原生常绿阔叶林植被类型。

鹤山站乡土林辅助观测场建于 1984 年，总面积约 12 000 m²，位于鹤山站桃源试验区，112°54′0″E—112°54′5″E，22°40′42″N—22°40′48″N。观测场以小集水区为单元，人工种植本地乡土树种，现形成以西南木荷（*Schima wallichii*）、醉香含笑（*Michelia macclurei*）、木荷（*Schima superba*）、阴香（*Cinnamomum burmanni*）、红锥（*Castanopsis hystrix*）、鳖蜅锥（*Castanopsis fissa*）为主要乔木类树种，九节（*Psychotria asiatica*）、秤星树为主要灌木类树种，乌毛蕨（*Blechnopsis orientalis*）为主要草本的植被群落，群落高度为 13 m，乔木为多树种混交同龄林，林分分乔木、灌木、草本 3 层，乔木只有 1 层。辅助观测场海拔 71 m，地貌特征为丘陵，坡度为 22°～28°，坡向东北，坡面位置从上坡位至下坡位。根据全国第二次土壤普查分类，土壤属赤红壤土类，赤红壤亚类；根据中国土壤系统分类，土壤属于强育湿润富铁土，发育母质为砂页岩。

鹤山站乡土林辅助观测场设置各类观测样地、观测采样点共 9 个，观测内容涉及气象、水分、土壤和生物等 4 个要素指标。详见表 2-1。

2.2.4　鹤山站针叶林站区调查点（HSFZQ01）

鹤山站针叶林站区调查点建于 1984 年，总面积约 31 300 m²，位于鹤山站桃源试验区，112°53′58″E—112°54′5″E，22°40′48″N—22°40′57″N。观测场以小集水区为单元，形成以人工种植的马尾松（*Pinus massoniana*）、湿地松（*Pinus elliottii*）和杉木（*Cunninghamia lanceolata*）为主要乔木层，自然更新的秤星树和三桠苦为主要灌木层，乌毛蕨、淡竹叶（*Lophatherum gracile*）为主要草本层的植被群落，群落高度为 11 m。鹤山站针叶林站区调查点海拔 70 m，地貌特征为丘陵，坡度为 8°～20°，坡向从西北至东南，坡面位置从上坡位至下坡位。根据全国第二次土壤普查分类，土壤属于赤红壤土类，赤红壤亚类；根据中国土壤系统分类，土壤属于强育湿润富铁土，发育母质为砂页岩。

鹤山站针叶林站区调查点设置各类观测样地、观测采样点共 8 个，观测内容涉及水分、土壤和生物等 3 个要素指标。详见表 2-1。

2.2.5　鹤山站桉林站区调查点（HSFZQ02）

鹤山站桉林站区调查点以华南地区栽种最为广泛的速生树种——桉树为研究对象，该调查点建于 1984 年，总面积约 19 100 m²。观测场以小集水区为单元，形成以人工种植的桉树品种窿缘桉（*Eucalyptus exserta*）、赤桉（*Eucalyptus camaldulensis*）、尾叶桉（*Eucalyptus urophylla*）等为主要乔木层，自然更新的秤星树、三桠苦、九节为主要灌木层，芒萁为主要草本层的植被群落，群落高度为 16 m。鹤山站桉林站区调查点海拔 60 m，地貌特征为丘陵，坡度为 8°～20°，坡向从西北至东南，坡面位置从上坡位至下坡位。根据全国第二次土壤普查分类，土壤属于赤红壤土类，赤红壤亚类；根据中国土壤系统分类，土壤属于强育湿润富铁土，发育母质为砂页岩。

2.2.6　鹤山站豆科混交林站区调查点（HSFZQ04）

鹤山站豆科混交林站区调查点建于 1984 年，总面积约 43 500 m²，位于鹤山站桃源试验区。观测场以小集水区为单元，形成以人工种植的大叶相思（*Acacia auriculiformis*）、马占相思、海南红豆（*Ormosia pinnata*）、台湾相思（*Acacia confusa*）、格木（*Erythrophleum fordii*）等为主要乔木层，自然更新的秤星树和白花灯笼（*Clerodendrum fortunatum*）为主要灌木层，小花露籽草（*Ottochloa nodosa* var. *micrantha*）、乌毛蕨为主要草本层的植被群落，群落高度为 13 m。调查点海拔 70 m，地貌特征为丘陵。根据全国第二次土壤普查分类，土壤属于赤红壤土类，赤红壤亚类；根据中国土壤系统分类，土壤属于强育湿润富铁土，发育母质为砂页岩。

2.2.7　鹤山站草坡站区调查点（HSFZQ05）

鹤山站草坡站区调查点建于 1984 年，总面积约 29 000 m²，位于鹤山站桃源试验区。观测场以小集水区为单元，建站时保留的荒草坡作为对照进行封育管理。随着草坡的自然演替，形成了以少量马尾松为主要乔木层，自然更新的秤星树、桃金娘和岗松（*Baeckea frutescens*）为主要灌木层，小花露籽草为主要草本层的植被群落，群落高度为 5 m，林分分乔木、灌木、草本 3 层，乔木只有 1 层。调查点海拔 70 m，地貌特征为丘陵。根据全国第二次土壤普查分类，土壤属于赤红壤土类，赤红壤亚类；根据中国土壤系统分类，土壤属于强育湿润富铁土，发育母质为砂页岩。

2.3　主要观测设施

2.3.1　鹤山站共和试验区大型野外控制实验平台

为扩展鹤山站的研究领域，2005 年鹤山站在鹤山市共和镇建立了总面积 47.7 hm² 的大型野外控制实验平台，作为鹤山站长期定位观测研究样地的补充，形成一站两点的布局。

通过构建不同物种配置模式，研究和筛选兼顾经济、生态效益的人工林经营模式。鹤山站共和试验区样地设置 42 个样地（图 1-2），每个样地面积约 1 hm²，均设 3 个重复样地，样地在种植前进行统一处理（除杂、烧山或不烧山、施基肥），种植后不再进行人为干扰及其他处理。种植株行距为 2 m×3 m，种植密度约为 167 株/ hm²。样地植物配置详见表 2-2。

表 2-2　鹤山站共和试验区样地植物配置

序号	样地编码	植被	植物种类
1	HSFSY01、 HSFSY15、 HSFSY34	草坡（烧山）	封育荒草坡
2	HSFSY02、 HSFSY23、 HSFSY39	乡土树种＋尾叶桉（乡桉比例为 4:6，烧山）	秋枫（*Bischofia javanica*）、枫香树（*Liquidambar formosana*）、华润楠（*Machilus chinensis*）、阴香（*Cinnamomum burmanni*）、灰木莲（*Manglietia glauca*）、观光木（*Michelia odora*）、五桠果（*Dillenia indica*）、蓝花楹（*Jacaranda mimosifolia*）、尾叶桉（*Eucalyptus urophylla*）
3	HSFSY03、 HSFSY07、 HSFSY14、 HSFSY19、 HSFSY20、 HSFSY27、 HSFSY32、 HSFSY37	桉林（烧山）	尾叶桉（*Eucalyptus urophylla*）

（续）

序号	样地编码	植被	植物种类
4	HSFSY04、HSFSY28、HSFSY33	28 种树种混交林（烧山）	醉香含笑（*Michelia macclurei*）、毛果杜英（*Elaeocarpus rugosus*）、深山含笑（*Michelia maudiae*）、海南红豆（*Ormosia pinnata*）、凤凰木（*Delonix regia*）、假苹婆（*Sterculia lanceolata*）、岭南山竹子（*Garcinia oblongifolia*）、五桠果（*Dillenia indica*）、紫檀（*Pterocarpus indicus*）、人面子（*Dracontomelon duperreanum*）、日本杜英（*Elaeocarpus japonicus*）、猴樟（*Camphora bodinieri*）、观光木（*Michelia odora*）、蓝花楹（*Jacaranda mimosifolia*）、海南菜豆树（*Radermachera hainanensis*）、山桂花（*Bennettiodendron leprosipes*）、猫尾木（*Markhamia stipulata*）、乐昌含笑（*Michelia chapensis*）、海南蒲桃（*Syzygium hainanense*）、厚荚相思（*Acacia crassicarpa*）、灰木莲（*Manglietia glauca*）、黧蒴锥（*Castanopsis fissa*）、红锥（*Castanopsis hystrix*）、秋枫（*Bischofia javanica*）、枫香树（*Liquidambar formosana*）、阴香（*Cinnamomum burmanni*）、华润楠（*Machilus chinensis*）、尾叶桉（*Eucalyptus urophylla*）
5	HSFSY05、HSFSY31、HSFSY40	红锥纯林（烧山）	红锥（*Castanopsis hystrix*）
6	HSFSY06、HSFSY12、HSFSY21	厚荚相思纯林（烧山）	厚荚相思（*Acacia crassicarpa*）
7	HSFSY08、HSFSY22、HSFSY26	乡土树种＋尾叶桉（乡桉比例为2：8，烧山）	秋枫（*Bischofia javanica*）、枫香树（*Liquidambar formosana*）、阴香（*Cinnamomum burmanni*）、华润楠（*Machilus chinensis*）、灰木莲（*Manglietia glauca*）、观光木（*Michelia odora*）、蓝花楹（*Jacaranda mimosifolia*）、五桠果（*Dillenia indica*）、尾叶桉（*Eucalyptus urophylla*）
8	HSFSY09、HSFSY10、HSFSY25	草坡（不烧山）	原生荒草坡
9	HSFSY11、HSFSY18、HSFSY35	乡土树种＋尾叶桉（乡桉比例为5：5，烧山）	秋枫（*Bischofia javanica*）、枫香树（*Liquidambar formosana*）、阴香（*Cinnamomum burmanni*）、华润楠（*Machilus chinensis*）、灰木莲（*Manglietia glauca*）、观光木（*Michelia odora*）、蓝花楹（*Jacaranda mimosifolia*）、五桠果（*Dillenia indica*）、尾叶桉（*Eucalyptus urophylla*）
10	HSFSY13、HSFSY16、HSFSY36	乡土树种＋尾叶桉（乡桉比例为3：7，烧山）	秋枫（*Bischofia javanica*）、枫香树（*Liquidambar formosana*）、阴香（*Cinnamomum burmanni*）、华润楠（*Machilus chinensis*）、灰木莲（*Manglietia glauca*）、观光木（*Michelia odora*）、蓝花楹（*Jacaranda mimosifolia*）、五桠果（*Dillenia indica*）、尾叶桉（*Eucalyptus urophylla*）
11	HSFSY17、HSFSY30、HSFSY38	10 种树种混交林（烧山）	秋枫（*Bischofia javanica*）、枫香树（*Liquidambar formosana*）、阴香（*Cinnamomum burmanni*）、华润楠（*Machilus chinensis*）、灰木莲（*Manglietia glauca*）、观光木（*Michelia odora*）、蓝花楹（*Jacaranda mimosifolia*）、五桠果（*Dillenia indica*）、厚荚相思（*Acacia crassicarpa*）、尾叶桉（*Eucalyptus urophylla*）
12	HSFSY24、HSFSY29、HSFSY41、HSFSY42	桉林（不烧山）	尾叶桉（*Eucalyptus urophylla*）

目前，鹤山站共和试验区的主要研究内容有以下两方面。

2.3.1.1　传统林业实践对生物多样性的影响

尾叶桉林、厚荚相思林、红锥林和乡土树种混交林等 4 种植被类型，除尾叶桉林外，其他植被类型在树种种植前均进行"烧山""施肥"和"轮伐"处理。尾叶桉林根据巢式实验设计设有"烧山或不烧山""施肥或不施肥"和"轮伐或不轮伐"等 3 种对照处理（图 2-1）。这种巢式实验设计共包括 8 个样地类型。每个样地类型面积均约 1 hm²。每一类型均沿坡向随机设置 3 个重复，总面积约24 hm²。

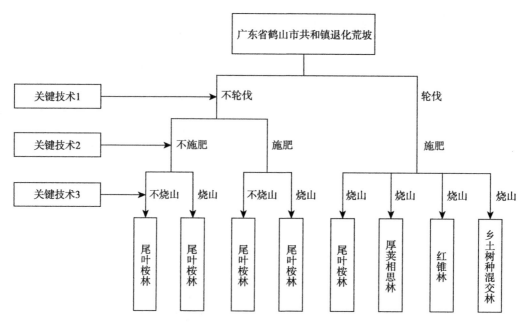

图 2-1　鹤山站共和试验区样地布局思路

具体的研究内容：不同植被类型及其不同处理下的植物的迁入、定居、迁出物种数量和植株数量以及土壤动物功能群的变化，土壤微生物生物量和多样性的变化，生态系统的功能指标（净初级生产力、土壤呼吸作用、蒸腾作用、凋落物分解作用、土壤有机质和养分元素）的变化，评价传统林业实践（烧山、施肥、轮伐等）对森林生态系统生物多样性的影响以及引起的生态系统功能的变化，为林业管理政策、法规的制定提供科学依据。

2.3.1.2　植物物种数量或物种比例组合对森林生态系统功能的影响

鹤山站共和试验区有尾叶桉纯林、厚荚相思纯林、红锥纯林、10 种乡土树种混交林、28 种乡土树种混交林和 4 种不同比例的乡土树种与尾叶桉混交林（2∶8、3∶7、4∶6、5∶5，按不同比例从山顶至山底条状种植），以及荒草坡等 10 种植被类型。所有植被类型种植前均进行过统一处理（除杂、烧山或不烧山、施基肥），每个样地面积约 1 hm²，随机设置 3 个重复，总面积约 30 hm²（图 2-2）。

主要研究内容：不同植被类型及其不同处理下的植物净初级生产力、有机质积累和分解、土壤呼吸作用、根系呼吸作用、土壤微生物和土壤动物多样性、土壤理化特性、水循环过程等，评价不同植物物种数量及其比例组合对生态系统功能的影响，为人工林的合理经营以及政府的林业管理政策、法规的制定提供科学依据。

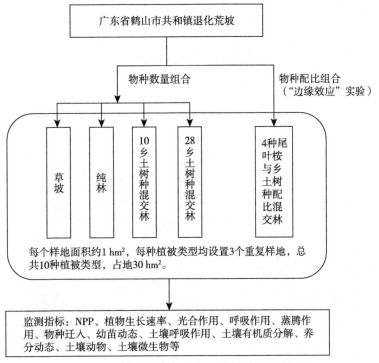

图 2-2　鹤山站共和试验区样地植被类型布置

2.3.2　林冠模拟氮沉降野外控制实验平台

　　林冠模拟氮沉降野外控制实验平台位于广东石门台国家级自然保护区内。该保护区地处广东省中北部，东西宽约 43.66 km，南北长约 15.48 km，总面积为 33 555 hm²，是广东省面积最大的自然保护区。自然保护区地处北回归线北缘，属南亚热带与中亚热带过渡地区，是以南亚热带季风常绿阔叶林与中亚热带典型常绿阔叶林过渡特征的森林生态系统类型为主要保护对象的自然生态系统类自然保护区。该区属南亚热带季风气候，具有从南亚热带向中亚热带过渡的特点；区内的最高峰船底顶海拔 1 586.8 m，年平均气温 20.8 ℃，1 月平均气温为 10.9 ℃，极端最低气温为－3.6 ℃，7 月平均气温为 28.9 ℃，极端最高气温达 38.6 ℃，年均降水量约 1 800 mm，年均无霜期为 317 d。大气氮沉降量约为每年 34.1 kg/hm²。由于构成山地的岩层主要是泥盆系的变质砂岩和页岩，岩性坚硬，不易风化破碎，风化层及土壤层较薄。土壤类型以赤红壤、山地红壤和黄壤为主，有机质丰富，土壤 pH 偏酸性。

　　该平台建立在保护区典型的常绿阔叶林内，林龄约 50 年，冠层高度约 26 m，林冠郁闭度约 92%，冠层乔木优势树种为甜槠（*Castanopsis eyrei*）、木荷、鹅掌锥、山杜英（*Elaeocarpus sylvestris*）、毛锥（*Castanopsis fordii*）、红楠（*Machilus thunbergii*），林下灌木和草本植物种类丰富（图 2-3）。

　　该平台于 2012 年 12 月建成，设置 7 个林冠施氮（CAN）样地，7 个林下施氮（UAN）样地和 4 个空白对照（AC）样地。经全面调试后于 2013 年 4 月开始林冠林下氮添加实验，处理时间集中在每年 4—10 月（生长季），每个月选择晴天喷洒 1 次（使用 NH_4NO_3 化学纯试剂为氮添加原料）；溶剂取自自然地表径流水。试验分 2 种处理水平：低氮（施氮量为每年每公顷 25 kg 氮，林冠与林下低氮处理编码为 CAN25 和 UAN25）；高氮（施氮量为每年每公顷 50 kg 氮，林冠与林下高氮处理编码为 CAN50 和 UAN50）。喷施溶液经 VM05 变频调速恒压喷灌设备均匀喷洒于林冠和林下。每次用水量相当于 3 mm 降水量（经前期预实验、调试、计算所得）。样地设置采用完全随机区组设计，并综

图 2-3　"林冠模拟氮沉降"野外控制实验平台俯视图

合考虑海拔、植被、坡向和坡度等因素，共有 6 个低氮处理，8 个高氮处理和 4 个空白对照处理，共计 18 个样方。

2.3.3　鹤山站模拟降水格局变化和大气氮沉降增加野外实验平台

南亚热带森林已经被证实是一个重要的"碳汇"，对局部地区乃至全球的碳平衡有着重要的影响（Zhou et al.，2006）。近年来，我国东南亚地区降水格局发生明显的变化：总降水量不变，但干季降水次数减少、雨季强降水事件增加。据预测，未来该地区的气候可能呈现出更为明显的干季更干、湿季更湿的特征（Zhou et al.，2011）。目前，全球范围内降水控制实验主要集中在中纬度地区的草原、荒漠以及森林生态系统，针对低纬度地区森林生态系统的研究相对较少，并且大多降水控制实验主要是探索增加或者减少降水对生态系统的影响，关于降水季节分配变化的研究还十分有限（Beier et al.，2012；Chen et al.，2017）。我们前期的研究证实降水季节分配变化显著地改变南亚热带森林土壤氮素循环（Chen et al.，2017）、凋落物分解等生态过程（焦敏，2014），也对土壤微生物群落结构和功能产生明显的影响（He et al.，2017；Zhao et al.，2017）。该区域同时还面临着严重的大气氮沉降（每公顷 35 kg 氮），且呈继续增加的态势（Liu et al.，2015）。模拟氮沉降实验表明持续高氮沉降显著降低了南亚热带森林土壤 pH、微生物生物量、叶凋落物分解速率（Mo et al.，2006；Tan et al.，2020）。氮沉降增加对生态系统的影响在很大程度上依赖于自然降水，降水季节分配变化会导致南亚热带森林雨季、旱季期间水分和氮素供应状况的改变，进而影响氮素生态效应的发挥，可见两者的交互作用能够对森林生态系统的各关键生态过程产生更为复杂的影响。然而，当前的野外控制实验多局限于模拟单一环境因子的作用，其结果并不能解析多因素对森林生态系统的影响（Song et al.，2019）。

　　模拟降水格局变化和大气氮沉降增加野外实验平台（简称氮水实验平台）位于鹤山站，属南亚热带丘陵区，受典型季风气候的影响，每年的 10 月到翌年 3 月为干季，4—9 月为湿季，年平均气温 21.7 ℃，年降水量 1 700 mm。氮水实验平台的植被类型为人工种植的乡土阔叶林（植于 1992 年），建群种为木荷和醉香含笑，林下灌木和草本较丰富，土壤类型为赤红壤。该实验平台设置 2 因子 1 水平，共计 4 个处理：Control（对照），P（降水变化），N（氮沉降）和 PN（降水变化＋氮沉降）。每个处理设 4 个平行样方，每个样方 12 m×12 m，样方之间间隔 3 m，以随机区组的方式分布在样地小坡上（图 2 - 4，图 2 - 5）。其中氮沉降设置为添加 NH_4NO_3（每年每公顷 100 kg 氮）；降水变化设置为干季更干、湿季更湿，也就是在每年的 9 月 15 日到翌年 4 月 15 日截除 2/3 的林下穿透雨，在每年的 4 月 15 日到 9 月 15 日分批次（每次模拟 50～55 mm 降水量）添加总量与干季截留总量相同的降水。该实验平台已于 2018 年 9 月开始运行。

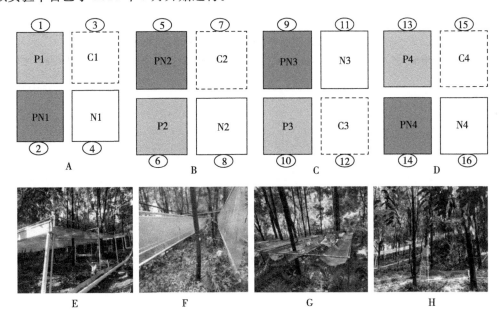

图 2 - 4　鹤山站模拟降水格局变化和大气氮沉降增加实验平台处理及外观
P 和 PN 处理含有遮雨布，以深色表示。
A. 样方 1　B. 样方 2　C. 样方 3　D. 样方 4　E. 含遮雨布处理外观　F. 遮雨布收起　G. 遮雨布展开　H. 无遮雨布处理外观

　　基于该实验平台，可以研究我国南亚热带森林地区典型环境变化（降水变化和氮沉降增加）对于森林物种组成及更新、细根动态、凋落物产量、温室气体排放动态、关键元素的生物地球化学循环、土壤微生物群落结构及功能、土壤动物以及土壤食物网结构及其介导功能等的影响。研究结果可为研究森林植物、土壤以及土壤生物对于环境变化的调节及反馈提供契机，也为加深认识全球变化背景下亚热带森林生态系统的响应及反馈和森林管理提供基础数据和科学依据。

图 2-5　氮水实验平台基本实验设施和日常维护
A. 清洗遮雨布　B. 样地加水　C. 不同土层湿度实时监测系统　D. 凋落物框　E. 温室气体采集装置

第3章

联网长期观测数据

3.1 生物观测数据

3.1.1 群落生物量数据集

3.1.1.1 概述

本数据集收录了鹤山站 2005—2015 年 11 年的定点定位观测调查数据，数据包括了观测年份、观测样地、样地面积、群落层次、生物量等，样地面积单位为 m²、生物量单位为 kg/m²。数据产生的长期观测样地为鹤山站马占相思林综合观测场永久样地（HSFZH01A00 _ 01）、鹤山站乡土林辅助观测场永久样地（HSFFZ01A00 _ 01）、鹤山站针叶林站区调查点永久样地（HSFZQ01A00 _ 01）。

调查和数据采集频度按中国生态系统研究网络（CERN）长期监测规范丛书《陆地生态系统生物观测指标与规范》要求进行，人工林观测频率为每 5 年 2 次（实际按年份尾数为 0、2、5、7 的年份监测）。

3.1.1.2 数据采集和处理方法

本数据集内容主要基于对鹤山站各观测场内设置的永久样方进行每木调查，经过数据录入与反复核对，对植物中文名称及拉丁学名的订正，进行数据计算汇总而形成。所有数据都经过站内审核（监测责任人为站数据审核人），CERN 生物分中心专业人员审核，最后由综合中心审核的三级质量控制体系。

数据集中的乔木和灌木植物种类的生物量使用生物量模型进行估算。生物量计算公式如下。

$$W = a \, (D^2 H)^b$$

式中，W 为植物某器官的生物量（kg）；D 为胸径（cm）；H 为树高（m）；a，b 为回归常数。

其中，鹤山站乔木与灌木主要优势种已建立了相应的生物量模型；对于样方内非优势乔灌木种类（缺少实际计算的生物量模型），参照《中国森林生态系统碳储量——生物量方程》和《中国常见灌木生物量模型手册》中的相应公式进行生物量估算。

数据集中的草本层采用收割法计算单位面积内草本物种实际的地上/地下部分生物量。

3.1.1.3 数据质量控制和评估

（1）野外监测的质量控制。使用样线对样地进行合理分区；调查前，统一规范测量人员与记录人员的操作规程；调查样地的背景信息详细描述，记录清晰，所有调查原始记录按年度归档保存。

（2）原始数据录入与汇总的质量控制。现场完成每个单独的小样方调查后，及时检查数据记录表，进行查漏补缺；原始数据录入时，将原始记录逐条录入，保持第 1 版的录入信息可重现原始记录表内容。对第 1 版本数据的复制版本（第 2 版本及以上）进行数据检查、订正、计算和汇总，检查和筛选异常值，对于出现异常的数据进行补充测定。

（3）数据的站内质量控制。为确保记录数据如实体现植被生长状况（植物种类、数量、胸径大小及高度），将当年调查数据与历史数据进行比较，确保数据的一致性、可比性、完整性和连续性。

3.1.1.4　数据价值/数据使用方法和建议

　　森林植物群落生物量是森林生态系统类型在特定时间段内有机物的积累，是整个生态系统能量的基础和营养物质的来源，是生态系统功能和结构的物质基础。在全球区域尺度上，可通过对森林生物量和生产力的地理空间分布规律，以及气候因子、植物群落分布之间关系的研究，估算地球生物圈的承载能力；同时，森林植物群落生物量也与森林碳汇功能紧密联系，通过生物量也可评估森林生态系统健康水平。

　　鹤山站持续开展南亚热带森林植被恢复途径与技术、人工林经营与管理的研究，有多个典型人工林类型的群落生物量长期的动态监测数据，可为相关研究领域提供很好的基础数据支撑。

　　本数据集原始数据可通过广东鹤山森林生态系统国家野外科学观测研究站（http：//hsf. cern. ac. cn/）"资源服务"下的"数据服务"页面申请获取。

3.1.1.5　数据

　　数据见表3-1。

表3-1　鹤山站森林植物群落生物量

年份	样地代码	样地面积/m²	群落层次	生物量/（kg/m²）
2005	HSFFZ01A00_01	900	乔木层	11.75
2005	HSFFZ01A00_01	900	灌木层	0.67
2005	HSFFZ01A00_01	900	草本层	0.36
2005	HSFZH01A00_01	3 800	乔木层	14.09
2005	HSFZH01A00_01	3 800	灌木层	0.33
2005	HSFZH01A00_01	3 800	草本层	0.65
2005	HSFZQ01A00_01	900	乔木层	11.20
2005	HSFZQ01A00_01	900	灌木层	0.19
2005	HSFZQ01A00_01	900	草本层	0.18
2007	HSFFZ01A00_01	900	乔木层	15.13
2007	HSFFZ01A00_01	900	灌木层	0.22
2007	HSFFZ01A00_01	900	草本层	1.14
2007	HSFZH01A00_01	2 400	乔木层	14.79
2007	HSFZH01A00_01	2 400	灌木层	0.12
2007	HSFZH01A00_01	2 400	草本层	0.65
2007	HSFZQ01A00_01	900	乔木层	12.24
2007	HSFZQ01A00_01	900	灌木层	0.08
2007	HSFZQ01A00_01	900	草本层	0.52
2010	HSFFZ01A00_01	900	乔木层	14.19
2010	HSFFZ01A00_01	900	灌木层	0.13
2010	HSFFZ01A00_01	900	草本层	0.37
2010	HSFZH01A00_01	1 600	乔木层	10.54

（续）

年份	样地代码	样地面积/m²	群落层次	生物量/（kg/m²）
2010	HSFZH01A00＿01	1 600	灌木层	0.06
2010	HSFZH01A00＿01	1 600	草本层	0.07
2010	HSFZQ01A00＿01	900	乔木层	9.20
2010	HSFZQ01A00＿01	900	灌木层	0.09
2010	HSFZQ01A00＿01	900	草本层	0.21
2012	HSFFZ01A00＿01	900	乔木层	16.77
2012	HSFFZ01A00＿01	900	灌木层	0.13
2012	HSFFZ01A00＿01	900	草本层	0.10
2012	HSFZH01A00＿01	1 600	乔木层	11.84
2012	HSFZH01A00＿01	1 600	灌木层	0.06
2012	HSFZH01A00＿01	1 600	草本层	0.08
2012	HSFZQ01A00＿01	900	乔木层	10.40
2012	HSFZQ01A00＿01	900	灌木层	0.11
2012	HSFZQ01A00＿01	900	草本层	0.19
2015	HSFFZ01A00＿01	900	乔木层	19.98
2015	HSFFZ01A00＿01	900	灌木层	0.11
2015	HSFFZ01A00＿01	900	草本层	0.14
2015	HSFZH01A00＿01	1 600	乔木层	13.40
2015	HSFZH01A00＿01	1 600	灌木层	0.06
2015	HSFZH01A00＿01	1 600	草本层	0.22
2015	HSFZQ01A00＿01	900	乔木层	10.47
2015	HSFZQ01A00＿01	900	灌木层	0.13
2015	HSFZQ01A00＿01	900	草本层	0.28

注：2005—2010 年，综合观测场永久样地的样方大小经过 3 次调整，样地面积不同，下同。

3.1.2　分种生物量数据集

3.1.2.1　概述

本数据集收录了鹤山站 2005—2015 年 11 年定点定位观测的不同植物种类的生物量调查数据，包括了观测年份、观测样地、样地面积、植物种名、株数、地上及地下总干重，样地面积单位为 m²、株数单位为株、地上和地下总干重单位为 kg 或 g。数据产生的长期观测样地为鹤山站马占相思林综合观测场永久样地（HSFZH01A00＿01）、鹤山站乡土林辅助观测场永久样地（HSFFZ01A00＿01）、鹤山站针叶林站区调查点永久样地（HSFZQ01A00＿01）。

调查和数据采集频度按中国生态系统研究网络（CERN）长期监测规范丛书《陆地生态系统生物观测指标与规范》要求进行，人工林观测频率为每 5 年 2 次（实际按年份尾数为 0、2、5、7 的年份监测）。

3.1.2.2 数据采集和处理方法

数据采集和处理方法参照第 3 章 3.1.1.2。

数据集中所涉及的植物种名，基于 http：//www.sp2000.org.cn/、http：//www.iplant.cn/、http：//www.cfh.ac.cn/等网站进行核查，订正数据集的植物命名为接受名。

3.1.2.3 数据质量控制和评估

数据质量控制和评估参照第 3 章 3.1.1.3。

3.1.2.4 数据价值/数据使用方法和建议

研究森林植物群落生物量的分布格局，可揭示生态系统生产力与环境的相互关系，评估林地生产力和森林生态系统的健康，为森林的可持续经营提供理论依据。

鹤山站不同类型的人工林群落，乔木层、灌木层与草本层的物种组成、数量及其生物量的长期动态观测数据，将很好地支撑相关科学研究，并为南方人工林群落演替、生产力及固碳增汇潜力等诸多方面的评估提供数据支撑。

本数据集原始数据可通过广东鹤山森林生态系统国家野外科学观测研究站（http：//hsf.cern.ac.cn/）"资源服务"下的"数据服务"页面申请获取。

3.1.2.5 数据

数据见表 3-2 至表 3-4。

表 3-2　鹤山站森林群落乔木层分种生物量

年份	样地代码	样地面积/m²	植物种名	株数/株	地上总干重/kg	地下总干重/kg
2005	HSFFZ01A00_01	900	三桠苦	54	52.34	11.08
2005	HSFFZ01A00_01	900	山鸡椒	7	9.79	2.39
2005	HSFFZ01A00_01	900	木荷	4	200.76	40.72
2005	HSFFZ01A00_01	900	楝叶吴萸	1	15.45	3.19
2005	HSFFZ01A00_01	900	毛八角枫	2	3.27	0.51
2005	HSFFZ01A00_01	900	潺槁木姜子	2	1.31	0.51
2005	HSFFZ01A00_01	900	竹柏	2	2.67	1.05
2005	HSFFZ01A00_01	900	粗叶榕	1	0.95	0.16
2005	HSFFZ01A00_01	900	红锥	2	127.21	34.23
2005	HSFFZ01A00_01	900	翻白叶树	3	144.15	23.82
2005	HSFFZ01A00_01	900	蒲桃	1	0.83	0.12
2005	HSFFZ01A00_01	900	西南木荷	107	8 263.28	1 616.76
2005	HSFFZ01A00_01	900	豺皮樟	8	7.8	1.93
2005	HSFFZ01A00_01	900	醉香含笑	1	5.4	1.29
2005	HSFFZ01A00_01	900	野漆	1	4.27	0.76
2005	HSFZH01A00_01	3 800	秤星树	118	64.36	20.23
2005	HSFZH01A00_01	3 800	马占相思	323	42 455.36	10 985.07
2005	HSFZH01A00_01	3 800	毛果算盘子	28	32.18	4.75
2005	HSFZH01A00_01	3 800	茶	3	1.59	0.51

（续）

年份	样地代码	样地面积/ m²	植物种名	株数/ 株	地上总干重/ kg	地下总干重/ kg
2005	HSFZH01A00_01	3 800	潺槁木姜子	13	31.53	10.11
2005	HSFZH01A00_01	3 800	红枝蒲桃	1	5.84	1.13
2005	HSFZH01A00_01	3 800	山鸡椒	33	54.68	13.04
2005	HSFZH01A00_01	3 800	算盘子	9	7.17	1.96
2005	HSFZH01A00_01	3 800	九节	3	1.42	0.19
2005	HSFZH01A00_01	3 800	桃金娘	4	1.64	0.6
2005	HSFZH01A00_01	3 800	野漆	4	20.83	4.12
2005	HSFZH01A00_01	3 800	米碎花	1	0.26	0.12
2005	HSFZH01A00_01	3 800	马尾松	1	30.39	6.84
2005	HSFZH01A00_01	3 800	大叶相思	1	10.74	1.33
2005	HSFZH01A00_01	3 800	楝叶吴萸	4	219.5	52.48
2005	HSFZH01A00_01	3 800	三桠苦	4	1.92	0.44
2005	HSFZH01A00_01	3 800	粗叶榕	1	0.3	0.03
2005	HSFZH01A00_01	3 800	石斑木	1	0.18	0.1
2005	HSFZH01A00_01	3 800	假鹰爪	1	1.67	0.34
2005	HSFZH01A00_01	3 800	山乌桕	2	1.98	0.5
2005	HSFZH01A00_01	3 800	鹅掌柴	3	7.73	2.81
2005	HSFZH01A00_01	3 800	变叶榕	1	0.69	0.1
2005	HSFZH01A00_01	3 800	栀子	1	0.27	0.12
2005	HSFZH01A00_01	3 800	光叶山黄麻	1	0.23	0.11
2005	HSFZH01A00_01	3 800	蒲桃	1	8.46	1.62
2005	HSFZQ01A00_01	900	三桠苦	1	1.57	0.33
2005	HSFZQ01A00_01	900	山鸡椒	2	1	0.26
2005	HSFZQ01A00_01	900	木荷	11	215	52.46
2005	HSFZQ01A00_01	900	杉木	147	3 345.49	668.33
2005	HSFZQ01A00_01	900	潺槁木姜子	1	20.05	4.92
2005	HSFZQ01A00_01	900	马尾松	72	4 733.47	957.26
2005	HSFZQ01A00_01	900	鹅掌柴	2	67.28	15.96
2007	HSFFZ01A00_01	900	三桠苦	36	42.87	8.96
2007	HSFFZ01A00_01	900	山鸡椒	8	5.51	1.38
2007	HSFFZ01A00_01	900	木荷	2	19.96	5.68
2007	HSFFZ01A00_01	900	樟	1	3.82	0.47

（续）

年份	样地代码	样地面积/m²	植物种名	株数/株	地上总干重/kg	地下总干重/kg
2007	HSFFZ01A00 _ 01	900	毛八角枫	5	21.63	3.9
2007	HSFFZ01A00 _ 01	900	潺槁木姜子	1	0.61	0.25
2007	HSFFZ01A00 _ 01	900	竹柏	2	5.39	1.89
2007	HSFFZ01A00 _ 01	900	红枝蒲桃	1	0.59	0.07
2007	HSFFZ01A00 _ 01	900	红锥	1	63.95	17.17
2007	HSFFZ01A00 _ 01	900	翻白叶树	3	307.9	35.05
2007	HSFFZ01A00 _ 01	900	西南木荷	112	11 021.97	2 042.32
2007	HSFFZ01A00 _ 01	900	豺皮樟	5	1.38	0.59
2007	HSFFZ01A00 _ 01	900	野漆	1	4.68	0.84
2007	HSFFZ01A00 _ 01	900	银柴	1	0.54	0.14
2007	HSFZH01A00 _ 01	2 400	三桠苦	3	1.03	0.24
2007	HSFZH01A00 _ 01	2 400	九节	2	0.78	0.1
2007	HSFZH01A00 _ 01	2 400	山鸡椒	62	99.88	23.71
2007	HSFZH01A00 _ 01	2 400	楝	1	0.8	0.11
2007	HSFZH01A00 _ 01	2 400	楝叶吴黄	2	58.68	13.25
2007	HSFZH01A00 _ 01	2 400	潺槁木姜子	6	10.83	3.59
2007	HSFZH01A00 _ 01	2 400	红枝蒲桃	2	23.32	4.37
2007	HSFZH01A00 _ 01	2 400	豺皮樟	21	16.92	4.31
2007	HSFZH01A00 _ 01	2 400	野漆	5	3.65	0.52
2007	HSFZH01A00 _ 01	2 400	阴香	2	6.87	0.86
2007	HSFZH01A00 _ 01	2 400	马占相思	232	27 964.81	7 265.78
2007	HSFZQ01A00 _ 01	900	三桠苦	7	1.99	0.47
2007	HSFZQ01A00 _ 01	900	山鸡椒	3	1.55	0.41
2007	HSFZQ01A00 _ 01	900	木荷	5	139.54	32.91
2007	HSFZQ01A00 _ 01	900	杉木	136	4 456.84	836.66
2007	HSFZQ01A00 _ 01	900	阴香	1	2.14	0.31
2007	HSFZQ01A00 _ 01	900	马尾松	61	4 517.27	900.2
2007	HSFZQ01A00 _ 01	900	鹅掌柴	3	104.36	24.72
2010	HSFFZ01A00 _ 01	900	白花灯笼	26	9.61	1.2
2010	HSFFZ01A00 _ 01	900	变叶榕	1	0.43	0.06
2010	HSFFZ01A00 _ 01	900	豺皮樟	6	1	0.54
2010	HSFFZ01A00 _ 01	900	潺槁木姜子	4	1.57	0.65

（续）

年份	样地代码	样地面积/ m²	植物种名	株数/ 株	地上总干重/ kg	地下总干重/ kg
2010	HSFFZ01A00＿01	900	秤星树	89	24.91	10.26
2010	HSFFZ01A00＿01	900	粗叶榕	2	0.76	0.09
2010	HSFFZ01A00＿01	900	鹅掌柴	1	0.53	0.25
2010	HSFFZ01A00＿01	900	翻白叶树	3	380.58	41.58
2010	HSFFZ01A00＿01	900	红枝蒲桃	6	4.77	0.68
2010	HSFFZ01A00＿01	900	红锥	2	143.98	34.85
2010	HSFFZ01A00＿01	900	九节	99	93.03	20.75
2010	HSFFZ01A00＿01	900	楝叶吴萸	1	12.26	2.46
2010	HSFFZ01A00＿01	900	毛八角枫	6	36.51	7.03
2010	HSFFZ01A00＿01	900	毛果算盘子	1	0.22	0.06
2010	HSFFZ01A00＿01	900	米碎花	12	5.24	1.74
2010	HSFFZ01A00＿01	900	木荷	2	6.93	2.32
2010	HSFFZ01A00＿01	900	三桠苦	41	75.08	14.31
2010	HSFFZ01A00＿01	900	山鸡椒	9	54.52	11.13
2010	HSFFZ01A00＿01	900	石斑木	4	2.12	0.51
2010	HSFFZ01A00＿01	900	桃金娘	1	0.09	0.07
2010	HSFFZ01A00＿01	900	西南木荷	103	9 876.47	1 848.32
2010	HSFFZ01A00＿01	900	香叶树	6	2.19	1.1
2010	HSFFZ01A00＿01	900	野漆	1	6.86	1.29
2010	HSFFZ01A00＿01	900	阴香	4	7.42	1.05
2010	HSFFZ01A00＿01	900	银柴	1	2.72	0.71
2010	HSFFZ01A00＿01	900	竹柏	2	9.62	3.02
2010	HSFFZ01A00＿01	900	竹节树	3	0.93	0.48
2010	HSFZH01A00＿01	1 600	豺皮樟	5	2.49	0.83
2010	HSFZH01A00＿01	1 600	潺槁木姜子	4	17.08	5.02
2010	HSFZH01A00＿01	1 600	秤星树	156	53.07	19.35
2010	HSFZH01A00＿01	1 600	红锥	2	0.26	0.16
2010	HSFZH01A00＿01	1 600	九节	1	0.75	0.12
2010	HSFZH01A00＿01	1 600	了哥王	5	1.47	0.39
2010	HSFZH01A00＿01	1 600	楝叶吴萸	3	26.99	5.69
2010	HSFZH01A00＿01	1 600	马尾松	2	50.66	11.57
2010	HSFZH01A00＿01	1 600	马占相思	115	13 185.88	3 269.65

（续）

年份	样地代码	样地面积/m²	植物种名	株数/株	地上总干重/kg	地下总干重/kg
2010	HSFZH01A00 _ 01	1 600	米碎花	16	4.36	1.84
2010	HSFZH01A00 _ 01	1 600	三桠苦	1	0.09	0.02
2010	HSFZH01A00 _ 01	1 600	山鸡椒	63	104.75	24.92
2010	HSFZH01A00 _ 01	1 600	石斑木	10	8.37	1.92
2010	HSFZH01A00 _ 01	1 600	桃金娘	12	4.57	1.67
2010	HSFZH01A00 _ 01	1 600	香叶树	9	7.55	2.97
2010	HSFZH01A00 _ 01	1 600	野漆	4	2.61	0.37
2010	HSFZH01A00 _ 01	1 600	阴香	10	49.1	4.3
2010	HSFZQ01A00 _ 01	900	白背叶	1	0.27	0.03
2010	HSFZQ01A00 _ 01	900	白花灯笼	12	3.64	0.4
2010	HSFZQ01A00 _ 01	900	潺槁木姜子	1	6.93	1.98
2010	HSFZQ01A00 _ 01	900	秤星树	35	7.97	3.61
2010	HSFZQ01A00 _ 01	900	粗叶榕	3	1.04	0.12
2010	HSFZQ01A00 _ 01	900	鹅掌柴	4	90.84	20.32
2010	HSFZQ01A00 _ 01	900	光叶山黄麻	3	2.47	0.65
2010	HSFZQ01A00 _ 01	900	九节	8	3.64	0.5
2010	HSFZQ01A00 _ 01	900	鳗萷锥	1	3.47	0.79
2010	HSFZQ01A00 _ 01	900	马尾松	41	3 107.8	619.67
2010	HSFZQ01A00 _ 01	900	米碎花	2	0.47	0.21
2010	HSFZQ01A00 _ 01	900	木荷	5	124.79	29.48
2010	HSFZQ01A00 _ 01	900	三桠苦	113	61.5	13.57
2010	HSFZQ01A00 _ 01	900	山鸡椒	3	2	0.52
2010	HSFZQ01A00 _ 01	900	山乌桕	1	0.5	0.17
2010	HSFZQ01A00 _ 01	900	杉木	111	3 482.75	682.43
2010	HSFZQ01A00 _ 01	900	野漆	3	2.08	0.31
2010	HSFZQ01A00 _ 01	900	阴香	2	1.89	0.33
2012	HSFFZ01A00 _ 01	900	白花灯笼	3	1.61	0.23
2012	HSFFZ01A00 _ 01	900	变叶榕	1	1.06	0.18
2012	HSFFZ01A00 _ 01	900	豺皮樟	3	1.37	0.47
2012	HSFFZ01A00 _ 01	900	潺槁木姜子	3	2.28	0.88
2012	HSFFZ01A00 _ 01	900	秤星树	45	18.14	6.55
2012	HSFFZ01A00 _ 01	900	粗叶榕	1	0.59	0.08

（续）

年份	样地代码	样地面积/ m²	植物种名	株数/ 株	地上总干重/ kg	地下总干重/ kg
2012	HSFFZ01A00 _ 01	900	鹅掌柴	2	1.21	0.54
2012	HSFFZ01A00 _ 01	900	翻白叶树	3	484.84	48.68
2012	HSFFZ01A00 _ 01	900	红枝蒲桃	5	9.55	1.7
2012	HSFFZ01A00 _ 01	900	红锥	2	152.79	37.18
2012	HSFFZ01A00 _ 01	900	九节	99	86.88	14.82
2012	HSFFZ01A00 _ 01	900	楝叶吴萸	1	14.32	2.93
2012	HSFFZ01A00 _ 01	900	毛八角枫	6	48.2	9.58
2012	HSFFZ01A00 _ 01	900	米碎花	6	3.54	1.08
2012	HSFFZ01A00 _ 01	900	木荷	2	20.06	5.54
2012	HSFFZ01A00 _ 01	900	三桠苦	37	37.27	7.83
2012	HSFFZ01A00 _ 01	900	山鸡椒	5	5.69	1.42
2012	HSFFZ01A00 _ 01	900	石斑木	1	0.87	0.2
2012	HSFFZ01A00 _ 01	900	西南木荷	104	11 847.3	2 147.63
2012	HSFFZ01A00 _ 01	900	香叶树	10	5.71	2.53
2012	HSFFZ01A00 _ 01	900	野漆	1	10.59	2.09
2012	HSFFZ01A00 _ 01	900	阴香	6	21.17	2.46
2012	HSFFZ01A00 _ 01	900	银柴	2	4.51	1.18
2012	HSFFZ01A00 _ 01	900	栀子	1	0.13	0.08
2012	HSFFZ01A00 _ 01	900	竹柏	2	12.46	3.78
2012	HSFFZ01A00 _ 01	900	竹节树	2	1.19	0.55
2012	HSFZH01A00 _ 01	1 600	豺皮樟	4	1.82	0.66
2012	HSFZH01A00 _ 01	1 600	潺槁木姜子	5	22.41	6.42
2012	HSFZH01A00 _ 01	1 600	秤星树	89	36.76	12.92
2012	HSFZH01A00 _ 01	1 600	红锥	3	0.55	0.28
2012	HSFZH01A00 _ 01	1 600	假鹰爪	1	0.18	0.1
2012	HSFZH01A00 _ 01	1 600	九节	1	0.97	0.16
2012	HSFZH01A00 _ 01	1 600	了哥王	1	0.49	0.1
2012	HSFZH01A00 _ 01	1 600	楝叶吴萸	4	26.5	5.17
2012	HSFZH01A00 _ 01	1 600	马尾松	1	44.12	9.5
2012	HSFZH01A00 _ 01	1 600	马占相思	106	14 676.68	3 839.83
2012	HSFZH01A00 _ 01	1 600	米碎花	12	3.05	1.37
2012	HSFZH01A00 _ 01	1 600	三桠苦	1	0.13	0.03

（续）

年份	样地代码	样地面积/m²	植物种名	株数/株	地上总干重/kg	地下总干重/kg
2012	HSFZH01A00＿01	1 600	山鸡椒	37	99.59	23.2
2012	HSFZH01A00＿01	1 600	石斑木	5	4.52	1.04
2012	HSFZH01A00＿01	1 600	桃金娘	6	1.22	0.59
2012	HSFZH01A00＿01	1 600	香叶树	14	11.03	4.28
2012	HSFZH01A00＿01	1 600	野漆	4	3.1	0.45
2012	HSFZH01A00＿01	1 600	阴香	10	97.49	7.2
2012	HSFZQ01A00＿01	900	潺槁木姜子	1	8.14	2.27
2012	HSFZQ01A00＿01	900	秤星树	46	14.77	5.78
2012	HSFZQ01A00＿01	900	鹅掌柴	5	127.43	27.2
2012	HSFZQ01A00＿01	900	光叶山黄麻	1	3.18	0.48
2012	HSFZQ01A00＿01	900	九节	11	9.9	1.69
2012	HSFZQ01A00＿01	900	鳖蒳锥	1	14.04	3.46
2012	HSFZQ01A00＿01	900	马尾松	39	3 535.56	691.29
2012	HSFZQ01A00＿01	900	木荷	5	156.7	35.77
2012	HSFZQ01A00＿01	900	三桠苦	167	161.14	34.42
2012	HSFZQ01A00＿01	900	山鸡椒	8	7.41	1.88
2012	HSFZQ01A00＿01	900	山乌桕	1	3.28	0.49
2012	HSFZQ01A00＿01	900	杉木	110	3 714.4	711.6
2012	HSFZQ01A00＿01	900	台湾毛楤木	1	0.24	0.11
2012	HSFZQ01A00＿01	900	土蜜树	1	0.26	0.07
2012	HSFZQ01A00＿01	900	小蜡	1	0.13	0.08
2012	HSFZQ01A00＿01	900	野漆	5	6.72	1.05
2012	HSFZQ01A00＿01	900	阴香	9	71.25	6.93
2012	HSFZQ01A00＿01	900	栀子	1	0.11	0.07
2015	HSFFZ01A00＿01	900	白花灯笼	2	1.11	0.16
2015	HSFFZ01A00＿01	900	变叶榕	1	1.25	0.22
2015	HSFFZ01A00＿01	900	豺皮樟	3	1.65	0.51
2015	HSFFZ01A00＿01	900	潺槁木姜子	9	5.93	2.32
2015	HSFFZ01A00＿01	900	秤星树	66	30.41	9.51
2015	HSFFZ01A00＿01	900	粗叶榕	3	1.52	0.21
2015	HSFFZ01A00＿01	900	鹅掌柴	7	4.75	2.11
2015	HSFFZ01A00＿01	900	翻白叶树	4	737.17	61.53

（续）

年份	样地代码	样地面积/ m²	植物种名	株数/ 株	地上总干重/ kg	地下总干重/ kg
2015	HSFFZ01A00 _ 01	900	红枝蒲桃	7	17.24	3.16
2015	HSFFZ01A00 _ 01	900	红锥	1	62.59	14.9
2015	HSFFZ01A00 _ 01	900	假鹰爪	1	0.46	0.16
2015	HSFFZ01A00 _ 01	900	九节	182	168.49	29.79
2015	HSFFZ01A00 _ 01	900	鳖蔃锥	1	1.76	0.38
2015	HSFFZ01A00 _ 01	900	楝叶吴萸	1	17.81	3.74
2015	HSFFZ01A00 _ 01	900	毛八角枫	6	73.31	15.56
2015	HSFFZ01A00 _ 01	900	米碎花	12	6.32	1.96
2015	HSFFZ01A00 _ 01	900	木荷	2	23.82	6.47
2015	HSFFZ01A00 _ 01	900	三桠苦	25	21.25	4.58
2015	HSFFZ01A00 _ 01	900	石斑木	1	0.4	0.1
2015	HSFFZ01A00 _ 01	900	西南木荷	98	14 034.05	2 451.04
2015	HSFFZ01A00 _ 01	900	香叶树	21	14.44	5.8
2015	HSFFZ01A00 _ 01	900	野漆	1	11.94	2.39
2015	HSFFZ01A00 _ 01	900	阴香	16	80.45	7.95
2015	HSFFZ01A00 _ 01	900	银柴	2	8.06	2.08
2015	HSFFZ01A00 _ 01	900	竹柏	2	17.85	5.18
2015	HSFFZ01A00 _ 01	900	竹节树	2	2.38	0.97
2015	HSFFZ01A00 _ 01	900	醉香含笑	1	0.19	0.05
2015	HSFZH01A00 _ 01	1 600	豺皮樟	8	3.45	1.19
2015	HSFZH01A00 _ 01	1 600	潺槁木姜子	4	23.98	6.78
2015	HSFZH01A00 _ 01	1 600	秤星树	172	81.83	26.89
2015	HSFZH01A00 _ 01	1 600	红锥	2	1.27	0.4
2015	HSFZH01A00 _ 01	1 600	假鹰爪	2	0.38	0.2
2015	HSFZH01A00 _ 01	1 600	九节	3	2.02	0.32
2015	HSFZH01A00 _ 01	1 600	楝叶吴萸	4	27.76	5.5
2015	HSFZH01A00 _ 01	1 600	马尾松	1	66.24	13.61
2015	HSFZH01A00 _ 01	1 600	马占相思	93	16 317.07	4 525.6
2015	HSFZH01A00 _ 01	1 600	米碎花	8	2.55	1.03
2015	HSFZH01A00 _ 01	1 600	三桠苦	1	0.14	0.03

（续）

年份	样地代码	样地面积/m²	植物种名	株数/株	地上总干重/kg	地下总干重/kg
2015	HSFZH01A00_01	1 600	山鸡椒	8	11.69	2.83
2015	HSFZH01A00_01	1 600	石斑木	1	0.73	0.17
2015	HSFZH01A00_01	1 600	桃金娘	15	3.03	1.48
2015	HSFZH01A00_01	1 600	腺叶桂樱	2	3.35	0.67
2015	HSFZH01A00_01	1 600	香叶树	21	16.03	6.17
2015	HSFZH01A00_01	1 600	野漆	3	2.96	0.44
2015	HSFZH01A00_01	1 600	阴香	14	274	14.47
2015	HSFZQ01A00_01	900	白背叶	2	1.07	0.16
2015	HSFZQ01A00_01	900	白花灯笼	1	0.33	0.04
2015	HSFZQ01A00_01	900	潺槁木姜子	3	13.45	3.72
2015	HSFZQ01A00_01	900	秤星树	94	45.08	14.88
2015	HSFZQ01A00_01	900	鹅掌柴	8	175.36	37.73
2015	HSFZQ01A00_01	900	翻白叶树	3	3.43	2.02
2015	HSFZQ01A00_01	900	光叶山黄麻	5	3.17	0.95
2015	HSFZQ01A00_01	900	九节	18	18.37	3.27
2015	HSFZQ01A00_01	900	鳞苞锥	1	49.85	13.2
2015	HSFZQ01A00_01	900	马尾松	30	3 355.76	637.15
2015	HSFZQ01A00_01	900	木荷	2	94.06	20.48
2015	HSFZQ01A00_01	900	三桠苦	240	347.31	72.06
2015	HSFZQ01A00_01	900	山鸡椒	23	58.93	13.83
2015	HSFZQ01A00_01	900	山乌桕	4	10.64	2.26
2015	HSFZQ01A00_01	900	杉木	82	3 189.53	584.4
2015	HSFZQ01A00_01	900	石斑木	1	0.44	0.1
2015	HSFZQ01A00_01	900	土蜜树	2	0.99	0.25
2015	HSFZQ01A00_01	900	小蜡	5	1.96	0.71
2015	HSFZQ01A00_01	900	印度野牡丹	6	1.37	0.65
2015	HSFZQ01A00_01	900	野漆	6	17.8	3.06
2015	HSFZQ01A00_01	900	阴香	16	582.02	34.38
2015	HSFZQ01A00_01	900	栀子	2	0.6	0.25
2015	HSFZQ01A00_01	900	醉香含笑	1	1.99	0.48

表 3-3 鹤山站森林群落灌木层分种生物量

年份	样地代码	样地面积/m²	植物种名	株数/株	地上总干重/g	地下总干重/g
2005	HSFFZ01A00 _ 01	300	白背叶	1	107.82	131.93
2005	HSFFZ01A00 _ 01	300	白花灯笼	214	12 604.34	4 070.28
2005	HSFFZ01A00 _ 01	300	变叶榕	1	114.47	143.88
2005	HSFFZ01A00 _ 01	300	豺皮樟	15	1 745.99	2 211.48
2005	HSFFZ01A00 _ 01	300	潺槁木姜子	4	749.28	280.08
2005	HSFFZ01A00 _ 01	300	秤星树	143	67 692.62	26 251.33
2005	HSFFZ01A00 _ 01	300	粗叶榕	8	54.87	131.73
2005	HSFFZ01A00 _ 01	300	地桃花	8	908.28	1 137.63
2005	HSFFZ01A00 _ 01	300	黑面神	10	1 131.61	1 415
2005	HSFFZ01A00 _ 01	300	九节	114	11 872.01	3 053.24
2005	HSFFZ01A00 _ 01	300	了哥王	4	461.74	583.59
2005	HSFFZ01A00 _ 01	300	毛八角枫	3	381.33	501.92
2005	HSFFZ01A00 _ 01	300	米碎花	25	2 992.81	3 837.51
2005	HSFFZ01A00 _ 01	300	木荷	1	88.6	91.81
2005	HSFFZ01A00 _ 01	300	蒲桃	2	236.11	300.86
2005	HSFFZ01A00 _ 01	300	三桠苦	54	11 739.33	4 397.08
2005	HSFFZ01A00 _ 01	300	山鸡椒	15	3 599.24	1 038.81
2005	HSFFZ01A00 _ 01	300	山芝麻	14	1 449.59	1 741.41
2005	HSFFZ01A00 _ 01	300	石斑木	57	6 740.09	8 602.02
2005	HSFFZ01A00 _ 01	300	算盘子	3	2.14	2.51
2005	HSFFZ01A00 _ 01	300	桃金娘	38	6 091.53	2 864.76
2005	HSFFZ01A00 _ 01	300	野漆	1	117.66	149.7
2005	HSFFZ01A00 _ 01	300	阴香	8	1 897.14	1 608.4
2005	HSFFZ01A00 _ 01	300	印度野牡丹	12	287.37	228.46
2005	HSFFZ01A00 _ 01	300	栀子	54	1 367.23	710.82
2005	HSFFZ01A00 _ 01	300	竹节树	1	109.97	135.74
2005	HSFZH01A00 _ 01	500	白背叶	2	224.71	280.08
2005	HSFZH01A00 _ 01	500	白花灯笼	64	601.36	257.28
2005	HSFZH01A00 _ 01	500	变叶榕	3	345.04	434.58
2005	HSFZH01A00 _ 01	500	茶	6	477.03	177.44
2005	HSFZH01A00 _ 01	500	豺皮樟	27	3 156.62	4 005.68
2005	HSFZH01A00 _ 01	500	潺槁木姜子	1	24.59	9.68
2005	HSFZH01A00 _ 01	500	秤星树	134	51 558.06	20 112.82
2005	HSFZH01A00 _ 01	500	粗叶榕	7	30.24	49.1

（续）

年份	样地代码	样地面积/m²	植物种名	株数/株	地上总干重/g	地下总干重/g
2005	HSFZH01A00_01	500	黑面神	3	345.45	435.53
2005	HSFZH01A00_01	500	九节	8	1 172.82	292.34
2005	HSFZH01A00_01	500	了哥王	35	4 046.05	5 109.19
2005	HSFZH01A00_01	500	米碎花	57	6 748.64	8 609.92
2005	HSFZH01A00_01	500	三桠苦	10	517.03	199.81
2005	HSFZH01A00_01	500	山鸡椒	8	572.29	180.16
2005	HSFZH01A00_01	500	山芝麻	2	216.27	264.97
2005	HSFZH01A00_01	500	石斑木	29	3 378.26	4 282.02
2005	HSFZH01A00_01	500	台湾毛楤木	1	120.01	154.02
2005	HSFZH01A00_01	500	桃金娘	72	28 590.64	12 770.68
2005	HSFZH01A00_01	500	野漆	5	592.55	756.37
2005	HSFZH01A00_01	500	阴香	7	895.03	1 050.66
2005	HSFZH01A00_01	500	印度野牡丹	15	116.93	147.49
2005	HSFZH01A00_01	500	栀子	26	534.47	276.19
2005	HSFZQ01A00_01	400	白背叶	2	218.2	268.4
2005	HSFZQ01A00_01	400	白花灯笼	199	3 786.43	1 416.34
2005	HSFZQ01A00_01	400	变叶榕	2	200.74	237.75
2005	HSFZQ01A00_01	400	秤星树	110	21 096.17	8 532.41
2005	HSFZQ01A00_01	400	粗叶榕	2	15.74	47.71
2005	HSFZQ01A00_01	400	地桃花	2	213.43	259.91
2005	HSFZQ01A00_01	400	鹅掌柴	4	470.7	598.95
2005	HSFZQ01A00_01	400	黑面神	1	106.59	129.73
2005	HSFZQ01A00_01	400	九节	16	779.45	209.41
2005	HSFZQ01A00_01	400	米碎花	31	3 732.12	4 798.81
2005	HSFZQ01A00_01	400	三桠苦	90	1 310.14	514.41
2005	HSFZQ01A00_01	400	山鸡椒	5	91.19	33.9
2005	HSFZQ01A00_01	400	杉木	1	115.28	145.34
2005	HSFZQ01A00_01	400	石斑木	10	1 082.12	1 327.98
2005	HSFZQ01A00_01	400	算盘子	2	2.81	2.89
2005	HSFZQ01A00_01	400	桃金娘	4	43.35	24.04
2005	HSFZQ01A00_01	400	土蜜树	2	217.98	268.07
2005	HSFZQ01A00_01	400	小蜡	1	114.47	143.88
2005	HSFZQ01A00_01	400	野漆	9	1 019.92	1 276.22

（续）

年份	样地代码	样地面积/m²	植物种名	株数/株	地上总干重/g	地下总干重/g
2005	HSFZQ01A00 _ 01	400	阴香	5	391.43	566.86
2005	HSFZQ01A00 _ 01	400	樟	1	8.68	35.49
2005	HSFZQ01A00 _ 01	400	栀子	15	196.91	93.89
2007	HSFFZ01A00 _ 01	450	白背叶	2	227.78	285.66
2007	HSFFZ01A00 _ 01	450	白花灯笼	435	12 403.48	4 407.56
2007	HSFFZ01A00 _ 01	450	白楸	1	115.02	144.86
2007	HSFFZ01A00 _ 01	450	变叶榕	1	116.66	147.85
2007	HSFFZ01A00 _ 01	450	豺皮樟	13	1 510.07	1 911.07
2007	HSFFZ01A00 _ 01	450	潺槁木姜子	3	48.79	19.32
2007	HSFFZ01A00 _ 01	450	秤星树	105	18 654.47	7 602.77
2007	HSFFZ01A00 _ 01	450	粗叶榕	1	1.56	1.46
2007	HSFFZ01A00 _ 01	450	地桃花	16	1 847.87	2 331.76
2007	HSFFZ01A00 _ 01	450	鹅掌柴	2	199.14	235.01
2007	HSFFZ01A00 _ 01	450	光叶山黄麻	3	834.04	139.49
2007	HSFFZ01A00 _ 01	450	黑面神	4	464.3	587.21
2007	HSFFZ01A00 _ 01	450	假鹰爪	1	109.7	135.26
2007	HSFFZ01A00 _ 01	450	九节	185	14 413.94	3 757.79
2007	HSFFZ01A00 _ 01	450	毛果算盘子	1	40.15	19.57
2007	HSFFZ01A00 _ 01	450	米碎花	22	2 625.84	3 363.22
2007	HSFFZ01A00 _ 01	450	三桠苦	121	4 069.13	1 578.65
2007	HSFFZ01A00 _ 01	450	山鸡椒	9	258.97	93.54
2007	HSFFZ01A00 _ 01	450	山乌桕	1	111.88	139.19
2007	HSFFZ01A00 _ 01	450	山芝麻	4	423.35	513.65
2007	HSFFZ01A00 _ 01	450	石斑木	43	4 862.14	6 080.35
2007	HSFFZ01A00 _ 01	450	桃金娘	12	590.66	291.29
2007	HSFFZ01A00 _ 01	450	阴香	6	733.49	776.17
2007	HSFFZ01A00 _ 01	450	印度野牡丹	4	9.99	18.12
2007	HSFFZ01A00 _ 01	450	栀子	64	879	495.26
2007	HSFFZ01A00 _ 01	450	竹节树	2	226.59	283.5
2007	HSFZH01A00 _ 01	1 200	白花灯笼	198	2 897.1	1 039.59
2007	HSFZH01A00 _ 01	1 200	变叶榕	2	228.47	286.87
2007	HSFZH01A00 _ 01	1 200	豺皮樟	24	2 847.45	3 639.9
2007	HSFZH01A00 _ 01	1 200	潺槁木姜子	6	274.59	105.97

（续）

年份	样地代码	样地面积/m²	植物种名	株数/株	地上总干重/g	地下总干重/g
2007	HSFZH01A00 _ 01	1 200	秤星树	216	63 781.78	25 355.72
2007	HSFZH01A00 _ 01	1 200	粗叶榕	3	5.05	5.84
2007	HSFZH01A00 _ 01	1 200	黑面神	2	230.67	290.9
2007	HSFZH01A00 _ 01	1 200	九节	12	2 288.52	567.47
2007	HSFZH01A00 _ 01	1 200	毛果算盘子	1	7.56	5.65
2007	HSFZH01A00 _ 01	1 200	米碎花	39	4 581.73	5 826.19
2007	HSFZH01A00 _ 01	1 200	三桠苦	13	1 950.51	727.1
2007	HSFZH01A00 _ 01	1 200	山鸡椒	27	1 423.6	462.54
2007	HSFZH01A00 _ 01	1 200	石斑木	38	4 426.78	5 609
2007	HSFZH01A00 _ 01	1 200	桃金娘	83	7 179.82	3 444.67
2007	HSFZH01A00 _ 01	1 200	阴香	4	838.62	661.26
2007	HSFZH01A00 _ 01	1 200	栀子	52	695.55	361.36
2007	HSFZQ01A00 _ 01	450	白花灯笼	477	3 920.5	1 720.06
2007	HSFZQ01A00 _ 01	450	白楸	3	326.52	401.51
2007	HSFZQ01A00 _ 01	450	豺皮樟	1	109.61	135.12
2007	HSFZQ01A00 _ 01	450	秤星树	80	11 072.55	4 565.64
2007	HSFZQ01A00 _ 01	450	粗叶榕	8	43.41	79.18
2007	HSFZQ01A00 _ 01	450	地桃花	1	115.73	146.16
2007	HSFZQ01A00 _ 01	450	鹅掌柴	1	113.09	141.36
2007	HSFZQ01A00 _ 01	450	光叶山黄麻	3	138.01	17.5
2007	HSFZQ01A00 _ 01	450	黑面神	2	230.62	290.86
2007	HSFZQ01A00 _ 01	450	九节	14	1 420.02	352.04
2007	HSFZQ01A00 _ 01	450	毛果算盘子	2	31.41	18.89
2007	HSFZQ01A00 _ 01	450	米碎花	9	1 044.5	1 321.78
2007	HSFZQ01A00 _ 01	450	三桠苦	116	2 532.69	997.86
2007	HSFZQ01A00 _ 01	450	山鸡椒	5	280.29	83.83
2007	HSFZQ01A00 _ 01	450	山乌桕	3	345.98	436.38
2007	HSFZQ01A00 _ 01	450	山芝麻	2	210.9	255.45
2007	HSFZQ01A00 _ 01	450	石斑木	12	1 248.9	1 504.81
2007	HSFZQ01A00 _ 01	450	野漆	2	220.05	271.9
2007	HSFZQ01A00 _ 01	450	阴香	4	356.52	508.66
2007	HSFZQ01A00 _ 01	450	印度野牡丹	2	53.07	43.15
2007	HSFZQ01A00 _ 01	450	栀子	43	305.92	126.4

（续）

年份	样地代码	样地面积/m²	植物种名	株数/株	地上总干重/g	地下总干重/g
2010	HSFFZ01A00 _ 01	900	白背叶	2	238.97	306.12
2010	HSFFZ01A00 _ 01	900	白花灯笼	403	7 304.09	2 847.65
2010	HSFFZ01A00 _ 01	900	变叶榕	2	216.7	265.8
2010	HSFFZ01A00 _ 01	900	豺皮樟	14	1 585.41	1 983.01
2010	HSFFZ01A00 _ 01	900	潺槁木姜子	17	415.2	162.94
2010	HSFFZ01A00 _ 01	900	秤星树	156	17 462.6	7 299.29
2010	HSFFZ01A00 _ 01	900	粗叶榕	2	13.51	26.87
2010	HSFFZ01A00 _ 01	900	大花紫薇	1	116.47	147.51
2010	HSFFZ01A00 _ 01	900	地桃花	6	701.21	889.67
2010	HSFFZ01A00 _ 01	900	鹅掌柴	6	688.12	865.65
2010	HSFFZ01A00 _ 01	900	光叶山黄麻	1	101.61	14.8
2010	HSFFZ01A00 _ 01	900	黑面神	3	332.38	411.76
2010	HSFFZ01A00 _ 01	900	红枝蒲桃	2	243.82	315.11
2010	HSFFZ01A00 _ 01	900	假鹰爪	1	119.53	153.13
2010	HSFFZ01A00 _ 01	900	九节	367	11 588.29	3 241.15
2010	HSFFZ01A00 _ 01	900	毛果算盘子	7	494.64	192.46
2010	HSFFZ01A00 _ 01	900	米碎花	44	5 129.14	6 499.26
2010	HSFFZ01A00 _ 01	900	木荷	1	93.16	92.82
2010	HSFFZ01A00 _ 01	900	三桠苦	166	7 215.12	2 809.54
2010	HSFFZ01A00 _ 01	900	山鸡椒	3	63.32	22.75
2010	HSFFZ01A00 _ 01	900	石斑木	86	9 753.64	12 208.77
2010	HSFFZ01A00 _ 01	900	桃金娘	12	580.11	295.06
2010	HSFFZ01A00 _ 01	900	香叶树	31	3 613.57	2 822.54
2010	HSFFZ01A00 _ 01	900	阴香	24	2 307.31	3 068.97
2010	HSFFZ01A00 _ 01	900	银柴	6	700.09	887.51
2010	HSFFZ01A00 _ 01	900	印度野牡丹	6	402.8	196.96
2010	HSFFZ01A00 _ 01	900	栀子	103	948.35	397.34
2010	HSFFZ01A00 _ 01	900	竹节树	1	112.7	140.66
2010	HSFZH01A00 _ 01	1 600	白花灯笼	184	2 095.25	879.24
2010	HSFZH01A00 _ 01	1 600	变叶榕	9	1 027.95	1 290.69
2010	HSFZH01A00 _ 01	1 600	豺皮樟	12	1 403.09	1 780.18
2010	HSFZH01A00 _ 01	1 600	潺槁木姜子	6	388.22	149.53
2010	HSFZH01A00 _ 01	1 600	秤星树	156	24 465.72	10 054.31

（续）

年份	样地代码	样地面积/m²	植物种名	株数/株	地上总干重/g	地下总干重/g
2010	HSFZH01A00 _ 01	1 600	粗叶榕	6	37.56	74.59
2010	HSFZH01A00 _ 01	1 600	海南蒲桃	1	110.33	136.41
2010	HSFZH01A00 _ 01	1 600	黑面神	6	699.94	887.32
2010	HSFZH01A00 _ 01	1 600	假鹰爪	4	478.38	613.2
2010	HSFZH01A00 _ 01	1 600	九节	12	349.55	98.31
2010	HSFZH01A00 _ 01	1 600	了哥王	20	2 455.8	3 184.46
2010	HSFZH01A00 _ 01	1 600	楝叶吴萸	5	586.14	744.51
2010	HSFZH01A00 _ 01	1 600	毛果算盘子	2	8.45	7.18
2010	HSFZH01A00 _ 01	1 600	米碎花	40	4 674.37	5 929.45
2010	HSFZH01A00 _ 01	1 600	米仔兰	1	118.65	151.51
2010	HSFZH01A00 _ 01	1 600	三桠苦	1	11.4	4.55
2010	HSFZH01A00 _ 01	1 600	山鸡椒	11	441.94	148.29
2010	HSFZH01A00 _ 01	1 600	山芝麻	1	105.01	126.94
2010	HSFZH01A00 _ 01	1 600	石斑木	43	5 022.05	6 368.81
2010	HSFZH01A00 _ 01	1 600	桃金娘	118	8 521.09	4 243.06
2010	HSFZH01A00 _ 01	1 600	香叶树	10	780.65	697.52
2010	HSFZH01A00 _ 01	1 600	野漆	4	476.41	609.42
2010	HSFZH01A00 _ 01	1 600	阴香	7	1 594.41	1 305.9
2010	HSFZH01A00 _ 01	1 600	印度野牡丹	2	16.7	21.23
2010	HSFZH01A00 _ 01	1 600	樟	1	90.89	129.23
2010	HSFZH01A00 _ 01	1 600	栀子	23	289.94	130.43
2010	HSFZQ01A00 _ 01	1 600	白背叶	11	1 282.18	1 624.79
2010	HSFZQ01A00 _ 01	1 600	白花灯笼	939	12 291.35	5 055.52
2010	HSFZQ01A00 _ 01	1 600	变叶榕	6	672.3	837.4
2010	HSFZQ01A00 _ 01	1 600	豺皮樟	1	101.03	120.02
2010	HSFZQ01A00 _ 01	1 600	秤星树	90	12 906.72	5 324.44
2010	HSFZQ01A00 _ 01	1 600	粗叶榕	9	49.36	93.64
2010	HSFZQ01A00 _ 01	1 600	鹅掌柴	5	575.84	726.16
2010	HSFZQ01A00 _ 01	1 600	黑面神	1	115.09	144.99
2010	HSFZQ01A00 _ 01	1 600	九节	77	2 001.58	559.51
2010	HSFZQ01A00 _ 01	1 600	毛果算盘子	1	14.31	9.2
2010	HSFZQ01A00 _ 01	1 600	米碎花	19	2 235.24	2 843.8
2010	HSFZQ01A00 _ 01	1 600	三桠苦	218	10 383.28	4 039.67

（续）

年份	样地代码	样地面积/m²	植物种名	株数/株	地上总干重/g	地下总干重/g
2010	HSFZQ01A00_01	1 600	山鸡椒	7	391.32	127.09
2010	HSFZQ01A00_01	1 600	山乌桕	1	112.23	139.81
2010	HSFZQ01A00_01	1 600	杉木	30	3 506.82	4 448.7
2010	HSFZQ01A00_01	1 600	石斑木	7	787.5	982.38
2010	HSFZQ01A00_01	1 600	土蜜树	4	465.6	589.62
2010	HSFZQ01A00_01	1 600	香叶树	1	286.15	150.3
2010	HSFZQ01A00_01	1 600	小蜡	2	217.91	268.32
2010	HSFZQ01A00_01	1 600	野漆	2	241.96	311.64
2010	HSFZQ01A00_01	1 600	叶下珠	1	110.56	136.8
2010	HSFZQ01A00_01	1 600	阴香	12	3 098.63	2 647.6
2010	HSFZQ01A00_01	1 600	印度野牡丹	11	549.68	338.27
2010	HSFZQ01A00_01	1 600	栀子	62	415.68	165.09
2012	HSFFZ01A00_01	450	白花灯笼	127	2 496.99	927.07
2012	HSFFZ01A00_01	450	豺皮樟	2	226.56	283.41
2012	HSFFZ01A00_01	450	潺槁木姜子	4	168.03	65.4
2012	HSFFZ01A00_01	450	秤星树	86	14 147.55	5 798.89
2012	HSFFZ01A00_01	450	粗叶榕	4	49.58	134.73
2012	HSFFZ01A00_01	450	大花紫薇	1	108.84	133.73
2012	HSFFZ01A00_01	450	鹅掌柴	2	233.58	296.19
2012	HSFFZ01A00_01	450	黑面神	1	114.05	143.11
2012	HSFFZ01A00_01	450	红枝蒲桃	2	238.96	306.21
2012	HSFFZ01A00_01	450	九节	131	7 252.56	1 945.44
2012	HSFFZ01A00_01	450	鳞蒴锥	1	83.97	14.83
2012	HSFFZ01A00_01	450	毛果算盘子	3	661.71	148.3
2012	HSFFZ01A00_01	450	米碎花	12	1 398.46	1 772.42
2012	HSFFZ01A00_01	450	三桠苦	41	2 721.1	1 049.93
2012	HSFFZ01A00_01	450	山鸡椒	1	18.25	7.04
2012	HSFFZ01A00_01	450	石斑木	31	3 590.34	4 537.9
2012	HSFFZ01A00_01	450	桃金娘	2	29.86	16.27
2012	HSFFZ01A00_01	450	香叶树	9	1 084.73	796.07
2012	HSFFZ01A00_01	450	阴香	14	3 189.55	2 830.15
2012	HSFFZ01A00_01	450	印度野牡丹	4	3.04	9.3
2012	HSFFZ01A00_01	450	栀子	35	483.3	223.56

（续）

年份	样地代码	样地面积/m²	植物种名	株数/株	地上总干重/g	地下总干重/g
2012	HSFZH01A00_01	800	白花灯笼	33	356.31	148.34
2012	HSFZH01A00_01	800	豺皮樟	11	1 302.77	1 662.44
2012	HSFZH01A00_01	800	秤星树	84	12 600.45	5 180.02
2012	HSFZH01A00_01	800	粗叶榕	5	32.25	62.48
2012	HSFZH01A00_01	800	黑面神	4	444.83	551.9
2012	HSFZH01A00_01	800	红枝蒲桃	1	107.29	130.97
2012	HSFZH01A00_01	800	红锥	1	8.36	1.26
2012	HSFZH01A00_01	800	九节	7	253.74	69.33
2012	HSFZH01A00_01	800	了哥王	11	1 319.52	1 693.78
2012	HSFZH01A00_01	800	米碎花	19	2 245.52	2 863.01
2012	HSFZH01A00_01	800	琴叶榕	7	807.37	1 018.15
2012	HSFZH01A00_01	800	三桠苦	1	18.32	7.25
2012	HSFZH01A00_01	800	山鸡椒	3	24.04	9.97
2012	HSFZH01A00_01	800	石斑木	6	703.02	893.4
2012	HSFZH01A00_01	800	桃金娘	50	5 111.15	2 474.97
2012	HSFZH01A00_01	800	香叶树	6	1 088.5	678.32
2012	HSFZH01A00_01	800	野漆	2	242.37	312.4
2012	HSFZH01A00_01	800	阴香	7	1 422.27	1 363.85
2012	HSFZH01A00_01	800	栀子	15	246.33	118.05
2012	HSFZQ01A00_01	450	白背叶	3	349.92	443.61
2012	HSFZQ01A00_01	450	白花灯笼	332	5 631.36	2 217.8
2012	HSFZQ01A00_01	450	白楸	1	116	146.64
2012	HSFZQ01A00_01	450	变叶榕	3	340.52	426.36
2012	HSFZQ01A00_01	450	潺槁木姜子	1	58.38	22.65
2012	HSFZQ01A00_01	450	秤星树	106	14 372.54	5 937.83
2012	HSFZQ01A00_01	450	粗叶榕	4	80.34	279.68
2012	HSFZQ01A00_01	450	地桃花	1	110.56	136.8
2012	HSFZQ01A00_01	450	鹅掌柴	1	119.21	152.54
2012	HSFZQ01A00_01	450	九节	19	688.51	186.11
2012	HSFZQ01A00_01	450	楝叶吴萸	1	118.97	152.1
2012	HSFZQ01A00_01	450	米碎花	7	816.74	1 035.5
2012	HSFZQ01A00_01	450	三桠苦	93	6 421.93	2 469.89
2012	HSFZQ01A00_01	450	山鸡椒	8	600.99	192.99

（续）

年份	样地代码	样地面积/m²	植物种名	株数/株	地上总干重/g	地下总干重/g
2012	HSFZQ01A00_01	450	山乌桕	1	120.42	154.79
2012	HSFZQ01A00_01	450	杉木	2	235.14	299.06
2012	HSFZQ01A00_01	450	石斑木	6	700.32	887.84
2012	HSFZQ01A00_01	450	土蜜树	1	109.12	134.23
2012	HSFZQ01A00_01	450	香叶树	1	581.61	217.83
2012	HSFZQ01A00_01	450	印度野牡丹	10	1 452.85	560.11
2012	HSFZQ01A00_01	450	栀子	43	577.11	263.27
2012	HSFZQ01A00_01	450	醉香含笑	1	50.49	4
2015	HSFFZ01A00_01	450	白花灯笼	77	1 403.61	544.84
2015	HSFFZ01A00_01	450	变叶榕	1	114.47	143.88
2015	HSFFZ01A00_01	450	豺皮樟	8	712.79	910.74
2015	HSFFZ01A00_01	450	潺槁木姜子	16	819.55	316.46
2015	HSFFZ01A00_01	450	秤星树	88	11 775.28	4 872.37
2015	HSFFZ01A00_01	450	粗叶榕	2	13.82	27.76
2015	HSFFZ01A00_01	450	大花紫薇	2	233.44	295.93
2015	HSFFZ01A00_01	450	鹅掌柴	4	463.95	586.61
2015	HSFFZ01A00_01	450	翻白叶树	1	111.06	137.71
2015	HSFFZ01A00_01	450	黑面神	3	345.44	435.28
2015	HSFFZ01A00_01	450	红枝蒲桃	2	236.6	301.75
2015	HSFFZ01A00_01	450	假鹰爪	1	108.72	133.52
2015	HSFFZ01A00_01	450	九节	352	20 400.28	5 474.41
2015	HSFFZ01A00_01	450	黧蒴锥	1	78.76	13.85
2015	HSFFZ01A00_01	450	毛果算盘子	4	439	143.53
2015	HSFFZ01A00_01	450	米碎花	28	3 249.9	4 110.89
2015	HSFFZ01A00_01	450	三桠苦	34	2 523.8	968.81
2015	HSFFZ01A00_01	450	山鸡椒	2	32.62	12.72
2015	HSFFZ01A00_01	450	深山含笑	2	40.4	2.16
2015	HSFFZ01A00_01	450	石斑木	18	2 098.89	2 660.47
2015	HSFFZ01A00_01	450	桃金娘	2	12.06	6.9
2015	HSFFZ01A00_01	450	香叶树	21	3 204.16	2 182.1
2015	HSFFZ01A00_01	450	阴香	34	5 414.81	5 826.23
2015	HSFFZ01A00_01	450	银柴	1	118.06	150.44
2015	HSFFZ01A00_01	450	栀子	41	514	240.49

（续）

年份	样地代码	样地面积/m²	植物种名	株数/株	地上总干重/g	地下总干重/g
2015	HSFFZ01A00_01	450	竹节树	1	111.06	137.71
2015	HSFFZ01A00_01	450	醉香含笑	4	123.7	8.11
2015	HSFZH01A00_01	800	白花灯笼	32	342.71	145.11
2015	HSFZH01A00_01	800	变叶榕	7	793.44	993.05
2015	HSFZH01A00_01	800	豺皮樟	12	1 396.24	1 767.97
2015	HSFZH01A00_01	800	秤星树	111	14 750.25	6 102.7
2015	HSFZH01A00_01	800	粗叶榕	3	31.98	80.29
2015	HSFZH01A00_01	800	黑面神	1	111.88	139.19
2015	HSFZH01A00_01	800	红枝蒲桃	1	113.44	142
2015	HSFZH01A00_01	800	九节	4	296.57	78.44
2015	HSFZH01A00_01	800	了哥王	2	243.6	314.74
2015	HSFZH01A00_01	800	毛黄肉楠	1	111.06	137.71
2015	HSFZH01A00_01	800	米碎花	13	1 545.18	1 974.96
2015	HSFZH01A00_01	800	三桠苦	3	137.35	53.41
2015	HSFZH01A00_01	800	山鸡椒	8	1 306.35	350.1
2015	HSFZH01A00_01	800	石斑木	6	694.55	877.58
2015	HSFZH01A00_01	800	桃金娘	43	3 639.11	1 802.55
2015	HSFZH01A00_01	800	香叶树	8	815.65	679.29
2015	HSFZH01A00_01	800	小果山龙眼	1	113.76	142.58
2015	HSFZH01A00_01	800	野漆	3	355.85	454.52
2015	HSFZH01A00_01	800	阴香	8	1 985.4	1 771.35
2015	HSFZH01A00_01	800	栀子	13	366.2	201.62
2015	HSFZQ01A00_01	450	白背叶	4	446.61	555.54
2015	HSFZQ01A00_01	450	白花灯笼	387	7 672.5	2 926.88
2015	HSFZQ01A00_01	450	变叶榕	11	1 266.6	1 596.03
2015	HSFZQ01A00_01	450	潺槁木姜子	13	63.8	25.32
2015	HSFZQ01A00_01	450	秤星树	96	13 497.18	5 571.99
2015	HSFZQ01A00_01	450	粗叶榕	5	39.12	86.12
2015	HSFZQ01A00_01	450	地桃花	1	120.02	154.04
2015	HSFZQ01A00_01	450	鹅掌柴	23	2 476.63	3 029.09
2015	HSFZQ01A00_01	450	翻白叶树	4	456.76	574.46
2015	HSFZQ01A00_01	450	光叶山矾	1	115.02	144.86
2015	HSFZQ01A00_01	450	光叶山黄麻	6	776.77	119.02

（续）

年份	样地代码	样地面积/m²	植物种名	株数/株	地上总干重/g	地下总干重/g
2015	HSFZQ01A00＿01	450	黑面神	1	116.27	147.15
2015	HSFZQ01A00＿01	450	九节	59	2 293.67	631.27
2015	HSFZQ01A00＿01	450	米碎花	10	1 167.47	1 480.46
2015	HSFZQ01A00＿01	450	三桠苦	80	4 454.61	1 723.05
2015	HSFZQ01A00＿01	450	山鸡椒	7	131.57	46.68
2015	HSFZQ01A00＿01	450	山乌桕	2	235.37	299.48
2015	HSFZQ01A00＿01	450	杉木	1	117.33	149.1
2015	HSFZQ01A00＿01	450	石斑木	6	699.62	886.56
2015	HSFZQ01A00＿01	450	香叶树	1	171.17	114.87
2015	HSFZQ01A00＿01	450	野漆	1	123.89	161.24
2015	HSFZQ01A00＿01	450	阴香	2	289.25	333.7
2015	HSFZQ01A00＿01	450	银柴	1	108.2	132.59
2015	HSFZQ01A00＿01	450	印度野牡丹	9	542.69	280.4
2015	HSFZQ01A00＿01	450	栀子	45	1 188.78	616.08
2015	HSFZQ01A00＿01	450	醉香含笑	1	3.47	0.07

表3-4 鹤山站森林群落草本层分种生物量

年份	样地代码	样地面积/m²	植物种名	株数/株	地上总干重/g
2005	HSFFZ01A00＿01	12	垂穗石松	2	10.5
2005	HSFFZ01A00＿01	12	淡竹叶	18	42.32
2005	HSFFZ01A00＿01	12	地胆草	1	2.5
2005	HSFFZ01A00＿01	12	华南毛蕨	7	83.67
2005	HSFFZ01A00＿01	12	火炭母	3	19.26
2005	HSFFZ01A00＿01	12	芒萁	189	1 836.73
2005	HSFFZ01A00＿01	12	山菅兰	1	2.03
2005	HSFFZ01A00＿01	12	扇叶铁线蕨	8	7.85
2005	HSFFZ01A00＿01	12	乌毛蕨	4	343.54
2005	HSFFZ01A00＿01	12	小花露籽草	33	5.65
2005	HSFFZ01A00＿01	12	异叶双唇蕨	4	7.77
2005	HSFZH01A00＿01	21	淡竹叶	3	0.85
2005	HSFZH01A00＿01	21	华南毛蕨	1	23.86
2005	HSFZH01A00＿01	21	芒	4	145.1
2005	HSFZH01A00＿01	21	芒萁	825	6 819.85

（续）

年份	样地代码	样地面积/m²	植物种名	株数/株	地上总干重/g
2005	HSFZH01A00_01	21	山菅兰	6	17.88
2005	HSFZH01A00_01	21	扇叶铁线蕨	3	4.12
2005	HSFZH01A00_01	21	乌毛蕨	4	1 624.85
2005	HSFZH01A00_01	21	细毛鸭嘴草	9	15.64
2005	HSFZH01A00_01	21	小花露籽草	3	10.81
2005	HSFFZ01A00_01	12	异叶双唇蕨	10	7.77
2005	HSFZQ01A00_01	16	华南鳞盖蕨	16	72.09
2005	HSFZQ01A00_01	16	芒萁	28	480
2005	HSFZQ01A00_01	16	毛果珍珠茅	1	5.08
2005	HSFZQ01A00_01	16	山菅兰	1	0.88
2005	HSFZQ01A00_01	16	扇叶铁线蕨	13	31.13
2005	HSFZQ01A00_01	16	乌毛蕨	4	878.82
2005	HSFZQ01A00_01	16	小花露籽草	15	132.25
2005	HSFZQ01A00_01	16	异叶双唇蕨	5	12.11
2007	HSFFZ01A00_01	18	淡竹叶	14	216.9
2007	HSFFZ01A00_01	18	华南毛蕨	2	13.86
2007	HSFFZ01A00_01	18	芒	1	37.91
2007	HSFFZ01A00_01	18	芒萁	117	2 512.35
2007	HSFFZ01A00_01	18	扇叶铁线蕨	13	28.62
2007	HSFFZ01A00_01	18	乌毛蕨	9	4 313.85
2007	HSFFZ01A00_01	18	小花露籽草	13	125.68
2007	HSFFZ01A00_01	18	异叶双唇蕨	3	16.3
2007	HSFZH01A00_01	46	华南毛蕨	3	0.07
2007	HSFZH01A00_01	46	芒	3	59.48
2007	HSFZH01A00_01	46	芒萁	961	9 739.91
2007	HSFZH01A00_01	46	扇叶铁线蕨	4	12.92
2007	HSFZH01A00_01	46	乌毛蕨	21	6 613.63
2007	HSFZH01A00_01	46	细毛鸭嘴草	4	30.22
2007	HSFZH01A00_01	46	小花露籽草	7	17.15
2007	HSFZH01A00_01	46	异叶双唇蕨	5	76.27
2007	HSFZQ01A00_01	18	淡竹叶	20	78.09
2007	HSFZQ01A00_01	18	华南鳞盖蕨	18	25.02
2007	HSFZQ01A00_01	18	华南毛蕨	4	37.11
2007	HSFZQ01A00_01	18	火炭母	23	110.28
2007	HSFZQ01A00_01	18	芒萁	13	102.08

（续）

年份	样地代码	样地面积/m²	植物种名	株数/株	地上总干重/g
2007	HSFZQ01A00_01	18	山菅兰	1	3.97
2007	HSFZQ01A00_01	18	扇叶铁线蕨	9	61.18
2007	HSFZQ01A00_01	18	乌毛蕨	7	3 828.51
2007	HSFZQ01A00_01	18	小花露籽草	18	316.79
2007	HSFZQ01A00_01	18	异叶双唇蕨	1	2.82
2010	HSFFZ01A00_01	72	半边旗	2	28.3
2010	HSFFZ01A00_01	72	单色蝴蝶草	1	71.47
2010	HSFFZ01A00_01	72	淡竹叶	80	1 200.21
2010	HSFFZ01A00_01	72	短叶黍	5	0.97
2010	HSFFZ01A00_01	72	华南鳞盖蕨	8	72.77
2010	HSFFZ01A00_01	72	芒	20	82.8
2010	HSFFZ01A00_01	72	芒萁	108	147.55
2010	HSFFZ01A00_01	72	山菅兰	1	17.91
2010	HSFFZ01A00_01	72	扇叶铁线蕨	28	124.09
2010	HSFFZ01A00_01	72	乌毛蕨	28	5 541.83
2010	HSFFZ01A00_01	72	小花露籽草	58	165.03
2010	HSFFZ01A00_01	72	异叶双唇蕨	11	128.66
2010	HSFZH01A00_01	128	淡竹叶	1	10.86
2010	HSFZH01A00_01	128	剑叶凤尾蕨	1	1.74
2010	HSFZH01A00_01	128	芒	23	59.28
2010	HSFZH01A00_01	128	芒萁	1 536	2 814.28
2010	HSFZH01A00_01	128	山菅兰	1	5.12
2010	HSFZH01A00_01	128	扇叶铁线蕨	2	4.15
2010	HSFZH01A00_01	128	双穗雀稗	1	24.1
2010	HSFZH01A00_01	128	乌毛蕨	20	1 485.58
2010	HSFZH01A00_01	128	小花露籽草	32	121.74
2010	HSFZH01A00_01	128	异叶双唇蕨	1	28.88
2010	HSFZQ01A00_01	72	半边旗	4	22.18
2010	HSFZQ01A00_01	72	淡竹叶	8	711.71
2010	HSFZQ01A00_01	72	华南鳞盖蕨	24	1 641.25
2010	HSFZQ01A00_01	72	芒萁	33	20.53
2010	HSFZQ01A00_01	72	山菅兰	1	51.16
2010	HSFZQ01A00_01	72	扇叶铁线蕨	9	14.03
2010	HSFZQ01A00_01	72	团叶鳞始蕨	2	10.15
2010	HSFZQ01A00_01	72	乌毛蕨	22	2 943.48

（续）

年份	样地代码	样地面积/m²	植物种名	株数/株	地上总干重/g
2010	HSFZQ01A00_01	72	小花露籽草	15	296.03
2012	HSFFZ01A00_01	18	半边旗	1	5.74
2012	HSFFZ01A00_01	18	淡竹叶	23	149.11
2012	HSFFZ01A00_01	18	弓果黍	4	11.02
2012	HSFFZ01A00_01	18	华南鳞盖蕨	6	31.8
2012	HSFFZ01A00_01	18	类芦	1	33.27
2012	HSFFZ01A00_01	18	芒萁	40	122.26
2012	HSFFZ01A00_01	18	扇叶铁线蕨	5	16.95
2012	HSFFZ01A00_01	18	团叶鳞始蕨	6	67.62
2012	HSFFZ01A00_01	18	乌毛蕨	5	431.67
2012	HSFFZ01A00_01	18	小花露籽草	14	17.55
2012	HSFZH01A00_01	32	淡竹叶	1	0.34
2012	HSFZH01A00_01	32	弓果黍	1	4.44
2012	HSFZH01A00_01	32	芒	1	170.04
2012	HSFZH01A00_01	32	芒萁	342	1 799.16
2012	HSFZH01A00_01	32	团叶鳞始蕨	1	19.69
2012	HSFZH01A00_01	32	乌毛蕨	2	114.58
2012	HSFZH01A00_01	32	小花露籽草	3	6.28
2012	HSFZQ01A00_01	18	半边旗	3	27.73
2012	HSFZQ01A00_01	18	淡竹叶	22	638.18
2012	HSFZQ01A00_01	18	弓果黍	3	11.67
2012	HSFZQ01A00_01	18	华南鳞盖蕨	8	339.14
2012	HSFZQ01A00_01	18	芒萁	37	143.61
2012	HSFZQ01A00_01	18	扇叶铁线蕨	5	13.83
2012	HSFZQ01A00_01	18	团叶鳞始蕨	3	11.48
2012	HSFZQ01A00_01	18	乌毛蕨	4	320.29
2012	HSFZQ01A00_01	18	小花露籽草	13	145.57
2015	HSFFZ01A00_01	72	半边旗	4	20.6
2015	HSFFZ01A00_01	72	淡竹叶	28	190.7
2015	HSFFZ01A00_01	72	华南鳞盖蕨	7	140.2
2015	HSFFZ01A00_01	72	芒萁	205	175.5
2015	HSFFZ01A00_01	72	扇叶铁线蕨	19	25.2
2015	HSFFZ01A00_01	72	团叶鳞始蕨	10	32
2015	HSFFZ01A00_01	72	乌毛蕨	17	1 351.6
2015	HSFFZ01A00_01	72	小花露籽草	11	263.1

（续）

年份	样地代码	样地面积/m²	植物种名	株数/株	地上总干重/g
2015	HSFFZ01A00 _ 01	72	异叶双唇蕨	4	36.7
2015	HSFZH01A00 _ 01	96	淡竹叶	1	35.6
2015	HSFZH01A00 _ 01	96	芒	2	78.9
2015	HSFZH01A00 _ 01	96	芒萁	1 421	6 454
2015	HSFZH01A00 _ 01	96	乌毛蕨	3	164.7
2015	HSFZH01A00 _ 01	96	小花露籽草	3	14.3
2015	HSFZQ01A00 _ 01	72	半边旗	6	12.6
2015	HSFZQ01A00 _ 01	72	淡竹叶	37	1 587.8
2015	HSFZQ01A00 _ 01	72	短叶黍	1	3.2
2015	HSFZQ01A00 _ 01	72	弓果黍	5	66.2
2015	HSFZQ01A00 _ 01	72	华南鳞盖蕨	8	150.7
2015	HSFZQ01A00 _ 01	72	芒	1	0.5
2015	HSFZQ01A00 _ 01	72	芒萁	211	433.9
2015	HSFZQ01A00 _ 01	72	三羽新月蕨	1	1.24
2015	HSFZQ01A00 _ 01	72	扇叶铁线蕨	19	24.2
2015	HSFZQ01A00 _ 01	72	团叶鳞始蕨	6	25
2015	HSFZQ01A00 _ 01	72	乌毛蕨	9	794.5
2015	HSFZQ01A00 _ 01	72	小花露籽草	16	195
2015	HSFZQ01A00 _ 01	72	异叶双唇蕨	2	5.3

3.1.3　胸径数据集

3.1.3.1　概述

本数据集收录了鹤山站 2005—2015 年 11 年定点定位观测不同植物种类的胸径调查数据，包括观测年份、观测样地代码、样地面积、植物种名、株数、胸径，样地面积单位为 m²、株数单位为株、胸径单位为 cm。数据产生的长期观测样地为鹤山站马占相思林综合观测场永久样地（HSFZH01A00 _ 01）、鹤山站乡土林辅助观测场永久样地（HSFFZ01A00 _ 01）、鹤山站针叶林站区调查点永久样地（HSFZQ01A00 _ 01）。

调查和数据采集频度按中国生态系统研究网络（CERN）长期监测规范丛书《陆地生态系统生物观测指标与规范》要求进行，人工林观测频率为每 5 年 2 次（实际按年份尾数为 0、2、5、7 的年份监测）。

3.1.3.2　数据采集和处理方法

乔木层植物种类的胸径，在植株高度 1.3 m 处测量，起测径级为 1 cm。使用林业专用胸径尺或游标卡尺进行测量。

3.1.3.3　数据质量控制和评估

野外观测乔木层胸径测量的质控方法，具体参照《陆地生态系统生物观测指标与规范》要求进行。

3.1.3.4　数据价值/数据使用方法和建议

　　胸径是立木测定的最基本因子之一，是构建植株生长量模型的重要参数，是反映树木生长状况的重要指标。通过研究不同人工林乔木层的长期胸径变化趋势，了解不同人工林乔木层各植物种类的生长速率、适应性及其林内竞争优势等，反映林分结构的变化趋势，也可为林分改造进行植物筛选提供数据支撑和参考等。

　　本数据集原始数据可通过广东鹤山森林生态系统国家野外科学观测研究站（http：//hsf. cern. ac. cn/）"资源服务"下的"数据服务"页面申请获取。

3.1.3.5　数据

　　数据见表 3-5。

表 3-5　鹤山站森林群落乔木层植物胸径

年份	样地代码	样地面积/m²	植物种名	株数/株	胸径/cm
2005	HSFFZ01A00_01	900	豺皮樟	8	2.4±0.54
2005	HSFFZ01A00_01	900	潺槁木姜子	2	2.1±0.45
2005	HSFFZ01A00_01	900	粗叶榕	1	2.1±0
2005	HSFFZ01A00_01	900	翻白叶树	3	10.2±6.74
2005	HSFFZ01A00_01	900	红锥	2	14.2±3.05
2005	HSFFZ01A00_01	900	楝叶吴萸	1	7.3±0
2005	HSFFZ01A00_01	900	毛八角枫	2	2.5±0.1
2005	HSFFZ01A00_01	900	木荷	4	10.8±6.07
2005	HSFFZ01A00_01	900	蒲桃	1	1.6±0
2005	HSFFZ01A00_01	900	三桠苦	54	2.5±1.28
2005	HSFFZ01A00_01	900	山鸡椒	7	2.7±1.31
2005	HSFFZ01A00_01	900	西南木荷	107	14.5±4.56
2005	HSFFZ01A00_01	900	野漆	1	4.5±0
2005	HSFFZ01A00_01	900	竹柏	2	2.6±0.1
2005	HSFFZ01A00_01	900	醉香含笑	1	3.5±0
2005	HSFZH01A00_01	3 800	秤星树	118	2.4±0.73
2005	HSFZH01A00_01	3 800	马占相思	323	19±7.67
2005	HSFZH01A00_01	3 800	毛果算盘子	28	2.9±1.22
2005	HSFZH01A00_01	3 800	茶	3	2.4±0.63
2005	HSFZH01A00_01	3 800	潺槁木姜子	13	3.9±1.61
2005	HSFZH01A00_01	3 800	红枝蒲桃	1	4.9±0
2005	HSFZH01A00_01	3 800	山鸡椒	33	3.2±1.82
2005	HSFZH01A00_01	3 800	算盘子	9	2.5±0.63
2005	HSFZH01A00_01	3 800	九节	3	1.5±0.2
2005	HSFZH01A00_01	3 800	桃金娘	4	2.3±0.27
2005	HSFZH01A00_01	3 800	野漆	4	4.2±2.75
2005	HSFZH01A00_01	3 800	米碎花	1	1.8±0
2005	HSFZH01A00_01	3 800	马尾松	1	13.2±0
2005	HSFZH01A00_01	3 800	大叶相思	1	5.7±0
2005	HSFZH01A00_01	3 800	楝叶吴萸	4	12.5±3.68

（续）

年份	样地代码	样地面积/m²	植物种名	株数/株	胸径/cm
2005	HSFZH01A00 _ 01	3 800	三桠苦	4	2.4±0.69
2005	HSFZH01A00 _ 01	3 800	粗叶榕	1	1.1±0
2005	HSFZH01A00 _ 01	3 800	石斑木	1	1.3±0
2005	HSFZH01A00 _ 01	3 800	假鹰爪	1	3.8±0
2005	HSFZH01A00 _ 01	3 800	山乌桕	2	2.8±0.32
2005	HSFZH01A00 _ 01	3 800	鹅掌柴	3	3.6±0.79
2005	HSFZH01A00 _ 01	3 800	变叶榕	1	1.7±0
2005	HSFZH01A00 _ 01	3 800	栀子	1	1.6±0
2005	HSFZH01A00 _ 01	3 800	光叶山黄麻	1	1.3±0
2005	HSFZH01A00 _ 01	3 800	蒲桃	1	5.9±0
2005	HSFZQ01A00 _ 01	900	潺槁木姜子	1	9.9±0
2005	HSFZQ01A00 _ 01	900	鹅掌柴	2	10.7±3.9
2005	HSFZQ01A00 _ 01	900	马尾松	72	14±3.63
2005	HSFZQ01A00 _ 01	900	木荷	11	7±2.46
2005	HSFZQ01A00 _ 01	900	三桠苦	1	3±0
2005	HSFZQ01A00 _ 01	900	山鸡椒	2	1.7±0.5
2005	HSFZQ01A00 _ 01	900	杉木	147	8.7±6.23
2007	HSFFZ01A00 _ 01	900	豺皮樟	5	1.6±0.5
2007	HSFFZ01A00 _ 01	900	潺槁木姜子	1	2.2±0
2007	HSFFZ01A00 _ 01	900	翻白叶树	3	13.1±7.73
2007	HSFFZ01A00 _ 01	900	红枝蒲桃	1	1.3±0
2007	HSFFZ01A00 _ 01	900	红锥	1	12±0
2007	HSFFZ01A00 _ 01	900	毛八角枫	5	3.8±0.97
2007	HSFFZ01A00 _ 01	900	木荷	2	7.2±0.5
2007	HSFFZ01A00 _ 01	900	三桠苦	36	2.5±1.35
2007	HSFFZ01A00 _ 01	900	山鸡椒	8	1.9±1.03
2007	HSFFZ01A00 _ 01	900	西南木荷	112	14.6±5.38
2007	HSFFZ01A00 _ 01	900	野漆	1	4.8±0
2007	HSFFZ01A00 _ 01	900	银柴	1	1.8±0
2007	HSFFZ01A00 _ 01	900	樟	1	2±0
2007	HSFFZ01A00 _ 01	900	竹柏	2	3.6±0.25
2007	HSFZH01A00 _ 01	2 400	豺皮樟	21	2.3±0.8
2007	HSFZH01A00 _ 01	2 400	潺槁木姜子	6	3.2±1.72

（续）

年份	样地代码	样地面积/m²	植物种名	株数/株	胸径/cm
2007	HSFZH01A00＿01	2 400	红枝蒲桃	2	6.7±0.65
2007	HSFZH01A00＿01	2 400	九节	2	1.3±0.25
2007	HSFZH01A00＿01	2 400	楝	1	1.5±0
2007	HSFZH01A00＿01	2 400	楝叶吴萸	2	11.2±3.85
2007	HSFZH01A00＿01	2 400	马占相思	232	17.7±8.1
2007	HSFZH01A00＿01	2 400	三桠苦	3	1.8±0.56
2007	HSFZH01A00＿01	2 400	山鸡椒	62	2.8±1.64
2007	HSFZH01A00＿01	2 400	野漆	5	2±0.34
2007	HSFZH01A00＿01	2 400	阴香	2	2.2±0.3
2007	HSFZQ01A00＿01	900	鹅掌柴	3	11.1±3.72
2007	HSFZQ01A00＿01	900	马尾松	61	14±3.84
2007	HSFZQ01A00＿01	900	木荷	5	8.4±2.03
2007	HSFZQ01A00＿01	900	三桠苦	7	1.7±0.58
2007	HSFZQ01A00＿01	900	山鸡椒	3	1.8±0.54
2007	HSFZQ01A00＿01	900	杉木	136	9.6±6.43
2007	HSFZQ01A00＿01	900	阴香	1	1.8±0
2010	HSFFZ01A00＿01	900	白花灯笼	26	1.1±0.15
2010	HSFFZ01A00＿01	900	变叶榕	1	1.3±0
2010	HSFFZ01A00＿01	900	豺皮樟	6	1.1±0.05
2010	HSFFZ01A00＿01	900	潺槁木姜子	4	1.5±0.6
2010	HSFFZ01A00＿01	900	秤星树	89	1.5±0.53
2010	HSFFZ01A00＿01	900	粗叶榕	2	1.2±0
2010	HSFFZ01A00＿01	900	鹅掌柴	1	1.6±0
2010	HSFFZ01A00＿01	900	翻白叶树	3	15.8±7.41
2010	HSFFZ01A00＿01	900	红枝蒲桃	6	1.5±0.43
2010	HSFFZ01A00＿01	900	红锥	2	16±3.45
2010	HSFFZ01A00＿01	900	九节	99	1.7±1.45
2010	HSFFZ01A00＿01	900	楝叶吴萸	1	7.3±0
2010	HSFFZ01A00＿01	900	毛八角枫	6	4.4±2.06
2010	HSFFZ01A00＿01	900	毛果算盘子	1	1.4±0
2010	HSFFZ01A00＿01	900	米碎花	12	1.7±0.76
2010	HSFFZ01A00＿01	900	木荷	2	3.3±0.6
2010	HSFFZ01A00＿01	900	三桠苦	41	2.4±2.16

（续）

年份	样地代码	样地面积/m²	植物种名	株数/株	胸径/cm
2010	HSFFZ01A00 _ 01	900	山鸡椒	9	3.5±3.2
2010	HSFFZ01A00 _ 01	900	石斑木	4	1.3±0.19
2010	HSFFZ01A00 _ 01	900	桃金娘	1	1±0
2010	HSFFZ01A00 _ 01	900	西南木荷	103	16.1±5.63
2010	HSFFZ01A00 _ 01	900	香叶树	6	1.7±0.44
2010	HSFFZ01A00 _ 01	900	野漆	1	5±0
2010	HSFFZ01A00 _ 01	900	阴香	4	1.4±0.39
2010	HSFFZ01A00 _ 01	900	银柴	1	3.5±0
2010	HSFFZ01A00 _ 01	900	竹柏	2	4.3±0.8
2010	HSFFZ01A00 _ 01	900	竹节树	3	1.2±0.16
2010	HSFZH01A00 _ 01	1 600	豺皮樟	5	2±0.52
2010	HSFZH01A00 _ 01	1 600	潺槁木姜子	4	4.8±2.39
2010	HSFZH01A00 _ 01	1 600	秤星树	156	1.6±0.68
2010	HSFZH01A00 _ 01	1 600	红锥	2	1±0
2010	HSFZH01A00 _ 01	1 600	九节	1	2.1±0
2010	HSFZH01A00 _ 01	1 600	了哥王	5	1.4±0.29
2010	HSFZH01A00 _ 01	1 600	楝叶吴萸	3	5±3.54
2010	HSFZH01A00 _ 01	1 600	马尾松	2	10.6±1.45
2010	HSFZH01A00 _ 01	1 600	马占相思	115	18.3±7.39
2010	HSFZH01A00 _ 01	1 600	米碎花	16	1.4±0.5
2010	HSFZH01A00 _ 01	1 600	三桠苦	1	1±0
2010	HSFZH01A00 _ 01	1 600	山鸡椒	63	2.8±1.36
2010	HSFZH01A00 _ 01	1 600	石斑木	10	1.7±0.47
2010	HSFZH01A00 _ 01	1 600	桃金娘	12	1.8±0.5
2010	HSFZH01A00 _ 01	1 600	香叶树	9	2.6±0.84
2010	HSFZH01A00 _ 01	1 600	野漆	4	1.5±0.33
2010	HSFZH01A00 _ 01	1 600	阴香	10	1.8±1.43
2010	HSFZQ01A00 _ 01	900	白背叶	1	1±0
2010	HSFZQ01A00 _ 01	900	白花灯笼	12	1.2±0.32
2010	HSFZQ01A00 _ 01	900	潺槁木姜子	1	7.4±0
2010	HSFZQ01A00 _ 01	900	秤星树	35	1.4±0.51
2010	HSFZQ01A00 _ 01	900	粗叶榕	3	1.2±0.17
2010	HSFZQ01A00 _ 01	900	鹅掌柴	4	7.3±7.45

（续）

年份	样地代码	样地面积/m²	植物种名	株数/株	胸径/cm
2010	HSFZQ01A00 _ 01	900	光叶山黄麻	3	2.5±0.71
2010	HSFZQ01A00 _ 01	900	九节	8	1.4±0.34
2010	HSFZQ01A00 _ 01	900	鲨蒴锥	1	3±0
2010	HSFZQ01A00 _ 01	900	马尾松	41	15.4±3.44
2010	HSFZQ01A00 _ 01	900	米碎花	2	1.6±0.05
2010	HSFZQ01A00 _ 01	900	木荷	5	8.4±2.77
2010	HSFZQ01A00 _ 01	900	三桠苦	113	1.9±0.91
2010	HSFZQ01A00 _ 01	900	山鸡椒	3	1.9±0.6
2010	HSFZQ01A00 _ 01	900	山乌桕	1	2.1±0
2010	HSFZQ01A00 _ 01	900	杉木	111	11.2±6.56
2010	HSFZQ01A00 _ 01	900	野漆	3	1.5±0.37
2010	HSFZQ01A00 _ 01	900	阴香	2	1.1±0.1
2012	HSFFZ01A00 _ 01	900	白花灯笼	3	1.5±0.12
2012	HSFFZ01A00 _ 01	900	变叶榕	1	2.2±0
2012	HSFFZ01A00 _ 01	900	豺皮樟	3	1.7±0.34
2012	HSFFZ01A00 _ 01	900	潺槁木姜子	3	2±0.49
2012	HSFFZ01A00 _ 01	900	秤星树	45	1.9±0.58
2012	HSFFZ01A00 _ 01	900	粗叶榕	1	1.3±0
2012	HSFFZ01A00 _ 01	900	鹅掌柴	2	1.5±0.35
2012	HSFFZ01A00 _ 01	900	翻白叶树	3	18.3±7.01
2012	HSFFZ01A00 _ 01	900	红枝蒲桃	5	2.7±0.54
2012	HSFFZ01A00 _ 01	900	红锥	2	16.1±3.35
2012	HSFFZ01A00 _ 01	900	九节	99	2±0.73
2012	HSFFZ01A00 _ 01	900	楝叶吴萸	1	7.4±0
2012	HSFFZ01A00 _ 01	900	毛八角枫	6	5±2.21
2012	HSFFZ01A00 _ 01	900	米碎花	6	2.1±0.51
2012	HSFFZ01A00 _ 01	900	木荷	2	5.6±1.9
2012	HSFFZ01A00 _ 01	900	三桠苦	37	2.4±1.6
2012	HSFFZ01A00 _ 01	900	山鸡椒	5	2.5±0.68
2012	HSFFZ01A00 _ 01	900	石斑木	1	1.8±0
2012	HSFFZ01A00 _ 01	900	西南木荷	104	17.1±6.3
2012	HSFFZ01A00 _ 01	900	香叶树	10	2.1±0.61
2012	HSFFZ01A00 _ 01	900	野漆	1	6±0

（续）

年份	样地代码	样地面积/m²	植物种名	株数/株	胸径/cm
2012	HSFFZ01A00＿01	900	阴香	6	1.8±0.69
2012	HSFFZ01A00＿01	900	银柴	2	2.8±1.25
2012	HSFFZ01A00＿01	900	栀子	1	1±0
2012	HSFFZ01A00＿01	900	竹柏	2	5.1±0.95
2012	HSFFZ01A00＿01	900	竹节树	2	1.7±0.05
2012	HSFZH01A00＿01	1 600	豺皮樟	4	2.2±0.12
2012	HSFZH01A00＿01	1 600	潺槁木姜子	5	4.6±2.87
2012	HSFZH01A00＿01	1 600	秤星树	89	1.9±0.61
2012	HSFZH01A00＿01	1 600	红锥	3	1.3±0.08
2012	HSFZH01A00＿01	1 600	假鹰爪	1	1.4±0
2012	HSFZH01A00＿01	1 600	九节	1	2.4±0
2012	HSFZH01A00＿01	1 600	了哥王	1	2±0
2012	HSFZH01A00＿01	1 600	楝叶吴萸	4	5.1±2.74
2012	HSFZH01A00＿01	1 600	马尾松	1	13.1±0
2012	HSFZH01A00＿01	1 600	马占相思	106	20±8.3
2012	HSFZH01A00＿01	1 600	米碎花	12	1.4±0.31
2012	HSFZH01A00＿01	1 600	三桠苦	1	1.2±0
2012	HSFZH01A00＿01	1 600	山鸡椒	37	3.6±1.39
2012	HSFZH01A00＿01	1 600	石斑木	5	1.8±0.35
2012	HSFZH01A00＿01	1 600	桃金娘	6	1.4±0.29
2012	HSFZH01A00＿01	1 600	香叶树	14	2.4±1.05
2012	HSFZH01A00＿01	1 600	野漆	4	1.6±0.37
2012	HSFZH01A00＿01	1 600	阴香	10	2.4±1.39
2012	HSFZQ01A00＿01	900	潺槁木姜子	1	8±0
2012	HSFZQ01A00＿01	900	秤星树	46	1.7±0.55
2012	HSFZQ01A00＿01	900	鹅掌柴	5	6.9±7.36
2012	HSFZQ01A00＿01	900	光叶山黄麻	1	4.8±0
2012	HSFZQ01A00＿01	900	九节	11	2.1±0.71
2012	HSFZQ01A00＿01	900	黧蒴锥	1	7±0
2012	HSFZQ01A00＿01	900	马尾松	39	16.1±3.63
2012	HSFZQ01A00＿01	900	木荷	5	9.2±2.97
2012	HSFZQ01A00＿01	900	三桠苦	167	2.5±1.11
2012	HSFZQ01A00＿01	900	山鸡椒	8	2.2±0.63

（续）

年份	样地代码	样地面积/m²	植物种名	株数/株	胸径/cm
2012	HSFZQ01A00_01	900	山乌桕	1	4.6±0
2012	HSFZQ01A00_01	900	杉木	110	11±6.75
2012	HSFZQ01A00_01	900	台湾毛楤木	1	1.7±0
2012	HSFZQ01A00_01	900	土蜜树	1	1.3±0
2012	HSFZQ01A00_01	900	小蜡	1	1±0
2012	HSFZQ01A00_01	900	野漆	5	2.2±0.41
2012	HSFZQ01A00_01	900	阴香	9	2.7±0.79
2012	HSFZQ01A00_01	900	栀子	1	1.1±0
2015	HSFFZ01A00_01	900	白花灯笼	2	1.5±0.05
2015	HSFFZ01A00_01	900	变叶榕	1	2.3±0
2015	HSFFZ01A00_01	900	豺皮樟	3	1.9±0.46
2015	HSFFZ01A00_01	900	潺槁木姜子	9	1.7±0.65
2015	HSFFZ01A00_01	900	秤星树	66	1.7±0.59
2015	HSFFZ01A00_01	900	粗叶榕	3	1.3±0.17
2015	HSFFZ01A00_01	900	鹅掌柴	7	1.8±0.26
2015	HSFFZ01A00_01	900	翻白叶树	4	16.6±10.49
2015	HSFFZ01A00_01	900	红枝蒲桃	7	3±1.02
2015	HSFFZ01A00_01	900	红锥	1	12.9±0
2015	HSFFZ01A00_01	900	假鹰爪	1	1.7±0
2015	HSFFZ01A00_01	900	九节	182	2±0.88
2015	HSFFZ01A00_01	900	鳖蔃锥	1	2±0
2015	HSFFZ01A00_01	900	楝叶吴萸	1	7.6±0
2015	HSFFZ01A00_01	900	毛八角枫	6	5.5±2.67
2015	HSFFZ01A00_01	900	米碎花	12	1.9±0.65
2015	HSFFZ01A00_01	900	木荷	2	6.3±1.45
2015	HSFFZ01A00_01	900	三桠苦	25	2.3±0.97
2015	HSFFZ01A00_01	900	石斑木	1	1.1±0
2015	HSFFZ01A00_01	900	西南木荷	98	18.5±6.71
2015	HSFFZ01A00_01	900	香叶树	21	2.1±0.97
2015	HSFFZ01A00_01	900	野漆	1	6.3±0
2015	HSFFZ01A00_01	900	阴香	16	1.9±0.99
2015	HSFFZ01A00_01	900	银柴	2	3.5±1.8
2015	HSFFZ01A00_01	900	竹柏	2	6±0.85
2015	HSFFZ01A00_01	900	竹节树	2	2.3±0.55
2015	HSFFZ01A00_01	900	醉香含笑	1	1±0

（续）

年份	样地代码	样地面积/m²	植物种名	株数/株	胸径/cm
2015	HSFZH01A00 _ 01	1 600	豺皮樟	8	1.8±0.6
2015	HSFZH01A00 _ 01	1 600	潺槁木姜子	4	5.8±2.41
2015	HSFZH01A00 _ 01	1 600	秤星树	172	2±0.77
2015	HSFZH01A00 _ 01	1 600	红锥	2	2.2±0.2
2015	HSFZH01A00 _ 01	1 600	假鹰爪	2	1.4±0.25
2015	HSFZH01A00 _ 01	1 600	九节	3	1.8±0.6
2015	HSFZH01A00 _ 01	1 600	楝叶吴萸	4	5.2±2.75
2015	HSFZH01A00 _ 01	1 600	马尾松	1	14.8±0
2015	HSFZH01A00 _ 01	1 600	马占相思	93	22.3±8.82
2015	HSFZH01A00 _ 01	1 600	米碎花	8	1.6±0.29
2015	HSFZH01A00 _ 01	1 600	三桠苦	1	1.2±0
2015	HSFZH01A00 _ 01	1 600	山鸡椒	8	2.7±1.02
2015	HSFZH01A00 _ 01	1 600	石斑木	1	1.5±0
2015	HSFZH01A00 _ 01	1 600	桃金娘	15	1.3±0.31
2015	HSFZH01A00 _ 01	1 600	腺叶桂樱	2	3.7±0.8
2015	HSFZH01A00 _ 01	1 600	香叶树	21	2.4±1.12
2015	HSFZH01A00 _ 01	1 600	野漆	3	1.8±0.45
2015	HSFZH01A00 _ 01	1 600	阴香	14	2.6±2.25
2015	HSFZQ01A00 _ 01	900	白背叶	2	1.5±0.5
2015	HSFZQ01A00 _ 01	900	白花灯笼	1	1±0
2015	HSFZQ01A00 _ 01	900	潺槁木姜子	3	4.6±3.8
2015	HSFZQ01A00 _ 01	900	秤星树	94	1.9±0.55
2015	HSFZQ01A00 _ 01	900	鹅掌柴	8	6.3±6.81
2015	HSFZQ01A00 _ 01	900	翻白叶树	3	1.4±0.25
2015	HSFZQ01A00 _ 01	900	光叶山黄麻	5	1.9±0.62
2015	HSFZQ01A00 _ 01	900	九节	18	2.2±0.87
2015	HSFZQ01A00 _ 01	900	黧蒴锥	1	14.5±0
2015	HSFZQ01A00 _ 01	900	马尾松	30	16.6±4.61
2015	HSFZQ01A00 _ 01	900	木荷	2	11.9±1.55
2015	HSFZQ01A00 _ 01	900	三桠苦	240	2.8±1.48
2015	HSFZQ01A00 _ 01	900	山鸡椒	23	3.5±1.21
2015	HSFZQ01A00 _ 01	900	山乌桕	4	2.8±1.3
2015	HSFZQ01A00 _ 01	900	杉木	82	10.8±7.45
2015	HSFZQ01A00 _ 01	900	石斑木	1	1.1±0

（续）

年份	样地代码	样地面积/m²	植物种名	株数/株	胸径/cm
2015	HSFZQ01A00 _ 01	900	土蜜树	2	1.6±0.05
2015	HSFZQ01A00 _ 01	900	小蜡	5	1.7±0.49
2015	HSFZQ01A00 _ 01	900	野漆	6	3.3±0.8
2015	HSFZQ01A00 _ 01	900	阴香	16	4.4±2.02
2015	HSFZQ01A00 _ 01	900	印度野牡丹	6	1.4±0.22
2015	HSFZQ01A00 _ 01	900	栀子	2	1.6±0.3
2015	HSFZQ01A00 _ 01	900	醉香含笑	1	2.6±0

3.1.4　基径数据集

3.1.4.1　概述

本数据集收录了鹤山站 2005—2015 年 11 年定点定位观测不同植物种类的基径调查数据，包括观测年份、观测样地代码、样地面积、植物种名、株数、基径，样地面积单位为 m²、株数单位为株、基径单位为 cm。数据产生的长期观测样地为鹤山站马占相思林综合观测场永久样地（HSFZH01A00 _ 01）、鹤山站乡土林辅助观测场永久样地（HSFFZ01A00 _ 01）、鹤山站针叶林站区调查点永久样地（HS-FZQ01A00 _ 01）。

调查和数据采集频度按中国生态系统研究网络（CERN）长期监测规范丛书《陆地生态系统生物观测指标与规范》要求进行，人工林观测频率为每 5 年 2 次（实际按年份尾数为 0、2、5、7 的年份监测）。

3.1.4.2　数据采集和处理方法

在灌木层植株茎干离地面 3cm 处，使用游标卡尺直接测量。

3.1.4.3　数据质量控制和评估

野外观测灌木层基径测量的质控方法，具体参照《陆地生态系统生物观测指标与规范》要求进行。

3.1.4.4　数据价值/数据使用方法和建议

灌木层植物基径数据是植被生态学研究的基本监测指标之一，客观反映了灌木层植物个体大小或生长快慢等动态变化，可用于计算灌木层植物生物量或重要值，为科研人员研究区域群落结构变化、演替趋势或区域植被恢复物种筛选等工作提供基础数据支撑。

3.1.4.5　数据

数据见表 3-6。

表 3-6　鹤山站森林植物群落灌木层植物基径

年份	样地代码	样地面积/m²	植物种名	株数/株	基径/cm
2005	HSFFZ01A00 _ 01	300	白背叶	1	0.4±0
2005	HSFFZ01A00 _ 01	300	白花灯笼	214	1.3±0.4
2005	HSFFZ01A00 _ 01	300	变叶榕	1	0.7±0
2005	HSFFZ01A00 _ 01	300	豺皮樟	15	1.01±0.41
2005	HSFFZ01A00 _ 01	300	潺槁木姜子	4	1.28±1.15
2005	HSFFZ01A00 _ 01	300	秤星树	143	3.23±1.5

（续）

年份	样地代码	样地面积/m²	植物种名	株数/株	基径/cm
2005	HSFFZ01A00_01	300	粗叶榕	8	0.68±0.37
2005	HSFFZ01A00_01	300	地桃花	8	0.8±0.3
2005	HSFFZ01A00_01	300	黑面神	10	0.57±0.14
2005	HSFFZ01A00_01	300	九节	114	1.49±0.34
2005	HSFFZ01A00_01	300	了哥王	4	1.3±0.98
2005	HSFFZ01A00_01	300	毛八角枫	3	2.8±0
2005	HSFFZ01A00_01	300	米碎花	25	1.44±0.67
2005	HSFFZ01A00_01	300	木荷	1	0.7±0
2005	HSFFZ01A00_01	300	蒲桃	2	1±0.14
2005	HSFFZ01A00_01	300	三桠苦	54	2.07±1.47
2005	HSFFZ01A00_01	300	山鸡椒	15	2.26±0.41
2005	HSFFZ01A00_01	300	山芝麻	14	0.2±0
2005	HSFFZ01A00_01	300	石斑木	57	1.29±0.75
2005	HSFFZ01A00_01	300	算盘子	3	0.13±0.06
2005	HSFFZ01A00_01	300	桃金娘	38	1.13±0.42
2005	HSFFZ01A00_01	300	野漆	1	0.9±0
2005	HSFFZ01A00_01	300	阴香	8	1.36±0.46
2005	HSFFZ01A00_01	300	印度野牡丹	12	0.78±0.25
2005	HSFFZ01A00_01	300	栀子	54	0.91±0.25
2005	HSFFZ01A00_01	300	竹节树	1	0.5±0
2005	HSFZH01A00_01	500	白背叶	2	0.7±0
2005	HSFZH01A00_01	500	白花灯笼	64	0.53±0.18
2005	HSFZH01A00_01	500	变叶榕	3	0.83±0.15
2005	HSFZH01A00_01	500	茶	6	0.97±0.21
2005	HSFZH01A00_01	500	豺皮樟	27	1±0.33
2005	HSFZH01A00_01	500	潺槁木姜子	1	0.9±0
2005	HSFZH01A00_01	500	秤星树	134	2.47±1.17
2005	HSFZH01A00_01	500	粗叶榕	7	0.67±0.17
2005	HSFZH01A00_01	500	黑面神	3	0.87±0.42
2005	HSFZH01A00_01	500	九节	8	1.89±0.78
2005	HSFZH01A00_01	500	了哥王	35	0.92±0.53
2005	HSFZH01A00_01	500	米碎花	57	1.09±0.18
2005	HSFZH01A00_01	500	三桠苦	10	1.06±0.49

（续）

年份	样地代码	样地面积/m²	植物种名	株数/株	基径/cm
2005	HSFZH01A00_01	500	山鸡椒	8	1.21±0.69
2005	HSFZH01A00_01	500	山芝麻	2	0.35±0.07
2005	HSFZH01A00_01	500	石斑木	29	1.04±0.51
2005	HSFZH01A00_01	500	台湾毛楤木	1	2±0
2005	HSFZH01A00_01	500	桃金娘	72	1.86±1.11
2005	HSFZH01A00_01	500	野漆	5	1.26±0.31
2005	HSFZH01A00_01	500	印度野牡丹	15	0.5±0.08
2005	HSFZH01A00_01	500	栀子	26	0.82±0.38
2005	HSFZQ01A00_01	500	白背叶	2	0.45±0.07
2005	HSFZQ01A00_01	500	白花灯笼	199	0.77±0.26
2005	HSFZQ01A00_01	500	变叶榕	2	0.1±0
2005	HSFZQ01A00_01	500	秤星树	110	1.58±0.74
2005	HSFZQ01A00_01	500	粗叶榕	2	0.7±0.85
2005	HSFZQ01A00_01	500	地桃花	2	0.3±0
2005	HSFZQ01A00_01	500	鹅掌柴	4	1.15±0.17
2005	HSFZQ01A00_01	500	黑面神	1	0.3±0
2005	HSFZQ01A00_01	500	九节	16	1.19±0.36
2005	HSFZQ01A00_01	500	米碎花	31	1.31±0.46
2005	HSFZQ01A00_01	500	三桠苦	90	0.63±0.37
2005	HSFZQ01A00_01	500	山鸡椒	5	0.7±0.37
2005	HSFZQ01A00_01	500	杉木	1	0.7±0
2005	HSFZQ01A00_01	500	石斑木	10	0.5±0.54
2005	HSFZQ01A00_01	500	算盘子	2	0.15±0.07
2005	HSFZQ01A00_01	500	桃金娘	4	0.4±0
2005	HSFZQ01A00_01	500	土蜜树	2	0.35±0.21
2005	HSFZQ01A00_01	500	小蜡	1	0.7±0
2005	HSFZQ01A00_01	500	野漆	9	0.6±0.18
2005	HSFZQ01A00_01	500	阴香	5	0.68±0.16
2005	HSFZQ01A00_01	500	樟	1	0.3±0
2005	HSFZQ01A00_01	500	栀子	15	0.61±0.32
2007	HSFFZ01A00_01	450	白背叶	2	0.65±0.21
2007	HSFFZ01A00_01	450	白花灯笼	435	0.84±0.32
2007	HSFFZ01A00_01	450	白楸	1	0.6±0

（续）

年份	样地代码	样地面积/m²	植物种名	株数/株	基径/cm
2007	HSFFZ01A00＿01	450	变叶榕	1	0.9±0
2007	HSFFZ01A00＿01	450	豺皮樟	13	0.98±0.53
2007	HSFFZ01A00＿01	450	潺槁木姜子	3	0.63±0.15
2007	HSFFZ01A00＿01	450	秤星树	105	1.5±0.51
2007	HSFFZ01A00＿01	450	粗叶榕	1	0.4±0
2007	HSFFZ01A00＿01	450	地桃花	16	0.75±0.15
2007	HSFFZ01A00＿01	450	鹅掌柴	2	0.15±0.07
2007	HSFFZ01A00＿01	450	光叶山黄麻	3	1.37±0.75
2007	HSFFZ01A00＿01	450	黑面神	4	0.8±0.24
2007	HSFFZ01A00＿01	450	假鹰爪	1	0.5±0
2007	HSFFZ01A00＿01	450	九节	185	1.37±0.35
2007	HSFFZ01A00＿01	450	毛果算盘子	1	0.8±0
2007	HSFFZ01A00＿01	450	米碎花	22	1.3±0.47
2007	HSFFZ01A00＿01	450	三桠苦	121	0.85±0.35
2007	HSFFZ01A00＿01	450	山鸡椒	9	0.78±0.32
2007	HSFFZ01A00＿01	450	山乌桕	1	0.5±0
2007	HSFFZ01A00＿01	450	山芝麻	4	0.2±0
2007	HSFFZ01A00＿01	450	石斑木	43	0.63±0.29
2007	HSFFZ01A00＿01	450	桃金娘	12	0.58±0.35
2007	HSFFZ01A00＿01	450	阴香	6	0.67±0.34
2007	HSFFZ01A00＿01	450	印度野牡丹	4	0.25±0.1
2007	HSFFZ01A00＿01	450	栀子	64	0.56±0.43
2007	HSFFZ01A00＿01	900	白背叶	2	1.15±0.15
2007	HSFFZ01A00＿01	450	竹节树	2	0.6±0.14
2007	HSFZH01A00＿01	1 200	白花灯笼	198	0.58±0.52
2007	HSFZH01A00＿01	1 200	变叶榕	2	0.85±0.07
2007	HSFZH01A00＿01	1 200	豺皮樟	24	1.16±0.63
2007	HSFZH01A00＿01	1 200	潺槁木姜子	6	1±0.59
2007	HSFZH01A00＿01	1 200	秤星树	216	2.04±0.61
2007	HSFZH01A00＿01	1 200	粗叶榕	3	0.37±0.12
2007	HSFZH01A00＿01	1 200	黑面神	2	0.8±0.28
2007	HSFZH01A00＿01	1 200	九节	12	1.95±0.4
2007	HSFZH01A00＿01	1 200	毛果算盘子	1	0.5±0

（续）

年份	样地代码	样地面积/m²	植物种名	株数/株	基径/cm
2007	HSFZH01A00 _ 01	1 200	米碎花	39	1.01±0.3
2007	HSFZH01A00 _ 01	1 200	三桠苦	13	0.92±0.6
2007	HSFZH01A00 _ 01	1 200	山鸡椒	27	1.03±0.6
2007	HSFZH01A00 _ 01	1 200	石斑木	38	0.98±0.5
2007	HSFZH01A00 _ 01	1 200	桃金娘	83	0.8±0.5
2007	HSFZH01A00 _ 01	1 200	阴香	4	0.8±0.6
2007	HSFZH01A00 _ 01	1 200	栀子	52	0.6±0.38
2007	HSFZQ01A00 _ 01	450	白花灯笼	477	0.47±0.13
2007	HSFZQ01A00 _ 01	450	白楸	3	0.37±0.23
2007	HSFZQ01A00 _ 01	450	豺皮樟	1	0.4±0
2007	HSFZQ01A00 _ 01	450	秤星树	80	1.28±0.38
2007	HSFZQ01A00 _ 01	450	粗叶榕	8	0.66±0.12
2007	HSFZQ01A00 _ 01	450	地桃花	1	0.7±0
2007	HSFZQ01A00 _ 01	450	鹅掌柴	1	0.9±0
2007	HSFZQ01A00 _ 01	450	光叶山黄麻	3	0.4±0.1
2007	HSFZQ01A00 _ 01	450	黑面神	2	0.7±0.28
2007	HSFZQ01A00 _ 01	450	九节	14	1.24±0.76
2007	HSFZQ01A00 _ 01	450	毛果算盘子	2	0.55±0.35
2007	HSFZQ01A00 _ 01	450	米碎花	9	0.98±0.44
2007	HSFZQ01A00 _ 01	450	三桠苦	116	0.83±0.16
2007	HSFZQ01A00 _ 01	450	山鸡椒	5	0.68±0.95
2007	HSFZQ01A00 _ 01	450	山乌桕	3	0.8±0.35
2007	HSFZQ01A00 _ 01	450	山芝麻	2	0.2±0
2007	HSFZQ01A00 _ 01	450	石斑木	12	0.22±0.16
2007	HSFZQ01A00 _ 01	450	野漆	2	0.45±0.35
2007	HSFZQ01A00 _ 01	450	阴香	4	0.65±0.1
2007	HSFZQ01A00 _ 01	450	印度野牡丹	2	0.75±0.21
2007	HSFZQ01A00 _ 01	450	栀子	43	0.44±0.17
2007	HSFFZ01A00 _ 01	900	白背叶	2	1.15±0.15
2010	HSFFZ01A00 _ 01	900	白花灯笼	403	0.69±0.12
2010	HSFFZ01A00 _ 01	900	变叶榕	2	0.3±0.14
2010	HSFFZ01A00 _ 01	900	豺皮樟	14	0.6±0
2010	HSFFZ01A00 _ 01	900	潺槁木姜子	17	0.68±0.18

（续）

年份	样地代码	样地面积/m²	植物种名	株数/株	基径/cm
2010	HSFFZ01A00＿01	900	秤星树	156	1.03±0.13
2010	HSFFZ01A00＿01	900	粗叶榕	2	0.7±0.14
2010	HSFFZ01A00＿01	900	大花紫薇	1	0.7±0
2010	HSFFZ01A00＿01	900	地桃花	6	1.03±0.46
2010	HSFFZ01A00＿01	900	鹅掌柴	6	0.78±0.18
2010	HSFFZ01A00＿01	900	光叶山黄麻	1	0.7±0
2010	HSFFZ01A00＿01	900	黑面神	3	0.47±0.21
2010	HSFFZ01A00＿01	900	红枝蒲桃	2	1.8±0.85
2010	HSFFZ01A00＿01	900	假鹰爪	1	1±0
2010	HSFFZ01A00＿01	900	九节	367	0.93±0.13
2010	HSFFZ01A00＿01	900	毛果算盘子	7	1.23±0.35
2010	HSFFZ01A00＿01	900	米碎花	44	0.88±0.21
2010	HSFFZ01A00＿01	900	木荷	1	0.6±0
2010	HSFFZ01A00＿01	900	三桠苦	166	1.04±0.2
2010	HSFFZ01A00＿01	900	山鸡椒	3	0.6±0.35
2010	HSFFZ01A00＿01	900	石斑木	86	0.59±0.12
2010	HSFFZ01A00＿01	900	桃金娘	12	0.71±0.16
2010	HSFFZ01A00＿01	900	香叶树	31	0.81±0.19
2010	HSFFZ01A00＿01	900	阴香	24	0.64±0.15
2010	HSFFZ01A00＿01	900	银柴	6	0.92±0.2
2010	HSFFZ01A00＿01	900	印度野牡丹	6	0.83±0.52
2010	HSFFZ01A00＿01	900	栀子	103	0.53±0.09
2010	HSFFZ01A00＿01	900	竹节树	1	0.6±0
2010	HSFZH01A00＿01	1 600	白花灯笼	184	0.56±0.08
2010	HSFZH01A00＿01	1 600	变叶榕	9	0.67±0.1
2010	HSFZH01A00＿01	1 600	豺皮樟	12	0.88±0.13
2010	HSFZH01A00＿01	1 600	潺槁木姜子	6	1.05±0.52
2010	HSFZH01A00＿01	1 600	秤星树	156	1.3±0.28
2010	HSFZH01A00＿01	1 600	粗叶榕	6	0.75±0.12
2010	HSFZH01A00＿01	1 600	海南蒲桃	1	0.5±0
2010	HSFZH01A00＿01	1 600	黑面神	6	0.97±0.28
2010	HSFZH01A00＿01	1 600	假鹰爪	4	1.45±0.5
2010	HSFZH01A00＿01	1 600	九节	12	0.95±0.13

（续）

年份	样地代码	样地面积/m²	植物种名	株数/株	基径/cm
2010	HSFZH01A00_01	1 600	了哥王	20	2.03±0.57
2010	HSFZH01A00_01	1 600	楝叶吴萸	5	1±0
2010	HSFZH01A00_01	1 600	毛果算盘子	2	0.3±0
2010	HSFZH01A00_01	1 600	米碎花	40	0.85±0.14
2010	HSFZH01A00_01	1 600	米仔兰	1	1.2±0
2010	HSFZH01A00_01	1 600	三桠苦	1	0.6±0
2010	HSFZH01A00_01	1 600	山鸡椒	11	0.9±0.5
2010	HSFZH01A00_01	1 600	山芝麻	1	0.2±0
2010	HSFZH01A00_01	1 600	石斑木	43	0.93±0.23
2010	HSFZH01A00_01	1 600	桃金娘	118	0.85±0.18
2010	HSFZH01A00_01	1 600	香叶树	10	0.62±0.29
2010	HSFZH01A00_01	1 600	野漆	4	1.18±0.05
2010	HSFZH01A00_01	1 600	阴香	7	0.89±0.45
2010	HSFZH01A00_01	1 600	印度野牡丹	2	0.6±0
2010	HSFZH01A00_01	1 600	樟	1	0.7±0
2010	HSFZH01A00_01	1 600	栀子	23	0.62±0.15
2010	HSFZQ01A00_01	900	白背叶	11	0.95±0.33
2010	HSFZQ01A00_01	900	白花灯笼	939	0.61±0.08
2010	HSFZQ01A00_01	900	变叶榕	6	0.6±0.31
2010	HSFZQ01A00_01	900	豺皮樟	1	0.1±0
2010	HSFZQ01A00_01	900	秤星树	90	1.27±0.39
2010	HSFZQ01A00_01	900	粗叶榕	9	0.6±0.15
2010	HSFZQ01A00_01	900	鹅掌柴	5	0.98±0.68
2010	HSFZQ01A00_01	900	黑面神	1	0.7±0
2010	HSFZQ01A00_01	900	九节	77	0.8±0.26
2010	HSFZQ01A00_01	900	毛果算盘子	1	0.6±0
2010	HSFZQ01A00_01	900	米碎花	19	0.96±0.27
2010	HSFZQ01A00_01	900	三桠苦	218	1.08±0.13
2010	HSFZQ01A00_01	900	山鸡椒	7	1.07±0.75
2010	HSFZQ01A00_01	900	山乌桕	1	0.5±0
2010	HSFZQ01A00_01	900	杉木	30	0.92±0.11
2010	HSFZQ01A00_01	900	石斑木	7	0.5±0.19
2010	HSFZQ01A00_01	900	土蜜树	4	0.85±0.29

（续）

年份	样地代码	样地面积/m²	植物种名	株数/株	基径/cm
2010	HSFZQ01A00 _ 01	900	香叶树	1	1.3±0
2010	HSFZQ01A00 _ 01	900	小蜡	2	0.5±0.57
2010	HSFZQ01A00 _ 01	900	野漆	2	1.3±0
2010	HSFZQ01A00 _ 01	900	叶下珠	1	0.5±0
2010	HSFZQ01A00 _ 01	900	阴香	12	0.92±0.26
2010	HSFZQ01A00 _ 01	900	印度野牡丹	11	0.9±0.26
2010	HSFZQ01A00 _ 01	900	栀子	62	0.42±0.08
2012	HSFFZ01A00 _ 01	450	白花灯笼	127	0.72±0.37
2012	HSFFZ01A00 _ 01	450	豺皮樟	2	0.7±0
2012	HSFFZ01A00 _ 01	450	潺槁木姜子	4	0.88±0.15
2012	HSFFZ01A00 _ 01	450	秤星树	86	1.39±0.28
2012	HSFFZ01A00 _ 01	450	粗叶榕	4	1.25±0.06
2012	HSFFZ01A00 _ 01	450	大花紫薇	1	0.4±0
2012	HSFFZ01A00 _ 01	450	鹅掌柴	2	1±0
2012	HSFFZ01A00 _ 01	450	黑面神	1	0.6±0
2012	HSFFZ01A00 _ 01	450	红枝蒲桃	2	1.25±0.78
2012	HSFFZ01A00 _ 01	450	九节	131	1.18±0.29
2012	HSFFZ01A00 _ 01	450	鱼萌锥	1	1±0
2012	HSFFZ01A00 _ 01	450	毛果算盘子	3	2.13±1.35
2012	HSFFZ01A00 _ 01	450	米碎花	12	1.03±0.55
2012	HSFFZ01A00 _ 01	450	三桠苦	41	1.24±0.36
2012	HSFFZ01A00 _ 01	450	山鸡椒	1	0.6±0
2012	HSFFZ01A00 _ 01	450	石斑木	31	0.86±0.33
2012	HSFFZ01A00 _ 01	450	桃金娘	2	0.4±0
2012	HSFFZ01A00 _ 01	450	香叶树	9	0.74±0.32
2012	HSFFZ01A00 _ 01	450	阴香	14	0.86±0.25
2012	HSFFZ01A00 _ 01	450	印度野牡丹	4	0.2±0
2012	HSFFZ01A00 _ 01	450	栀子	35	0.64±0.2
2012	HSFZH01A00 _ 01	800	白花灯笼	33	0.56±0.2
2012	HSFZH01A00 _ 01	800	豺皮樟	11	1.07±0.24
2012	HSFZH01A00 _ 01	800	秤星树	84	1.3±0.41
2012	HSFZH01A00 _ 01	800	粗叶榕	5	0.7±0
2012	HSFZH01A00 _ 01	800	黑面神	4	0.45±0.1

（续）

年份	样地代码	样地面积/m²	植物种名	株数/株	基径/cm
2012	HSFZH01A00＿01	800	红枝蒲桃	1	0.3±0
2012	HSFZH01A00＿01	800	红锥	1	0.4±0
2012	HSFZH01A00＿01	800	九节	7	0.99±0.3
2012	HSFZH01A00＿01	800	了哥王	11	1.5±0.97
2012	HSFZH01A00＿01	800	米碎花	19	1.19±0.44
2012	HSFZH01A00＿01	800	琴叶榕	7	0.8±0.1
2012	HSFZH01A00＿01	800	三桠苦	1	0.8±0
2012	HSFZH01A00＿01	800	山鸡椒	3	0.47±0.15
2012	HSFZH01A00＿01	800	石斑木	6	1.03±0.49
2012	HSFZH01A00＿01	800	桃金娘	50	0.91±0.31
2012	HSFZH01A00＿01	800	香叶树	6	0.98±0.35
2012	HSFZH01A00＿01	800	野漆	2	1.65±0.49
2012	HSFZH01A00＿01	800	阴香	7	0.83±0.21
2012	HSFZH01A00＿01	800	栀子	15	0.73±0.21
2012	HSFZQ01A00＿01	450	白背叶	3	1±0.52
2012	HSFZQ01A00＿01	450	白花灯笼	332	0.7±0.12
2012	HSFZQ01A00＿01	450	白楸	1	0.8±0
2012	HSFZQ01A00＿01	450	变叶榕	3	0.6±0
2012	HSFZQ01A00＿01	450	潺槁木姜子	1	1±0
2012	HSFZQ01A00＿01	450	秤星树	106	1.21±0.37
2012	HSFZQ01A00＿01	450	粗叶榕	4	1.43±0.05
2012	HSFZQ01A00＿01	450	地桃花	1	0.5±0
2012	HSFZQ01A00＿01	450	鹅掌柴	1	1.3±0
2012	HSFZQ01A00＿01	450	九节	19	0.94±0.42
2012	HSFZQ01A00＿01	450	楝叶吴萸	1	1.1±0
2012	HSFZQ01A00＿01	450	米碎花	7	0.93±0.39
2012	HSFZQ01A00＿01	450	三桠苦	93	1.21±0.48
2012	HSFZQ01A00＿01	450	山鸡椒	8	1.28±0.58
2012	HSFZQ01A00＿01	450	山乌桕	1	1.4±0
2012	HSFZQ01A00＿01	450	杉木	2	0.9±0
2012	HSFZQ01A00＿01	450	石斑木	6	0.8±0
2012	HSFZQ01A00＿01	450	土蜜树	1	0.4±0
2012	HSFZQ01A00＿01	450	香叶树	1	2±0
2012	HSFZQ01A00＿01	450	印度野牡丹	10	1.25±0.67
2012	HSFZQ01A00＿01	450	栀子	43	0.65±0.14

（续）

年份	样地代码	样地面积/m²	植物种名	株数/株	基径/cm
2012	HSFZQ01A00_01	450	醉香含笑	1	0.8±0
2015	HSFFZ01A00_01	450	白花灯笼	77	0.69±0.14
2015	HSFFZ01A00_01	450	变叶榕	1	0.7±0
2015	HSFFZ01A00_01	450	豺皮樟	8	1±0
2015	HSFFZ01A00_01	450	潺槁木姜子	16	0.92±0.39
2015	HSFFZ01A00_01	450	秤星树	88	1.2±0.31
2015	HSFFZ01A00_01	450	粗叶榕	2	0.7±0
2015	HSFFZ01A00_01	450	大花紫薇	2	0.95±0.35
2015	HSFFZ01A00_01	450	鹅掌柴	4	0.9±0.27
2015	HSFFZ01A00_01	450	翻白叶树	1	0.5±0
2015	HSFFZ01A00_01	450	黑面神	3	0.7±0
2015	HSFFZ01A00_01	450	红枝蒲桃	2	1±0
2015	HSFFZ01A00_01	450	假鹰爪	1	0.4±0
2015	HSFFZ01A00_01	450	九节	352	1.2±0.2
2015	HSFFZ01A00_01	450	黧蒴锥	1	1±0
2015	HSFFZ01A00_01	450	毛果算盘子	4	1.45±0.57
2015	HSFFZ01A00_01	450	米碎花	28	0.86±0.32
2015	HSFFZ01A00_01	450	三桠苦	34	1.31±0.47
2015	HSFFZ01A00_01	450	山鸡椒	2	0.65±0.07
2015	HSFFZ01A00_01	450	深山含笑	2	0.6±0.14
2015	HSFFZ01A00_01	450	石斑木	18	0.86±0.38
2015	HSFFZ01A00_01	450	桃金娘	2	0.3±0
2015	HSFFZ01A00_01	450	香叶树	21	0.88±0.26
2015	HSFFZ01A00_01	450	阴香	34	0.77±0.17
2015	HSFFZ01A00_01	450	银柴	1	1±0
2015	HSFFZ01A00_01	450	栀子	41	0.62±0.24
2015	HSFFZ01A00_01	450	竹节树	1	0.5±0
2015	HSFFZ01A00_01	450	醉香含笑	4	0.65±0.06
2015	HSFZH01A00_01	800	白花灯笼	32	0.56±0.1
2015	HSFZH01A00_01	800	变叶榕	7	0.63±0.29
2015	HSFZH01A00_01	800	豺皮樟	12	0.87±0.31
2015	HSFZH01A00_01	800	秤星树	111	1.15±0.32
2015	HSFZH01A00_01	800	粗叶榕	3	1±0
2015	HSFZH01A00_01	800	黑面神	1	0.5±0
2015	HSFZH01A00_01	800	红枝蒲桃	1	0.6±0

（续）

年份	样地代码	样地面积/m²	植物种名	株数/株	基径/cm
2015	HSFZH01A00 _ 01	800	九节	4	1.53±0.35
2015	HSFZH01A00 _ 01	800	了哥王	2	1.6±0.57
2015	HSFZH01A00 _ 01	800	毛黄肉楠	1	0.5±0
2015	HSFZH01A00 _ 01	800	米碎花	13	1.15±0.27
2015	HSFZH01A00 _ 01	800	三桠苦	3	1.13±0.21
2015	HSFZH01A00 _ 01	800	山鸡椒	8	1.48±1.86
2015	HSFZH01A00 _ 01	800	石斑木	6	0.95±0.52
2015	HSFZH01A00 _ 01	800	桃金娘	43	0.91±0.15
2015	HSFZH01A00 _ 01	800	香叶树	8	0.76±0.24
2015	HSFZH01A00 _ 01	800	小果山龙眼	1	0.6±0
2015	HSFZH01A00 _ 01	800	野漆	3	1.23±0.75
2015	HSFZH01A00 _ 01	800	阴香	8	1.03±0.14
2015	HSFZH01A00 _ 01	800	栀子	13	0.99±0.59
2015	HSFZQ01A00 _ 01	450	白背叶	4	0.6±0.45
2015	HSFZQ01A00 _ 01	450	白花灯笼	387	0.71±0.18
2015	HSFZQ01A00 _ 01	450	变叶榕	11	0.7±0
2015	HSFZQ01A00 _ 01	450	潺槁木姜子	13	0.26±0.24
2015	HSFZQ01A00 _ 01	450	秤星树	96	1.19±0.27
2015	HSFZQ01A00 _ 01	450	粗叶榕	5	0.78±0.13
2015	HSFZQ01A00 _ 01	450	地桃花	1	1.2±0
2015	HSFZQ01A00 _ 01	450	鹅掌柴	23	0.49±0.09
2015	HSFZQ01A00 _ 01	450	翻白叶树	4	0.85±0.52
2015	HSFZQ01A00 _ 01	450	光叶山矾	1	0.6±0
2015	HSFZQ01A00 _ 01	450	光叶山黄麻	6	0.78±0.33
2015	HSFZQ01A00 _ 01	450	黑面神	1	0.8±0
2015	HSFZQ01A00 _ 01	450	九节	59	1.02±0.2
2015	HSFZQ01A00 _ 01	450	米碎花	10	0.96±0.41
2015	HSFZQ01A00 _ 01	450	三桠苦	80	1.09±0.38
2015	HSFZQ01A00 _ 01	450	山鸡椒	7	0.49±0.44
2015	HSFZQ01A00 _ 01	450	山乌桕	2	0.9±0
2015	HSFZQ01A00 _ 01	450	杉木	1	0.9±0
2015	HSFZQ01A00 _ 01	450	石斑木	6	0.82±0.1
2015	HSFZQ01A00 _ 01	450	香叶树	1	0.9±0
2015	HSFZQ01A00 _ 01	450	野漆	1	2±0
2015	HSFZQ01A00 _ 01	450	阴香	2	0.7±0

（续）

年份	样地代码	样地面积/m²	植物种名	株数/株	基径/cm
2015	HSFZQ01A00 _ 01	450	银柴	1	0.3±0
2015	HSFZQ01A00 _ 01	450	印度野牡丹	9	0.84±0.47
2015	HSFZQ01A00 _ 01	450	栀子	45	0.9±0.2
2015	HSFZQ01A00 _ 01	450	醉香含笑	1	0.2±0

3.1.5　平均高度数据集

3.1.5.1　概述

本数据集收录了鹤山站 2005—2015 年 11 年定点定位观测乔木、灌木、草本 3 层不同植物种类高度的调查数据，包括观测年份、观测样地代码、样地面积、植物种名、株数、高度，样地面积单位为 m²、株数单位为株、高度单位为 m 或 cm。数据产生的长期观测样地包括鹤山站马占相思林综合观测场永久样地（HSFZH01A00 _ 01）、鹤山站乡土林辅助观测场永久样地（HSFFZ01A00 _ 01）、鹤山站针叶林站区调查点永久样地（HSFZQ01A00 _ 01）。

调查和数据采集频度按中国生态系统研究网络（CERN）长期监测规范丛书《陆地生态系统生物观测指标与规范》要求进行，人工林观测频率为每 5 年 2 次（实际按年份尾数为 0、2、5、7 的年份监测）。

3.1.5.2　数据采集和处理方法

森林植物群落乔木层植物的高度，采用人工估测方法获取（存在一定误差），为减少测量误差，调查前先进行参照物测量，选取样地内乔木若干株，用测高仪准确测量高度，再以此为参照进行估测。鹤山站植被类型为同龄人工林，树种单一、郁闭度较低、易看到树梢顶部，在标准观测木的参照下，能较好地校正人为观测误差。与此同时，增加历史数据比对，可获取较为准确的观测数据。对于灌木层与草本植物高度，直接使用卷尺测量。

3.1.5.3　数据质量控制和评估

乔木层植株高度测量的质控方法，参照《陆地生态系统生物观测指标与规范》要求进行。对于灌木层植株高度，在测量时应分辨清楚整株生长位置（特别是植物生长茂盛地段），确保植株根部实际高度的起测位置。草本植物的高度，对于丛生类分枝较多的植物，应测定多个分枝后，再取其高度平均值作为该植物的高度。

3.1.5.4　数据价值/数据使用方法和建议

植物高度反映某种植物的生长状况，是植物竞争力和适应性的重要指标，也是估算植物生物产量的重要参数。不同植被类型下不同植物种类长期的植株高度变化趋势，反映群落结构中乔灌草 3 层的主要优势植物的生长变化趋势及其更替状况，也反映群落的演替状况。

本数据集原始数据可通过广东鹤山森林生态系统国家野外科学观测研究站（http://hsf.cern.ac.cn/）"资源服务"下的"数据服务"页面申请获取。

3.1.5.5　数据

数据见表 3-7 至表 3-9。

表 3-7　鹤山站森林植物群落乔木层植物高度

年份	样地代码	样地面积/m²	植物种名	株数/株	高度/m
2005	HSFFZ01A00 _ 01	900	豺皮樟	8	3.9±0.74
2005	HSFFZ01A00 _ 01	900	潺槁木姜子	2	2.3±0.7

（续）

年份	样地代码	样地面积/m²	植物种名	株数/株	高度/m
2005	HSFFZ01A00 _ 01	900	粗叶榕	1	2.8±0
2005	HSFFZ01A00 _ 01	900	翻白叶树	3	8.7±2.05
2005	HSFFZ01A00 _ 01	900	红锥	2	12.5±0.5
2005	HSFFZ01A00 _ 01	900	楝叶吴萸	1	8±0
2005	HSFFZ01A00 _ 01	900	毛八角枫	2	3±0.15
2005	HSFFZ01A00 _ 01	900	木荷	4	8.2±2.42
2005	HSFFZ01A00 _ 01	900	蒲桃	1	3±0
2005	HSFFZ01A00 _ 01	900	三桠苦	54	2.8±1.07
2005	HSFFZ01A00 _ 01	900	山鸡椒	7	3.2±0.82
2005	HSFFZ01A00 _ 01	900	西南木荷	107	9.5±2.32
2005	HSFFZ01A00 _ 01	900	野漆	1	3.5±0
2005	HSFFZ01A00 _ 01	900	竹柏	2	3±0.15
2005	HSFFZ01A00 _ 01	900	醉香含笑	1	5±0
2005	HSFZH01A00 _ 01	3 800	秤星树	118	2±0.49
2005	HSFZH01A00 _ 01	3 800	马占相思	323	13.2±4.09
2005	HSFZH01A00 _ 01	3 800	毛果算盘子	28	2.8±0.66
2005	HSFZH01A00 _ 01	3 800	茶	3	2±0.28
2005	HSFZH01A00 _ 01	3 800	潺槁木姜子	13	3.2±1.17
2005	HSFZH01A00 _ 01	3 800	红枝蒲桃	1	4.7±0
2005	HSFZH01A00 _ 01	3 800	山鸡椒	33	2.6±0.81
2005	HSFZH01A00 _ 01	3 800	算盘子	9	2.8±0.24
2005	HSFZH01A00 _ 01	3 800	九节	3	1.8±0.32
2005	HSFZH01A00 _ 01	3 800	桃金娘	4	1.7±0.1
2005	HSFZH01A00 _ 01	3 800	野漆	4	3.1±1.69
2005	HSFZH01A00 _ 01	3 800	米碎花	1	1.7±0
2005	HSFZH01A00 _ 01	3 800	马尾松	1	6.2±0
2005	HSFZH01A00 _ 01	3 800	大叶相思	1	6±0
2005	HSFZH01A00 _ 01	3 800	楝叶吴萸	4	11.5±4.56
2005	HSFZH01A00 _ 01	3 800	三桠苦	4	2.1±0.37
2005	HSFZH01A00 _ 01	3 800	粗叶榕	1	1.8±0
2005	HSFZH01A00 _ 01	3 800	石斑木	1	2.2±0
2005	HSFZH01A00 _ 01	3 800	假鹰爪	1	3.1±0
2005	HSFZH01A00 _ 01	3 800	山乌桕	2	3±0.25

（续）

年份	样地代码	样地面积/m²	植物种名	株数/株	高度/m
2005	HSFZH01A00 _ 01	3 800	鹅掌柴	3	3.5±0.29
2005	HSFZH01A00 _ 01	3 800	变叶榕	1	2.6±0
2005	HSFZH01A00 _ 01	3 800	栀子	1	2.3±0
2005	HSFZH01A00 _ 01	3 800	光叶山黄麻	1	2.8±0
2005	HSFZH01A00 _ 01	3 800	蒲桃	1	5±0
2005	HSFZQ01A00 _ 01	900	潺槁木姜子	1	11±0
2005	HSFZQ01A00 _ 01	900	鹅掌柴	2	8.5±0.5
2005	HSFZQ01A00 _ 01	900	马尾松	72	10.7±1.65
2005	HSFZQ01A00 _ 01	900	木荷	11	6.8±2.47
2005	HSFZQ01A00 _ 01	900	三桠苦	1	5±0
2005	HSFZQ01A00 _ 01	900	山鸡椒	2	2.8±0.75
2005	HSFZQ01A00 _ 01	900	杉木	147	8.1±4.15
2007	HSFFZ01A00 _ 01	900	豺皮樟	5	2.2±0.26
2007	HSFFZ01A00 _ 01	900	潺槁木姜子	1	2.0±0
2007	HSFFZ01A00 _ 01	900	翻白叶树	3	12.3±2.62
2007	HSFFZ01A00 _ 01	900	红枝蒲桃	1	2.5±0
2007	HSFFZ01A00 _ 01	900	红锥	1	18±0
2007	HSFFZ01A00 _ 01	900	毛八角枫	5	4.6±1.15
2007	HSFFZ01A00 _ 01	900	木荷	2	3.5±0.5
2007	HSFFZ01A00 _ 01	900	三桠苦	36	3.2±1.33
2007	HSFFZ01A00 _ 01	900	山鸡椒	8	2.6±0.68
2007	HSFFZ01A00 _ 01	900	西南木荷	112	11.7±4.22
2007	HSFFZ01A00 _ 01	900	野漆	1	3.5±0
2007	HSFFZ01A00 _ 01	900	银柴	1	2.5±0
2007	HSFFZ01A00 _ 01	900	樟	1	3±0
2007	HSFFZ01A00 _ 01	900	竹柏	2	4±0.5
2007	HSFZH01A00 _ 01	2 400	豺皮樟	21	3.6±5.26
2007	HSFZH01A00 _ 01	2 400	潺槁木姜子	6	3.1±0.71
2007	HSFZH01A00 _ 01	2 400	红枝蒲桃	2	5.5±0.5
2007	HSFZH01A00 _ 01	2 400	九节	2	2±0.2
2007	HSFZH01A00 _ 01	2 400	楝	1	3±0
2007	HSFZH01A00 _ 01	2 400	楝叶吴萸	2	5.8±0.75
2007	HSFZH01A00 _ 01	2 400	马占相思	232	13±5.61

（续）

年份	样地代码	样地面积/m²	植物种名	株数/株	高度/m
2007	HSFZH01A00 _ 01	2 400	三桠苦	3	2.2±0.42
2007	HSFZH01A00 _ 01	2 400	山鸡椒	62	2.8±0.95
2007	HSFZH01A00 _ 01	2 400	野漆	5	1.6±0.59
2007	HSFZH01A00 _ 01	2 400	阴香	2	2.1±0.3
2007	HSFZQ01A00 _ 01	900	鹅掌柴	3	8.3±1.03
2007	HSFZQ01A00 _ 01	900	马尾松	61	12±2.48
2007	HSFZQ01A00 _ 01	900	木荷	5	8.6±1.62
2007	HSFZQ01A00 _ 01	900	三桠苦	7	2±0.24
2007	HSFZQ01A00 _ 01	900	山鸡椒	3	2.6±0.29
2007	HSFZQ01A00 _ 01	900	杉木	136	9.6±5.41
2007	HSFZQ01A00 _ 01	900	阴香	1	2±0
2010	HSFFZ01A00 _ 01	900	白花灯笼	26	2.4±0.39
2010	HSFFZ01A00 _ 01	900	变叶榕	1	2.2±0
2010	HSFFZ01A00 _ 01	900	豺皮樟	6	2.8±0.45
2010	HSFFZ01A00 _ 01	900	潺槁木姜子	4	2.1±0.46
2010	HSFFZ01A00 _ 01	900	秤星树	89	2.3±0.48
2010	HSFFZ01A00 _ 01	900	粗叶榕	2	2.2±0.35
2010	HSFFZ01A00 _ 01	900	鹅掌柴	1	2.7±0
2010	HSFFZ01A00 _ 01	900	翻白叶树	3	12.7±2.13
2010	HSFFZ01A00 _ 01	900	红枝蒲桃	6	2.8±0.77
2010	HSFFZ01A00 _ 01	900	红锥	2	11.5±0.35
2010	HSFFZ01A00 _ 01	900	九节	99	2.2±0.83
2010	HSFFZ01A00 _ 01	900	楝叶吴萸	1	5.8±0
2010	HSFFZ01A00 _ 01	900	毛八角枫	6	4.6±1.63
2010	HSFFZ01A00 _ 01	900	毛果算盘子	1	1.8±0
2010	HSFFZ01A00 _ 01	900	米碎花	12	2.6±0.49
2010	HSFFZ01A00 _ 01	900	木荷	2	4±1.3
2010	HSFFZ01A00 _ 01	900	三桠苦	41	3±1.49
2010	HSFFZ01A00 _ 01	900	山鸡椒	9	3.7±1.83
2010	HSFFZ01A00 _ 01	900	石斑木	4	2.1±0.61
2010	HSFFZ01A00 _ 01	900	桃金娘	1	1.7±0
2010	HSFFZ01A00 _ 01	900	西南木荷	103	9.4±2.89
2010	HSFFZ01A00 _ 01	900	香叶树	6	2.5±0.47

（续）

年份	样地代码	样地面积/m²	植物种名	株数/株	高度/m
2010	HSFFZ01A00 _ 01	900	野漆	1	5.5±0
2010	HSFFZ01A00 _ 01	900	阴香	4	2.5±0.36
2010	HSFFZ01A00 _ 01	900	银柴	1	4.5±0
2010	HSFFZ01A00 _ 01	900	竹柏	2	4.4±0.65
2010	HSFFZ01A00 _ 01	900	竹节树	3	2.5±0.17
2010	HSFZH01A00 _ 01	1 600	豺皮樟	5	2.6±0.1
2010	HSFZH01A00 _ 01	1 600	潺槁木姜子	4	4.4±1.56
2010	HSFZH01A00 _ 01	1 600	秤星树	156	2.2±0.48
2010	HSFZH01A00 _ 01	1 600	红锥	2	2.5±0.05
2010	HSFZH01A00 _ 01	1 600	九节	1	2±0
2010	HSFZH01A00 _ 01	1 600	了哥王	5	2.3±0.27
2010	HSFZH01A00 _ 01	1 600	楝叶吴萸	3	3.3±0.83
2010	HSFZH01A00 _ 01	1 600	马尾松	2	7.8±0.55
2010	HSFZH01A00 _ 01	1 600	马占相思	115	12.3±3.21
2010	HSFZH01A00 _ 01	1 600	米碎花	16	2.6±0.54
2010	HSFZH01A00 _ 01	1 600	三桠苦	1	1.8±0
2010	HSFZH01A00 _ 01	1 600	山鸡椒	63	3.3±0.84
2010	HSFZH01A00 _ 01	1 600	石斑木	10	2.4±0.33
2010	HSFZH01A00 _ 01	1 600	桃金娘	12	2.4±0.34
2010	HSFZH01A00 _ 01	1 600	香叶树	9	2.9±0.49
2010	HSFZH01A00 _ 01	1 600	野漆	4	2.2±0.4
2010	HSFZH01A00 _ 01	1 600	阴香	10	2.2±0.47
2010	HSFZQ01A00 _ 01	900	白背叶	1	1.8±0
2010	HSFZQ01A00 _ 01	900	白花灯笼	12	1.6±0.31
2010	HSFZQ01A00 _ 01	900	潺槁木姜子	1	4.7±0
2010	HSFZQ01A00 _ 01	900	秤星树	35	2±0.46
2010	HSFZQ01A00 _ 01	900	粗叶榕	3	1.9±0.22
2010	HSFZQ01A00 _ 01	900	鹅掌柴	4	4.5±2.72
2010	HSFZQ01A00 _ 01	900	光叶山黄麻	3	2.7±0.54
2010	HSFZQ01A00 _ 01	900	九节	8	2.1±0.28
2010	HSFZQ01A00 _ 01	900	鳖蕨锥	1	3.7±0
2010	HSFZQ01A00 _ 01	900	马尾松	41	10.3±1.99
2010	HSFZQ01A00 _ 01	900	米碎花	2	1.9±0.4

（续）

年份	样地代码	样地面积/m²	植物种名	株数/株	高度/m
2010	HSFZQ01A00_01	900	木荷	5	6.6±2.02
2010	HSFZQ01A00_01	900	三桠苦	113	2.6±0.73
2010	HSFZQ01A00_01	900	山鸡椒	3	3±0.74
2010	HSFZQ01A00_01	900	山乌桕	1	2.5±0
2010	HSFZQ01A00_01	900	杉木	111	8.5±3.49
2010	HSFZQ01A00_01	900	野漆	3	2.3±0.16
2010	HSFZQ01A00_01	900	阴香	2	2.2±0.05
2012	HSFFZ01A00_01	900	白花灯笼	3	2.5±0.39
2012	HSFFZ01A00_01	900	变叶榕	1	3±0
2012	HSFFZ01A00_01	900	豺皮樟	3	3.3±0.24
2012	HSFFZ01A00_01	900	潺槁木姜子	3	3±0.51
2012	HSFFZ01A00_01	900	秤星树	45	2.3±0.52
2012	HSFFZ01A00_01	900	粗叶榕	1	3.5±0
2012	HSFFZ01A00_01	900	鹅掌柴	2	3.4±1.1
2012	HSFFZ01A00_01	900	翻白叶树	3	13.7±1.25
2012	HSFFZ01A00_01	900	红枝蒲桃	5	3.6±0.37
2012	HSFFZ01A00_01	900	红锥	2	12.5±0.5
2012	HSFFZ01A00_01	900	九节	99	2.5±0.57
2012	HSFFZ01A00_01	900	楝叶吴萸	1	7±0
2012	HSFFZ01A00_01	900	毛八角枫	6	5.4±1.67
2012	HSFFZ01A00_01	900	米碎花	6	2.8±0.67
2012	HSFFZ01A00_01	900	木荷	2	4.9±0.9
2012	HSFFZ01A00_01	900	三桠苦	37	3±1
2012	HSFFZ01A00_01	900	山鸡椒	5	3.3±0.76
2012	HSFFZ01A00_01	900	石斑木	1	2.3±0
2012	HSFFZ01A00_01	900	西南木荷	104	10.2±3.11
2012	HSFFZ01A00_01	900	香叶树	10	2.9±0.56
2012	HSFFZ01A00_01	900	野漆	1	7±0
2012	HSFFZ01A00_01	900	阴香	6	2.7±0.58
2012	HSFFZ01A00_01	900	银柴	2	4.3±1.25
2012	HSFFZ01A00_01	900	栀子	1	2.5±0
2012	HSFFZ01A00_01	900	竹柏	2	4.8±0.75
2012	HSFFZ01A00_01	900	竹节树	2	3±0.45

（续）

年份	样地代码	样地面积/m²	植物种名	株数/株	高度/m
2012	HSFZH01A00_01	1 600	豺皮樟	4	2.1±0.26
2012	HSFZH01A00_01	1 600	潺槁木姜子	5	4.4±1.77
2012	HSFZH01A00_01	1 600	秤星树	89	2.2±0.55
2012	HSFZH01A00_01	1 600	红锥	3	2±0.33
2012	HSFZH01A00_01	1 600	假鹰爪	1	1.9±0
2012	HSFZH01A00_01	1 600	九节	1	2.2±0
2012	HSFZH01A00_01	1 600	了哥王	1	2.4±0
2012	HSFZH01A00_01	1 600	楝叶吴萸	4	4.1±0.58
2012	HSFZH01A00_01	1 600	马尾松	1	9±0
2012	HSFZH01A00_01	1 600	马占相思	106	12.8±3.73
2012	HSFZH01A00_01	1 600	米碎花	12	2.4±0.41
2012	HSFZH01A00_01	1 600	三桠苦	1	1.9±0
2012	HSFZH01A00_01	1 600	山鸡椒	37	3.7±0.83
2012	HSFZH01A00_01	1 600	石斑木	5	2.4±0.44
2012	HSFZH01A00_01	1 600	桃金娘	6	2±0.33
2012	HSFZH01A00_01	1 600	香叶树	14	2.8±0.74
2012	HSFZH01A00_01	1 600	野漆	4	2.4±0.45
2012	HSFZH01A00_01	1 600	阴香	10	2.6±1.18
2012	HSFZQ01A00_01	900	潺槁木姜子	1	5±0
2012	HSFZQ01A00_01	900	秤星树	46	2.2±0.46
2012	HSFZQ01A00_01	900	鹅掌柴	5	5.2±3.15
2012	HSFZQ01A00_01	900	光叶山黄麻	1	4±0
2012	HSFZQ01A00_01	900	九节	11	2.2±0.61
2012	HSFZQ01A00_01	900	黧蒴锥	1	5.5±0
2012	HSFZQ01A00_01	900	马尾松	39	11.3±1.91
2012	HSFZQ01A00_01	900	木荷	5	7.4±1.85
2012	HSFZQ01A00_01	900	三桠苦	167	3±0.97
2012	HSFZQ01A00_01	900	山鸡椒	8	3.5±0.87
2012	HSFZQ01A00_01	900	山乌桕	1	4.5±0
2012	HSFZQ01A00_01	900	杉木	110	9±3.8
2012	HSFZQ01A00_01	900	台湾毛楤木	1	1.7±0
2012	HSFZQ01A00_01	900	土蜜树	1	2±0
2012	HSFZQ01A00_01	900	小蜡	1	2.5±0

（续）

年份	样地代码	样地面积/m²	植物种名	株数/株	高度/m
2012	HSFZQ01A00_01	900	野漆	5	2.9±0.79
2012	HSFZQ01A00_01	900	阴香	9	3.1±0.61
2012	HSFZQ01A00_01	900	栀子	1	1.7±0
2015	HSFFZ01A00_01	900	白花灯笼	2	2.7±0.15
2015	HSFFZ01A00_01	900	变叶榕	1	3.5±0
2015	HSFFZ01A00_01	900	豺皮樟	3	3±0.82
2015	HSFFZ01A00_01	900	潺槁木姜子	9	3±0.89
2015	HSFFZ01A00_01	900	秤星树	66	2.6±2.03
2015	HSFFZ01A00_01	900	粗叶榕	3	2.9±0.57
2015	HSFFZ01A00_01	900	鹅掌柴	7	2.7±1.01
2015	HSFFZ01A00_01	900	翻白叶树	4	12.8±5.39
2015	HSFFZ01A00_01	900	红枝蒲桃	7	3.6±0.79
2015	HSFFZ01A00_01	900	红锥	1	14±0
2015	HSFFZ01A00_01	900	假鹰爪	1	3.5±0
2015	HSFFZ01A00_01	900	九节	182	2.5±0.66
2015	HSFFZ01A00_01	900	鼠刺锥	1	3±0
2015	HSFFZ01A00_01	900	楝叶吴萸	1	9±0
2015	HSFFZ01A00_01	900	毛八角枫	6	6.3±2.04
2015	HSFFZ01A00_01	900	米碎花	12	2.7±0.74
2015	HSFFZ01A00_01	900	木荷	2	5.3±0.75
2015	HSFFZ01A00_01	900	三桠苦	25	3.1±0.98
2015	HSFFZ01A00_01	900	石斑木	1	1.8±0
2015	HSFFZ01A00_01	900	西南木荷	98	11.6±3.37
2015	HSFFZ01A00_01	900	香叶树	21	3.2±0.83
2015	HSFFZ01A00_01	900	野漆	1	7.5±0
2015	HSFFZ01A00_01	900	阴香	16	2.7±0.72
2015	HSFFZ01A00_01	900	银柴	2	4.5±2
2015	HSFFZ01A00_01	900	竹柏	2	5.3±0.75
2015	HSFFZ01A00_01	900	竹节树	2	3.4±0.65
2015	HSFFZ01A00_01	900	醉香含笑	1	1.8±0
2015	HSFZH01A00_01	1 600	豺皮樟	8	2.6±0.54
2015	HSFZH01A00_01	1 600	潺槁木姜子	4	5±1.58
2015	HSFZH01A00_01	1 600	秤星树	172	2.3±0.46
2015	HSFZH01A00_01	1 600	红锥	2	3.1±0.05

（续）

年份	样地代码	样地面积/m²	植物种名	株数/株	高度/m
2015	HSFZH01A00 _ 01	1 600	假鹰爪	2	2±0
2015	HSFZH01A00 _ 01	1 600	九节	3	2.1±0.34
2015	HSFZH01A00 _ 01	1 600	楝叶吴萸	4	3.8±1.32
2015	HSFZH01A00 _ 01	1 600	马尾松	1	10.5±0
2015	HSFZH01A00 _ 01	1 600	马占相思	93	14.2±4.1
2015	HSFZH01A00 _ 01	1 600	米碎花	8	2.3±0.67
2015	HSFZH01A00 _ 01	1 600	三桠苦	1	2±0
2015	HSFZH01A00 _ 01	1 600	山鸡椒	8	3.3±1.1
2015	HSFZH01A00 _ 01	1 600	石斑木	1	2.5±0
2015	HSFZH01A00 _ 01	1 600	桃金娘	15	2.1±0.34
2015	HSFZH01A00 _ 01	1 600	腺叶桂樱	2	3.1±0.1
2015	HSFZH01A00 _ 01	1 600	香叶树	21	2.7±0.78
2015	HSFZH01A00 _ 01	1 600	野漆	3	2.5±0.62
2015	HSFZH01A00 _ 01	1 600	阴香	14	2.8±1.2
2015	HSFZQ01A00 _ 01	900	白背叶	2	2.3±0.05
2015	HSFZQ01A00 _ 01	900	白花灯笼	1	2.5±0
2015	HSFZQ01A00 _ 01	900	潺槁木姜子	3	3.7±1.36
2015	HSFZQ01A00 _ 01	900	秤星树	94	2.7±1.2
2015	HSFZQ01A00 _ 01	900	鹅掌柴	8	5.3±2.83
2015	HSFZQ01A00 _ 01	900	翻白叶树	3	2.2±0.33
2015	HSFZQ01A00 _ 01	900	光叶山黄麻	5	4±1.79
2015	HSFZQ01A00 _ 01	900	九节	18	2.4±0.74
2015	HSFZQ01A00 _ 01	900	鹦葡锥	1	8.5±0
2015	HSFZQ01A00 _ 01	900	马尾松	30	12.2±2.8
2015	HSFZQ01A00 _ 01	900	木荷	2	8.5±0.5
2015	HSFZQ01A00 _ 01	900	三桠苦	240	3.4±1.06
2015	HSFZQ01A00 _ 01	900	山鸡椒	23	4.1±0.73
2015	HSFZQ01A00 _ 01	900	山乌桕	4	4.2±2.09
2015	HSFZQ01A00 _ 01	900	杉木	82	9±4.54
2015	HSFZQ01A00 _ 01	900	石斑木	1	2±0
2015	HSFZQ01A00 _ 01	900	土蜜树	2	3±0.8
2015	HSFZQ01A00 _ 01	900	小蜡	5	2.7±0.47
2015	HSFZQ01A00 _ 01	900	野漆	6	3.8±0.46
2015	HSFZQ01A00 _ 01	900	阴香	16	4.4±1.06
2015	HSFZQ01A00 _ 01	900	印度野牡丹	6	2.3±0.19

（续）

年份	样地代码	样地面积/m²	植物种名	株数/株	高度/m
2015	HSFZQ01A00 _ 01	900	栀子	2	2.3±0.2
2015	HSFZQ01A00 _ 01	900	醉香含笑	1	3.2±0

表3-8　鹤山站森林植物群落灌木层植物高度

年份	样地代码	样地面积/m²	植物种名	株数/株	高度/cm
2005	HSFFZ01A00 _ 01	300	白背叶	1	0.4±0
2005	HSFFZ01A00 _ 01	300	白花灯笼	214	1.97±0.68
2005	HSFFZ01A00 _ 01	300	变叶榕	1	1±0
2005	HSFFZ01A00 _ 01	300	豺皮樟	15	1.08±0.5
2005	HSFFZ01A00 _ 01	300	潺槁木姜子	4	1.63±0.9
2005	HSFFZ01A00 _ 01	300	秤星树	143	1.86±0.31
2005	HSFFZ01A00 _ 01	300	粗叶榕	8	1.3±0.46
2005	HSFFZ01A00 _ 01	300	地桃花	8	0.69±0.26
2005	HSFFZ01A00 _ 01	300	黑面神	10	1.1±0.2
2005	HSFFZ01A00 _ 01	300	九节	114	1.22±0.31
2005	HSFFZ01A00 _ 01	300	了哥王	4	0.98±0.39
2005	HSFFZ01A00 _ 01	300	毛八角枫	3	2.2±0
2005	HSFFZ01A00 _ 01	300	米碎花	25	1.34±0.36
2005	HSFFZ01A00 _ 01	300	木荷	1	0.6±0
2005	HSFFZ01A00 _ 01	300	蒲桃	2	1.45±0.49
2005	HSFFZ01A00 _ 01	300	三桠苦	54	1.19±0.38
2005	HSFFZ01A00 _ 01	300	山鸡椒	15	2.02±0.63
2005	HSFFZ01A00 _ 01	300	山芝麻	14	0.43±0.22
2005	HSFFZ01A00 _ 01	300	石斑木	57	1.5±0.67
2005	HSFFZ01A00 _ 01	300	算盘子	3	0.3±0
2005	HSFFZ01A00 _ 01	300	桃金娘	38	1.18±0.45
2005	HSFFZ01A00 _ 01	300	野漆	1	1.5±0
2005	HSFFZ01A00 _ 01	300	阴香	8	0.68±0.54
2005	HSFFZ01A00 _ 01	300	印度野牡丹	12	0.89±0.25
2005	HSFFZ01A00 _ 01	300	栀子	54	0.99±0.38
2005	HSFFZ01A00 _ 01	300	竹节树	1	0.5±0
2005	HSFZH01A00 _ 01	500	白背叶	2	0.5±0
2005	HSFZH01A00 _ 01	500	白花灯笼	64	0.73±0.12
2005	HSFZH01A00 _ 01	500	变叶榕	3	0.83±0.06
2005	HSFZH01A00 _ 01	500	茶	6	1.43±0.26
2005	HSFZH01A00 _ 01	500	豺皮樟	27	1.16±0.24
2005	HSFZH01A00 _ 01	500	潺槁木姜子	1	0.9±0
2005	HSFZH01A00 _ 01	500	秤星树	134	1.92±0.67
2005	HSFZH01A00 _ 01	500	粗叶榕	7	0.74±0.05

（续）

年份	样地代码	样地面积/m²	植物种名	株数/株	高度/cm
2005	HSFZH01A00 _ 01	500	黑面神	3	1.07±0.55
2005	HSFZH01A00 _ 01	500	九节	8	0.96±0.24
2005	HSFZH01A00 _ 01	500	了哥王	35	1.06±0.28
2005	HSFZH01A00 _ 01	500	米碎花	57	1.31±0.15
2005	HSFZH01A00 _ 01	500	三桠苦	10	1.01±0.37
2005	HSFZH01A00 _ 01	500	山鸡椒	8	1.3±0.56
2005	HSFZH01A00 _ 01	500	山芝麻	2	0.55±0.07
2005	HSFZH01A00 _ 01	500	石斑木	29	1.22±0.31
2005	HSFZH01A00 _ 01	500	台湾毛楤木	1	0.6±0
2005	HSFZH01A00 _ 01	500	桃金娘	72	1.06±0.32
2005	HSFZH01A00 _ 01	500	野漆	5	1.08±0.22
2005	HSFZH01A00 _ 01	500	阴香	7	0.99±0.22
2005	HSFZH01A00 _ 01	500	印度野牡丹	15	0.92±0.31
2005	HSFZH01A00 _ 01	500	栀子	26	0.86±0.23
2005	HSFZQ01A00 _ 01	500	白背叶	2	0.5±0.14
2005	HSFZQ01A00 _ 01	500	白花灯笼	199	0.84±0.46
2005	HSFZQ01A00 _ 01	500	变叶榕	2	0.6±0
2005	HSFZQ01A00 _ 01	500	秤星树	110	1.4±0.37
2005	HSFZQ01A00 _ 01	500	粗叶榕	2	0.9±1.13
2005	HSFZQ01A00 _ 01	500	地桃花	2	0.5±0
2005	HSFZQ01A00 _ 01	500	鹅掌柴	4	1.03±0.39
2005	HSFZQ01A00 _ 01	500	黑面神	1	0.5±0
2005	HSFZQ01A00 _ 01	500	九节	16	0.78±0.23
2005	HSFZQ01A00 _ 01	500	米碎花	31	2.15±1.14
2005	HSFZQ01A00 _ 01	500	三桠苦	90	0.56±0.23
2005	HSFZQ01A00 _ 01	500	山鸡椒	5	0.86±0.22
2005	HSFZQ01A00 _ 01	500	杉木	1	1.3±0
2005	HSFZQ01A00 _ 01	500	石斑木	10	0.76±0.51
2005	HSFZQ01A00 _ 01	500	算盘子	2	0.5±0.14
2005	HSFZQ01A00 _ 01	500	桃金娘	4	0.83±0.05
2005	HSFZQ01A00 _ 01	500	土蜜树	2	0.9±0.14
2005	HSFZQ01A00 _ 01	500	小蜡	1	1±0
2005	HSFZQ01A00 _ 01	500	野漆	9	1.03±0.19

（续）

年份	样地代码	样地面积/m²	植物种名	株数/株	高度/cm
2005	HSFZQ01A00_01	500	阴香	5	0.68±0.29
2005	HSFZQ01A00_01	500	樟	1	0.4±0
2005	HSFZQ01A00_01	500	栀子	15	0.89±0.44
2007	HSFFZ01A00_01	450	白背叶	2	1.1±0.42
2007	HSFFZ01A00_01	450	白花灯笼	435	1.31±0.3
2007	HSFFZ01A00_01	450	白楸	1	1.6±0
2007	HSFFZ01A00_01	450	变叶榕	1	1.1±0
2007	HSFFZ01A00_01	450	豺皮樟	13	1.14±0.45
2007	HSFFZ01A00_01	450	潺槁木姜子	3	1.07±0.23
2007	HSFFZ01A00_01	450	秤星树	105	1.45±0.35
2007	HSFFZ01A00_01	450	粗叶榕	1	0.4±0
2007	HSFFZ01A00_01	450	地桃花	16	1.25±0.15
2007	HSFFZ01A00_01	450	鹅掌柴	2	0.25±0.21
2007	HSFFZ01A00_01	450	光叶山黄麻	3	1.77±0.23
2007	HSFFZ01A00_01	450	黑面神	4	1.33±0.17
2007	HSFFZ01A00_01	450	假鹰爪	1	0.5±0
2007	HSFFZ01A00_01	450	九节	185	1.02±0.34
2007	HSFFZ01A00_01	450	毛果算盘子	1	1.4±0
2007	HSFFZ01A00_01	450	米碎花	22	1.52±0.5
2007	HSFFZ01A00_01	450	三桠苦	121	0.94±0.4
2007	HSFFZ01A00_01	450	山鸡椒	9	1.52±0.16
2007	HSFFZ01A00_01	450	山乌桕	1	0.9±0
2007	HSFFZ01A00_01	450	山芝麻	4	0.8±0
2007	HSFFZ01A00_01	450	石斑木	43	1.11±0.4
2007	HSFFZ01A00_01	450	桃金娘	12	1.01±0.35
2007	HSFFZ01A00_01	450	阴香	6	0.83±0.46
2007	HSFFZ01A00_01	450	印度野牡丹	4	0.95±0.5
2007	HSFFZ01A00_01	450	栀子	64	0.67±0.32
2007	HSFFZ01A00_01	450	竹节树	2	1±0.42
2007	HSFZH01A00_01	1 200	白花灯笼	198	0.67±0.3
2007	HSFZH01A00_01	1 200	变叶榕	2	0.7±0.42
2007	HSFZH01A00_01	1 200	豺皮樟	24	2.16±1.29
2007	HSFZH01A00_01	1 200	潺槁木姜子	6	0.83±0.34

（续）

年份	样地代码	样地面积/m²	植物种名	株数/株	高度/cm
2007	HSFZH01A00＿01	1 200	秤星树	216	1.9±0.55
2007	HSFZH01A00＿01	1 200	粗叶榕	3	0.47±0.4
2007	HSFZH01A00＿01	1 200	黑面神	2	1.05±0.07
2007	HSFZH01A00＿01	1 200	九节	12	1.39±0.25
2007	HSFZH01A00＿01	1 200	毛果算盘子	1	0.4±0
2007	HSFZH01A00＿01	1 200	米碎花	39	1.3±0.29
2007	HSFZH01A00＿01	1 200	三桠苦	13	1.96±2.5
2007	HSFZH01A00＿01	1 200	山鸡椒	27	1.21±0.31
2007	HSFZH01A00＿01	1 200	石斑木	38	1.19±0.32
2007	HSFZH01A00＿01	1 200	桃金娘	83	0.92±0.39
2007	HSFZH01A00＿01	1 200	阴香	4	0.85±0.53
2007	HSFZH01A00＿01	1 200	栀子	52	0.68±0.3
2007	HSFZQ01A00＿01	450	白花灯笼	477	0.79±0.21
2007	HSFZQ01A00＿01	450	白楸	3	1±0.35
2007	HSFZQ01A00＿01	450	豺皮樟	1	0.7±0
2007	HSFZQ01A00＿01	450	秤星树	80	1.19±0.28
2007	HSFZQ01A00＿01	450	粗叶榕	8	1.1±0.25
2007	HSFZQ01A00＿01	450	地桃花	1	1.4±0
2007	HSFZQ01A00＿01	450	鹅掌柴	1	0.4±0
2007	HSFZQ01A00＿01	450	光叶山黄麻	3	0.93±0.59
2007	HSFZQ01A00＿01	450	黑面神	2	1.4±0.28
2007	HSFZQ01A00＿01	450	九节	14	1.08±0.39
2007	HSFZQ01A00＿01	450	毛果算盘子	2	0.9±0.14
2007	HSFZQ01A00＿01	450	米碎花	9	1.21±0.57
2007	HSFZQ01A00＿01	450	三桠苦	116	0.86±0.17
2007	HSFZQ01A00＿01	450	山鸡椒	5	0.98±0.81
2007	HSFZQ01A00＿01	450	山乌桕	3	1.13±0.4
2007	HSFZQ01A00＿01	450	山芝麻	2	0.8±0
2007	HSFZQ01A00＿01	450	石斑木	12	0.68±0.34
2007	HSFZQ01A00＿01	450	野漆	2	1±0.71
2007	HSFZQ01A00＿01	450	阴香	4	1.03±0.05
2007	HSFZQ01A00＿01	450	印度野牡丹	2	1.2±0
2007	HSFZQ01A00＿01	450	栀子	43	0.73±0.21

（续）

年份	样地代码	样地面积/m²	植物种名	株数/株	高度/cm
2010	HSFFZ01A00_01	900	白背叶	2	1.65±0.49
2010	HSFFZ01A00_01	900	白花灯笼	403	1.16±0.13
2010	HSFFZ01A00_01	900	变叶榕	2	1±0.57
2010	HSFFZ01A00_01	900	豺皮樟	14	0.92±0.11
2010	HSFFZ01A00_01	900	潺槁木姜子	17	1.32±0.38
2010	HSFFZ01A00_01	900	秤星树	156	1.32±0.2
2010	HSFFZ01A00_01	900	粗叶榕	2	1.5±0.28
2010	HSFFZ01A00_01	900	大花紫薇	1	1.8±0
2010	HSFFZ01A00_01	900	地桃花	6	1.13±0.37
2010	HSFFZ01A00_01	900	鹅掌柴	6	0.88±0.2
2010	HSFFZ01A00_01	900	光叶山黄麻	1	1.3±0
2010	HSFFZ01A00_01	900	黑面神	3	0.83±0.25
2010	HSFFZ01A00_01	900	红枝蒲桃	2	1.45±0.35
2010	HSFFZ01A00_01	900	假鹰爪	1	2.1±0
2010	HSFFZ01A00_01	900	九节	367	0.99±0.07
2010	HSFFZ01A00_01	900	毛果算盘子	7	1.17±0.26
2010	HSFFZ01A00_01	900	米碎花	44	1.27±0.28
2010	HSFFZ01A00_01	900	木荷	1	1.3±0
2010	HSFFZ01A00_01	900	三桠苦	166	1.15±0.13
2010	HSFFZ01A00_01	900	山鸡椒	3	1.17±0.64
2010	HSFFZ01A00_01	900	石斑木	86	1.1±0.24
2010	HSFFZ01A00_01	900	桃金娘	12	1.04±0.19
2010	HSFFZ01A00_01	900	香叶树	31	1.1±0.24
2010	HSFFZ01A00_01	900	阴香	24	1.03±0.25
2010	HSFFZ01A00_01	900	银柴	6	1.2±0.24
2010	HSFFZ01A00_01	900	印度野牡丹	6	1.22±0.72
2010	HSFFZ01A00_01	900	栀子	103	0.85±0.07
2010	HSFFZ01A00_01	900	竹节树	1	0.8±0
2010	HSFZH01A00_01	1 600	白花灯笼	184	0.91±0.32
2010	HSFZH01A00_01	1 600	变叶榕	9	1.09±0.06
2010	HSFZH01A00_01	1 600	豺皮樟	12	1.33±0.22
2010	HSFZH01A00_01	1 600	潺槁木姜子	6	1.33±0.43
2010	HSFZH01A00_01	1 600	秤星树	156	1.53±0.29

（续）

年份	样地代码	样地面积/m²	植物种名	株数/株	高度/cm
2010	HSFZH01A00 _ 01	1 600	粗叶榕	6	1.1±0.24
2010	HSFZH01A00 _ 01	1 600	海南蒲桃	1	0.6±0
2010	HSFZH01A00 _ 01	1 600	黑面神	6	1.13±0.22
2010	HSFZH01A00 _ 01	1 600	假鹰爪	4	1.23±0.35
2010	HSFZH01A00 _ 01	1 600	九节	12	0.87±0.05
2010	HSFZH01A00 _ 01	1 600	了哥王	20	1.48±0.18
2010	HSFZH01A00 _ 01	1 600	楝叶吴黄	5	1.1±0
2010	HSFZH01A00 _ 01	1 600	毛果算盘子	2	0.6±0
2010	HSFZH01A00 _ 01	1 600	米碎花	40	1.46±0.46
2010	HSFZH01A00 _ 01	1 600	米仔兰	1	1.1±0
2010	HSFZH01A00 _ 01	1 600	三桠苦	1	0.8±0
2010	HSFZH01A00 _ 01	1 600	山鸡椒	11	1.06±0.39
2010	HSFZH01A00 _ 01	1 600	山芝麻	1	0.6±0
2010	HSFZH01A00 _ 01	1 600	石斑木	43	1.2±0.17
2010	HSFZH01A00 _ 01	1 600	桃金娘	118	1.1±0.18
2010	HSFZH01A00 _ 01	1 600	香叶树	10	0.95±0.24
2010	HSFZH01A00 _ 01	1 600	野漆	4	1.38±0.15
2010	HSFZH01A00 _ 01	1 600	阴香	7	1.07±0.33
2010	HSFZH01A00 _ 01	1 600	印度野牡丹	2	0.7±0
2010	HSFZH01A00 _ 01	1 600	樟	1	0.9±0
2010	HSFZH01A00 _ 01	1 600	栀子	23	0.88±0.16
2010	HSFZQ01A00 _ 01	900	白背叶	11	1.15±0.17
2010	HSFZQ01A00 _ 01	900	白花灯笼	939	0.95±0.08
2010	HSFZQ01A00 _ 01	900	变叶榕	6	0.93±0.26
2010	HSFZQ01A00 _ 01	900	豺皮樟	1	0.7±0
2010	HSFZQ01A00 _ 01	900	秤星树	90	1.39±0.19
2010	HSFZQ01A00 _ 01	900	粗叶榕	9	1.34±0.46
2010	HSFZQ01A00 _ 01	900	鹅掌柴	5	0.97±0.37
2010	HSFZQ01A00 _ 01	900	黑面神	1	1.2±0
2010	HSFZQ01A00 _ 01	900	九节	77	0.95±0.14
2010	HSFZQ01A00 _ 01	900	毛果算盘子	1	0.7±0
2010	HSFZQ01A00 _ 01	900	米碎花	19	1.45±0.26
2010	HSFZQ01A00 _ 01	900	三桠苦	218	1.19±0.11

（续）

年份	样地代码	样地面积/m²	植物种名	株数/株	高度/cm
2010	HSFZQ01A00_01	900	山鸡椒	7	1.36±0.18
2010	HSFZQ01A00_01	900	山乌桕	1	1±0
2010	HSFZQ01A00_01	900	杉木	30	1.2±0.02
2010	HSFZQ01A00_01	900	石斑木	7	1.31±0.58
2010	HSFZQ01A00_01	900	土蜜树	4	1.35±0.29
2010	HSFZQ01A00_01	900	香叶树	1	1.5±0
2010	HSFZQ01A00_01	900	小蜡	2	1±0.57
2010	HSFZQ01A00_01	900	野漆	2	1.9±0
2010	HSFZQ01A00_01	900	叶下珠	1	0.6±0
2010	HSFZQ01A00_01	900	阴香	12	1.48±0.29
2010	HSFZQ01A00_01	900	印度野牡丹	11	1.35±0.27
2010	HSFZQ01A00_01	900	栀子	62	0.85±0.09
2012	HSFFZ01A00_01	450	白花灯笼	127	1.01±0.33
2012	HSFFZ01A00_01	450	豺皮樟	2	0.7±0
2012	HSFFZ01A00_01	450	潺槁木姜子	4	1.5±0.59
2012	HSFFZ01A00_01	450	秤星树	86	1.47±0.28
2012	HSFFZ01A00_01	450	粗叶榕	4	1.25±0.06
2012	HSFFZ01A00_01	450	大花紫薇	1	0.6±0
2012	HSFFZ01A00_01	450	鹅掌柴	2	1.1±0.71
2012	HSFFZ01A00_01	450	黑面神	1	1.2±0
2012	HSFFZ01A00_01	450	红枝蒲桃	2	1.65±0.49
2012	HSFFZ01A00_01	450	九节	131	1.05±0.14
2012	HSFFZ01A00_01	450	鳖蕨锥	1	1.4±0
2012	HSFFZ01A00_01	450	毛果算盘子	3	1.33±0.47
2012	HSFFZ01A00_01	450	米碎花	12	1.15±0.29
2012	HSFFZ01A00_01	450	三桠苦	41	1.19±0.29
2012	HSFFZ01A00_01	450	山鸡椒	1	1.6±0
2012	HSFFZ01A00_01	450	石斑木	31	1.25±0.39
2012	HSFFZ01A00_01	450	桃金娘	2	1.1±0
2012	HSFFZ01A00_01	450	香叶树	9	1.2±0.35
2012	HSFFZ01A00_01	450	阴香	14	1.39±0.37
2012	HSFFZ01A00_01	450	印度野牡丹	4	0.7±0
2012	HSFFZ01A00_01	450	栀子	35	0.91±0.15

（续）

年份	样地代码	样地面积/m²	植物种名	株数/株	高度/cm
2012	HSFZH01A00 _ 01	800	白花灯笼	33	0.78±0.15
2012	HSFZH01A00 _ 01	800	豺皮樟	11	1.47±0.4
2012	HSFZH01A00 _ 01	800	秤星树	84	1.39±0.26
2012	HSFZH01A00 _ 01	800	粗叶榕	5	1.4±0
2012	HSFZH01A00 _ 01	800	黑面神	4	0.9±0
2012	HSFZH01A00 _ 01	800	红枝蒲桃	1	0.6±0
2012	HSFZH01A00 _ 01	800	红锥	1	0.6±0
2012	HSFZH01A00 _ 01	800	九节	7	0.86±0.25
2012	HSFZH01A00 _ 01	800	了哥王	11	1.52±0.17
2012	HSFZH01A00 _ 01	800	米碎花	19	1.18±0.36
2012	HSFZH01A00 _ 01	800	琴叶榕	7	1.01±0.11
2012	HSFZH01A00 _ 01	800	三桠苦	1	0.8±0
2012	HSFZH01A00 _ 01	800	山鸡椒	3	0.87±0.35
2012	HSFZH01A00 _ 01	800	石斑木	6	1.47±0.43
2012	HSFZH01A00 _ 01	800	桃金娘	50	1.19±0.22
2012	HSFZH01A00 _ 01	800	香叶树	6	1.25±0.23
2012	HSFZH01A00 _ 01	800	野漆	2	1.4±0.57
2012	HSFZH01A00 _ 01	800	阴香	7	1.4±0.16
2012	HSFZH01A00 _ 01	800	栀子	15	0.83±0.18
2012	HSFZQ01A00 _ 01	450	白背叶	3	1.17±0.64
2012	HSFZQ01A00 _ 01	450	白花灯笼	332	1.01±0.16
2012	HSFZQ01A00 _ 01	450	白楸	1	1.2±0
2012	HSFZQ01A00 _ 01	450	变叶榕	3	1±0
2012	HSFZQ01A00 _ 01	450	潺槁木姜子	1	1.8±0
2012	HSFZQ01A00 _ 01	450	秤星树	106	1.35±0.21
2012	HSFZQ01A00 _ 01	450	粗叶榕	4	2.18±0.25
2012	HSFZQ01A00 _ 01	450	地桃花	1	0.6±0
2012	HSFZQ01A00 _ 01	450	鹅掌柴	1	1.1±0
2012	HSFZQ01A00 _ 01	450	九节	19	0.88±0.26
2012	HSFZQ01A00 _ 01	450	楝叶吴萸	1	1.5±0
2012	HSFZQ01A00 _ 01	450	米碎花	7	1.29±0.49
2012	HSFZQ01A00 _ 01	450	三桠苦	93	1.14±0.3
2012	HSFZQ01A00 _ 01	450	山鸡椒	8	1.36±0.44

86

（续）

年份	样地代码	样地面积/m²	植物种名	株数/株	高度/cm
2012	HSFZQ01A00 _ 01	450	山乌桕	1	1.4±0
2012	HSFZQ01A00 _ 01	450	杉木	2	1.5±0
2012	HSFZQ01A00 _ 01	450	石斑木	6	1.53±0.24
2012	HSFZQ01A00 _ 01	450	土蜜树	1	0.6±0
2012	HSFZQ01A00 _ 01	450	香叶树	1	1.6±0
2012	HSFZQ01A00 _ 01	450	印度野牡丹	10	1.4±0.42
2012	HSFZQ01A00 _ 01	450	栀子	43	0.85±0.17
2012	HSFZQ01A00 _ 01	450	醉香含笑	1	1.4±0
2015	HSFFZ01A00 _ 01	450	白花灯笼	77	1.13±0.19
2015	HSFFZ01A00 _ 01	450	变叶榕	1	1±0
2015	HSFFZ01A00 _ 01	450	豺皮樟	8	1.28±0.79
2015	HSFFZ01A00 _ 01	450	潺槁木姜子	16	1.42±0.38
2015	HSFFZ01A00 _ 01	450	秤星树	88	1.32±0.22
2015	HSFFZ01A00 _ 01	450	粗叶榕	2	1.55±0.07
2015	HSFFZ01A00 _ 01	450	大花紫薇	2	1.15±0.35
2015	HSFFZ01A00 _ 01	450	鹅掌柴	4	1.05±0.5
2015	HSFFZ01A00 _ 01	450	翻白叶树	1	0.7±0
2015	HSFFZ01A00 _ 01	450	黑面神	3	1.23±0.23
2015	HSFFZ01A00 _ 01	450	红枝蒲桃	2	1.5±0
2015	HSFFZ01A00 _ 01	450	假鹰爪	1	0.5±0
2015	HSFFZ01A00 _ 01	450	九节	352	1.07±0.11
2015	HSFFZ01A00 _ 01	450	黧蒴锥	1	1.3±0
2015	HSFFZ01A00 _ 01	450	毛果算盘子	4	1.38±0.39
2015	HSFFZ01A00 _ 01	450	米碎花	28	1.27±0.36
2015	HSFFZ01A00 _ 01	450	三桠苦	34	1.12±0.38
2015	HSFFZ01A00 _ 01	450	山鸡椒	2	1.15±0.07
2015	HSFFZ01A00 _ 01	450	深山含笑	2	0.7±0.14
2015	HSFFZ01A00 _ 01	450	石斑木	18	1.55±0.43
2015	HSFFZ01A00 _ 01	450	桃金娘	2	0.8±0
2015	HSFFZ01A00 _ 01	450	香叶树	21	1.3±0.32
2015	HSFFZ01A00 _ 01	450	阴香	34	1.29±0.26
2015	HSFFZ01A00 _ 01	450	银柴	1	1.4±0
2015	HSFFZ01A00 _ 01	450	栀子	41	0.78±0.21

（续）

年份	样地代码	样地面积/m²	植物种名	株数/株	高度/cm
2015	HSFFZ01A00＿01	450	竹节树	1	0.7±0
2015	HSFFZ01A00＿01	450	醉香含笑	4	1.03±0.24
2015	HSFZH01A00＿01	800	白花灯笼	32	0.83±0.14
2015	HSFZH01A00＿01	800	变叶榕	7	1.09±0.13
2015	HSFZH01A00＿01	800	豺皮樟	12	1.3±0.26
2015	HSFZH01A00＿01	800	秤星树	111	1.4±0.21
2015	HSFZH01A00＿01	800	粗叶榕	3	1.5±0
2015	HSFZH01A00＿01	800	黑面神	1	0.9±0
2015	HSFZH01A00＿01	800	红枝蒲桃	1	1±0
2015	HSFZH01A00＿01	800	九节	4	0.93±0.05
2015	HSFZH01A00＿01	800	了哥王	2	1.7±0.42
2015	HSFZH01A00＿01	800	毛黄肉楠	1	0.7±0
2015	HSFZH01A00＿01	800	米碎花	13	1.45±0.35
2015	HSFZH01A00＿01	800	三桠苦	3	1±0.4
2015	HSFZH01A00＿01	800	山鸡椒	8	1.45±0.51
2015	HSFZH01A00＿01	800	石斑木	6	1.08±0.29
2015	HSFZH01A00＿01	800	桃金娘	43	1.2±0.08
2015	HSFZH01A00＿01	800	香叶树	8	1.06±0.21
2015	HSFZH01A00＿01	800	小果山龙眼	1	1.1±0
2015	HSFZH01A00＿01	800	野漆	3	1.47±0.47
2015	HSFZH01A00＿01	800	阴香	8	1.24±0.28
2015	HSFZH01A00＿01	800	栀子	13	0.9±0.27
2015	HSFZQ01A00＿01	450	白背叶	4	1±0.54
2015	HSFZQ01A00＿01	450	白花灯笼	387	1.17±0.24
2015	HSFZQ01A00＿01	450	变叶榕	11	1.2±0
2015	HSFZQ01A00＿01	450	潺槁木姜子	13	0.62±0.38
2015	HSFZQ01A00＿01	450	秤星树	96	1.48±0.32
2015	HSFZQ01A00＿01	450	地桃花	1	1.7±0
2015	HSFZQ01A00＿01	450	鹅掌柴	23	0.26±0.21
2015	HSFZQ01A00＿01	450	翻白叶树	4	1.35±0.82
2015	HSFZQ01A00＿01	450	光叶山矾	1	1.6±0
2015	HSFZQ01A00＿01	450	光叶山黄麻	6	1.4±0.42
2015	HSFZQ01A00＿01	450	黑面神	1	1.3±0

（续）

年份	样地代码	样地面积/m²	植物种名	株数/株	高度/cm
2015	HSFZQ01A00_01	450	九节	59	0.98±0.15
2015	HSFZQ01A00_01	450	米碎花	10	1.18±0.25
2015	HSFZQ01A00_01	450	三桠苦	80	1.24±0.24
2015	HSFZQ01A00_01	450	山鸡椒	7	1.07±0.6
2015	HSFZQ01A00_01	450	山乌桕	2	1.6±0
2015	HSFZQ01A00_01	450	杉木	1	1.4±0
2015	HSFZQ01A00_01	450	石斑木	6	1.37±0.12
2015	HSFZQ01A00_01	450	香叶树	1	1.6±0
2015	HSFZQ01A00_01	450	野漆	1	1.8±0
2015	HSFZQ01A00_01	450	阴香	2	1.5±0
2015	HSFZQ01A00_01	450	银柴	1	0.8±0
2015	HSFZQ01A00_01	450	印度野牡丹	9	1.23±0.55
2015	HSFZQ01A00_01	450	栀子	45	1.09±0.24
2015	HSFZQ01A00_01	450	醉香含笑	1	0.4±0

表 3-9　鹤山站森林植物群落草本层植物高度

年份	样地代码	样地面积/m²	植物种名	株数/株	高度/cm
2005	HSFFZ01A00_01	12	垂穗石松	2	37±0
2005	HSFFZ01A00_01	12	淡竹叶	18	33.3±3.82
2005	HSFFZ01A00_01	12	地胆草	1	4±0
2005	HSFFZ01A00_01	12	华南毛蕨	7	36.7±18.65
2005	HSFFZ01A00_01	12	火炭母	3	45±0
2005	HSFFZ01A00_01	12	芒萁	189	58.9±4.76
2005	HSFFZ01A00_01	12	山菅兰	1	50±0
2005	HSFFZ01A00_01	12	扇叶铁线蕨	8	31.9±3.94
2005	HSFFZ01A00_01	12	乌毛蕨	4	53.8±12.93
2005	HSFFZ01A00_01	12	小花露籽草	33	33.1±10.42
2005	HSFFZ01A00_01	12	异叶双唇蕨	4	37.3±12.53
2005	HSFZH01A00_01	21	淡竹叶	3	33±0
2005	HSFZH01A00_01	21	华南毛蕨	1	54±0
2005	HSFZH01A00_01	21	芒	4	123.8±2.5
2005	HSFZH01A00_01	21	芒萁	825	76.4±17.07
2005	HSFZH01A00_01	21	山菅兰	6	57.12±19.83

（续）

年份	样地代码	样地面积/m²	植物种名	株数/株	高度/cm
2005	HSFZH01A00_01	21	扇叶铁线蕨	3	30±0
2005	HSFZH01A00_01	21	乌毛蕨	4	97±73.18
2005	HSFZH01A00_01	21	细毛鸭嘴草	9	32.2±2.64
2005	HSFZH01A00_01	21	小花露籽草	3	31.3±1.15
2005	HSFZH01A00_01	21	异叶双唇蕨	10	40.7±16.88
2005	HSFZQ01A00_01	16	华南鳞盖蕨	16	84.2±21.22
2005	HSFZQ01A00_01	16	芒萁	28	60±0
2005	HSFZQ01A00_01	16	毛果珍珠茅	1	29±0
2005	HSFZQ01A00_01	16	山菅兰	1	40±0
2005	HSFZQ01A00_01	16	扇叶铁线蕨	13	31.1±4.61
2005	HSFZQ01A00_01	16	乌毛蕨	4	53.8±9.46
2005	HSFZQ01A00_01	16	小花露籽草	15	38±10.30
2005	HSFZQ01A00_01	16	异叶双唇蕨	5	42±11.51
2007	HSFFZ01A00_01	18	淡竹叶	14	58.1±19.41
2007	HSFFZ01A00_01	18	华南毛蕨	2	37.5±3.54
2007	HSFFZ01A00_01	18	芒	1	80±0
2007	HSFFZ01A00_01	18	芒萁	117	78.1±26.35
2007	HSFFZ01A00_01	18	扇叶铁线蕨	13	38.9±5.25
2007	HSFFZ01A00_01	18	乌毛蕨	9	106.7±36.4
2007	HSFFZ01A00_01	18	小花露籽草	13	46.9±26.65
2007	HSFFZ01A00_01	18	异叶双唇蕨	3	35.7±24.01
2007	HSFZH01A00_01	46	华南毛蕨	3	5±0
2007	HSFZH01A00_01	46	芒	3	120±0
2007	HSFZH01A00_01	46	芒萁	961	68.5±20.34
2007	HSFZH01A00_01	46	扇叶铁线蕨	4	27.5±2.89
2007	HSFZH01A00_01	46	乌毛蕨	21	84.6±58.16
2007	HSFZH01A00_01	46	细毛鸭嘴草	4	68.8±45.16
2007	HSFZH01A00_01	46	小花露籽草	7	39.4±15.67
2007	HSFZH01A00_01	46	异叶双唇蕨	5	44±13.42
2007	HSFZQ01A00_01	18	淡竹叶	20	62.5±36.5
2007	HSFZQ01A00_01	18	华南鳞盖蕨	18	130±0
2007	HSFZQ01A00_01	18	华南毛蕨	4	28.3±26.25
2007	HSFZQ01A00_01	18	火炭母	23	32.5±11.09
2007	HSFZQ01A00_01	18	芒萁	13	43.2±6.63
2007	HSFZQ01A00_01	18	山菅兰	1	50±0

（续）

年份	样地代码	样地面积/m²	植物种名	株数/株	高度/cm
2007	HSFZQ01A00 _ 01	18	扇叶铁线蕨	9	37.1±34.49
2007	HSFZQ01A00 _ 01	18	乌毛蕨	7	108.3±45.6
2007	HSFZQ01A00 _ 01	18	小花露籽草	18	51.9±25.15
2007	HSFZQ01A00 _ 01	18	异叶双唇蕨	1	45±0
2010	HSFFZ01A00 _ 01	72	半边旗	2	27.5±10.61
2010	HSFFZ01A00 _ 01	72	单色蝴蝶草	1	20±0
2010	HSFFZ01A00 _ 01	72	淡竹叶	80	77.8±25.7
2010	HSFFZ01A00 _ 01	72	短叶黍	5	20±0
2010	HSFFZ01A00 _ 01	72	华南鳞盖蕨	8	37.3±10.19
2010	HSFFZ01A00 _ 01	72	芒	20	110±0
2010	HSFFZ01A00 _ 01	72	芒萁	108	75.8±29.53
2010	HSFFZ01A00 _ 01	72	山菅兰	1	35±0
2010	HSFFZ01A00 _ 01	72	扇叶铁线蕨	28	31.5±11.76
2010	HSFFZ01A00 _ 01	72	乌毛蕨	28	161.6±67.85
2010	HSFFZ01A00 _ 01	72	小花露籽草	58	33±9.01
2010	HSFFZ01A00 _ 01	72	异叶双唇蕨	11	32.3±6.47
2010	HSFZH01A00 _ 01	128	淡竹叶	1	80±0
2010	HSFZH01A00 _ 01	128	剑叶凤尾蕨	1	30±0
2010	HSFZH01A00 _ 01	128	芒	23	150±0
2010	HSFZH01A00 _ 01	128	芒萁	1 536	71.2±11.36
2010	HSFZH01A00 _ 01	128	山菅兰	1	50±0
2010	HSFZH01A00 _ 01	128	扇叶铁线蕨	2	20±0
2010	HSFZH01A00 _ 01	128	双穗雀稗	1	102±0
2010	HSFZH01A00 _ 01	128	乌毛蕨	20	161.8±46.6
2010	HSFZH01A00 _ 01	128	小花露籽草	32	49.4±14.35
2010	HSFZH01A00 _ 01	128	异叶双唇蕨	1	44±0
2010	HSFZQ01A00 _ 01	72	半边旗	4	42.5±5
2010	HSFZQ01A00 _ 01	72	淡竹叶	8	89.8±25.42
2010	HSFZQ01A00 _ 01	72	华南鳞盖蕨	24	80.2±66.37
2010	HSFZQ01A00 _ 01	72	芒萁	33	57.3±8.76
2010	HSFZQ01A00 _ 01	72	山菅兰	1	50±0
2010	HSFZQ01A00 _ 01	72	扇叶铁线蕨	9	21.6±4.93
2010	HSFZQ01A00 _ 01	72	团叶鳞始蕨	2	32.5±17.68
2010	HSFZQ01A00 _ 01	72	乌毛蕨	22	135.9±33.99
2010	HSFZQ01A00 _ 01	72	小花露籽草	15	29.5±13.27

（续）

年份	样地代码	样地面积/m²	植物种名	株数/株	高度/cm
2012	HSFFZ01A00＿01	18	半边旗	1	20±0
2012	HSFFZ01A00＿01	18	淡竹叶	23	55.2±26.06
2012	HSFFZ01A00＿01	18	弓果黍	4	30.8±9.43
2012	HSFFZ01A00＿01	18	华南鳞盖蕨	6	50.7±17.63
2012	HSFFZ01A00＿01	18	类芦	1	160±0
2012	HSFFZ01A00＿01	18	芒萁	40	36.1±10.22
2012	HSFFZ01A00＿01	18	扇叶铁线蕨	5	24±5.48
2012	HSFFZ01A00＿01	18	团叶鳞始蕨	6	29.7±11.43
2012	HSFFZ01A00＿01	18	乌毛蕨	5	134±45.06
2012	HSFFZ01A00＿01	18	小花露籽草	14	32.9±3.8
2012	HSFZH01A00＿01	32	淡竹叶	1	100±0
2012	HSFZH01A00＿01	32	弓果黍	1	92±0
2012	HSFZH01A00＿01	32	芒	1	130±0
2012	HSFZH01A00＿01	32	芒萁	342	54.7±13.85
2012	HSFZH01A00＿01	32	团叶鳞始蕨	1	40±0
2012	HSFZH01A00＿01	32	乌毛蕨	2	80±56.57
2012	HSFZH01A00＿01	32	小花露籽草	3	61.7±20.21
2012	HSFZQ01A00＿01	18	半边旗	3	36.7±2.89
2012	HSFZQ01A00＿01	18	淡竹叶	22	105.9±14.92
2012	HSFZQ01A00＿01	18	弓果黍	3	42.7±50.01
2012	HSFZQ01A00＿01	18	华南鳞盖蕨	8	80.5±25.06
2012	HSFZQ01A00＿01	18	芒萁	37	49.5±27.92
2012	HSFZQ01A00＿01	18	扇叶铁线蕨	5	20±0
2012	HSFZQ01A00＿01	18	团叶鳞始蕨	3	33.3±4.71
2012	HSFZQ01A00＿01	18	乌毛蕨	4	122.5±48.15
2012	HSFZQ01A00＿01	18	小花露籽草	13	46.5±23.57
2015	HSFFZ01A00＿01	72	半边旗	4	40±21.21
2015	HSFFZ01A00＿01	72	淡竹叶	28	65.6±27.96
2015	HSFFZ01A00＿01	72	华南鳞盖蕨	7	87.1±41.52
2015	HSFFZ01A00＿01	72	芒萁	205	62±28.4
2015	HSFFZ01A00＿01	72	扇叶铁线蕨	19	29.5±7.7
2015	HSFFZ01A00＿01	72	团叶鳞始蕨	10	31.6±8.76
2015	HSFFZ01A00＿01	72	乌毛蕨	17	110.6±62.54
2015	HSFFZ01A00＿01	72	小花露籽草	11	50.1±21.55
2015	HSFFZ01A00＿01	72	异叶双唇蕨	4	38.8±11.81

（续）

年份	样地代码	样地面积/m²	植物种名	株数/株	高度/cm
2015	HSFZH01A00＿01	96	淡竹叶	1	105±0
2015	HSFZH01A00＿01	96	芒	2	185±91.92
2015	HSFZH01A00＿01	96	芒萁	1 421	71.7±13.43
2015	HSFZH01A00＿01	96	乌毛蕨	3	96.7±2.89
2015	HSFZH01A00＿01	96	小花露籽草	3	48.3±14.43
2015	HSFZQ01A00＿01	72	半边旗	6	25.3±6.71
2015	HSFZQ01A00＿01	72	淡竹叶	37	83.6±29.63
2015	HSFZQ01A00＿01	72	短叶黍	1	12±0
2015	HSFZQ01A00＿01	72	弓果黍	5	26.2±8.79
2015	HSFZQ01A00＿01	72	华南鳞盖蕨	8	81.3±47.64
2015	HSFZQ01A00＿01	72	芒	1	65±0
2015	HSFZQ01A00＿01	72	芒萁	211	67.1±32.17
2015	HSFZQ01A00＿01	72	三羽新月蕨	1	45±0
2015	HSFZQ01A00＿01	72	扇叶铁线蕨	19	30.1±16.66
2015	HSFZQ01A00＿01	72	团叶鳞始蕨	6	39.2±7.36
2015	HSFZQ01A00＿01	72	乌毛蕨	9	162.2±84.56
2015	HSFZQ01A00＿01	72	小花露籽草	16	57±21.63
2015	HSFZQ01A00＿01	72	异叶双唇蕨	2	20±0

3.1.6 植物数量数据集

3.1.6.1 概述

本数据集收录了鹤山站 2005—2015 年 11 年定点定位观测不同类型人工林植物种类与数量（包括树种更新）调查数据，包括观测年份、观测样地代码、样地面积、植物种名、株数，样地面积单位为 m²、株数单位为株。产生数据的长期观测样地为鹤山站马占相思林综合观测场永久样地（HSFZH01A00＿01）、鹤山站乡土林辅助观测场永久样地（HSFFZ01A00＿01）、鹤山站针叶林站区调查点永久样地（HSFZQ01A00＿01）。

调查和数据采集频度按中国生态系统研究网络（CERN）长期监测规范丛书《陆地生态系统生物观测指标与规范》要求进行，人工林观测频率为每 5 年 2 次（实际按年份尾数为 0、2、5、7 的年份监测），树种更新观测按每年 1 次进行。

3.1.6.2 数据采集和处理方法

植物数量基于植被每木调查，直接统计获取，并按年度、样地和物种分类累加计算。

3.1.6.3 数据质量控制和评估

严格核查调查数据录入表"株数"项单元格是否存在空值或非数值数据，杜绝漏算情况。

3.1.6.4 数据价值/数据使用方法和建议

植物种类和数量是森林演替的重要内容之一，植物多样性的变化是森林可持续发展的重要指标。不同类型人工林植物种类观测数据可应用于人工林演替、人工林健康状况评价及生物多样性保育功能评价，为人工林效益评估提供服务。

本数据集原始数据可通过广东鹤山森林生态系统国家野外科学观测研究站（http：//hsf. cern. ac. cn/）"资源服务"下的"数据服务"页面申请获取。

3.1.6.5　数据

数据见表 3 - 10 至表 3 - 13。

表 3 - 10　鹤山站森林植物群落乔木层植物数量

年份	样地代码	样地面积/m²	植物种名	株数/株
2005	HSFFZ01A00 _ 01	900	豺皮樟	8
2005	HSFFZ01A00 _ 01	900	潺槁木姜子	2
2005	HSFFZ01A00 _ 01	900	粗叶榕	1
2005	HSFFZ01A00 _ 01	900	翻白叶树	3
2005	HSFFZ01A00 _ 01	900	红锥	2
2005	HSFFZ01A00 _ 01	900	楝叶吴萸	1
2005	HSFFZ01A00 _ 01	900	毛八角枫	2
2005	HSFFZ01A00 _ 01	900	木荷	4
2005	HSFFZ01A00 _ 01	900	蒲桃	1
2005	HSFFZ01A00 _ 01	900	三桠苦	54
2005	HSFFZ01A00 _ 01	900	山鸡椒	7
2005	HSFFZ01A00 _ 01	900	西南木荷	107
2005	HSFFZ01A00 _ 01	900	野漆	1
2005	HSFFZ01A00 _ 01	900	竹柏	2
2005	HSFFZ01A00 _ 01	900	醉香含笑	1
2005	HSFZH01A00 _ 01	3 800	秤星树	118
2005	HSFZH01A00 _ 01	3 800	马占相思	323
2005	HSFZH01A00 _ 01	3 800	毛果算盘子	28
2005	HSFZH01A00 _ 01	3 800	茶	3
2005	HSFZH01A00 _ 01	3 800	潺槁木姜子	13
2005	HSFZH01A00 _ 01	3 800	红枝蒲桃	1
2005	HSFZH01A00 _ 01	3 800	山鸡椒	33
2005	HSFZH01A00 _ 01	3 800	算盘子	9
2005	HSFZH01A00 _ 01	3 800	九节	3
2005	HSFZH01A00 _ 01	3 800	桃金娘	4
2005	HSFZH01A00 _ 01	3 800	野漆	4
2005	HSFZH01A00 _ 01	3 800	米碎花	1
2005	HSFZH01A00 _ 01	3 800	马尾松	1
2005	HSFZH01A00 _ 01	3 800	大叶相思	1
2005	HSFZH01A00 _ 01	3 800	楝叶吴萸	4
2005	HSFZH01A00 _ 01	3 800	三桠苦	4

（续）

年份	样地代码	样地面积/m²	植物种名	株数/株
2005	HSFZH01A00_01	3 800	粗叶榕	1
2005	HSFZH01A00_01	3 800	石斑木	1
2005	HSFZH01A00_01	3 800	假鹰爪	1
2005	HSFZH01A00_01	3 800	山乌桕	2
2005	HSFZH01A00_01	3 800	鹅掌柴	3
2005	HSFZH01A00_01	3 800	变叶榕	1
2005	HSFZH01A00_01	3 800	栀子	1
2005	HSFZH01A00_01	3 800	光叶山黄麻	1
2005	HSFZH01A00_01	3 800	蒲桃	1
2005	HSFZQ01A00_01	900	潺槁木姜子	1
2005	HSFZQ01A00_01	900	鹅掌柴	2
2005	HSFZQ01A00_01	900	马尾松	72
2005	HSFZQ01A00_01	900	木荷	11
2005	HSFZQ01A00_01	900	三桠苦	1
2005	HSFZQ01A00_01	900	山鸡椒	2
2005	HSFZQ01A00_01	900	杉木	147
2007	HSFFZ01A00_01	900	豺皮樟	5
2007	HSFFZ01A00_01	900	潺槁木姜子	1
2007	HSFFZ01A00_01	900	翻白叶树	3
2007	HSFFZ01A00_01	900	红枝蒲桃	1
2007	HSFFZ01A00_01	900	红锥	1
2007	HSFFZ01A00_01	900	毛八角枫	5
2007	HSFFZ01A00_01	900	木荷	2
2007	HSFFZ01A00_01	900	三桠苦	36
2007	HSFFZ01A00_01	900	山鸡椒	8
2007	HSFFZ01A00_01	900	西南木荷	112
2007	HSFFZ01A00_01	900	野漆	1
2007	HSFFZ01A00_01	900	银柴	1
2007	HSFFZ01A00_01	900	樟	1
2007	HSFFZ01A00_01	900	竹柏	2
2007	HSFZH01A00_01	2 400	豺皮樟	21
2007	HSFZH01A00_01	2 400	潺槁木姜子	6
2007	HSFZH01A00_01	2 400	红枝蒲桃	2
2007	HSFZH01A00_01	2 400	九节	2

（续）

年份	样地代码	样地面积/m²	植物种名	株数/株
2007	HSFZH01A00 _ 01	2 400	楝	1
2007	HSFZH01A00 _ 01	2 400	楝叶吴萸	2
2007	HSFZH01A00 _ 01	2 400	马占相思	232
2007	HSFZH01A00 _ 01	2 400	三桠苦	3
2007	HSFZH01A00 _ 01	2 400	山鸡椒	62
2007	HSFZH01A00 _ 01	2 400	野漆	5
2007	HSFZH01A00 _ 01	2 400	阴香	2
2007	HSFZQ01A00 _ 01	900	鹅掌柴	3
2007	HSFZQ01A00 _ 01	900	马尾松	61
2007	HSFZQ01A00 _ 01	900	木荷	5
2007	HSFZQ01A00 _ 01	900	三桠苦	7
2007	HSFZQ01A00 _ 01	900	山鸡椒	3
2007	HSFZQ01A00 _ 01	900	杉木	136
2007	HSFZQ01A00 _ 01	900	阴香	1
2010	HSFFZ01A00 _ 01	900	白花灯笼	26
2010	HSFFZ01A00 _ 01	900	变叶榕	1
2010	HSFFZ01A00 _ 01	900	豺皮樟	6
2010	HSFFZ01A00 _ 01	900	潺槁木姜子	4
2010	HSFFZ01A00 _ 01	900	秤星树	89
2010	HSFFZ01A00 _ 01	900	粗叶榕	2
2010	HSFFZ01A00 _ 01	900	鹅掌柴	1
2010	HSFFZ01A00 _ 01	900	翻白叶树	3
2010	HSFFZ01A00 _ 01	900	红枝蒲桃	6
2010	HSFFZ01A00 _ 01	900	红锥	2
2010	HSFFZ01A00 _ 01	900	九节	99
2010	HSFFZ01A00 _ 01	900	楝叶吴萸	1
2010	HSFFZ01A00 _ 01	900	毛八角枫	6
2010	HSFFZ01A00 _ 01	900	毛果算盘子	1
2010	HSFFZ01A00 _ 01	900	米碎花	12
2010	HSFFZ01A00 _ 01	900	木荷	2
2010	HSFFZ01A00 _ 01	900	三桠苦	41
2010	HSFFZ01A00 _ 01	900	山鸡椒	9
2010	HSFFZ01A00 _ 01	900	石斑木	4
2010	HSFFZ01A00 _ 01	900	桃金娘	1

（续）

年份	样地代码	样地面积/m²	植物种名	株数/株
2010	HSFFZ01A00_01	900	西南木荷	103
2010	HSFFZ01A00_01	900	香叶树	6
2010	HSFFZ01A00_01	900	野漆	1
2010	HSFFZ01A00_01	900	阴香	4
2010	HSFFZ01A00_01	900	银柴	1
2010	HSFFZ01A00_01	900	竹柏	2
2010	HSFFZ01A00_01	900	竹节树	3
2010	HSFZH01A00_01	1 600	豺皮樟	5
2010	HSFZH01A00_01	1 600	潺槁木姜子	4
2010	HSFZH01A00_01	1 600	秤星树	156
2010	HSFZH01A00_01	1 600	红锥	2
2010	HSFZH01A00_01	1 600	九节	1
2010	HSFZH01A00_01	1 600	了哥王	5
2010	HSFZH01A00_01	1 600	楝叶吴萸	3
2010	HSFZH01A00_01	1 600	马尾松	2
2010	HSFZH01A00_01	1 600	马占相思	115
2010	HSFZH01A00_01	1 600	米碎花	16
2010	HSFZH01A00_01	1 600	三桠苦	1
2010	HSFZH01A00_01	1 600	山鸡椒	63
2010	HSFZH01A00_01	1 600	石斑木	10
2010	HSFZH01A00_01	1 600	桃金娘	12
2010	HSFZH01A00_01	1 600	香叶树	9
2010	HSFZH01A00_01	1 600	野漆	4
2010	HSFZH01A00_01	1 600	阴香	10
2010	HSFZQ01A00_01	900	白背叶	1
2010	HSFZQ01A00_01	900	白花灯笼	12
2010	HSFZQ01A00_01	900	潺槁木姜子	1
2010	HSFZQ01A00_01	900	秤星树	35
2010	HSFZQ01A00_01	900	粗叶榕	3
2010	HSFZQ01A00_01	900	鹅掌柴	4
2010	HSFZQ01A00_01	900	光叶山黄麻	3
2010	HSFZQ01A00_01	900	九节	8
2010	HSFZQ01A00_01	900	鲺蒴锥	1
2010	HSFZQ01A00_01	900	马尾松	41

（续）

年份	样地代码	样地面积/m²	植物种名	株数/株
2010	HSFZQ01A00 _ 01	900	米碎花	2
2010	HSFZQ01A00 _ 01	900	木荷	5
2010	HSFZQ01A00 _ 01	900	三桠苦	113
2010	HSFZQ01A00 _ 01	900	山鸡椒	3
2010	HSFZQ01A00 _ 01	900	山乌桕	1
2010	HSFZQ01A00 _ 01	900	杉木	111
2010	HSFZQ01A00 _ 01	900	野漆	3
2010	HSFZQ01A00 _ 01	900	阴香	2
2012	HSFFZ01A00 _ 01	900	白花灯笼	3
2012	HSFFZ01A00 _ 01	900	变叶榕	1
2012	HSFFZ01A00 _ 01	900	豺皮樟	3
2012	HSFFZ01A00 _ 01	900	潺槁木姜子	3
2012	HSFFZ01A00 _ 01	900	秤星树	45
2012	HSFFZ01A00 _ 01	900	粗叶榕	1
2012	HSFFZ01A00 _ 01	900	鹅掌柴	2
2012	HSFFZ01A00 _ 01	900	翻白叶树	3
2012	HSFFZ01A00 _ 01	900	红枝蒲桃	5
2012	HSFFZ01A00 _ 01	900	红锥	2
2012	HSFFZ01A00 _ 01	900	九节	99
2012	HSFFZ01A00 _ 01	900	楝叶吴萸	1
2012	HSFFZ01A00 _ 01	900	毛八角枫	6
2012	HSFFZ01A00 _ 01	900	米碎花	6
2012	HSFFZ01A00 _ 01	900	木荷	2
2012	HSFFZ01A00 _ 01	900	三桠苦	37
2012	HSFFZ01A00 _ 01	900	山鸡椒	5
2012	HSFFZ01A00 _ 01	900	石斑木	1
2012	HSFFZ01A00 _ 01	900	西南木荷	104
2012	HSFFZ01A00 _ 01	900	香叶树	10
2012	HSFFZ01A00 _ 01	900	野漆	1
2012	HSFFZ01A00 _ 01	900	阴香	6
2012	HSFFZ01A00 _ 01	900	银柴	2
2012	HSFFZ01A00 _ 01	900	栀子	1
2012	HSFFZ01A00 _ 01	900	竹柏	2
2012	HSFFZ01A00 _ 01	900	竹节树	2

（续）

年份	样地代码	样地面积/m²	植物种名	株数/株
2012	HSFZH01A00_01	1 600	豺皮樟	4
2012	HSFZH01A00_01	1 600	潺槁木姜子	5
2012	HSFZH01A00_01	1 600	秤星树	89
2012	HSFZH01A00_01	1 600	红锥	3
2012	HSFZH01A00_01	1 600	假鹰爪	1
2012	HSFZH01A00_01	1 600	九节	1
2012	HSFZH01A00_01	1 600	了哥王	1
2012	HSFZH01A00_01	1 600	楝叶吴萸	4
2012	HSFZH01A00_01	1 600	马尾松	1
2012	HSFZH01A00_01	1 600	马占相思	106
2012	HSFZH01A00_01	1 600	米碎花	12
2012	HSFZH01A00_01	1 600	三桠苦	1
2012	HSFZH01A00_01	1 600	山鸡椒	37
2012	HSFZH01A00_01	1 600	石斑木	5
2012	HSFZH01A00_01	1 600	桃金娘	6
2012	HSFZH01A00_01	1 600	香叶树	14
2012	HSFZH01A00_01	1 600	野漆	4
2012	HSFZH01A00_01	1 600	阴香	10
2012	HSFZQ01A00_01	900	潺槁木姜子	1
2012	HSFZQ01A00_01	900	秤星树	46
2012	HSFZQ01A00_01	900	鹅掌柴	5
2012	HSFZQ01A00_01	900	光叶山黄麻	1
2012	HSFZQ01A00_01	900	九节	11
2012	HSFZQ01A00_01	900	黧蒴锥	1
2012	HSFZQ01A00_01	900	马尾松	39
2012	HSFZQ01A00_01	900	木荷	5
2012	HSFZQ01A00_01	900	三桠苦	167
2012	HSFZQ01A00_01	900	山鸡椒	8
2012	HSFZQ01A00_01	900	山乌桕	1
2012	HSFZQ01A00_01	900	杉木	110
2012	HSFZQ01A00_01	900	台湾毛楤木	1
2012	HSFZQ01A00_01	900	土蜜树	1
2012	HSFZQ01A00_01	900	小蜡	1
2012	HSFZQ01A00_01	900	野漆	5

（续）

年份	样地代码	样地面积/m²	植物种名	株数/株
2012	HSFZQ01A00＿01	900	阴香	9
2012	HSFZQ01A00＿01	900	栀子	1
2015	HSFFZ01A00＿01	900	白花灯笼	2
2015	HSFFZ01A00＿01	900	变叶榕	1
2015	HSFFZ01A00＿01	900	豺皮樟	3
2015	HSFFZ01A00＿01	900	潺槁木姜子	9
2015	HSFFZ01A00＿01	900	秤星树	66
2015	HSFFZ01A00＿01	900	粗叶榕	3
2015	HSFFZ01A00＿01	900	鹅掌柴	7
2015	HSFFZ01A00＿01	900	翻白叶树	4
2015	HSFFZ01A00＿01	900	红枝蒲桃	7
2015	HSFFZ01A00＿01	900	红锥	1
2015	HSFFZ01A00＿01	900	假鹰爪	1
2015	HSFFZ01A00＿01	900	九节	182
2015	HSFFZ01A00＿01	900	鲼蒴锥	1
2015	HSFFZ01A00＿01	900	楝叶吴萸	1
2015	HSFFZ01A00＿01	900	毛八角枫	6
2015	HSFFZ01A00＿01	900	米碎花	12
2015	HSFFZ01A00＿01	900	木荷	2
2015	HSFFZ01A00＿01	900	三桠苦	25
2015	HSFFZ01A00＿01	900	石斑木	1
2015	HSFFZ01A00＿01	900	西南木荷	98
2015	HSFFZ01A00＿01	900	香叶树	21
2015	HSFFZ01A00＿01	900	野漆	1
2015	HSFFZ01A00＿01	900	阴香	16
2015	HSFFZ01A00＿01	900	银柴	2
2015	HSFFZ01A00＿01	900	竹柏	2
2015	HSFFZ01A00＿01	900	竹节树	2
2015	HSFFZ01A00＿01	900	醉香含笑	1
2015	HSFZH01A00＿01	1 600	豺皮樟	8
2015	HSFZH01A00＿01	1 600	潺槁木姜子	4
2015	HSFZH01A00＿01	1 600	秤星树	172
2015	HSFZH01A00＿01	1 600	红锥	2
2015	HSFZH01A00＿01	1 600	假鹰爪	2
2015	HSFZH01A00＿01	1 600	九节	3

（续）

年份	样地代码	样地面积/m²	植物种名	株数/株
2015	HSFZH01A00＿01	1 600	楝叶吴萸	4
2015	HSFZH01A00＿01	1 600	马尾松	1
2015	HSFZH01A00＿01	1 600	马占相思	93
2015	HSFZH01A00＿01	1 600	米碎花	8
2015	HSFZH01A00＿01	1 600	三桠苦	1
2015	HSFZH01A00＿01	1 600	山鸡椒	8
2015	HSFZH01A00＿01	1 600	石斑木	1
2015	HSFZH01A00＿01	1 600	桃金娘	15
2015	HSFZH01A00＿01	1 600	腺叶桂樱	2
2015	HSFZH01A00＿01	1 600	香叶树	21
2015	HSFZH01A00＿01	1 600	野漆	3
2015	HSFZH01A00＿01	1 600	阴香	14
2015	HSFZQ01A00＿01	900	白背叶	2
2015	HSFZQ01A00＿01	900	白花灯笼	1
2015	HSFZQ01A00＿01	900	潺槁木姜子	3
2015	HSFZQ01A00＿01	900	秤星树	94
2015	HSFZQ01A00＿01	900	鹅掌柴	8
2015	HSFZQ01A00＿01	900	翻白叶树	3
2015	HSFZQ01A00＿01	900	光叶山黄麻	5
2015	HSFZQ01A00＿01	900	九节	18
2015	HSFZQ01A00＿01	900	黧蒴锥	1
2015	HSFZQ01A00＿01	900	马尾松	30
2015	HSFZQ01A00＿01	900	木荷	2
2015	HSFZQ01A00＿01	900	三桠苦	240
2015	HSFZQ01A00＿01	900	山鸡椒	23
2015	HSFZQ01A00＿01	900	山乌桕	4
2015	HSFZQ01A00＿01	900	杉木	82
2015	HSFZQ01A00＿01	900	石斑木	1
2015	HSFZQ01A00＿01	900	土蜜树	2
2015	HSFZQ01A00＿01	900	小蜡	5
2015	HSFZQ01A00＿01	900	印度野牡丹	6
2015	HSFZQ01A00＿01	900	野漆	6
2015	HSFZQ01A00＿01	900	阴香	16
2015	HSFZQ01A00＿01	900	栀子	2
2015	HSFZQ01A00＿01	900	醉香含笑	1

表 3 - 11　鹤山站森林植物群落灌木层植物数量

年份	样地代码	样地面积/m²	植物种名	株数/株
2005	HSFFZ01A00 _ 01	300	白背叶	1
2005	HSFFZ01A00 _ 01	300	白花灯笼	214
2005	HSFFZ01A00 _ 01	300	变叶榕	1
2005	HSFFZ01A00 _ 01	300	豺皮樟	15
2005	HSFFZ01A00 _ 01	300	潺槁木姜子	4
2005	HSFFZ01A00 _ 01	300	秤星树	143
2005	HSFFZ01A00 _ 01	300	粗叶榕	8
2005	HSFFZ01A00 _ 01	300	地桃花	8
2005	HSFFZ01A00 _ 01	300	黑面神	10
2005	HSFFZ01A00 _ 01	300	九节	114
2005	HSFFZ01A00 _ 01	300	了哥王	4
2005	HSFFZ01A00 _ 01	300	毛八角枫	3
2005	HSFFZ01A00 _ 01	300	米碎花	25
2005	HSFFZ01A00 _ 01	300	木荷	1
2005	HSFFZ01A00 _ 01	300	蒲桃	2
2005	HSFFZ01A00 _ 01	300	三桠苦	54
2005	HSFFZ01A00 _ 01	300	山鸡椒	15
2005	HSFFZ01A00 _ 01	300	山芝麻	14
2005	HSFFZ01A00 _ 01	300	石斑木	57
2005	HSFFZ01A00 _ 01	300	算盘子	3
2005	HSFFZ01A00 _ 01	300	桃金娘	38
2005	HSFFZ01A00 _ 01	300	印度野牡丹	12
2005	HSFFZ01A00 _ 01	300	野漆	1
2005	HSFFZ01A00 _ 01	300	阴香	8
2005	HSFFZ01A00 _ 01	300	栀子	54
2005	HSFFZ01A00 _ 01	300	竹节树	1
2005	HSFZH01A00 _ 01	500	白背叶	2
2005	HSFZH01A00 _ 01	500	白花灯笼	64
2005	HSFZH01A00 _ 01	500	变叶榕	3
2005	HSFZH01A00 _ 01	500	茶	6
2005	HSFZH01A00 _ 01	500	豺皮樟	27
2005	HSFZH01A00 _ 01	500	潺槁木姜子	1
2005	HSFZH01A00 _ 01	500	秤星树	134
2005	HSFZH01A00 _ 01	500	粗叶榕	7

（续）

年份	样地代码	样地面积/m²	植物种名	株数/株
2005	HSFZH01A00 _ 01	500	黑面神	3
2005	HSFZH01A00 _ 01	500	九节	8
2005	HSFZH01A00 _ 01	500	了哥王	35
2005	HSFZH01A00 _ 01	500	米碎花	57
2005	HSFZH01A00 _ 01	500	三桠苦	10
2005	HSFZH01A00 _ 01	500	山鸡椒	8
2005	HSFZH01A00 _ 01	500	山芝麻	2
2005	HSFZH01A00 _ 01	500	石斑木	29
2005	HSFZH01A00 _ 01	500	台湾毛楤木	1
2005	HSFZH01A00 _ 01	500	桃金娘	72
2005	HSFZH01A00 _ 01	500	印度野牡丹	15
2005	HSFZH01A00 _ 01	500	野漆	5
2005	HSFZH01A00 _ 01	500	阴香	7
2005	HSFZH01A00 _ 01	500	栀子	26
2005	HSFZQ01A00 _ 01	400	白背叶	2
2005	HSFZQ01A00 _ 01	400	白花灯笼	199
2005	HSFZQ01A00 _ 01	400	变叶榕	2
2005	HSFZQ01A00 _ 01	400	秤星树	110
2005	HSFZQ01A00 _ 01	400	粗叶榕	2
2005	HSFZQ01A00 _ 01	400	地桃花	2
2005	HSFZQ01A00 _ 01	400	鹅掌柴	4
2005	HSFZQ01A00 _ 01	400	黑面神	1
2005	HSFZQ01A00 _ 01	400	九节	16
2005	HSFZQ01A00 _ 01	400	米碎花	31
2005	HSFZQ01A00 _ 01	400	三桠苦	90
2005	HSFZQ01A00 _ 01	400	山鸡椒	5
2005	HSFZQ01A00 _ 01	400	杉木	1
2005	HSFZQ01A00 _ 01	400	石斑木	10
2005	HSFZQ01A00 _ 01	400	算盘子	2
2005	HSFZQ01A00 _ 01	400	桃金娘	4
2005	HSFZQ01A00 _ 01	400	土蜜树	2
2005	HSFZQ01A00 _ 01	400	小蜡	1
2005	HSFZQ01A00 _ 01	400	野漆	9

（续）

年份	样地代码	样地面积/m²	植物种名	株数/株
2005	HSFZQ01A00 _ 01	400	阴香	5
2005	HSFZQ01A00 _ 01	400	樟	1
2005	HSFZQ01A00 _ 01	400	栀子	15
2007	HSFFZ01A00 _ 01	450	白背叶	2
2007	HSFZQ01A00 _ 01	400	白花灯笼	435
2007	HSFFZ01A00 _ 01	450	白楸	1
2007	HSFFZ01A00 _ 01	450	变叶榕	1
2007	HSFFZ01A00 _ 01	450	豺皮樟	13
2007	HSFFZ01A00 _ 01	450	潺槁木姜子	3
2007	HSFFZ01A00 _ 01	450	秤星树	105
2007	HSFFZ01A00 _ 01	450	粗叶榕	1
2007	HSFFZ01A00 _ 01	450	地桃花	16
2007	HSFFZ01A00 _ 01	450	鹅掌柴	2
2007	HSFFZ01A00 _ 01	450	光叶山黄麻	3
2007	HSFFZ01A00 _ 01	450	黑面神	4
2007	HSFFZ01A00 _ 01	450	假鹰爪	1
2007	HSFFZ01A00 _ 01	450	九节	185
2007	HSFFZ01A00 _ 01	450	毛果算盘子	1
2007	HSFFZ01A00 _ 01	450	米碎花	22
2007	HSFFZ01A00 _ 01	450	三桠苦	121
2007	HSFFZ01A00 _ 01	450	山鸡椒	9
2007	HSFFZ01A00 _ 01	450	山乌柏	1
2007	HSFFZ01A00 _ 01	450	山芝麻	4
2007	HSFFZ01A00 _ 01	450	石斑木	43
2007	HSFFZ01A00 _ 01	450	桃金娘	12
2007	HSFFZ01A00 _ 01	450	印度野牡丹	4
2007	HSFFZ01A00 _ 01	450	阴香	6
2007	HSFFZ01A00 _ 01	450	栀子	64
2007	HSFFZ01A00 _ 01	450	竹节树	2
2007	HSFZH01A00 _ 01	1 200	白花灯笼	198
2007	HSFZH01A00 _ 01	1 200	变叶榕	2
2007	HSFZH01A00 _ 01	1 200	豺皮樟	24
2007	HSFZH01A00 _ 01	1 200	潺槁木姜子	6

（续）

年份	样地代码	样地面积/m²	植物种名	株数/株
2007	HSFZH01A00 _ 01	1 200	秤星树	216
2007	HSFZH01A00 _ 01	1 200	粗叶榕	3
2007	HSFZH01A00 _ 01	1 200	黑面神	2
2007	HSFZH01A00 _ 01	1 200	九节	12
2007	HSFZH01A00 _ 01	1 200	毛果算盘子	1
2007	HSFZH01A00 _ 01	1 200	米碎花	39
2007	HSFZH01A00 _ 01	1 200	三桠苦	13
2007	HSFZH01A00 _ 01	1 200	山鸡椒	27
2007	HSFZH01A00 _ 01	1 200	石斑木	38
2007	HSFZH01A00 _ 01	1 200	桃金娘	83
2007	HSFZH01A00 _ 01	1 200	阴香	4
2007	HSFZH01A00 _ 01	1 200	栀子	52
2007	HSFZQ01A00 _ 01	450	白花灯笼	477
2007	HSFZQ01A00 _ 01	450	白楸	3
2007	HSFZQ01A00 _ 01	450	豺皮樟	1
2007	HSFZQ01A00 _ 01	450	秤星树	80
2007	HSFZQ01A00 _ 01	450	粗叶榕	8
2007	HSFZQ01A00 _ 01	450	地桃花	1
2007	HSFZQ01A00 _ 01	450	鹅掌柴	1
2007	HSFZQ01A00 _ 01	450	光叶山黄麻	3
2007	HSFZQ01A00 _ 01	450	黑面神	2
2007	HSFZQ01A00 _ 01	450	九节	14
2007	HSFZQ01A00 _ 01	450	毛果算盘子	2
2007	HSFZQ01A00 _ 01	450	米碎花	9
2007	HSFZQ01A00 _ 01	450	三桠苦	116
2007	HSFZQ01A00 _ 01	450	山鸡椒	5
2007	HSFZQ01A00 _ 01	450	山乌桕	3
2007	HSFZQ01A00 _ 01	450	山芝麻	2
2007	HSFZQ01A00 _ 01	450	石斑木	12
2007	HSFZQ01A00 _ 01	450	印度野牡丹	2
2007	HSFZQ01A00 _ 01	450	野漆	2
2007	HSFZQ01A00 _ 01	450	阴香	4
2007	HSFZQ01A00 _ 01	450	栀子	43

（续）

年份	样地代码	样地面积/m²	植物种名	株数/株
2010	HSFFZ01A00＿01	900	白背叶	2
2010	HSFFZ01A00＿01	900	白花灯笼	403
2010	HSFFZ01A00＿01	900	变叶榕	2
2010	HSFFZ01A00＿01	900	豺皮樟	14
2010	HSFFZ01A00＿01	900	潺槁木姜子	17
2010	HSFFZ01A00＿01	900	秤星树	156
2010	HSFFZ01A00＿01	900	粗叶榕	2
2010	HSFFZ01A00＿01	900	大花紫薇	1
2010	HSFFZ01A00＿01	900	地桃花	6
2010	HSFFZ01A00＿01	900	鹅掌柴	6
2010	HSFFZ01A00＿01	900	光叶山黄麻	1
2010	HSFFZ01A00＿01	900	黑面神	3
2010	HSFFZ01A00＿01	900	红枝蒲桃	2
2010	HSFFZ01A00＿01	900	假鹰爪	1
2010	HSFFZ01A00＿01	900	九节	367
2010	HSFFZ01A00＿01	900	毛果算盘子	7
2010	HSFFZ01A00＿01	900	米碎花	44
2010	HSFFZ01A00＿01	900	木荷	1
2010	HSFFZ01A00＿01	900	三桠苦	166
2010	HSFFZ01A00＿01	900	山鸡椒	3
2010	HSFFZ01A00＿01	900	石斑木	86
2010	HSFFZ01A00＿01	900	桃金娘	12
2010	HSFFZ01A00＿01	900	香叶树	31
2010	HSFFZ01A00＿01	900	印度野牡丹	6
2010	HSFFZ01A00＿01	900	阴香	24
2010	HSFFZ01A00＿01	900	银柴	6
2010	HSFFQ01A00＿01	900	栀子	103
2010	HSFFZ01A00＿01	900	竹节树	1
2010	HSFZH01A00＿01	1 600	白花灯笼	184
2010	HSFZH01A00＿01	1 600	变叶榕	9
2010	HSFZH01A00＿01	1 600	豺皮樟	12
2010	HSFZH01A00＿01	1 600	潺槁木姜子	6
2010	HSFZH01A00＿01	1 600	秤星树	156

（续）

年份	样地代码	样地面积/m²	植物种名	株数/株
2010	HSFZH01A00 _ 01	1 600	粗叶榕	6
2010	HSFZH01A00 _ 01	1 600	海南蒲桃	1
2010	HSFZH01A00 _ 01	1 600	黑面神	6
2010	HSFZH01A00 _ 01	1 600	假鹰爪	4
2010	HSFZH01A00 _ 01	1 600	九节	12
2010	HSFZH01A00 _ 01	1 600	了哥王	20
2010	HSFZH01A00 _ 01	1 600	楝叶吴萸	5
2010	HSFZH01A00 _ 01	1 600	毛果算盘子	2
2010	HSFZH01A00 _ 01	1 600	米碎花	40
2010	HSFZH01A00 _ 01	1 600	米仔兰	1
2010	HSFZH01A00 _ 01	1 600	三桠苦	1
2010	HSFZH01A00 _ 01	1 600	山鸡椒	11
2010	HSFZH01A00 _ 01	1 600	山芝麻	1
2010	HSFZH01A00 _ 01	1 600	石斑木	43
2010	HSFZH01A00 _ 01	1 600	桃金娘	118
2010	HSFZH01A00 _ 01	1 600	香叶树	10
2010	HSFZH01A00 _ 01	1 600	印度野牡丹	2
2010	HSFZH01A00 _ 01	1 600	野漆	4
2010	HSFZH01A00 _ 01	1 600	阴香	7
2010	HSFZH01A00 _ 01	1 600	樟	1
2010	HSFZH01A00 _ 01	1 600	栀子	23
2010	HSFZQ01A00 _ 01	900	白背叶	11
2010	HSFZQ01A00 _ 01	900	白花灯笼	939
2010	HSFZQ01A00 _ 01	900	变叶榕	6
2010	HSFZQ01A00 _ 01	900	豺皮樟	1
2010	HSFZQ01A00 _ 01	900	秤星树	90
2010	HSFZQ01A00 _ 01	900	粗叶榕	9
2010	HSFZQ01A00 _ 01	900	鹅掌柴	5
2010	HSFZQ01A00 _ 01	900	黑面神	1
2010	HSFZQ01A00 _ 01	900	九节	77
2010	HSFZQ01A00 _ 01	900	毛果算盘子	1
2010	HSFZQ01A00 _ 01	900	米碎花	19
2010	HSFZQ01A00 _ 01	900	三桠苦	218

（续）

年份	样地代码	样地面积/m²	植物种名	株数/株
2010	HSFZQ01A00_01	900	山鸡椒	7
2010	HSFZQ01A00_01	900	山乌桕	1
2010	HSFZQ01A00_01	900	杉木	30
2010	HSFZQ01A00_01	900	石斑木	7
2010	HSFZQ01A00_01	900	土蜜树	4
2010	HSFZQ01A00_01	900	香叶树	1
2010	HSFZQ01A00_01	900	小蜡	2
2010	HSFZQ01A00_01	900	印度野牡丹	11
2010	HSFZQ01A00_01	900	野漆	2
2010	HSFZQ01A00_01	900	叶下珠	1
2010	HSFZQ01A00_01	900	阴香	12
2010	HSFZQ01A00_01	900	栀子	62
2012	HSFFZ01A00_01	450	白花灯笼	127
2012	HSFFZ01A00_01	450	豺皮樟	2
2012	HSFFZ01A00_01	450	潺槁木姜子	4
2012	HSFFZ01A00_01	450	秤星树	86
2012	HSFFZ01A00_01	450	粗叶榕	4
2012	HSFFZ01A00_01	450	大花紫薇	1
2012	HSFFZ01A00_01	450	鹅掌柴	2
2012	HSFFZ01A00_01	450	黑面神	1
2012	HSFFZ01A00_01	450	红枝蒲桃	2
2012	HSFFZ01A00_01	450	九节	131
2012	HSFFZ01A00_01	450	鳖蕨锥	1
2012	HSFFZ01A00_01	450	毛果算盘子	3
2012	HSFFZ01A00_01	450	米碎花	12
2012	HSFFZ01A00_01	450	三桠苦	41
2012	HSFFZ01A00_01	450	山鸡椒	1
2012	HSFFZ01A00_01	450	石斑木	31
2012	HSFFZ01A00_01	450	桃金娘	2
2012	HSFFZ01A00_01	450	香叶树	9
2012	HSFFZ01A00_01	450	印度野牡丹	4
2012	HSFFZ01A00_01	450	阴香	14
2012	HSFFZ01A00_01	450	栀子	35

（续）

年份	样地代码	样地面积/m²	植物种名	株数/株
2012	HSFZH01A00＿01	800	白花灯笼	33
2012	HSFZH01A00＿01	800	豺皮樟	11
2012	HSFZH01A00＿01	800	秤星树	84
2012	HSFZH01A00＿01	800	粗叶榕	5
2012	HSFZH01A00＿01	800	黑面神	4
2012	HSFZH01A00＿01	800	红枝蒲桃	1
2012	HSFZH01A00＿01	800	红锥	1
2012	HSFZH01A00＿01	800	九节	7
2012	HSFZH01A00＿01	800	了哥王	11
2012	HSFZH01A00＿01	800	米碎花	19
2012	HSFZH01A00＿01	800	琴叶榕	7
2012	HSFZH01A00＿01	800	三桠苦	1
2012	HSFZH01A00＿01	800	山鸡椒	3
2012	HSFZH01A00＿01	800	石斑木	6
2012	HSFZH01A00＿01	800	桃金娘	50
2012	HSFZH01A00＿01	800	香叶树	6
2012	HSFZH01A00＿01	800	野漆	2
2012	HSFZH01A00＿01	800	阴香	7
2012	HSFZH01A00＿01	800	栀子	15
2012	HSFZQ01A00＿01	450	白背叶	3
2012	HSFZQ01A00＿01	450	白花灯笼	332
2012	HSFZQ01A00＿01	450	白楸	1
2012	HSFZQ01A00＿01	450	变叶榕	3
2012	HSFZQ01A00＿01	450	潺槁木姜子	1
2012	HSFZQ01A00＿01	450	秤星树	106
2012	HSFZQ01A00＿01	450	粗叶榕	4
2012	HSFZQ01A00＿01	450	地桃花	1
2012	HSFZQ01A00＿01	450	鹅掌柴	1
2012	HSFZQ01A00＿01	450	九节	19
2012	HSFZQ01A00＿01	450	楝叶吴萸	1
2012	HSFZQ01A00＿01	450	米碎花	7
2012	HSFZQ01A00＿01	450	三桠苦	93
2012	HSFZQ01A00＿01	450	山鸡椒	8

（续）

年份	样地代码	样地面积/m²	植物种名	株数/株
2012	HSFZQ01A00 _ 01	450	山乌桕	1
2012	HSFZQ01A00 _ 01	450	杉木	2
2012	HSFZQ01A00 _ 01	450	石斑木	6
2012	HSFZQ01A00 _ 01	450	土蜜树	1
2012	HSFZQ01A00 _ 01	450	香叶树	1
2012	HSFZQ01A00 _ 01	450	印度野牡丹	10
2012	HSFZQ01A00 _ 01	450	栀子	43
2012	HSFZQ01A00 _ 01	450	醉香含笑	1
2015	HSFFZ01A00 _ 01	450	白花灯笼	77
2015	HSFFZ01A00 _ 01	450	变叶榕	1
2015	HSFFZ01A00 _ 01	450	豺皮樟	8
2015	HSFFZ01A00 _ 01	450	潺槁木姜子	16
2015	HSFFZ01A00 _ 01	450	秤星树	88
2015	HSFFZ01A00 _ 01	450	粗叶榕	2
2015	HSFFZ01A00 _ 01	450	大花紫薇	2
2015	HSFFZ01A00 _ 01	450	鹅掌柴	4
2015	HSFFZ01A00 _ 01	450	翻白叶树	1
2015	HSFFZ01A00 _ 01	450	黑面神	3
2015	HSFFZ01A00 _ 01	450	红枝蒲桃	2
2015	HSFFZ01A00 _ 01	450	假鹰爪	1
2015	HSFFZ01A00 _ 01	450	九节	352
2015	HSFFZ01A00 _ 01	450	鲨蒴锥	1
2015	HSFFZ01A00 _ 01	450	毛果算盘子	4
2015	HSFFZ01A00 _ 01	450	米碎花	28
2015	HSFFZ01A00 _ 01	450	三桠苦	34
2015	HSFFZ01A00 _ 01	450	山鸡椒	2
2015	HSFFZ01A00 _ 01	450	深山含笑	2
2015	HSFFZ01A00 _ 01	450	石斑木	18
2015	HSFFZ01A00 _ 01	450	桃金娘	2
2015	HSFFZ01A00 _ 01	450	香叶树	21
2015	HSFFZ01A00 _ 01	450	阴香	34
2015	HSFFZ01A00 _ 01	450	银柴	1
2015	HSFFZ01A00 _ 01	450	栀子	41

（续）

年份	样地代码	样地面积/m²	植物种名	株数/株
2015	HSFFZ01A00_01	450	竹节树	1
2015	HSFFZ01A00_01	450	醉香含笑	4
2015	HSFZH01A00_01	800	白花灯笼	32
2015	HSFZH01A00_01	800	变叶榕	7
2015	HSFZH01A00_01	800	豺皮樟	12
2015	HSFZH01A00_01	800	秤星树	111
2015	HSFZH01A00_01	800	粗叶榕	3
2015	HSFZH01A00_01	800	黑面神	1
2015	HSFZH01A00_01	800	红枝蒲桃	1
2015	HSFZH01A00_01	800	九节	4
2015	HSFZH01A00_01	800	了哥王	2
2015	HSFZH01A00_01	800	毛黄肉楠	1
2015	HSFZH01A00_01	800	米碎花	13
2015	HSFZH01A00_01	800	三桠苦	3
2015	HSFZH01A00_01	800	山鸡椒	8
2015	HSFZH01A00_01	800	石斑木	6
2015	HSFZH01A00_01	800	桃金娘	43
2015	HSFZH01A00_01	800	香叶树	8
2015	HSFZH01A00_01	800	小果山龙眼	1
2015	HSFZH01A00_01	800	野漆	3
2015	HSFZH01A00_01	800	阴香	8
2015	HSFZH01A00_01	800	栀子	13
2015	HSFZQ01A00_01	450	白背叶	4
2015	HSFZQ01A00_01	450	白花灯笼	387
2015	HSFZQ01A00_01	450	变叶榕	11
2015	HSFZQ01A00_01	450	潺槁木姜子	13
2015	HSFZQ01A00_01	450	秤星树	96
2015	HSFZQ01A00_01	450	粗叶榕	5
2015	HSFZQ01A00_01	450	地桃花	1
2015	HSFZQ01A00_01	450	鹅掌柴	23
2015	HSFZQ01A00_01	450	翻白叶树	4
2015	HSFZQ01A00_01	450	光叶山矾	1
2015	HSFZQ01A00_01	450	光叶山黄麻	6

（续）

年份	样地代码	样地面积/m²	植物种名	株数/株
2015	HSFZQ01A00 _ 01	450	黑面神	1
2015	HSFZQ01A00 _ 01	450	九节	59
2015	HSFZQ01A00 _ 01	450	米碎花	10
2015	HSFZQ01A00 _ 01	450	三桠苦	80
2015	HSFZQ01A00 _ 01	450	山鸡椒	7
2015	HSFZQ01A00 _ 01	450	山乌桕	2
2015	HSFZQ01A00 _ 01	450	杉木	1
2015	HSFZQ01A00 _ 01	450	石斑木	6
2015	HSFZQ01A00 _ 01	450	香叶树	1
2015	HSFZQ01A00 _ 01	450	印度野牡丹	9
2015	HSFZQ01A00 _ 01	450	野漆	1
2015	HSFZQ01A00 _ 01	450	阴香	2
2015	HSFZQ01A00 _ 01	450	银柴	1
2015	HSFZQ01A00 _ 01	450	栀子	45
2015	HSFZQ01A00 _ 01	450	醉香含笑	1

表 3 - 12　鹤山站森林植物群落草本层植物数量

年份	样地代码	样地面积/m²	植物种名	株数/株
2005	HSFFZ01A00 _ 01	12	垂穗石松	2
2005	HSFFZ01A00 _ 01	12	淡竹叶	18
2005	HSFFZ01A00 _ 01	12	地胆草	1
2005	HSFFZ01A00 _ 01	12	华南毛蕨	7
2005	HSFFZ01A00 _ 01	12	火炭母	3
2005	HSFFZ01A00 _ 01	12	芒萁	189
2005	HSFFZ01A00 _ 01	12	山菅兰	1
2005	HSFFZ01A00 _ 01	12	扇叶铁线蕨	8
2005	HSFFZ01A00 _ 01	12	乌毛蕨	4
2005	HSFFZ01A00 _ 01	12	小花露籽草	33
2005	HSFFZ01A00 _ 01	12	异叶双唇蕨	4
2005	HSFZH01A00 _ 01	21	淡竹叶	3
2005	HSFZH01A00 _ 01	21	华南毛蕨	1
2005	HSFZH01A00 _ 01	21	芒	4
2005	HSFZH01A00 _ 01	21	芒萁	825
2005	HSFZH01A00 _ 01	21	山菅兰	6

（续）

年份	样地代码	样地面积/m²	植物种名	株数/株
2005	HSFZH01A00_01	21	扇叶铁线蕨	3
2005	HSFZH01A00_01	21	乌毛蕨	4
2005	HSFZH01A00_01	21	细毛鸭嘴草	9
2005	HSFZH01A00_01	21	小花露籽草	3
2005	HSFZH01A00_01	21	异叶双唇蕨	10
2005	HSFZQ01A00_01	16	华南鳞盖蕨	16
2005	HSFZQ01A00_01	16	芒萁	28
2005	HSFZQ01A00_01	16	毛果珍珠茅	1
2005	HSFZQ01A00_01	16	山菅兰	1
2005	HSFZQ01A00_01	16	扇叶铁线蕨	13
2005	HSFZQ01A00_01	16	乌毛蕨	4
2005	HSFZQ01A00_01	16	小花露籽草	15
2005	HSFZQ01A00_01	16	异叶双唇蕨	5
2007	HSFFZ01A00_01	18	淡竹叶	14
2007	HSFFZ01A00_01	18	华南毛蕨	2
2007	HSFFZ01A00_01	18	芒	1
2007	HSFFZ01A00_01	18	芒萁	117
2007	HSFFZ01A00_01	18	扇叶铁线蕨	13
2007	HSFFZ01A00_01	18	乌毛蕨	9
2007	HSFFZ01A00_01	18	小花露籽草	13
2007	HSFFZ01A00_01	18	异叶双唇蕨	3
2007	HSFZH01A00_01	46	华南毛蕨	3
2007	HSFZH01A00_01	46	芒	3
2007	HSFZH01A00_01	46	芒萁	961
2007	HSFZH01A00_01	46	扇叶铁线蕨	4
2007	HSFZH01A00_01	46	乌毛蕨	21
2007	HSFZH01A00_01	46	细毛鸭嘴草	4
2007	HSFZH01A00_01	46	小花露籽草	7
2007	HSFZH01A00_01	46	异叶双唇蕨	5
2007	HSFZQ01A00_01	18	淡竹叶	20
2007	HSFZQ01A00_01	18	华南鳞盖蕨	18
2007	HSFZQ01A00_01	18	华南毛蕨	4
2007	HSFZQ01A00_01	18	火炭母	23
2007	HSFZQ01A00_01	18	芒萁	13

（续）

年份	样地代码	样地面积/m²	植物种名	株数/株
2007	HSFZQ01A00＿01	18	山菅兰	1
2007	HSFZQ01A00＿01	18	扇叶铁线蕨	9
2007	HSFZQ01A00＿01	18	乌毛蕨	7
2007	HSFZQ01A00＿01	18	小花露籽草	18
2007	HSFZQ01A00＿01	18	异叶双唇蕨	1
2010	HSFFZ01A00＿01	72	半边旗	2
2010	HSFFZ01A00＿01	72	单色蝴蝶草	1
2010	HSFFZ01A00＿01	72	淡竹叶	80
2010	HSFFZ01A00＿01	72	短叶黍	5
2010	HSFFZ01A00＿01	72	华南鳞盖蕨	8
2010	HSFFZ01A00＿01	72	芒	20
2010	HSFFZ01A00＿01	72	芒萁	108
2010	HSFFZ01A00＿01	72	山菅兰	1
2010	HSFFZ01A00＿01	72	扇叶铁线蕨	28
2010	HSFFZ01A00＿01	72	乌毛蕨	28
2010	HSFFZ01A00＿01	72	小花露籽草	58
2010	HSFFZ01A00＿01	72	异叶双唇蕨	11
2010	HSFZH01A00＿01	128	淡竹叶	1
2010	HSFZH01A00＿01	128	剑叶凤尾蕨	1
2010	HSFZH01A00＿01	128	芒	23
2010	HSFZH01A00＿01	128	芒萁	1 536
2010	HSFZH01A00＿01	128	山菅兰	1
2010	HSFZH01A00＿01	128	扇叶铁线蕨	2
2010	HSFZH01A00＿01	128	双穗雀稗	1
2010	HSFZH01A00＿01	128	乌毛蕨	20
2010	HSFZH01A00＿01	128	小花露籽草	32
2010	HSFZH01A00＿01	128	异叶双唇蕨	1
2010	HSFZQ01A00＿01	72	半边旗	4
2010	HSFZQ01A00＿01	72	淡竹叶	8
2010	HSFZQ01A00＿01	72	华南鳞盖蕨	24
2010	HSFZQ01A00＿01	72	芒萁	33
2010	HSFZQ01A00＿01	72	山菅兰	1
2010	HSFZQ01A00＿01	72	扇叶铁线蕨	9
2010	HSFZQ01A00＿01	72	团叶鳞始蕨	2

（续）

年份	样地代码	样地面积/m²	植物种名	株数/株
2010	HSFZQ01A00_01	72	乌毛蕨	22
2010	HSFZQ01A00_01	72	小花露籽草	15
2012	HSFFZ01A00_01	18	半边旗	1
2012	HSFFZ01A00_01	18	淡竹叶	23
2012	HSFFZ01A00_01	18	弓果黍	4
2012	HSFFZ01A00_01	18	华南鳞盖蕨	6
2012	HSFFZ01A00_01	18	类芦	1
2012	HSFFZ01A00_01	18	芒萁	40
2012	HSFFZ01A00_01	18	扇叶铁线蕨	5
2012	HSFFZ01A00_01	18	团叶鳞始蕨	6
2012	HSFFZ01A00_01	18	乌毛蕨	5
2012	HSFFZ01A00_01	18	小花露籽草	14
2012	HSFZH01A00_01	32	淡竹叶	1
2012	HSFZH01A00_01	32	弓果黍	1
2012	HSFZH01A00_01	32	芒	1
2012	HSFZH01A00_01	32	芒萁	342
2012	HSFZH01A00_01	32	团叶鳞始蕨	1
2012	HSFZH01A00_01	32	乌毛蕨	2
2012	HSFZH01A00_01	32	小花露籽草	3
2012	HSFZQ01A00_01	18	半边旗	3
2012	HSFZQ01A00_01	18	淡竹叶	22
2012	HSFZQ01A00_01	18	弓果黍	3
2012	HSFZQ01A00_01	18	华南鳞盖蕨	8
2012	HSFZQ01A00_01	18	芒萁	37
2012	HSFZQ01A00_01	18	扇叶铁线蕨	5
2012	HSFZQ01A00_01	18	团叶鳞始蕨	3
2012	HSFZQ01A00_01	18	乌毛蕨	4
2012	HSFZQ01A00_01	18	小花露籽草	13
2015	HSFFZ01A00_01	72	半边旗	4
2015	HSFFZ01A00_01	72	淡竹叶	28
2015	HSFFZ01A00_01	72	华南鳞盖蕨	7
2015	HSFFZ01A00_01	72	芒萁	205
2015	HSFFZ01A00_01	72	扇叶铁线蕨	19
2015	HSFFZ01A00_01	72	团叶鳞始蕨	10

（续）

年份	样地代码	样地面积/m²	植物种名	株数/株
2015	HSFFZ01A00 _ 01	72	乌毛蕨	17
2015	HSFFZ01A00 _ 01	72	小花露籽草	11
2015	HSFFZ01A00 _ 01	72	异叶双唇蕨	4
2015	HSFZH01A00 _ 01	96	淡竹叶	1
2015	HSFZH01A00 _ 01	96	芒	2
2015	HSFZH01A00 _ 01	96	芒萁	1 421
2015	HSFZH01A00 _ 01	96	乌毛蕨	3
2015	HSFZH01A00 _ 01	96	小花露籽草	3
2015	HSFZQ01A00 _ 01	72	半边旗	6
2015	HSFZQ01A00 _ 01	72	淡竹叶	37
2015	HSFZQ01A00 _ 01	72	短叶黍	1
2015	HSFZQ01A00 _ 01	72	弓果黍	5
2015	HSFZQ01A00 _ 01	72	华南鳞盖蕨	8
2015	HSFZQ01A00 _ 01	72	芒	1
2015	HSFZQ01A00 _ 01	72	芒萁	211
2015	HSFZQ01A00 _ 01	72	三羽新月蕨	1
2015	HSFZQ01A00 _ 01	72	扇叶铁线蕨	19
2015	HSFZQ01A00 _ 01	72	团叶鳞始蕨	6
2015	HSFZQ01A00 _ 01	72	乌毛蕨	9
2015	HSFZQ01A00 _ 01	72	小花露籽草	16
2015	HSFZQ01A00 _ 01	72	异叶双唇蕨	2

表 3-13　鹤山站森林群落树种更新层植物数量

年份	样地代码	样地面积/m²	植物种名	实生苗株数/株	萌生苗株数/株	总株数/株
2005	HSFFZ01A00 _ 01	12	白花灯笼	1	0	1
2005	HSFFZ01A00 _ 01	12	豺皮樟	2	0	2
2005	HSFFZ01A00 _ 01	12	潺槁木姜子	1	0	1
2005	HSFFZ01A00 _ 01	12	九节	9	0	9
2005	HSFFZ01A00 _ 01	12	毛果算盘子	2	0	2
2005	HSFFZ01A00 _ 01	12	米碎花	2	0	2
2005	HSFFZ01A00 _ 01	12	三桠苦	8	0	8
2005	HSFFZ01A00 _ 01	12	三桠苦	5	0	5
2005	HSFFZ01A00 _ 01	12	山鸡椒	2	0	2
2005	HSFFZ01A00 _ 01	12	石斑木	2	0	2

（续）

年份	样地代码	样地面积/m²	植物种名	实生苗株数/株	萌生苗株数/株	总株数/株
2005	HSFFZ01A00 _ 01	12	西南木荷	1	0	1
2005	HSFFZ01A00 _ 01	12	阴香	1	0	1
2005	HSFFZ01A00 _ 01	12	阴香	3	0	3
2005	HSFFZ01A00 _ 01	12	栀子	3	0	3
2005	HSFFZ01A00 _ 01	12	竹节树	2	0	2
2005	HSFZH01A00 _ 01	84	变叶榕	1	0	1
2005	HSFZH01A00 _ 01	84	豺皮樟	1	0	1
2005	HSFZH01A00 _ 01	84	潺槁木姜子	1	0	1
2005	HSFZH01A00 _ 01	84	粗叶榕	1	0	1
2005	HSFZH01A00 _ 01	84	三桠苦	5	0	5
2005	HSFZH01A00 _ 01	84	山鸡椒	3	0	3
2005	HSFZH01A00 _ 01	84	阴香	2	0	2
2005	HSFZQ01A00 _ 01	20	九节	1	0	1
2005	HSFZQ01A00 _ 01	20	马尾松	2	0	2
2005	HSFZQ01A00 _ 01	20	毛果算盘子	1	0	1
2005	HSFZQ01A00 _ 01	20	三桠苦	8	0	8
2005	HSFZQ01A00 _ 01	20	山鸡椒	1	0	1
2005	HSFZQ01A00 _ 01	20	杉木	0	70	70
2005	HSFZQ01A00 _ 01	20	盐肤木	1	0	1
2005	HSFZQ01A00 _ 01	20	野漆	3	0	3
2005	HSFZQ01A00 _ 01	20	阴香	2	0	2
2005	HSFZQ01A00 _ 01	20	阴香	2	0	2
2005	HSFZQ01A00 _ 01	20	栀子	1	0	1
2005	HSFZQ01A00 _ 01	20	栀子	1	0	1
2006	HSFFZ01A00 _ 01	24	白背叶	3	0	3
2006	HSFFZ01A00 _ 01	24	白花灯笼	57	1	58
2006	HSFFZ01A00 _ 01	24	秤星树	1	19	20
2006	HSFFZ01A00 _ 01	24	翻白叶树	1	0	1
2006	HSFFZ01A00 _ 01	24	光叶山黄麻	3	0	3
2006	HSFFZ01A00 _ 01	24	九节	1	0	1
2006	HSFFZ01A00 _ 01	24	毛八角枫	1	0	1
2006	HSFFZ01A00 _ 01	24	木荷	3	0	3
2006	HSFFZ01A00 _ 01	24	三桠苦	44	4	48
2006	HSFFZ01A00 _ 01	24	山鸡椒	3	0	3

（续）

年份	样地代码	样地面积/m²	植物种名	实生苗株数/株	萌生苗株数/株	总株数/株
2006	HSFFZ01A00＿01	24	石斑木	2	1	3
2006	HSFFZ01A00＿01	24	阴香	12	0	12
2006	HSFFZ01A00＿01	24	印度野牡丹	3	0	3
2006	HSFFZ01A00＿01	24	栀子	5	3	8
2006	HSFZH01A00＿01	18	白花灯笼	6	0	6
2006	HSFZH01A00＿01	18	变叶榕	2	0	2
2006	HSFZH01A00＿01	18	豺皮樟	0	2	2
2006	HSFZH01A00＿01	18	潺槁木姜子	2	0	2
2006	HSFZH01A00＿01	18	秤星树	0	3	3
2006	HSFZH01A00＿01	18	红锥	1	0	1
2006	HSFZH01A00＿01	18	米仔兰	1	0	1
2006	HSFZH01A00＿01	18	山鸡椒	2	0	2
2006	HSFZH01A00＿01	18	石斑木	7	5	12
2006	HSFZH01A00＿01	18	桃金娘	1	9	10
2006	HSFZH01A00＿01	18	阴香	7	0	7
2006	HSFZH01A00＿01	18	栀子	1	1	2
2006	HSFZQ01A00＿01	18	白背叶	1	0	1
2006	HSFZQ01A00＿01	18	白花灯笼	35	4	39
2006	HSFZQ01A00＿01	18	光叶山黄麻	2	0	2
2006	HSFZQ01A00＿01	18	毛果算盘子	0	1	1
2006	HSFZQ01A00＿01	18	三桠苦	10	0	10
2007	HSFFZ01A00＿01	18	白花灯笼	2	0	2
2007	HSFFZ01A00＿01	18	豺皮樟	4	0	4
2007	HSFFZ01A00＿01	18	九节	39	0	39
2007	HSFFZ01A00＿01	18	三桠苦	7	0	7
2007	HSFFZ01A00＿01	18	石斑木	1	0	1
2007	HSFFZ01A00＿01	18	阴香	1	0	1
2007	HSFFZ01A00＿01	18	栀子	1	0	1
2007	HSFZH01A00＿01	46	白花灯笼	2	0	2
2007	HSFZH01A00＿01	46	了哥王	1	0	1
2007	HSFZH01A00＿01	46	三桠苦	2	0	2
2007	HSFZH01A00＿01	46	印度野牡丹	1	0	1
2007	HSFZH01A00＿01	46	栀子	1	0	1
2007	HSFZQ01A00＿01	18	白花灯笼	8	0	8

（续）

年份	样地代码	样地面积/m²	植物种名	实生苗株数/株	萌生苗株数/株	总株数/株
2007	HSFZQ01A00_01	18	三桠苦	2	0	2
2007	HSFZQ01A00_01	18	印度野牡丹	1	0	1
2007	HSFZQ01A00_01	18	栀子	2	0	2
2008	HSFFZ01A00_01	72	白花灯笼	35	0	35
2008	HSFFZ01A00_01	72	豺皮樟	3	1	4
2008	HSFFZ01A00_01	72	潺槁木姜子	5	0	5
2008	HSFFZ01A00_01	72	秤星树	0	3	3
2008	HSFFZ01A00_01	72	鹅掌柴	3	1	4
2008	HSFFZ01A00_01	72	九节	64	1	65
2008	HSFFZ01A00_01	72	米碎花	1	0	1
2008	HSFFZ01A00_01	72	三桠苦	19	1	20
2008	HSFFZ01A00_01	72	石斑木	2	5	7
2008	HSFFZ01A00_01	72	桃金娘	3	1	4
2008	HSFFZ01A00_01	72	肖蒲桃	1	0	1
2008	HSFFZ01A00_01	72	阴香	9	0	9
2008	HSFFZ01A00_01	72	印度野牡丹	2	0	2
2008	HSFFZ01A00_01	72	栀子	5	2	7
2008	HSFZH01A00_01	72	白花灯笼	24	0	24
2008	HSFZH01A00_01	72	潺槁木姜子	13	0	13
2008	HSFZH01A00_01	72	秤星树	1	1	2
2008	HSFZH01A00_01	72	假鹰爪	1	0	1
2008	HSFZH01A00_01	72	了哥王	1	0	1
2008	HSFZH01A00_01	72	三桠苦	2	0	2
2008	HSFZH01A00_01	72	山鸡椒	4	0	4
2008	HSFZH01A00_01	72	石斑木	0	3	3
2008	HSFZH01A00_01	72	肖蒲桃	1	0	1
2008	HSFZH01A00_01	72	栀子	1	0	1
2008	HSFZQ01A00_01	72	白花灯笼	77	0	77
2008	HSFZQ01A00_01	72	白楸	1	0	1
2008	HSFZQ01A00_01	72	豺皮樟	1	0	1
2008	HSFZQ01A00_01	72	潺槁木姜子	1	0	1
2008	HSFZQ01A00_01	72	秤星树	4	0	4
2008	HSFZQ01A00_01	72	粗叶榕	3	0	3
2008	HSFZQ01A00_01	72	鹅掌柴	5	0	5

（续）

年份	样地代码	样地面积/m²	植物种名	实生苗株数/株	萌生苗株数/株	总株数/株
2008	HSFZQ01A00＿01	72	翻白叶树	1	0	1
2008	HSFZQ01A00＿01	72	光叶山黄麻	5	0	5
2008	HSFZQ01A00＿01	72	九节	1	0	1
2008	HSFZQ01A00＿01	72	三桠苦	29	2	31
2008	HSFZQ01A00＿01	72	山鸡椒	3	0	3
2008	HSFZQ01A00＿01	72	阴香	2	0	2
2008	HSFZQ01A00＿01	72	栀子	3	0	3
2009	HSFFZ01A00＿01	18	白花灯笼	77	1	78
2009	HSFFZ01A00＿01	18	变叶榕	0	3	3
2009	HSFFZ01A00＿01	18	豺皮樟	5	0	5
2009	HSFFZ01A00＿01	18	潺槁木姜子	2	0	2
2009	HSFFZ01A00＿01	18	秤星树	2	0	2
2009	HSFFZ01A00＿01	18	鹅掌柴	1	0	1
2009	HSFFZ01A00＿01	18	翻白叶树	1	0	1
2009	HSFFZ01A00＿01	18	九节	56	0	56
2009	HSFFZ01A00＿01	18	楝叶吴萸	1	0	1
2009	HSFFZ01A00＿01	18	三桠苦	25	1	26
2009	HSFFZ01A00＿01	18	山芝麻	1	0	1
2009	HSFFZ01A00＿01	18	杉木	0	6	6
2009	HSFFZ01A00＿01	18	石斑木	2	0	2
2009	HSFFZ01A00＿01	18	桃金娘	1	0	1
2009	HSFFZ01A00＿01	18	野漆	1	0	1
2009	HSFFZ01A00＿01	18	阴香	4	0	4
2009	HSFFZ01A00＿01	18	栀子	12	11	23
2009	HSFZH01A00＿01	19	白花灯笼	6	0	6
2009	HSFZH01A00＿01	19	潺槁木姜子	1	0	1
2009	HSFZH01A00＿01	19	黑面神	1	0	1
2009	HSFZH01A00＿01	19	假鹰爪	1	0	1
2009	HSFZH01A00＿01	19	了哥王	1	0	1
2009	HSFZH01A00＿01	19	三桠苦	2	0	2
2009	HSFZH01A00＿01	19	山鸡椒	1	3	4
2009	HSFZH01A00＿01	19	石斑木	1	0	1
2009	HSFZH01A00＿01	19	桃金娘	3	1	4
2009	HSFZH01A00＿01	19	阴香	1	0	1

（续）

年份	样地代码	样地面积/m²	植物种名	实生苗株数/株	萌生苗株数/株	总株数/株
2009	HSFZH01A00＿01	19	樟	1	0	1
2009	HSFZH01A00＿01	19	栀子	2	3	5
2009	HSFZQ01A00＿01	18	白花灯笼	55	0	55
2009	HSFZQ01A00＿01	18	变叶榕	0	3	3
2009	HSFZQ01A00＿01	18	豺皮樟	2	0	2
2009	HSFZQ01A00＿01	18	秤星树	1	0	1
2009	HSFZQ01A00＿01	18	鹅掌柴	1	0	1
2009	HSFZQ01A00＿01	18	楝叶吴萸	1	0	1
2009	HSFZQ01A00＿01	18	三桠苦	18	0	18
2009	HSFZQ01A00＿01	18	杉木	0	6	6
2009	HSFZQ01A00＿01	18	野漆	1	0	1
2009	HSFZQ01A00＿01	18	栀子	6	10	16
2010	HSFFZ01A00＿01	900	白花灯笼	138	0	138
2010	HSFFZ01A00＿01	900	豺皮樟	15	0	15
2010	HSFFZ01A00＿01	900	秤星树	12	0	12
2010	HSFFZ01A00＿01	900	地桃花	1	0	1
2010	HSFFZ01A00＿01	900	鹅掌柴	3	0	3
2010	HSFFZ01A00＿01	900	翻白叶树	2	0	2
2010	HSFFZ01A00＿01	900	黑面神	1	0	1
2010	HSFFZ01A00＿01	900	红枝蒲桃	1	0	1
2010	HSFFZ01A00＿01	900	九节	412	1	413
2010	HSFFZ01A00＿01	900	米碎花	1	2	3
2010	HSFFZ01A00＿01	900	三桠苦	41	3	44
2010	HSFFZ01A00＿01	900	山芝麻	1	0	1
2010	HSFFZ01A00＿01	900	石斑木	28	0	28
2010	HSFFZ01A00＿01	900	石斑木	3	0	3
2010	HSFFZ01A00＿01	900	桃金娘	4	1	5
2010	HSFFZ01A00＿01	900	土蜜树	3	0	3
2010	HSFFZ01A00＿01	900	香叶树	7	0	7
2010	HSFFZ01A00＿01	900	雪下红	119	0	119
2010	HSFFZ01A00＿01	900	阴香	10	0	10
2010	HSFFZ01A00＿01	900	印度野牡丹	2	0	2
2010	HSFFZ01A00＿01	900	栀子	118	16	134
2010	HSFZH01A00＿01	1 075	白花灯笼	58	0	58

（续）

年份	样地代码	样地面积/m²	植物种名	实生苗株数/株	萌生苗株数/株	总株数/株
2010	HSFZH01A00 _ 01	1 075	潺槁木姜子	6	0	6
2010	HSFZH01A00 _ 01	1 075	秤星树	1	0	1
2010	HSFZH01A00 _ 01	1 075	假鹰爪	3	0	3
2010	HSFZH01A00 _ 01	1 075	九节	1	0	1
2010	HSFZH01A00 _ 01	1 075	了哥王	1	3	4
2010	HSFZH01A00 _ 01	1 075	三桠苦	4	0	4
2010	HSFZH01A00 _ 01	1 075	山鸡椒	3	0	3
2010	HSFZH01A00 _ 01	1 075	石斑木	3	7	10
2010	HSFZH01A00 _ 01	1 075	桃金娘	11	0	11
2010	HSFZH01A00 _ 01	1 075	雪下红	79	0	79
2010	HSFZH01A00 _ 01	1 075	阴香	1	0	1
2010	HSFZH01A00 _ 01	1 075	栀子	14	0	14
2010	HSFZQ01A00 _ 01	800	白花灯笼	285	0	285
2010	HSFZQ01A00 _ 01	800	变叶榕	4	0	4
2010	HSFZQ01A00 _ 01	800	潺槁木姜子	1	0	1
2010	HSFZQ01A00 _ 01	800	粗叶榕	2	0	2
2010	HSFZQ01A00 _ 01	800	鹅掌柴	1	0	1
2010	HSFZQ01A00 _ 01	800	光叶山黄麻	1	0	1
2010	HSFZQ01A00 _ 01	800	九节	42	0	42
2010	HSFZQ01A00 _ 01	800	毛果算盘子	1	0	1
2010	HSFZQ01A00 _ 01	800	米碎花	6	0	6
2010	HSFZQ01A00 _ 01	800	木荷	1	0	1
2010	HSFZQ01A00 _ 01	800	三桠苦	25	0	25
2010	HSFZQ01A00 _ 01	800	山鸡椒	2	0	2
2010	HSFZQ01A00 _ 01	800	杉木	0	5	5
2010	HSFZQ01A00 _ 01	800	土蜜树	6	0	6
2010	HSFZQ01A00 _ 01	800	印度野牡丹	2	0	2
2010	HSFZQ01A00 _ 01	800	栀子	85	0	85
2011	HSFFZ01A00 _ 01	18	白花灯笼	32	3	35
2011	HSFFZ01A00 _ 01	18	变叶榕	1	0	1
2011	HSFFZ01A00 _ 01	18	豺皮樟	2	0	2
2011	HSFFZ01A00 _ 01	18	潺槁木姜子	1	0	1
2011	HSFFZ01A00 _ 01	18	秤星树	4	7	11
2011	HSFFZ01A00 _ 01	18	翻白叶树	1	0	1

（续）

年份	样地代码	样地面积/m²	植物种名	实生苗株数/株	萌生苗株数/株	总株数/株
2011	HSFFZ01A00＿01	18	黑面神	1	0	1
2011	HSFFZ01A00＿01	18	九节	21	1	22
2011	HSFFZ01A00＿01	18	毛果算盘子	1	0	1
2011	HSFFZ01A00＿01	18	三桠苦	11	0	11
2011	HSFFZ01A00＿01	18	石斑木	8	0	8
2011	HSFFZ01A00＿01	18	桃金娘	1	1	2
2011	HSFFZ01A00＿01	18	香叶树	6	1	7
2011	HSFFZ01A00＿01	18	阴香	5	0	5
2011	HSFFZ01A00＿01	18	银柴	1	0	1
2011	HSFFZ01A00＿01	18	栀子	11	0	11
2011	HSFZH01A00＿01	18	白花灯笼	6	0	6
2011	HSFZH01A00＿01	18	变叶榕	1	0	1
2011	HSFZH01A00＿01	18	豺皮樟	6	0	6
2011	HSFZH01A00＿01	18	秤星树	0	3	3
2011	HSFZH01A00＿01	18	海南蒲桃	1	0	1
2011	HSFZH01A00＿01	18	黑面神	1	0	1
2011	HSFZH01A00＿01	18	假鹰爪	1	0	1
2011	HSFZH01A00＿01	18	九里香	1	0	1
2011	HSFZH01A00＿01	18	了哥王	5	0	5
2011	HSFZH01A00＿01	18	米碎花	0	1	1
2011	HSFZH01A00＿01	18	山鸡椒	2	0	2
2011	HSFZH01A00＿01	18	桃金娘	8	3	11
2011	HSFZH01A00＿01	18	野漆	1	0	1
2011	HSFZH01A00＿01	18	阴香	1	4	5
2011	HSFZH01A00＿01	18	樟	1	0	1
2011	HSFZH01A00＿01	18	栀子	1	2	3
2011	HSFZQ01A00＿01	17	白背叶	2	0	2
2011	HSFZQ01A00＿01	17	白花灯笼	70	2	72
2011	HSFZQ01A00＿01	17	秤星树	4	0	4
2011	HSFZQ01A00＿01	17	粗叶榕	1	0	1
2011	HSFZQ01A00＿01	17	地桃花	1	0	1
2011	HSFZQ01A00＿01	17	九节	4	0	4
2011	HSFZQ01A00＿01	17	黧蒴锥	0	3	3
2011	HSFZQ01A00＿01	17	毛果算盘子	1	0	1

（续）

年份	样地代码	样地面积/m²	植物种名	实生苗株数/株	萌生苗株数/株	总株数/株
2011	HSFZQ01A00_01	17	三桠苦	26	2	28
2011	HSFZQ01A00_01	17	杉木	0	5	5
2011	HSFZQ01A00_01	17	石斑木	2	0	2
2011	HSFZQ01A00_01	17	土蜜树	1	0	1
2011	HSFZQ01A00_01	17	小蜡	1	0	1
2011	HSFZQ01A00_01	17	印度野牡丹	3	0	3
2011	HSFZQ01A00_01	17	栀子	21	3	24
2011	HSFZQ01A00_01	17	醉香含笑	1	0	1
2012	HSFFZ01A00_01	425	白花灯笼	19	0	19
2012	HSFFZ01A00_01	425	豺皮樟	3	0	3
2012	HSFFZ01A00_01	425	潺槁木姜子	2	0	2
2012	HSFFZ01A00_01	425	秤星树	4	0	4
2012	HSFFZ01A00_01	425	粗叶榕	2	0	2
2012	HSFFZ01A00_01	425	鹅掌柴	3	0	3
2012	HSFFZ01A00_01	425	翻白叶树	2	0	2
2012	HSFFZ01A00_01	425	九节	101	1	102
2012	HSFFZ01A00_01	425	毛八角枫	1	0	1
2012	HSFFZ01A00_01	425	毛果算盘子	1	0	1
2012	HSFFZ01A00_01	425	米碎花	1	0	1
2012	HSFFZ01A00_01	425	三桠苦	17	0	17
2012	HSFFZ01A00_01	425	石斑木	9	0	9
2012	HSFFZ01A00_01	425	桃金娘	1	0	1
2012	HSFFZ01A00_01	425	土蜜树	1	0	1
2012	HSFFZ01A00_01	425	香叶树	2	0	2
2012	HSFFZ01A00_01	425	阴香	4	0	4
2012	HSFFZ01A00_01	425	栀子	29	0	29
2012	HSFFZ01A00_01	425	竹节树	1	0	1
2012	HSFZH01A00_01	550	白花灯笼	14	0	14
2012	HSFZH01A00_01	550	潺槁木姜子	1	0	1
2012	HSFZH01A00_01	550	秤星树	2	0	2
2012	HSFZH01A00_01	550	假鹰爪	2	0	2
2012	HSFZH01A00_01	550	琴叶榕	6	0	6
2012	HSFZH01A00_01	550	山鸡椒	3	0	3
2012	HSFZH01A00_01	550	石斑木	1	0	1

（续）

年份	样地代码	样地面积/m²	植物种名	实生苗株数/株	萌生苗株数/株	总株数/株
2012	HSFZH01A00_01	550	桃金娘	1	0	1
2012	HSFZH01A00_01	550	阴香	1	0	1
2012	HSFZH01A00_01	550	印度野牡丹	1	0	1
2012	HSFZH01A00_01	550	栀子	11	0	11
2012	HSFZH01A00_01	550	醉香含笑	1	0	1
2012	HSFZQ01A00_01	450	白背叶	1	0	1
2012	HSFZQ01A00_01	450	白花灯笼	165	0	165
2012	HSFZQ01A00_01	450	潺槁木姜子	1	0	1
2012	HSFZQ01A00_01	450	秤星树	10	0	10
2012	HSFZQ01A00_01	450	黑面神	1	0	1
2012	HSFZQ01A00_01	450	九节	24	0	24
2012	HSFZQ01A00_01	450	毛果算盘子	1	0	1
2012	HSFZQ01A00_01	450	米碎花	1	0	1
2012	HSFZQ01A00_01	450	三桠苦	5	0	5
2012	HSFZQ01A00_01	450	山鸡椒	2	0	2
2012	HSFZQ01A00_01	450	山乌桕	1	0	1
2012	HSFZQ01A00_01	450	石斑木	1	0	1
2012	HSFZQ01A00_01	450	野漆	1	0	1
2012	HSFZQ01A00_01	450	阴香	2	0	2
2012	HSFZQ01A00_01	450	印度野牡丹	2	0	2
2012	HSFZQ01A00_01	450	栀子	44	0	44
2013	HSFFZ01A00_01	40	白花灯笼	10	4	14
2013	HSFFZ01A00_01	40	豺皮樟	1	2	3
2013	HSFFZ01A00_01	40	秤星树	3	17	20
2013	HSFFZ01A00_01	40	鹅掌柴	1	0	1
2013	HSFFZ01A00_01	40	翻白叶树	1	0	1
2013	HSFFZ01A00_01	40	黑面神	0	2	2
2013	HSFFZ01A00_01	40	红枝蒲桃	1	0	1
2013	HSFFZ01A00_01	40	九节	86	31	117
2013	HSFFZ01A00_01	40	毛果算盘子	2	1	3
2013	HSFFZ01A00_01	40	米碎花	2	4	6
2013	HSFFZ01A00_01	40	三桠苦	3	0	3
2013	HSFFZ01A00_01	40	石斑木	3	2	5
2013	HSFFZ01A00_01	40	雪下红	1	0	1

（续）

年份	样地代码	样地面积/m²	植物种名	实生苗株数/株	萌生苗株数/株	总株数/株
2013	HSFFZ01A00 _ 01	40	阴香	4	2	6
2013	HSFFZ01A00 _ 01	40	栀子	29	23	52
2013	HSFZH01A00 _ 01	80	白花灯笼	22	2	24
2013	HSFZH01A00 _ 01	80	潺槁木姜子	1	0	1
2013	HSFZH01A00 _ 01	80	秤星树	5	24	29
2013	HSFZH01A00 _ 01	80	粗叶榕	3	0	3
2013	HSFZH01A00 _ 01	80	红枝蒲桃	1	0	1
2013	HSFZH01A00 _ 01	80	了哥王	3	0	3
2013	HSFZH01A00 _ 01	80	三桠苦	3	0	3
2013	HSFZH01A00 _ 01	80	山鸡椒	7	3	10
2013	HSFZH01A00 _ 01	80	石斑木	3	0	3
2013	HSFZH01A00 _ 01	80	桃金娘	13	11	24
2013	HSFZH01A00 _ 01	80	雪下红	1	0	1
2013	HSFZH01A00 _ 01	80	阴香	0	2	2
2013	HSFZH01A00 _ 01	80	栀子	7	7	14
2013	HSFZH01A00 _ 01	80	醉香含笑	2	0	2
2013	HSFZQ01A00 _ 01	40	白背叶	4	0	4
2013	HSFZQ01A00 _ 01	40	白花灯笼	57	4	61
2013	HSFZQ01A00 _ 01	40	潺槁木姜子	4	0	4
2013	HSFZQ01A00 _ 01	40	粗叶榕	1	0	1
2013	HSFZQ01A00 _ 01	40	鹅掌柴	3	0	3
2013	HSFZQ01A00 _ 01	40	光叶山黄麻	1	0	1
2013	HSFZQ01A00 _ 01	40	九节	7	0	7
2013	HSFZQ01A00 _ 01	40	毛果算盘子	1	0	1
2013	HSFZQ01A00 _ 01	40	米碎花	8	4	12
2013	HSFZQ01A00 _ 01	40	三桠苦	31	2	33
2013	HSFZQ01A00 _ 01	40	山鸡椒	2	0	2
2013	HSFZQ01A00 _ 01	40	山乌桕	1	2	3
2013	HSFZQ01A00 _ 01	40	杉木	0	1	1
2013	HSFZQ01A00 _ 01	40	阴香	2	0	2
2013	HSFZQ01A00 _ 01	40	栀子	4	3	7
2014	HSFFZ01A00 _ 01	40	白花灯笼	13	2	15
2014	HSFFZ01A00 _ 01	40	豺皮樟	4	0	4
2014	HSFFZ01A00 _ 01	40	秤星树	4	11	15

（续）

年份	样地代码	样地面积/m²	植物种名	实生苗株数/株	萌生苗株数/株	总株数/株
2014	HSFFZ01A00 _ 01	40	鹅掌柴	1	0	1
2014	HSFFZ01A00 _ 01	40	黑面神	2	0	2
2014	HSFFZ01A00 _ 01	40	红枝蒲桃	1	0	1
2014	HSFFZ01A00 _ 01	40	九节	82	24	106
2014	HSFFZ01A00 _ 01	40	毛果算盘子	2	2	4
2014	HSFFZ01A00 _ 01	40	米碎花	2	2	4
2014	HSFFZ01A00 _ 01	40	三桠苦	1	4	5
2014	HSFFZ01A00 _ 01	40	石斑木	1	0	1
2014	HSFFZ01A00 _ 01	40	香叶树	0	1	1
2014	HSFFZ01A00 _ 01	40	雪下红	1	15	16
2014	HSFFZ01A00 _ 01	40	阴香	4	0	4
2014	HSFFZ01A00 _ 01	40	栀子	15	30	45
2014	HSFFZ01A00 _ 01	40	醉香含笑	1	0	1
2014	HSFZH01A00 _ 01	80	白花灯笼	15	5	20
2014	HSFZH01A00 _ 01	80	豺皮樟	1	0	1
2014	HSFZH01A00 _ 01	80	潺槁木姜子	2	0	2
2014	HSFZH01A00 _ 01	80	秤星树	6	22	28
2014	HSFZH01A00 _ 01	80	粗叶榕	2	0	2
2014	HSFZH01A00 _ 01	80	红枝蒲桃	1	0	1
2014	HSFZH01A00 _ 01	80	了哥王	3	1	4
2014	HSFZH01A00 _ 01	80	三桠苦	2	0	2
2014	HSFZH01A00 _ 01	80	山鸡椒	6	1	7
2014	HSFZH01A00 _ 01	80	石斑木	2	1	3
2014	HSFZH01A00 _ 01	80	桃金娘	9	17	26
2014	HSFZH01A00 _ 01	80	阴香	0	2	2
2014	HSFZH01A00 _ 01	80	栀子	5	12	17
2014	HSFZH01A00 _ 01	80	醉香含笑	2	0	2
2014	HSFZQ01A00 _ 01	40	白背叶	5	0	5
2014	HSFZQ01A00 _ 01	40	白花灯笼	71	1	72
2014	HSFZQ01A00 _ 01	40	潺槁木姜子	3	0	3
2014	HSFZQ01A00 _ 01	40	鹅掌柴	2	0	2
2014	HSFZQ01A00 _ 01	40	光叶山黄麻	1	0	1
2014	HSFZQ01A00 _ 01	40	九节	10	1	11
2014	HSFZQ01A00 _ 01	40	毛果算盘子	1	0	1

（续）

年份	样地代码	样地面积/m²	植物种名	实生苗株数/株	萌生苗株数/株	总株数/株
2014	HSFZQ01A00 _ 01	40	米碎花	4	6	10
2014	HSFZQ01A00 _ 01	40	三桠苦	34	1	35
2014	HSFZQ01A00 _ 01	40	山鸡椒	2	1	3
2014	HSFZQ01A00 _ 01	40	山乌桕	3	0	3
2014	HSFZQ01A00 _ 01	40	杉木	0	8	8
2014	HSFZQ01A00 _ 01	40	阴香	1	1	2
2014	HSFZQ01A00 _ 01	40	栀子	1	3	4
2015	HSFFZ01A00 _ 01	72	白花灯笼	13	0	13
2015	HSFFZ01A00 _ 01	72	豺皮樟	2	2	4
2015	HSFFZ01A00 _ 01	72	潺槁木姜子	1	0	1
2015	HSFFZ01A00 _ 01	72	秤星树	3	1	4
2015	HSFFZ01A00 _ 01	72	粗叶榕	1	0	1
2015	HSFFZ01A00 _ 01	72	翻白叶树	4	0	4
2015	HSFFZ01A00 _ 01	72	红鳞蒲桃	1	0	1
2015	HSFFZ01A00 _ 01	72	九节	85	7	92
2015	HSFFZ01A00 _ 01	72	米碎花	1	0	1
2015	HSFFZ01A00 _ 01	72	三桠苦	9	0	9
2015	HSFFZ01A00 _ 01	72	山鸡椒	1	1	2
2015	HSFFZ01A00 _ 01	72	石斑木	5	1	6
2015	HSFFZ01A00 _ 01	72	阴香	6	0	6
2015	HSFFZ01A00 _ 01	72	栀子	15	3	18
2015	HSFZH01A00 _ 01	96	白花灯笼	4	0	4
2015	HSFZH01A00 _ 01	96	粗叶榕	1	0	1
2015	HSFZH01A00 _ 01	96	了哥王	1	0	1
2015	HSFZH01A00 _ 01	96	石斑木	1	0	1
2015	HSFZH01A00 _ 01	96	桃金娘	3	2	5
2015	HSFZH01A00 _ 01	96	香叶树	1	0	1
2015	HSFZH01A00 _ 01	96	栀子	3	0	3
2015	HSFZQ01A00 _ 01	72	白背叶	1	0	1
2015	HSFZQ01A00 _ 01	72	白花灯笼	27	0	27
2015	HSFZQ01A00 _ 01	72	潺槁木姜子	9	0	9
2015	HSFZQ01A00 _ 01	72	鹅掌柴	66	0	66
2015	HSFZQ01A00 _ 01	72	光叶山黄麻	2	0	2
2015	HSFZQ01A00 _ 01	72	九节	56	2	58

（续）

年份	样地代码	样地面积/m²	植物种名	实生苗株数/株	萌生苗株数/株	总株数/株
2015	HSFZQ01A00＿01	72	米碎花	0	2	2
2015	HSFZQ01A00＿01	72	三桠苦	34	1	35
2015	HSFZQ01A00＿01	72	山鸡椒	4	0	4
2015	HSFZQ01A00＿01	72	山乌桕	1	0	1
2015	HSFZQ01A00＿01	72	石斑木	1	0	1
2015	HSFZQ01A00＿01	72	阴香	3	0	3
2015	HSFZQ01A00＿01	72	栀子	13	27	40

3.1.7 动物数量数据集

3.1.7.1 概述

本数据集收录了鹤山站 2003—2015 年长期定位观测不同类型的人工林动物（鸟类）调查数据，包括观测年份、观测样地代码、样地面积、动物类别、动物名称及数量，样地面积单位为 hm²、动物数量单位为只。数据产生的长期观测样地包括鹤山站马占相思林综合观测场（HSFZH01）、鹤山站乡土林辅助观测场（HSFFZ01）、鹤山站针叶林站区调查点（HSFZQ01）、鹤山站桉林站区调查点（HSFZQ02）。

调查和数据采集频度按中国生态系统研究网络（CERN）长期监测规范丛书《陆地生态系统生物观测指标与规范》要求进行，人工林观测按每 5 年 1 次频率进行。鸟类观测需要动物相关专业人员开展，早期未能完全按照监测频度进行开展，观测年份为 2003 年与 2015 年（2015 年未观测 HSFZQ02）。

3.1.7.2 数据采集和处理方法

本数据集鸟类种类与数量监测方法分为 2 种。2003 年使用捕获法，即在林内使用捕鸟网进行捕获统计，观测期间在每天上午和下午各巡检 1 次，及时统计和释放触网的鸟。2015 年沿固定样线行走，使用望远镜直接观察、听鸣声，配合鸟类的季节性或繁殖期，按计划开展监测。

3.1.7.3 数据质量控制和评估

此数据集委托广东省科学院动物研究所鸟类研究的科研人员完成，确保监测方法的准确性和鸟类种类定名的准确性。

3.1.7.4 数据价值/数据使用方法和建议

鸟类对生境有特殊要求以及对环境变化比较敏感，是开展生物多样性观测的重要指示生物类群，对鸟类进行调查观测，对评估人工林生物多样性、生态环境质量具有一定的指示意义。

本数据集原始数据可通过广东鹤山森林生态系统国家野外科学观测研究站（http://hsf.cern.ac.cn/）"资源服务"下的"数据服务"页面申请获取。

3.1.7.5 数据

数据见表 3-14。

表 3-14   鹤山站森林群落鸟类数量

年份	样地代码	样地面积/hm²	动物类别	动物名称	数量/只
2003	HSFFZ01	0.4	鸟类	暗绿绣眼鸟	112
2003	HSFFZ01	0.4	鸟类	八声杜鹃	1

（续）

年份	样地代码	样地面积/hm²	动物类别	动物名称	数量/只
2003	HSFFZ01	0.4	鸟类	白眉鸫	1
2003	HSFFZ01	0.4	鸟类	白头鹎	25
2003	HSFFZ01	0.4	鸟类	斑头鸺鹠	1
2003	HSFFZ01	0.4	鸟类	大拟啄木鸟	2
2003	HSFFZ01	0.4	鸟类	大山雀	30
2003	HSFFZ01	0.4	鸟类	褐翅鸦鹃	15
2003	HSFFZ01	0.4	鸟类	褐顶雀鹛	1
2003	HSFFZ01	0.4	鸟类	褐柳莺	1
2003	HSFFZ01	0.4	鸟类	褐头鹪莺	2
2003	HSFFZ01	0.4	鸟类	黑卷尾	1
2003	HSFFZ01	0.4	鸟类	红耳鹎	15
2003	HSFFZ01	0.4	鸟类	红胁蓝尾鸲	1
2003	HSFFZ01	0.4	鸟类	红嘴蓝鹊	6
2003	HSFFZ01	0.4	鸟类	画眉	9
2003	HSFFZ01	0.4	鸟类	黄腹鹪莺	1
2003	HSFFZ01	0.4	鸟类	黄眉柳莺	5
2003	HSFFZ01	0.4	鸟类	黄腰柳莺	1
2003	HSFFZ01	0.4	鸟类	家燕	1
2003	HSFFZ01	0.4	鸟类	金腰燕	4
2003	HSFFZ01	0.4	鸟类	四声杜鹃	2
2003	HSFFZ01	0.4	鸟类	乌鸫	1
2003	HSFFZ01	0.4	鸟类	乌灰鸫	1
2003	HSFFZ01	0.4	鸟类	小鸦鹃	3
2003	HSFFZ01	0.4	鸟类	长尾缝叶莺	19
2003	HSFFZ01	0.4	鸟类	棕背伯劳	1
2003	HSFZH01	0.4	鸟类	暗绿绣眼鸟	28
2003	HSFZH01	0.4	鸟类	白头鹎	2
2003	HSFZH01	0.4	鸟类	斑头鸺鹠	1
2003	HSFZH01	0.4	鸟类	大山雀	45
2003	HSFZH01	0.4	鸟类	发冠卷尾	1
2003	HSFZH01	0.4	鸟类	褐翅鸦鹃	8
2003	HSFZH01	0.4	鸟类	褐耳鹰	3
2003	HSFZH01	0.4	鸟类	黑冠鹃隼	10
2003	HSFZH01	0.4	鸟类	黑喉噪鹛	1
2003	HSFZH01	0.4	鸟类	红耳鹎	10

（续）

年份	样地代码	样地面积/hm²	动物类别	动物名称	数量/只
2003	HSFZH01	0.4	鸟类	红尾歌鸲	1
2003	HSFZH01	0.4	鸟类	红胁蓝尾鸲	3
2003	HSFZH01	0.4	鸟类	画眉	1
2003	HSFZH01	0.4	鸟类	黄腹鹟莺	2
2003	HSFZH01	0.4	鸟类	黄眉柳莺	7
2003	HSFZH01	0.4	鸟类	黄眉姬鹟	1
2003	HSFZH01	0.4	鸟类	黄眉鹀	1
2003	HSFZH01	0.4	鸟类	黄腰柳莺	1
2003	HSFZH01	0.4	鸟类	灰头鹀	1
2003	HSFZH01	0.4	鸟类	栗背短脚鹎	20
2003	HSFZH01	0.4	鸟类	领角鸮	2
2003	HSFZH01	0.4	鸟类	松鸦	2
2003	HSFZH01	0.4	鸟类	小鸦鹃	7
2003	HSFZH01	0.4	鸟类	夜鹭	1
2003	HSFZH01	0.4	鸟类	长尾缝叶莺	29
2003	HSFZQ01	0.4	鸟类	暗绿绣眼鸟	36
2003	HSFZQ01	0.4	鸟类	八声杜鹃	1
2003	HSFZQ01	0.4	鸟类	白头鹎	33
2003	HSFZQ01	0.4	鸟类	大拟啄木鸟	1
2003	HSFZQ01	0.4	鸟类	大山雀	28
2003	HSFZQ01	0.4	鸟类	褐翅鸦鹃	24
2003	HSFZQ01	0.4	鸟类	褐耳鹰	1
2003	HSFZQ01	0.4	鸟类	褐头鹟莺	9
2003	HSFZQ01	0.4	鸟类	黑冠鹃隼	3
2003	HSFZQ01	0.4	鸟类	红耳鹎	15
2003	HSFZQ01	0.4	鸟类	红隼	1
2003	HSFZQ01	0.4	鸟类	红嘴蓝鹊	3
2003	HSFZQ01	0.4	鸟类	画眉	1
2003	HSFZQ01	0.4	鸟类	黄腹鹟莺	10
2003	HSFZQ01	0.4	鸟类	黄眉柳莺	13
2003	HSFZQ01	0.4	鸟类	黄眉姬鹟	1
2003	HSFZQ01	0.4	鸟类	黄腰柳莺	1
2003	HSFZQ01	0.4	鸟类	灰树鹊	2
2003	HSFZQ01	0.4	鸟类	四声杜鹃	2
2003	HSFZQ01	0.4	鸟类	松鸦	4

（续）

年份	样地代码	样地面积/hm²	动物类别	动物名称	数量/只
2003	HSFZQ01	0.4	鸟类	小鸦鹃	5
2003	HSFZQ01	0.4	鸟类	长尾缝叶莺	10
2003	HSFZQ01	0.4	鸟类	珠颈斑鸠	1
2003	HSFZQ02	0.4	鸟类	暗绿绣眼鸟	16
2003	HSFZQ02	0.4	鸟类	白眉鸫	2
2003	HSFZQ02	0.4	鸟类	白头鹎	11
2003	HSFZQ02	0.4	鸟类	大山雀	33
2003	HSFZQ02	0.4	鸟类	褐翅鸦鹃	17
2003	HSFZQ02	0.4	鸟类	褐头鹪莺	4
2003	HSFZQ02	0.4	鸟类	黑冠鹃隼	2
2003	HSFZQ02	0.4	鸟类	黑卷尾	16
2003	HSFZQ02	0.4	鸟类	红耳鹎	4
2003	HSFZQ02	0.4	鸟类	红嘴蓝鹊	3
2003	HSFZQ02	0.4	鸟类	画眉	3
2003	HSFZQ02	0.4	鸟类	黄腹鹪莺	10
2003	HSFZQ02	0.4	鸟类	黄眉柳莺	3
2003	HSFZQ02	0.4	鸟类	黄眉姬鹟	3
2003	HSFZQ02	0.4	鸟类	金腰燕	10
2003	HSFZQ02	0.4	鸟类	栗背短脚鹎	14
2003	HSFZQ02	0.4	鸟类	四声杜鹃	5
2003	HSFZQ02	0.4	鸟类	松鸦	1
2003	HSFZQ02	0.4	鸟类	小鸦鹃	4
2003	HSFZQ02	0.4	鸟类	长尾缝叶莺	15
2003	HSFZQ02	0.4	鸟类	珠颈斑鸠	2
2003	HSFZQ02	0.4	鸟类	棕背伯劳	3
2015	HSFFZ01	0.4	鸟类	暗绿绣眼鸟	151
2015	HSFFZ01	0.4	鸟类	白眉鸫	2
2015	HSFFZ01	0.4	鸟类	白头鹎	52
2015	HSFFZ01	0.4	鸟类	叉尾太阳鸟	2
2015	HSFFZ01	0.4	鸟类	大山雀	29
2015	HSFFZ01	0.4	鸟类	大嘴乌鸦	1
2015	HSFFZ01	0.4	鸟类	发冠卷尾	3
2015	HSFFZ01	0.4	鸟类	海南蓝仙鹟	2
2015	HSFFZ01	0.4	鸟类	红耳鹎	5
2015	HSFFZ01	0.4	鸟类	红嘴相思鸟	5

（续）

年份	样地代码	样地面积/hm²	动物类别	动物名称	数量/只
2015	HSFFZ01	0.4	鸟类	黄腹鹪莺	1
2015	HSFFZ01	0.4	鸟类	灰背鸫	5
2015	HSFFZ01	0.4	鸟类	灰喉山椒鸟	2
2015	HSFFZ01	0.4	鸟类	灰树鹊	1
2015	HSFFZ01	0.4	鸟类	鹊鸲	2
2015	HSFFZ01	0.4	鸟类	噪鹃	2
2015	HSFFZ01	0.4	鸟类	长尾缝叶莺	12
2015	HSFFZ01	0.4	鸟类	棕背伯劳	1
2015	HSFFZ01	0.4	鸟类	棕颈钩嘴鹛	1
2015	HSFZH01	0.4	鸟类	暗绿绣眼鸟	30
2015	HSFZH01	0.4	鸟类	白头鹎	35
2015	HSFZH01	0.4	鸟类	叉尾太阳鸟	2
2015	HSFZH01	0.4	鸟类	大山雀	25
2015	HSFZH01	0.4	鸟类	发冠卷尾	10
2015	HSFZH01	0.4	鸟类	褐翅鸦鹃	1
2015	HSFZH01	0.4	鸟类	黑冠鹃隼	1
2015	HSFZH01	0.4	鸟类	红嘴蓝鹊	2
2015	HSFZH01	0.4	鸟类	黄腹鹪莺	2
2015	HSFZH01	0.4	鸟类	黄眉柳莺	4
2015	HSFZH01	0.4	鸟类	黄腰柳莺	1
2015	HSFZH01	0.4	鸟类	鹊鸲	4
2015	HSFZH01	0.4	鸟类	长尾缝叶莺	15
2015	HSFZH01	0.4	鸟类	珠颈斑鸠	4
2015	HSFZH01	0.4	鸟类	棕背伯劳	6
2015	HSFZQ01	0.4	鸟类	暗绿绣眼鸟	43
2015	HSFZQ01	0.4	鸟类	八哥	2
2015	HSFZQ01	0.4	鸟类	白喉短翅鸫	1
2015	HSFZQ01	0.4	鸟类	白鹡鸰	2
2015	HSFZQ01	0.4	鸟类	白眉鸫	3
2015	HSFZQ01	0.4	鸟类	白头鹎	68
2015	HSFZQ01	0.4	鸟类	大山雀	26
2015	HSFZQ01	0.4	鸟类	发冠卷尾	4
2015	HSFZQ01	0.4	鸟类	褐翅鸦鹃	5
2015	HSFZQ01	0.4	鸟类	褐柳莺	2
2015	HSFZQ01	0.4	鸟类	黑冠鹃隼	2

（续）

年份	样地代码	样地面积/hm²	动物类别	动物名称	数量/只
2015	HSFZQ01	0.4	鸟类	黑尾蜡嘴雀	2
2015	HSFZQ01	0.4	鸟类	红头穗鹛	2
2015	HSFZQ01	0.4	鸟类	红胁蓝尾鸲	2
2015	HSFZQ01	0.4	鸟类	红胸啄花鸟	1
2015	HSFZQ01	0.4	鸟类	黄腹鹪莺	20
2015	HSFZQ01	0.4	鸟类	黄眉柳莺	1
2015	HSFZQ01	0.4	鸟类	金翅雀	1
2015	HSFZQ01	0.4	鸟类	栗背短脚鹎	5
2015	HSFZQ01	0.4	鸟类	栗耳凤鹛	25
2015	HSFZQ01	0.4	鸟类	鹊鸲	1
2015	HSFZQ01	0.4	鸟类	小鸦鹃	1
2015	HSFZQ01	0.4	鸟类	噪鹛	1
2015	HSFZQ01	0.4	鸟类	长尾缝叶莺	15
2015	HSFZQ01	0.4	鸟类	珠颈斑鸠	4
2015	HSFZQ01	0.4	鸟类	棕背伯劳	1
2015	HSFZQ01	0.4	鸟类	棕颈钩嘴鹛	5

3.1.8 植物物种数数据集

3.1.8.1 概述

本数据集收录了鹤山站 2005—2015 年 11 年定点定位观测不同类型的人工林植物物种数调查数据，包括观测年份、观测样地、乔木层物种数、灌木层物种数、草本层物种数，其中物种数单位为个。数据产生的长期观测样地为鹤山站马占相思林综合观测场永久样地（HSFZH01A00_01）、鹤山站乡土林辅助观测场永久样地（HSFFZ01A00_01）、鹤山站针叶林站区调查点永久样地（HSFZQ01A00_01）。

调查和数据采集频度按中国生态系统研究网络（CERN）长期监测规范丛书《陆地生态系统生物观测指标与规范》要求进行，人工林观测按每 5 年 2 次频率进行（实际按年份尾数为 0、2、5、7 的年份监测）。

3.1.8.2 数据采集和处理方法

本数据集基于年度植被每木调查数据，按年度、样地、乔灌草 3 层分类筛选统计。

3.1.8.3 数据质量控制和评估

数据分类统计过程中，需仔细核查物种名数据列，杜绝同一物种名按不同类统计数据。

3.1.8.4 数据价值/数据使用方法和建议

植物物种数是研究群落多样性的基本参数之一。本数据集动态反映了多个南亚热带人工林群落的物种数量变化动态，对评价南亚热带人工林植被群落的稳定性、自我更新能力、生物多样性潜力等相关问题具有重要指导意义和参考价值。

本数据集原始数据可通过广东鹤山森林生态系统国家野外科学观测研究站（http://hsf.cern.ac.cn/）"资源服务"下的"数据服务"页面申请获取。

3.1.8.5　数据

数据见表 3 - 15。

表 3 - 15　鹤山站各观测场植物物种数

年份	样地代码	乔木层物种数/个	灌木层物种数/个	草本层物种数/个
2005	HSFFZ01A00 _ 01	15	26	11
2005	HSFZH01A00 _ 01	25	22	10
2005	HSFZQ01A00 _ 01	7	22	8
2007	HSFFZ01A00 _ 01	14	26	8
2007	HSFZH01A00 _ 01	11	16	8
2007	HSFZQ01A00 _ 01	7	21	10
2010	HSFFZ01A00 _ 01	27	28	12
2010	HSFZH01A00 _ 01	17	26	10
2010	HSFZQ01A00 _ 01	18	24	9
2012	HSFFZ01A00 _ 01	26	21	10
2012	HSFZH01A00 _ 01	18	19	7
2012	HSFZQ01A00 _ 01	18	22	9
2015	HSFFZ01A00 _ 01	27	27	9
2015	HSFZH01A00 _ 01	18	20	5
2015	HSFZQ01A00 _ 01	23	26	13

3.1.9　叶面积指数数据集

3.1.9.1　概述

本数据集收录了鹤山站 2005—2015 年 11 年定点定位观测不同类型的人工林叶面积指数调查数据，包括观测年份、观测样地、乔木层叶面积指数、灌木层叶面积指数、草本层叶面积指数。数据产生的长期观测样地为鹤山站马占相思林综合观测场永久样地（HSFZH01A00 _ 01）、鹤山站马占相思林综合观测场破坏性采样地（HSFZH01ABC _ 02）、鹤山站乡土林辅助观测场永久样地（HSFFZ01A00 _ 01）、鹤山站乡土林辅助观测场破坏性采样地（HSFFZ01ABC _ 02）、鹤山站针叶林站区调查点永久样地（HSFZQ01A00 _ 01）、鹤山站针叶林站区调查点破坏性采样地（HSFZQ01ABC _ 02）。

调查和数据采集频度按中国生态系统研究网络（CERN）长期监测规范丛书《陆地生态系统生物观测指标与规范》要求进行，人工林观测按每 5 年 1 次频率进行。

3.1.9.2　数据采集和处理方法

数据监测使用的仪器为 LAI - 2000 与 LAI - 2200C，监测时按照仪器使用的标准操作规程进行正常操作，完成数据采集。同时，根据 CERN 监测规范，每 5 年监测 1 个年份，在监测年份每月监测 1 次（没有数据月份为未监测）；监测时间段分 8：00 和 16：00。同时，参照《陆地生态系统生物观测指标与规范》进行。

3.1.9.3　数据质量控制和评估

具体的监测时期根据天气状况确定，最好在阴天进行测定。在具体的监测点进行定桩定点观测，特别是对于灌木层和草本层的数据测定，尽量做到定点测定。

3.1.9.4　数据价值/数据使用方法和建议

叶面积指数是反映植物群体生长状况的一个重要指标，在生态学中，叶面积指数是生态系统的一个重要结构参数，反映植物叶面数量、冠层结构变化、植物群落生命活力及其环境效应，为植物冠层表面物质和能量交换的描述提供结构化的定量信息，并在生态系统碳积累、植被生产力和土壤、植物、大气间相互作用的能量平衡及植被遥感等方面起重要作用。数据可用于评价人工林林分结构、林分质量等。

本数据集原始数据可通过广东鹤山森林生态系统国家野外科学观测研究站（http：//hsf. cern. ac. cn/）"资源服务"下的"数据服务"页面申请获取。

3.1.9.5　数据

数据见表 3 - 16。

表 3 - 16　鹤山站森林群落乔、灌、草各层叶面积指数

年	月	样地代码	乔木层 叶面积指数	灌木层 叶面积指数	草本层 叶面积指数
2005	3	HSFZH01ABC_02	1.98	0.4	0.22
2005	3	HSFZQ01ABC_02	2.04	0.31	0.4
2005	3	HSFFZ01ABC_02	1.68	0.31	0.44
2005	4	HSFZH01ABC_02	1.5	0.53	0.35
2005	4	HSFZQ01ABC_02	1.8	0.31	0.34
2005	4	HSFFZ01ABC_02	1.93	0.3	0.19
2005	5	HSFZH01ABC_02	1.82	0.36	0.36
2005	5	HSFZQ01ABC_02	1.88	0.28	0.34
2005	5	HSFFZ01ABC_02	1.84	0.4	0.26
2005	6	HSFZH01ABC_02	1.71	0.47	0.27
2005	6	HSFZQ01ABC_02	1.99	0.33	0.29
2005	6	HSFFZ01ABC_02	1.8	0.41	0.22
2005	7	HSFZH01ABC_02	1.88	0.35	0.23
2005	7	HSFZQ01ABC_02	2.03	0.28	0.23
2005	7	HSFFZ01ABC_02	1.94	0.26	0.22
2005	8	HSFZH01ABC_02	1.73	0.36	0.41
2005	8	HSFZQ01ABC_02	1.89	0.23	0.37
2005	8	HSFFZ01ABC_02	1.9	0.37	0.41
2005	9	HSFZH01ABC_02	1.76	0.38	0.33
2005	9	HSFZQ01ABC_02	1.97	0.33	0.28
2005	9	HSFFZ01ABC_02	2.09	0.25	0.26
2005	10	HSFZH01ABC_02	1.66	0.29	0.29
2005	10	HSFZQ01ABC_02	1.79	0.3	0.32
2005	10	HSFFZ01ABC_02	1.9	0.29	0.3

（续）

年	月	样地代码	乔木层 叶面积指数	灌木层 叶面积指数	草本层 叶面积指数
2005	11	HSFZH01ABC_02	1.59	0.29	0.41
2005	11	HSFZQ01ABC_02	1.71	0.24	0.19
2005	11	HSFFZ01ABC_02	1.95	0.16	0.22
2005	12	HSFZH01ABC_02	1.61	0.22	0.23
2005	12	HSFZQ01ABC_02	1.72	0.21	0.2
2005	12	HSFFZ01ABC_02	1.86	0.2	0.18
2006	1	HSFZH01ABC_02	1.46	0.29	0.21
2006	1	HSFZQ01ABC_02	1.57	0.31	0.33
2006	1	HSFFZ01ABC_02	1.85	0.2	0.22
2006	2	HSFZH01ABC_02	1.78	0.27	0.2
2006	2	HSFZQ01ABC_02	1.96	0.28	0.34
2006	2	HSFFZ01ABC_02	1.72	0.24	0.26
2010	2	HSFZH01A00_01	2.23	0.25	0.45
2010	2	HSFFZ01A00_01	2.43	0.73	0.64
2010	2	HSFZQ01A00_01	1.53	0.65	0.5
2010	3	HSFZH01A00_01	1.34	0.36	0.42
2010	3	HSFFZ01A00_01	2.63	0.91	0.67
2010	3	HSFZQ01A00_01	1.94	0.92	0.62
2010	4	HSFZH01A00_01	1.31	0.25	0.94
2010	4	HSFFZ01A00_01	3.46	1.01	1.76
2010	4	HSFZQ01A00_01	1.84	1.13	1.93
2010	5	HSFZH01A00_01	1.66	0.4	1.03
2010	5	HSFFZ01A00_01	3.58	1.04	1.9
2010	5	HSFZQ01A00_01	1.99	1.12	2.17
2010	6	HSFZH01A00_01	2.02	0.35	1.17
2010	6	HSFFZ01A00_01	3.48	1.07	1.79
2010	6	HSFZQ01A00_01	1.61	1.36	2.55
2010	7	HSFZH01A00_01	2.11	0.29	0.8
2010	7	HSFFZ01A00_01	3.29	0.92	1.17
2010	7	HSFZQ01A00_01	1.64	1.03	1.66
2010	8	HSFZH01A00_01	2.4	0.24	0.97
2010	8	HSFFZ01A00_01	3.55	0.89	1.69

（续）

年	月	样地代码	乔木层 叶面积指数	灌木层 叶面积指数	草本层 叶面积指数
2010	8	HSFZQ01A00＿01	2.04	1.08	2.39
2010	9	HSFZH01A00＿01	2.21	0.21	0.71
2010	9	HSFFZ01A00＿01	2.76	0.87	1.53
2010	9	HSFZQ01A00＿01	2.2	0.98	2.08
2010	10	HSFZH01A00＿01	2.26	0.24	0.7
2010	10	HSFFZ01A00＿01	2.84	0.92	0.99
2010	10	HSFZQ01A00＿01	1.97	0.89	1.3
2010	12	HSFZH01A00＿01	1.9	0.16	0.44
2010	12	HSFFZ01A00＿01	2.47	0.64	0.84
2010	12	HSFZQ01A00＿01	1.92	0.79	0.85
2015	1	HSFZH01A00＿01	1.51	0.08	0.49
2015	1	HSFFZ01A00＿01	1.77	0.65	0.41
2015	1	HSFZQ01A00＿01	1.59	0.49	0.4
2015	2	HSFZH01A00＿01	1.56	0.07	0.44
2015	2	HSFFZ01A00＿01	1.68	0.63	0.31
2015	2	HSFZQ01A00＿01	1.6	0.4	0.28
2015	3	HSFZH01A00＿01	1.63	0.08	0.38
2015	3	HSFFZ01A00＿01	1.92	0.63	0.36
2015	3	HSFZQ01A00＿01	1.55	0.34	0.19
2015	4	HSFZH01A00＿01	2.73	0.35	0.55
2015	4	HSFFZ01A00＿01	3.92	1.14	0.69
2015	4	HSFZQ01A00＿01	2.26	0.8	0.67
2015	6	HSFZH01A00＿01	2.73	0.32	0.58
2015	6	HSFFZ01A00＿01	3.97	0.85	0.54
2015	6	HSFZQ01A00＿01	2.63	0.85	0.92
2015	7	HSFZH01A00＿01	2.7	0.25	0.81
2015	7	HSFFZ01A00＿01	4.06	0.88	0.77
2015	7	HSFZQ01A00＿01	2.86	0.67	1.11
2015	8	HSFZH01A00＿01	2.7	0.25	0.89
2015	8	HSFFZ01A00＿01	4.34	1.08	0.7
2015	8	HSFZQ01A00＿01	3.05	0.71	1.17
2015	9	HSFZH01A00＿01	2.2	0.21	0.75

（续）

年	月	样地代码	乔木层 叶面积指数	灌木层 叶面积指数	草本层 叶面积指数
2015	9	HSFFZ01A00_01	4.2	1.02	0.77
2015	9	HSFZQ01A00_01	2.95	0.92	1.02
2015	11	HSFZH01A00_01	3.52	0.18	0.68
2015	11	HSFFZ01A00_01	3.68	0.69	0.76
2015	11	HSFZQ01A00_01	2.54	0.67	0.61
2015	12	HSFZH01A00_01	2.82	0.06	0.56
2015	12	HSFFZ01A00_01	3.26	0.62	0.74
2015	12	HSFZQ01A00_01	2.94	0.59	0.51

注：因 2005 年 1 月和 2 月数据缺测，在 2006 年补测了 2 个月。

3.1.10 凋落物回收量数据集

3.1.10.1 概述

本数据集收录了鹤山站 2005—2015 年 11 年定点定位观测不同类型的人工林凋落物回收量调查数据，包括观测年份、观测样地、样方面积、枯枝干重、枯叶干重和落果（花）干重，样方面积单位为 m²，凋落物干重单位为 g/样方。数据产生的长期观测样地包括鹤山站马占相思林综合观测场破坏性采样地（HSFZH01ABC_02）、鹤山站乡土林辅助观测场破坏性采样地（HSFFZ01ABC_02）、鹤山站针叶林站区调查点破坏性采样地（HSFZQ01ABC_02）。

调查和数据采集频度按中国生态系统研究网络（CERN）长期监测规范丛书《陆地生态系统生物观测指标与规范》要求进行，观测频率为每月 1 次。

3.1.10.2 数据采集和处理方法

在各观测场分别布设 1 m×1 m 的凋落物收集框，每个样地随机布设 10 个，每月月底收集框内凋落物，按枝、叶、果（花）等植物器官分别称重，并采集部分凋落物样品进行烘干称重，计算含水量，对样方框内凋落物的总干重进行计算。

3.1.10.3 数据质量控制和评估

野外采样时，做好样品采集和标记，以及相关野外采样表格填写。野外称样时，注意样品袋是否有部位接触到地面，及时调整和做到准确称样。对于取样的凋落物样品的烘干，保证烘干时长，烘至恒重。

3.1.10.4 数据价值/数据使用方法和建议

凋落物在维持土壤肥力、促进森林生态系统物质循环和养分循环中起到重要作用，同时也是森林碳库的重要组成部分，其输入、输出及分解等时空动态是全球变化相关研究的内容之一。凋落物回收量动态数据可为森林生态系统养分回收、提高土壤肥力、碳存储等诸多方面提供服务。凋落物也影响森林水分，在水分循环中具有一定的作用。还影响种子萌发、幼苗定居，对森林更新、生物多样性维持等具有一定影响。数据也可服务于森林水土保持、水分循环和森林更新等相关领域。

本数据集原始数据可通过广东鹤山森林生态系统国家野外科学观测研究站（http://hsf.cern.ac.cn/）"资源服务"下的"数据服务"页面申请获取。

3.1.10.5 数据

数据见表 3-17。

表 3 - 17　鹤山站凋落物季节动态

年	月	样地代码	样方面积/m²	枯枝干重/ （g/样方）	枯叶干重/ （g/样方）	落果（花）干重/ （g/样方）
2005	1	HSFFZ01ABC _ 02	10	0.00	536.00	0.00
2005	1	HSFZH01ABC _ 02	10	4.77	590.95	0.00
2005	1	HSFZQ01ABC _ 02	10	116.19	476.56	0.00
2005	2	HSFFZ01ABC _ 02	10	0.00	806.21	0.00
2005	2	HSFZH01ABC _ 02	10	10.81	602.91	0.00
2005	2	HSFZQ01ABC _ 02	10	0.00	367.20	0.00
2005	3	HSFFZ01ABC _ 02	10	0.00	602.17	0.00
2005	3	HSFZH01ABC _ 02	10	3.78	610.59	0.00
2005	3	HSFZQ01ABC _ 02	10	3.77	254.18	0.00
2005	4	HSFFZ01ABC _ 02	10	0.00	130.89	0.00
2005	4	HSFZH01ABC _ 02	10	52.52	433.15	0.00
2005	4	HSFZQ01ABC _ 02	10	0.00	238.97	0.00
2005	5	HSFFZ01ABC _ 02	10	0.00	0.00	0.00
2005	5	HSFZH01ABC _ 02	10	10.25	621.92	0.00
2005	5	HSFZQ01ABC _ 02	10	0.00	383.70	0.00
2005	6	HSFFZ01ABC _ 02	10	0.00	0.00	0.00
2005	6	HSFZH01ABC _ 02	10	0.00	1 612.90	0.00
2005	6	HSFZQ01ABC _ 02	10	0.00	357.68	0.00
2005	7	HSFFZ01ABC _ 02	10	0.00	0.00	0.00
2005	7	HSFZH01ABC _ 02	10	0.00	1 136.53	0.00
2005	7	HSFZQ01ABC _ 02	10	0.00	939.99	0.00
2005	8	HSFFZ01ABC _ 02	10	78.02	422.94	0.00
2005	8	HSFZH01ABC _ 02	10	16.36	338.74	0.00
2005	8	HSFZQ01ABC _ 02	10	46.67	870.57	0.00
2005	9	HSFFZ01ABC _ 02	10	207.19	337.23	0.00
2005	9	HSFZH01ABC _ 02	10	78.58	1 083.78	0.00
2005	9	HSFZQ01ABC _ 02	10	32.23	895.29	0.00
2005	10	HSFFZ01ABC _ 02	10	0.00	294.57	0.00
2005	10	HSFZH01ABC _ 02	10	0.00	1 200.80	0.00
2005	10	HSFZQ01ABC _ 02	10	0.00	304.82	0.00
2005	11	HSFFZ01ABC _ 02	10	0.00	280.65	0.00
2005	11	HSFZH01ABC _ 02	10	0.00	936.62	0.00
2005	11	HSFZQ01ABC _ 02	10	0.00	258.28	0.00

（续）

年	月	样地代码	样方面积/m²	枯枝干重/ （g/样方）	枯叶干重/ （g/样方）	落果（花）干重/ （g/样方）
2005	12	HSFFZ01ABC_02	10	0.00	407.48	0.00
2005	12	HSFZH01ABC_02	10	0.00	864.51	0.00
2005	12	HSFZQ01ABC_02	10	53.30	474.02	0.00
2006	1	HSFFZ01ABC_02	10	0.00	241.34	0.00
2006	1	HSFZH01ABC_02	10	0.00	756.04	0.00
2006	1	HSFZQ01ABC_02	10	8.50	227.45	0.00
2006	2	HSFFZ01ABC_02	10	50.39	1 228.48	0.00
2006	2	HSFZH01ABC_02	10	13.23	999.14	0.00
2006	2	HSFZQ01ABC_02	10	0.00	786.32	0.00
2006	3	HSFFZ01ABC_02	10	0.00	813.07	0.00
2006	3	HSFZH01ABC_02	10	0.00	520.81	0.00
2006	3	HSFZQ01ABC_02	10	0.00	238.90	0.00
2006	4	HSFFZ01ABC_02	10	0.00	224.62	0.00
2006	4	HSFZH01ABC_02	10	0.00	402.51	0.00
2006	4	HSFZQ01ABC_02	10	0.00	258.08	0.00
2006	5	HSFFZ01ABC_02	10	8.66	138.30	0.00
2006	5	HSFZH01ABC_02	10	11.95	1 093.29	0.00
2006	5	HSFZQ01ABC_02	10	0.00	475.17	0.00
2006	6	HSFFZ01ABC_02	10	0.00	124.50	0.00
2006	6	HSFZH01ABC_02	10	0.00	1 036.00	0.00
2006	6	HSFZQ01ABC_02	10	0.00	477.00	0.00
2006	7	HSFFZ01ABC_02	10	0.00	268.00	0.00
2006	7	HSFZH01ABC_02	10	4.58	2 645.00	0.00
2006	7	HSFZQ01ABC_02	10	0.00	750.40	0.00
2006	8	HSFFZ01ABC_02	10	107.28	974.47	0.00
2006	8	HSFZH01ABC_02	10	272.50	1 743.09	0.00
2006	8	HSFZQ01ABC_02	10	25.19	1 436.23	0.00
2006	9	HSFFZ01ABC_02	10	0.00	436.80	0.00
2006	9	HSFZH01ABC_02	10	0.00	534.82	0.00
2006	9	HSFZQ01ABC_02	10	0.00	396.54	0.00
2006	10	HSFFZ01ABC_02	10	0.00	291.40	0.00
2006	10	HSFZH01ABC_02	10	0.00	673.51	0.00

（续）

年	月	样地代码	样方面积/m²	枯枝干重/(g/样方)	枯叶干重/(g/样方)	落果（花）干重/(g/样方)
2006	10	HSFZQ01ABC_02	10	0.00	303.53	0.00
2006	11	HSFFZ01ABC_02	10	0.00	280.59	0.00
2006	11	HSFZH01ABC_02	10	0.00	654.80	0.00
2006	11	HSFZQ01ABC_02	10	4.51	334.76	0.00
2006	12	HSFFZ01ABC_02	10	7.44	208.07	0.00
2006	12	HSFZH01ABC_02	10	0.00	380.34	0.00
2006	12	HSFZQ01ABC_02	10	0.00	252.52	0.00
2007	1	HSFFZ01ABC_02	10	0.00	241.34	0.00
2007	1	HSFZH01ABC_02	10	0.00	756.04	0.00
2007	1	HSFZQ01ABC_02	10	8.50	227.45	0.00
2007	2	HSFFZ01ABC_02	10	41.64	561.10	0.00
2007	2	HSFZH01ABC_02	10	4.37	640.11	0.00
2007	2	HSFZQ01ABC_02	10	0.00	130.01	0.00
2007	3	HSFFZ01ABC_02	10	31.99	446.92	0.00
2007	3	HSFZH01ABC_02	10	16.00	528.02	0.00
2007	3	HSFZQ01ABC_02	10	0.00	221.91	0.00
2007	4	HSFFZ01ABC_02	10	48.09	1 024.40	0.00
2007	4	HSFZH01ABC_02	10	28.47	1 050.51	0.00
2007	4	HSFZQ01ABC_02	10	0.00	624.50	0.00
2007	5	HSFFZ01ABC_02	10	0.00	297.57	0.00
2007	5	HSFZH01ABC_02	10	0.00	436.23	0.00
2007	5	HSFZQ01ABC_02	10	0.00	271.13	0.00
2007	6	HSFFZ01ABC_02	10	65.42	243.79	0.00
2007	6	HSFZH01ABC_02	10	19.20	1 305.05	0.00
2007	6	HSFZQ01ABC_02	10	0.00	662.36	0.00
2007	7	HSFFZ01ABC_02	10	4.85	182.68	0.00
2007	7	HSFZH01ABC_02	10	0.00	839.77	0.00
2007	7	HSFZQ01ABC_02	10	0.00	453.82	0.00
2007	8	HSFFZ01ABC_02	10	43.53	235.75	0.00
2007	8	HSFZH01ABC_02	10	22.22	1 318.21	0.00
2007	8	HSFZQ01ABC_02	10	25.53	754.50	0.00
2007	9	HSFFZ01ABC_02	10	0.00	431.73	0.00

（续）

年	月	样地代码	样方面积/m²	枯枝干重/（g/样方）	枯叶干重/（g/样方）	落果（花）干重/（g/样方）
2007	9	HSFZH01ABC_02	10	44.32	590.60	0.00
2007	9	HSFZQ01ABC_02	10	31.22	401.22	0.00
2007	10	HSFFZ01ABC_02	10	0.00	411.62	0.00
2007	10	HSFZH01ABC_02	10	0.00	872.00	0.00
2007	10	HSFZQ01ABC_02	10	0.00	538.76	0.00
2007	11	HSFFZ01ABC_02	10	31.50	376.16	0.00
2007	11	HSFZH01ABC_02	10	13.37	747.66	0.00
2007	11	HSFZQ01ABC_02	10	0.00	336.41	0.00
2007	12	HSFFZ01ABC_02	10	0.00	607.04	0.00
2007	12	HSFZH01ABC_02	10	0.00	1 527.94	0.00
2007	12	HSFZQ01ABC_02	10	82.23	597.27	0.00
2008	1	HSFFZ01ABC_02	10	57.36	285.89	0.00
2008	1	HSFZH01ABC_02	10	40.82	621.20	0.00
2008	1	HSFZQ01ABC_02	10	0.00	248.95	0.00
2008	2	HSFFZ01ABC_02	10	0.00	381.98	0.00
2008	2	HSFZH01ABC_02	10	81.22	570.90	0.00
2008	2	HSFZQ01ABC_02	10	28.47	233.93	0.00
2008	3	HSFFZ01ABC_02	10	0.00	404.43	0.00
2008	3	HSFZH01ABC_02	10	23.48	611.51	0.00
2008	3	HSFZQ01ABC_02	10	52.33	286.54	0.00
2008	4	HSFFZ01ABC_02	10	65.71	524.59	0.00
2008	4	HSFZH01ABC_02	10	71.76	748.09	0.00
2008	4	HSFZQ01ABC_02	10	44.01	521.99	0.00
2008	5	HSFFZ01ABC_02	10	68.28	983.29	0.00
2008	5	HSFZH01ABC_02	10	75.38	1 543.03	0.00
2008	5	HSFZQ01ABC_02	10	0.00	316.04	0.00
2008	6	HSFFZ01ABC_02	10	15.91	133.42	0.00
2008	6	HSFZH01ABC_02	10	0.00	461.67	0.00
2008	6	HSFZQ01ABC_02	10	44.03	208.43	0 0.0
2008	7	HSFFZ01ABC_02	10	0.00	127.66	0 0.0
2008	7	HSFZH01ABC_02	10	0.00	467.68	0 0.0
2008	7	HSFZQ01ABC_02	10	0.00	328.12	0 0.0

（续）

年	月	样地代码	样方面积/m²	枯枝干重/(g/样方)	枯叶干重/(g/样方)	落果（花）干重/(g/样方)
2008	8	HSFFZ01ABC _ 02	10	84.54	546.04	0 0.0
2008	8	HSFZH01ABC _ 02	10	204.48	929.57	0 0.0
2008	8	HSFZQ01ABC _ 02	10	34.42	1 138.36	0 0.0
2008	9	HSFFZ01ABC _ 02	10	16.23	785.00	0 0.0
2008	9	HSFZH01ABC _ 02	10	167.64	999.74	0 0.0
2008	9	HSFZQ01ABC _ 02	10	20.03	637.26	0 0.0
2008	10	HSFFZ01ABC _ 02	10	0.00	441.93	0 0.0
2008	10	HSFZH01ABC _ 02	10	68.69	654.01	0 0.0
2008	10	HSFZQ01ABC _ 02	10	0.00	215.25	0 0.0
2008	11	HSFFZ01ABC _ 02	10	0.00	188.83	0 0.0
2008	11	HSFZH01ABC _ 02	10	0.00	531.70	0 0.0
2008	11	HSFZQ01ABC _ 02	10	0.00	188.45	0 0.0
2008	12	HSFFZ01ABC _ 02	10	0.00	283.17	0 0.0
2008	12	HSFZH01ABC _ 02	10	0.00	916.66	0 0.0
2008	12	HSFZQ01ABC _ 02	10	0.00	242.79	0 0.0
2009	1	HSFFZ01ABC _ 02	10	0.00	216.12	0 0.0
2009	1	HSFZH01ABC _ 02	10	40.50	485.34	0 0.0
2009	1	HSFZQ01ABC _ 02	10	0.00	179.51	0 0.0
2009	2	HSFFZ01ABC _ 02	10	0.00	294.19	0 0.0
2009	2	HSFZH01ABC _ 02	10	0.00	577.18	0 0.0
2009	2	HSFZQ01ABC _ 02	10	0.00	191.99	0 0.0
2009	3	HSFFZ01ABC _ 02	10	0.00	233.59	0 0.0
2009	3	HSFZH01ABC _ 02	10	0.00	721.03	0 0.0
2009	3	HSFZQ01ABC _ 02	10	0.00	223.53	0 0.0
2009	4	HSFFZ01ABC _ 02	10	0.00	225.67	0 0.0
2009	4	HSFZH01ABC _ 02	10	68.50	1 175.10	0 0.0
2009	4	HSFZQ01ABC _ 02	10	37.50	397.19	0 0.0
2009	5	HSFFZ01ABC _ 02	10	0.00	348.57	0 0.0
2009	5	HSFZH01ABC _ 02	10	0.00	176.57	0 0.0
2009	5	HSFZQ01ABC _ 02	10	0.00	175.53	0 0.0
2009	6	HSFFZ01ABC _ 02	10	0.00	181.63	0 0.0
2009	6	HSFZH01ABC _ 02	10	0.00	248.02	0 0.0

（续）

年	月	样地代码	样方面积/m²	枯枝干重/ （g/样方）	枯叶干重/ （g/样方）	落果（花）干重/ （g/样方）
2009	6	HSFZQ01ABC_02	10	0.00	142.64	0 0.0
2009	7	HSFFZ01ABC_02	10	0.00	686.50	0 0.0
2009	7	HSFZH01ABC_02	10	0.00	632.26	0 0.0
2009	7	HSFZQ01ABC_02	10	65.50	213.55	0 0.0
2009	8	HSFFZ01ABC_02	10	0.00	686.51	0 0.0
2009	8	HSFZH01ABC_02	10	0.00	1 764.60	0 0.0
2009	8	HSFZQ01ABC_02	10	0.00	764.99	0.00
2009	9	HSFFZ01ABC_02	10	90.50	892.33	0.00
2009	9	HSFZH01ABC_02	10	223.20	1 143.51	0.00
2009	9	HSFZQ01ABC_02	10	0.00	483.17	0.00
2009	10	HSFFZ01ABC_02	10	214.30	776.79	0.00
2009	10	HSFZH01ABC_02	10	1 509.06	947.55	0.00
2009	10	HSFZQ01ABC_02	10	48.70	441.17	0.00
2009	11	HSFFZ01ABC_02	10	0.00	311.87	0.00
2009	11	HSFZH01ABC_02	10	63.40	562.95	0.00
2009	11	HSFZQ01ABC_02	10	0.00	391.91	0.00
2009	12	HSFFZ01ABC_02	10	0.00	314.60	0.00
2009	12	HSFZH01ABC_02	10	49.60	705.10	0.00
2009	12	HSFZQ01ABC_02	10	0.00	283.97	0.00
2010	1	HSFFZ01ABC_02	10	0.00	203.07	0.00
2010	1	HSFZH01ABC_02	10	0.00	257.97	0.00
2010	1	HSFZQ01ABC_02	10	0.00	169.73	0.00
2010	2	HSFFZ01ABC_02	10	0.00	193.33	0.00
2010	2	HSFZH01ABC_02	10	59.60	324.45	0.00
2010	2	HSFZQ01ABC_02	10	0.00	180.66	0.00
2010	3	HSFFZ01ABC_02	10	0.00	726.12	0.00
2010	3	HSFZH01ABC_02	10	0.00	716.53	0.00
2010	3	HSFZQ01ABC_02	10	0.00	250.01	0.00
2010	4	HSFFZ01ABC_02	10	0.00	326.29	0.00
2010	4	HSFZH01ABC_02	10	0.00	468.10	0.00
2010	4	HSFZQ01ABC_02	10	0.00	223.79	0.00
2010	5	HSFFZ01ABC_02	10	39.50	164.50	0.00

（续）

年	月	样地代码	样方面积/m²	枯枝干重/ （g/样方）	枯叶干重/ （g/样方）	落果（花）干重/ （g/样方）
2010	5	HSFZH01ABC_02	10	0.00	509.48	0.00
2010	5	HSFZQ01ABC_02	10	0.00	198.74	0.00
2010	6	HSFFZ01ABC_02	10	0.00	140.55	0.00
2010	6	HSFZH01ABC_02	10	0.00	580.06	0.00
2010	6	HSFZQ01ABC_02	10	0.00	214.24	0.00
2010	7	HSFFZ01ABC_02	10	0.00	699.91	0.00
2010	7	HSFZH01ABC_02	10	92.50	661.88	0.00
2010	7	HSFZQ01ABC_02	10	0.00	202.88	0.00
2010	8	HSFFZ01ABC_02	10	66.20	725.97	0.00
2010	8	HSFZH01ABC_02	10	0.00	1 003.61	0.00
2010	8	HSFZQ01ABC_02	10	35.70	185.08	0.00
2010	9	HSFFZ01ABC_02	10	0.00	1 635.23	0.00
2010	9	HSFZH01ABC_02	10	0.00	1 028.98	0.00
2010	9	HSFZQ01ABC_02	10	0.00	208.78	0.00
2010	10	HSFFZ01ABC_02	10	147.10	652.71	0.00
2010	10	HSFZH01ABC_02	10	28.40	763.93	0.00
2010	10	HSFZQ01ABC_02	10	71.90	403.00	0.00
2010	11	HSFFZ01ABC_02	10	0.00	204.79	0.00
2010	11	HSFZH01ABC_02	10	0.00	1 041.99	0.00
2010	11	HSFZQ01ABC_02	10	0.00	355.93	0.00
2010	12	HSFFZ01ABC_02	10	0.00	209.93	0.00
2010	12	HSFZH01ABC_02	10	94.20	465.72	0.00
2010	12	HSFZQ01ABC_02	10	22.40	155.71	0.00
2011	1	HSFFZ01ABC_02	10	0.00	235.27	0.00
2011	1	HSFZH01ABC_02	10	65.00	609.84	0.00
2011	1	HSFZQ01ABC_02	10	0.00	201.27	0.00
2011	2	HSFFZ01ABC_02	10	0.00	282.25	0.00
2011	2	HSFZH01ABC_02	10	64.50	515.70	0.00
2011	2	HSFZQ01ABC_02	10	0.00	211.22	0.00
2011	3	HSFFZ01ABC_02	10	0.00	820.11	0.00
2011	3	HSFZH01ABC_02	10	0.00	687.82	0.00
2011	3	HSFZQ01ABC_02	10	0.00	216.72	0.00

（续）

年	月	样地代码	样方面积/m²	枯枝干重/(g/样方)	枯叶干重/(g/样方)	落果（花）干重/(g/样方)
2011	4	HSFFZ01ABC＿02	10	55.20	792.89	0.00
2011	4	HSFZH01ABC＿02	10	31.00	1 014.48	0.00
2011	4	HSFZQ01ABC＿02	10	21.10	313.59	0.00
2011	5	HSFFZ01ABC＿02	10	78.50	1 309.97	0.00
2011	5	HSFZH01ABC＿02	10	46.80	1 530.42	0.00
2011	5	HSFZQ01ABC＿02	10	0.00	304.70	0.00
2011	6	HSFFZ01ABC＿02	10	0.00	180.87	0.00
2011	6	HSFZH01ABC＿02	10	0.00	926.99	0.00
2011	6	HSFZQ01ABC＿02	10	0.00	229.41	0.00
2011	7	HSFFZ01ABC＿02	10	0.00	169.90	0.00
2011	7	HSFZH01ABC＿02	10	0.00	737.09	0.00
2011	7	HSFZQ01ABC＿02	10	0.00	314.41	0.00
2011	8	HSFFZ01ABC＿02	10	0.00	203.50	0.00
2011	8	HSFZH01ABC＿02	10	0.00	1 417.44	0.00
2011	8	HSFZQ01ABC＿02	10	0.00	177.88	0.00
2011	9	HSFFZ01ABC＿02	10	0.00	468.07	0.00
2011	9	HSFZH01ABC＿02	10	0.00	601.91	0.00
2011	9	HSFZQ01ABC＿02	10	0.00	345.61	0.00
2011	10	HSFFZ01ABC＿02	10	0.00	746.10	0.00
2011	10	HSFZH01ABC＿02	10	0.00	1 077.67	0.00
2011	10	HSFZQ01ABC＿02	10	0.00	451.62	0.00
2011	11	HSFFZ01ABC＿02	10	48.00	298.80	0.00
2011	11	HSFZH01ABC＿02	10	0.00	608.05	0.00
2011	11	HSFZQ01ABC＿02	10	13.50	178.38	0.00
2011	12	HSFFZ01ABC＿02	10	0.00	478.88	0.00
2011	12	HSFZH01ABC＿02	10	67.00	1 084.72	0.00
2011	12	HSFZQ01ABC＿02	10	27.20	325.33	0.00
2012	1	HSFFZ01ABC＿02	10	0.00	211.18	0.00
2012	1	HSFZH01ABC＿02	10	24.40	385.02	0.00
2012	1	HSFZQ01ABC＿02	10	34.20	162.50	0.00
2012	2	HSFFZ01ABC＿02	10	0.00	311.36	0.00
2012	2	HSFZH01ABC＿02	10	0.00	314.06	0.00

（续）

年	月	样地代码	样方面积/m²	枯枝干重/ (g/样方)	枯叶干重/ (g/样方)	落果（花）干重/ (g/样方)
2012	2	HSFZQ01ABC_02	10	0.00	80.95	0.00
2012	3	HSFFZ01ABC_02	10	6.62	1 762.37	104.22
2012	3	HSFZH01ABC_02	10	14.82	567.19	5.13
2012	3	HSFZQ01ABC_02	10	76.04	206.26	22.68
2012	4	HSFFZ01ABC_02	10	44.34	823.43	139.17
2012	4	HSFZH01ABC_02	10	197.18	477.20	0.00
2012	4	HSFZQ01ABC_02	10	15.61	256.45	73.15
2012	5	HSFFZ01ABC_02	10	51.80	204.85	419.71
2012	5	HSFZH01ABC_02	10	34.57	543.85	0.00
2012	5	HSFZQ01ABC_02	10	21.04	143.14	39.65
2012	6	HSFFZ01ABC_02	10	12.42	288.20	0.00
2012	6	HSFZH01ABC_02	10	48.70	857.66	0.00
2012	6	HSFZQ01ABC_02	10	9.55	247.08	0.00
2012	7	HSFFZ01ABC_02	10	218.00	716.01	0.00
2012	7	HSFZH01ABC_02	10	208.40	1 665.30	0.00
2012	7	HSFZQ01ABC_02	10	34.92	1 135.08	0.00
2012	8	HSFFZ01ABC_02	10	40.60	776.09	0.00
2012	8	HSFZH01ABC_02	10	8.14	854.95	0.00
2012	8	HSFZQ01ABC_02	10	0.00	492.32	0.00
2012	9	HSFFZ01ABC_02	10	1.50	694.08	7.70
2012	9	HSFZH01ABC_02	10	14.04	838.98	0.00
2012	9	HSFZQ01ABC_02	10	5.10	405.79	0.00
2012	10	HSFFZ01ABC_02	10	1.28	413.26	0.00
2012	10	HSFZH01ABC_02	10	5.58	851.74	0.00
2012	10	HSFZQ01ABC_02	10	5.89	242.25	0.00
2012	11	HSFFZ01ABC_02	10	15.34	424.03	0.00
2012	11	HSFZH01ABC_02	10	20.74	614.23	0.00
2012	11	HSFZQ01ABC_02	10	13.94	273.37	0.00
2012	12	HSFFZ01ABC_02	10	23.55	263.22	13.92
2012	12	HSFZH01ABC_02	10	43.49	605.83	0.00
2012	12	HSFZQ01ABC_02	10	23.49	229.73	0.00
2013	1	HSFFZ01ABC_02	10	0.60	208.88	46.61

（续）

年	月	样地代码	样方面积/m²	枯枝干重/ (g/样方)	枯叶干重/ (g/样方)	落果（花）干重/ (g/样方)
2013	1	HSFZH01ABC_02	10	3.20	527.18	0.00
2013	1	HSFZQ01ABC_02	10	0.00	88.97	0.00
2013	2	HSFFZ01ABC_02	10	0.80	742.39	31.61
2013	2	HSFZH01ABC_02	10	3.00	394.12	0.00
2013	2	HSFZQ01ABC_02	10	1.60	133.16	38.19
2013	3	HSFFZ01ABC_02	10	9.42	1 814.33	0.00
2013	3	HSFZH01ABC_02	10	14.17	394.39	0.00
2013	3	HSFZQ01ABC_02	10	0.90	337.73	63.99
2013	4	HSFFZ01ABC_02	10	20.75	227.66	108.13
2013	4	HSFZH01ABC_02	10	30.39	419.28	0.00
2013	4	HSFZQ01ABC_02	10	0.00	116.49	9.50
2013	5	HSFFZ01ABC_02	10	0.00	199.48	205.69
2013	5	HSFZH01ABC_02	10	59.11	458.52	0.00
2013	5	HSFZQ01ABC_02	10	4.20	106.86	0.00
2013	6	HSFFZ01ABC_02	10	83.21	229.17	0.00
2013	6	HSFZH01ABC_02	10	53.96	691.79	30.02
2013	6	HSFZQ01ABC_02	10	4.10	220.28	20.30
2013	7	HSFFZ01ABC_02	10	44.05	326.48	0.00
2013	7	HSFZH01ABC_02	10	76.65	808.11	0.90
2013	7	HSFZQ01ABC_02	10	0.00	263.86	0.00
2013	8	HSFFZ01ABC_02	10	302.74	744.34	0.00
2013	8	HSFZH01ABC_02	10	247.66	1 197.35	1.50
2013	8	HSFZQ01ABC_02	10	116.49	600.69	16.20
2013	9	HSFFZ01ABC_02	10	10.23	588.80	0.00
2013	9	HSFZH01ABC_02	10	7.79	1 291.54	0.00
2013	9	HSFZQ01ABC_02	10	24.37	537.07	0.00
2013	10	HSFFZ01ABC_02	10	14.96	391.44	43.40
2013	10	HSFZH01ABC_02	10	10.09	1 203.99	0.00
2013	10	HSFZQ01ABC_02	10	5.45	298.47	3.70
2013	11	HSFFZ01ABC_02	10	52.40	505.91	156.83
2013	11	HSFZH01ABC_02	10	15.41	734.10	0.00
2013	11	HSFZQ01ABC_02	10	26.04	335.91	2.90

（续）

年	月	样地代码	样方面积/m²	枯枝干重/(g/样方)	枯叶干重/(g/样方)	落果（花）干重/(g/样方)
2013	12	HSFFZ01ABC_02	10	7.90	170.43	91.34
2013	12	HSFZH01ABC_02	10	32.20	286.30	0.00
2013	12	HSFZQ01ABC_02	10	13.15	225.85	0.00
2014	1	HSFFZ01ABC_02	10	14.22	307.17	63.89
2014	1	HSFZH01ABC_02	10	0.30	447.99	0.00
2014	1	HSFZQ01ABC_02	10	0.70	248.13	0.00
2014	2	HSFFZ01ABC_02	10	1.60	1 082.77	0.00
2014	2	HSFZH01ABC_02	10	1.70	642.63	0.00
2014	2	HSFZQ01ABC_02	10	3.90	290.32	49.61
2014	3	HSFFZ01ABC_02	10	7.04	1 333.32	0.00
2014	3	HSFZH01ABC_02	10	48.66	687.03	0.00
2014	3	HSFZQ01ABC_02	10	5.75	263.84	52.92
2014	4	HSFFZ01ABC_02	10	5.45	578.91	0.00
2014	4	HSFZH01ABC_02	10	22.37	448.98	0.00
2014	4	HSFZQ01ABC_02	10	0.00	105.99	0.00
2014	5	HSFFZ01ABC_02	10	54.25	236.30	356.80
2014	5	HSFZH01ABC_02	10	113.23	550.24	0.00
2014	5	HSFZQ01ABC_02	10	7.71	99.61	0.00
2014	6	HSFFZ01ABC_02	10	91.05	292.50	0.00
2014	6	HSFZH01ABC_02	10	136.31	1 190.16	0.00
2014	6	HSFZQ01ABC_02	10	36.60	177.65	0.00
2014	7	HSFFZ01ABC_02	10	124.37	397.73	0.00
2014	7	HSFZH01ABC_02	10	98.63	880.57	0.00
2014	7	HSFZQ01ABC_02	10	5.95	409.05	0.00
2014	8	HSFFZ01ABC_02	10	34.33	734.80	0.00
2014	8	HSFZH01ABC_02	10	18.94	1 016.59	0.00
2014	8	HSFZQ01ABC_02	10	0.00	507.34	0.00
2014	9	HSFFZ01ABC_02	10	270.10	1 159.75	0.00
2014	9	HSFZH01ABC_02	10	189.03	703.30	0.00
2014	9	HSFZQ01ABC_02	10	25.74	720.42	0.00
2014	10	HSFFZ01ABC_02	10	9.34	1 135.05	0.00
2014	10	HSFZH01ABC_02	10	1 342.74	1 305.96	0.00

（续）

年	月	样地代码	样方面积/m²	枯枝干重/ （g/样方）	枯叶干重/ （g/样方）	落果（花）干重/ （g/样方）
2014	10	HSFZQ01ABC_02	10	12.80	555.11	0.00
2014	11	HSFFZ01ABC_02	10	9.43	644.90	47.18
2014	11	HSFZH01ABC_02	10	0.00	484.45	0.00
2014	11	HSFZQ01ABC_02	10	4.87	331.61	0.00
2014	12	HSFFZ01ABC_02	10	0.90	235.26	0.00
2014	12	HSFZH01ABC_02	10	25.76	463.46	0.00
2014	12	HSFZQ01ABC_02	10	19.27	406.23	14.00
2015	1	HSFFZ01ABC_02	10	2.53	231.36	0.00
2015	1	HSFZH01ABC_02	10	0.00	357.82	0.00
2015	1	HSFZQ01ABC_02	10	50.17	183.54	0.00
2015	2	HSFFZ01ABC_02	10	2.64	607.02	0.00
2015	2	HSFZH01ABC_02	10	1.79	319.11	0.00
2015	2	HSFZQ01ABC_02	10	0.00	157.23	23.94
2015	3	HSFFZ01ABC_02	10	14.06	753.26	0.00
2015	3	HSFZH01ABC_02	10	26.98	248.98	0.00
2015	3	HSFZQ01ABC_02	10	0.00	192.69	23.97
2015	4	HSFFZ01ABC_02	10	18.87	418.02	12.30
2015	4	HSFZH01ABC_02	10	29.16	349.08	0.00
2015	4	HSFZQ01ABC_02	10	0.00	239.18	0.00
2015	5	HSFFZ01ABC_02	10	15.67	218.42	13.20
2015	5	HSFZH01ABC_02	10	20.19	471.45	0.00
2015	5	HSFZQ01ABC_02	10	0.00	177.64	0.00
2015	6	HSFFZ01ABC_02	10	15.41	237.98	0.00
2015	6	HSFZH01ABC_02	10	70.03	793.36	0.00
2015	6	HSFZQ01ABC_02	10	0.00	151.72	0.00
2015	7	HSFFZ01ABC_02	10	58.14	364.29	0.00
2015	7	HSFZH01ABC_02	10	42.44	1 067.05	53.80
2015	7	HSFZQ01ABC_02	10	28.61	459.45	0.00
2015	8	HSFFZ01ABC_02	10	16.43	649.98	0.00
2015	8	HSFZH01ABC_02	10	2.00	1 313.80	1.80
2015	8	HSFZQ01ABC_02	10	0.00	451.14	3.40
2015	9	HSFFZ01ABC_02	10	14.11	753.16	0.00

（续）

年	月	样地代码	样方面积/m²	枯枝干重/(g/样方)	枯叶干重/(g/样方)	落果（花）干重/(g/样方)
2015	9	HSFZH01ABC_02	10	15.38	1 071.90	0.00
2015	9	HSFZQ01ABC_02	10	0.00	458.71	0.00
2015	10	HSFFZ01ABC_02	10	215.46	685.53	24.42
2015	10	HSFZH01ABC_02	10	181.86	797.64	0.00
2015	10	HSFZQ01ABC_02	10	0.00	697.37	0.00
2015	11	HSFFZ01ABC_02	10	6.62	718.20	28.58
2015	11	HSFZH01ABC_02	10	17.15	685.38	0.00
2015	11	HSFZQ01ABC_02	10	6.50	491.85	0.00
2015	12	HSFFZ01ABC_02	10	17.00	215.48	107.23
2015	12	HSFZH01ABC_02	10	7.30	479.15	0.00
2015	12	HSFZQ01ABC_02	10	10.10	279.37	4.30

3.1.11　凋落物现存量数据集

3.1.11.1　概述

本数据集收录了鹤山站 2005—2015 年 11 年定点定位观测不同类型的人工林凋落物现存量调查数据，包括观测年份、观测样地、样方面积、枯枝干重、枯叶干重、落果（花）干重和树皮干重，样方面积单位为 m²，凋落物现存量干重单位为 g/样方。数据产生的长期观测样地为鹤山站马占相思林综合观测场破坏性采样地（HSFZH01ABC_02）、鹤山站乡土林辅助观测场破坏性采样地（HSFFZ01ABC_02）、鹤山站针叶林站区调查点破坏性采样地（HSFZQ01ABC_02）。

调查和数据采集频度按中国生态系统研究网络（CERN）长期监测规范丛书《陆地生态系统生物观测指标与规范》要求进行，观测频率为每年 1 次。

3.1.11.2　数据采集和处理方法

凋落物现存量调查所选取的采集点需在凋落物回收量调查样方框附近，在地面上划取 1 m×1 m 小样方，分器官收集称取总鲜重，再分器官采集部分样品用于烘干称重，测定含水量，计算凋落物现存量。监测样方数一般不小于 10 个。

3.1.11.3　数据质量控制和评估

数据质量控制和评估参照第 3 章 3.1.10.3。

3.1.11.4　数据价值/数据使用方法和建议

数据价值和使用方法参照第 3 章 3.1.10.4。

3.1.11.5　数据

数据见表 3-18。

表 3-18　鹤山站凋落物现存量

年	月	样地代码	样方面积/m²	枯枝干重/(g/样方)	枯叶干重/(g/样方)	落果（花）干重/(g/样方)	树皮干重/(g/样方)
2005	7	HSFZH01ABC_02	2.5	233.04	3 149.44	0	0

（续）

年	月	样地代码	样方面积/m²	枯枝干重/ （g/样方）	枯叶干重/ （g/样方）	落果（花）干重/ （g/样方）	树皮干重/ （g/样方）
2005	7	HSFFZ01ABC_02	2.5	302.91	950.91	0	0
2005	7	HSFZQ01ABC_02	2.5	317.29	3 133.8	0	0
2006	7	HSFZH01ABC_02	10	1 930.66	8 712.89	0	0
2006	7	HSFFZ01ABC_02	10	1 683.36	9 841.61	0	0
2006	7	HSFZQ01ABC_02	10	2 556.49	6 469.69	0	0
2007	8	HSFZH01ABC_02	10	1 800.61	11 244.36	0	0
2007	8	HSFFZ01ABC_02	10	1 978	8 766.61	0	0
2007	8	HSFZQ01ABC_02	10	2 614.21	7 406.86	44.7	84.5
2008	5	HSFZH01ABC_02	10	2 980.43	12 472.27	0	0
2008	5	HSFFZ01ABC_02	10	1 799.96	4 935.91	0	0
2008	5	HSFZQ01ABC_02	10	1 097.82	4 358.28	0	0
2009	6	HSFZH01ABC_02	10	2 157.73	5 648.01	0	0
2009	6	HSFFZ01ABC_02	10	1 365.23	3 018.9	0	0
2009	6	HSFZQ01ABC_02	10	1 773.55	2 138.66	0	0
2010	7	HSFZH01ABC_02	10	1 957.47	4 572.06	0	0
2010	7	HSFFZ01ABC_02	10	1 195.28	1 852.5	0	0
2010	7	HSFZQ01ABC_02	10	1 799.22	936.48	0	295.13
2011	8	HSFZH01ABC_02	10	1 159.26	7 169.95	0	0
2011	8	HSFFZ01ABC_02	10	1 187.66	2 063.75	0	0
2011	8	HSFZQ01ABC_02	10	1 307.39	1 576.16	0	0
2012	10	HSFZH01ABC_02	10	2 725.04	4 592.11	0	0
2012	10	HSFFZ01ABC_02	10	1 406.75	1 837.88	0	0
2012	10	HSFZQ01ABC_02	10	964.67	1 137.44	0	0
2013	10	HSFZH01ABC_02	10	1 119.83	3 502.73	0	0
2013	10	HSFZQ01ABC_02	10	852.33	890.99	0	0
2013	10	HSFFZ01ABC_02	10	2 012.41	1 429.8	0	0
2014	10	HSFFZ01ABC_02	10	1 425.69	2 752.33	0	0
2014	10	HSFZH01ABC_02	10	1 949.79	4 348.18	0	0
2014	10	HSFZQ01ABC_02	10	956.88	1 673.69	0	0
2015	10	HSFZH01ABC_02	10	506.87	2 680.95	0	0
2015	10	HSFFZ01ABC_02	10	402.89	1 371.94	0	0
2015	10	HSFZQ01ABC_02	10	300.36	1 230.12	0	0

3.1.12　元素含量与能值数据集

3.1.12.1　概述

本数据集收录了鹤山站 2005—2015 年乔木、灌木、草本及凋落物等 4 部分的优势植物元素含量与能值测定数据，数据包括观测年份、观测样地代码、植物种名、采样部位及各项指标的平均值、重复数与标准差，测定指标包括全碳、全氮、全磷、全钾、全硫、全钙、全镁、干重热值和灰分，元素含量单位为 g/kg，干重热值单位为 MJ/kg，灰分单位为％。进行调查和数据收集的长期观测样地包括鹤山站马占相思林综合观测场破坏性采样地（HSFZH01ABC_02）、鹤山站乡土林辅助观测场破坏性采样地（HSFFZ01ABC_02）、鹤山站针叶林站区调查点破坏性采样地（HSFZQ01ABC_02）。

调查和数据采集频度按中国生态系统研究网络（CERN）长期监测规范丛书《陆地生态系统生物观测指标与规范》要求进行，数据采集频率为每 5 年 1 次（实际按年份尾数为 0、5 的年份监测）。

3.1.12.2　数据采集和处理方法

野外植物样品采集与制备方式：选取生长成熟、健康、中等的优势种植株进行植物器官的采样，高大乔木植株分树叶、树枝、树干、树皮与树根等器官采集；小乔木植株与灌木分树叶、树枝与树根等器官采集。新鲜样品经过简单清洁、室内杀青与烘干、粗细粉碎、过 100 目筛后进行分析测试。植物样品各指标执行标准和分析方法详见表 3-19。

表 3-19　鹤山站植物样品的元素含量与能值分析方法

项目	符号	方法	参照标准
全碳	C	重铬酸钾-硫酸氧化法	
全氮	N	凯氏法	LY/T 1269—1999
全磷	P	硝酸-高氯酸消煮法	LY/T 1270—1999
全钾	K	硝酸-高氯酸消煮法	LY/T 1270—1999
全硫	S	库仑滴定法	GB/T 214—2007
全钙	Ca	硝酸-高氯酸消煮法	LY/T 1270—1999
全镁	Mg	硝酸-高氯酸消煮法	LY/T 1270—1999
干重热值		氧弹法，使用 Parr 6400 全自动氧弹量热仪测定	
灰分		燃烧法	LY/T 1268—1999

3.1.12.3　数据质量控制和评估

（1）采样人员熟练掌握采样方法和工具，按要求保证所采样品的代表性（采样样株、采集器官部位、样品重复数）。

（2）监测人员与室内分析人员紧密沟通，制订合适的分析方法，确保分析人员有效完成样品各项指标的测定。

（3）及时分析实验数据，检查、筛选异常值，对于明显异常数据进行补充测定。

（4）将所获取的数据与历史数据进行比对，评价数据的正确性、一致性。

（5）分析测试过程加盲样或标样，进行平行测定。

3.1.12.4　数据价值/数据使用方法和建议

植物器官元素循环是生态学研究的热点，是开展生物地球化学循环和植物营养物质元素循环的基础。该数据可为研究生态系统过程和功能提供支撑，为人工林经营管理、生态系统服务功能及可持续发展等诸多方面提供服务。

本数据集原始数据可通过广东鹤山森林生态系统国家野外科学观测研究站（http://hsf.cern.ac.cn/）"资源服务"下的"数据服务"页面申请获取。

3.1.12.5　数据

数据见表 3-20 至表 3-22。

表 3 - 20 鹤山站森林植物群落各层优势植物和凋落物的 C、N、P 元素含量

年份	样地代码	植物种名/凋落物	采样部位	全碳/(g/kg) 平均值	全碳 重复数	全碳 标准差	全氮/(g/kg) 平均值	全氮 重复数	全氮 标准差	全磷/(g/kg) 平均值	全磷 重复数	全磷 标准差
2005	HSFZH01ABC_02	马占相思	树叶	494.38	6	2.33	16.86	6	0.17	1.31	6	0.04
2005	HSFZH01ABC_02	马占相思	树枝	471.66	6	3.62	6.82	6	0.46	0.4	6	0.02
2005	HSFZH01ABC_02	马占相思	树干	470.83	6	1.97	0.93	6	0.05	0.03	6	0.01
2005	HSFZH01ABC_02	马占相思	树皮	483.01	6	3.54	7.56	6	1.09	0.16	6	0.01
2005	HSFZH01ABC_02	马占相思	树根	469.71	6	1.94	4.44	6	1.63	0.11	6	0.04
2005	HSFZH01ABC_02	白花灯笼	树叶	455.7	3	0.57	19.92	3	0.07	1.2	3	0
2005	HSFZH01ABC_02	白花灯笼	树枝	452.6	3	1.56	5.68	3	0.06	0.46	3	0
2005	HSFZH01ABC_02	白花灯笼	树根	448.53	3	0.68	8.79	3	0.2	0.43	3	0.01
2005	HSFZH01ABC_02	秤星树	树叶	484.86	3	1.06	15.28	3	0.4	0.94	3	0.03
2005	HSFZH01ABC_02	秤星树	树枝	465.86	3	1.36	4.12	3	0.08	0.61	3	0
2005	HSFZH01ABC_02	秤星树	树根	446.23	3	0.48	4.49	3	0.13	0.55	3	0
2005	HSFZH01ABC_02	桃金娘	树叶	490.66	3	0.74	7.91	3	0.02	0.67	3	0.01
2005	HSFZH01ABC_02	桃金娘	树枝	469.2	3	1.35	3.81	3	0.06	0.29	3	0.01
2005	HSFZH01ABC_02	桃金娘	树根	466.2	3	0.22	3.42	3	0.02	0.18	3	0
2005	HSFZH01ABC_02	芒萁	地上部分	473.06	3	0.19	4.8	3	0.07	0.31	3	0.03
2005	HSFZH01ABC_02	芒萁	地下部分	424.06	3	1.86	6.06	3	0.12	0.3	3	0
2005	HSFZH01ABC_02	乌毛蕨	地上部分	447.4	3	0.33	8.22	3	0.13	0.67	3	0.01
2005	HSFZH01ABC_02	乌毛蕨	地下部分	456.4	3	0.64	6.44	3	0.07	0.37	3	0
2005	HSFFZ01ABC_02	醉香含笑	树叶	483.86	3	0.83	11.71	3	0.14	0.93	3	0
2005	HSFFZ01ABC_02	醉香含笑	树枝	474.9	3	0.59	4.26	3	0.05	0.47	3	0.01
2005	HSFFZ01ABC_02	醉香含笑	树干	464.03	3	0.62	1.25	3	0.06	0.12	3	0.01
2005	HSFFZ01ABC_02	醉香含笑	树皮	456.03	3	2.7	5.7	3	0.08	0.48	3	0.01

（续）

年份	样地代码	植物种名/群落物	采样部位	全碳/(g/kg)			全氮/(g/kg)			全磷/(g/kg)		
				平均值	重复数	标准差	平均值	重复数	标准差	平均值	重复数	标准差
2005	HSFFZ01ABC_02	醉香含笑	树根	461.7	3	0.57	3.94	3	0.02	0.34	3	0.01
2005	HSFFZ01ABC_02	木荷	树叶	488.63	3	0.05	12.4	3	0.11	0.75	3	0.02
2005	HSFFZ01ABC_02	木荷	树枝	471.43	3	0.78	2.79	3	0.03	0.11	3	0.01
2005	HSFFZ01ABC_02	木荷	树干	471.2	3	0.65	1.27	3	0.01	0.04	3	0.01
2005	HSFFZ01ABC_02	木荷	树皮	469.43	3	0.12	4.71	3	0.07	0.25	3	0.02
2005	HSFFZ01ABC_02	木荷	树根	465.93	3	1.07	3.29	3	0.1	0.18	3	0.01
2005	HSFFZ01ABC_02	西南木荷	树叶	471.13	3	0.9	11.99	3	0.19	0.78	3	0.02
2005	HSFFZ01ABC_02	西南木荷	树枝	466.23	3	0.57	3.36	3	0.02	0.27	3	0.01
2005	HSFFZ01ABC_02	西南木荷	树干	469.73	3	0.29	1.18	3	0.03	0.1	3	0
2005	HSFFZ01ABC_02	西南木荷	树皮	480.53	3	0.41	2.94	3	0.05	0.25	3	0.01
2005	HSFFZ01ABC_02	西南木荷	树根	464.4	3	0.67	2.74	3	0.04	0.15	3	0.01
2005	HSFFZ01ABC_02	红锥	树叶	473	3	0.8	13.24	3	0.07	0.88	3	0.02
2005	HSFFZ01ABC_02	红锥	树枝	475.26	3	0.5	4.48	3	0.11	0.26	3	0.01
2005	HSFFZ01ABC_02	红锥	树干	471.4	3	0.86	1.72	3	0.07	0.07	3	0.01
2005	HSFFZ01ABC_02	红锥	树皮	457.76	3	0.09	4.56	3	0.01	0.3	3	0
2005	HSFFZ01ABC_02	红锥	树根	455.73	3	1.55	3.69	3	0.22	0.18	3	0.03
2005	HSFFZ01ABC_02	阴香	树叶	482.1	3	1.18	18.3	3	0.13	1.39	3	0.01
2005	HSFFZ01ABC_02	阴香	树枝	471.66	3	0.82	4.18	3	0.07	0.28	3	0.01
2005	HSFFZ01ABC_02	阴香	树干	475.43	3	1.43	2.15	3	0.03	0.19	3	0
2005	HSFFZ01ABC_02	阴香	树皮	470.63	3	0.46	4.21	3	0.06	0.37	3	0.02
2005	HSFFZ01ABC_02	阴香	树根	474.8	3	0.83	5.25	3	0.13	0.35	3	0

（续）

年份	样地代码	植物种名/凋落物	采样部位	全碳/（g/kg）			全氮/（g/kg）			全磷/（g/kg）		
				平均值	重复数	标准差	平均值	重复数	标准差	平均值	重复数	标准差
2005	HSFFZ01ABC_02	栀子	叶	430.7	3	0.37	17.02	3	0.35	1.23	3	0.01
2005	HSFFZ01ABC_02	栀子	枝	451.16	3	0.68	6.65	3	0.07	0.35	3	0.01
2005	HSFFZ01ABC_02	栀子	根	452.5	3	0.75	8.83	3	0.08	0.39	3	0.02
2005	HSFFZ01ABC_02	山鸡椒	叶	475.5	3	0.54	24.01	3	0.44	1.16	3	0.02
2005	HSFFZ01ABC_02	山鸡椒	枝	445.46	3	0.81	14.13	3	0.19	0.74	3	0
2005	HSFFZ01ABC_02	山鸡椒	根	462.9	3	1.61	7.55	3	0.16	0.28	3	0
2005	HSFFZ01ABC_02	白花灯笼	叶	460.66	3	0.69	26.47	3	0.25	1.29	3	0.01
2005	HSFFZ01ABC_02	白花灯笼	枝	466.03	3	0.54	7.74	3	0.11	0.32	3	0.02
2005	HSFFZ01ABC_02	白花灯笼	根	432.3	3	0.8	7.74	3	0.17	0.26	3	0.04
2005	HSFFZ01ABC_02	三桠苦	叶	455.76	3	1.55	25.35	3	0.49	1.29	3	0
2005	HSFFZ01ABC_02	三桠苦	枝	449.33	3	0.95	8.74	3	0.15	0.31	3	0.09
2005	HSFFZ01ABC_02	三桠苦	根	438.5	3	0.78	8.46	3	0.03	0.32	3	0.01
2005	HSFFZ01ABC_02	芒萁	地上部分	461.36	3	0.87	14.77	3	0.07	0.69	3	0.02
2005	HSFFZ01ABC_02	芒萁	地下部分	407.3	3	1.12	8.51	3	0.18	0.32	3	0.01
2005	HSFFZ01ABC_02	乌毛蕨	地上部分	422.5	3	0.16	16.66	3	0.26	0.94	3	0.01
2005	HSFFZ01ABC_02	乌毛蕨	地下部分	350.53	3	0.21	7.53	3	0.04	0.39	3	0
2005	HSFZQ01ABC_02	马尾松	树叶	490.16	3	0.12	9.78	3	0.09	0.96	3	0.01
2005	HSFZQ01ABC_02	马尾松	树枝	492.26	3	0.41	2.91	3	0.07	0.41	3	0.01
2005	HSFZQ01ABC_02	马尾松	树干	484.3	3	1.06	0.88	3	0	0.07	3	0
2005	HSFZQ01ABC_02	马尾松	树皮	492.43	3	17.15	2.07	3	0.04	0.17	3	0
2005	HSFZQ01ABC_02	马尾松	树根	481.26	3	0.69	2.9	3	0.03	0.2	3	0

（续）

年份	样地代码	植物种名/凋落物	采样部位	全碳/(g/kg)			全氮/(g/kg)			全磷/(g/kg)		
				平均值	重复数	标准差	平均值	重复数	标准差	平均值	重复数	标准差
2005	HSFZQ01ABC_02	杉木	树叶	504.5	3	0.94	10.55	3	0.09	1.03	3	0
2005	HSFZQ01ABC_02	杉木	树枝	481.63	3	2.15	2.98	3	0.08	0.3	3	0.01
2005	HSFZQ01ABC_02	杉木	树干	480.9	3	0.57	0.88	3	0.02	0.08	3	0
2005	HSFZQ01ABC_02	杉木	树皮	470.86	3	1.64	3.56	3	0.03	0.4	3	0.01
2005	HSFZQ01ABC_02	杉木	树根	467.36	3	1.05	6.48	3	0.11	0.38	3	0.02
2005	HSFZQ01ABC_02	秤星树	叶	469.73	3	0.45	24.2	3	0.31	1.03	3	0.02
2005	HSFZQ01ABC_02	秤星树	枝	465.73	3	0.12	5.3	3	0.1	0.25	3	0.01
2005	HSFZQ01ABC_02	秤星树	根	451.6	3	0.37	8.05	3	0.07	0.26	3	0.01
2005	HSFZQ01ABC_02	淡竹叶	地上部分	430	3	1.84	21.05	3	0.4	1.33	3	0.01
2005	HSFZQ01ABC_02	淡竹叶	地下部分	271.56	3	1.55	10.81	3	0.09	0.87	3	0.02
2005	HSFZH01ABC_02	凋落物	混合样	519.46	3	0.33	19.54	3	0.16	0.23	3	0.02
2005	HSFFZ01ABC_01	凋落物	混合样	468.18	3	0.13	14.99	3	0.28	0.49	3	0.02
2005	HSFZQ01ABC_02	凋落物	混合样	508.56	3	0.71	7.67	3	0.09	0.3	3	0.02
2010	HSFZQ01ABC_02	马尾松	叶	499.93	5	25.16	14.6	5	1.31	0.58	5	0.06
2010	HSFZQ01ABC_02	马尾松	枝	521.31	5	20.81	3.25	5	0.27	0.16	5	0.04
2010	HSFZQ01ABC_02	马尾松	皮	507.31	5	13.52	3.9	5	0.55	0.17	5	0.07
2010	HSFZQ01ABC_02	马尾松	茎	518.83	5	29.98	1.38	5	0.09	0.06	5	0.02
2010	HSFZQ01ABC_02	马尾松	根	493.73	5	16.52	2.89	5	0.64	0.11	5	0.03
2010	HSFZQ01ABC_02	杉木	叶	466.65	5	41.32	15.93	5	1.36	0.81	5	0.07
2010	HSFZQ01ABC_02	杉木	枝	481.76	5	17.79	4.08	5	0.51	0.2	5	0.02
2010	HSFZQ01ABC_02	杉木	皮	447.61	5	19.8	5.54	5	0.52	0.25	5	0.08

（续）

年份	样地代码	植物种名/群落物	采样部位	全碳/（g/kg）			全氮/（g/kg）			全磷/（g/kg）		
				平均值	重复数	标准差	平均值	重复数	标准差	平均值	重复数	标准差
2010	HSFZQ01ABC_02	杉木	茎	499.44	5	8.6	1.85	5	0.31	0.09	5	0.04
2010	HSFZQ01ABC_02	杉木	根	463.95	5	7.83	8.45	5	1.87	0.27	5	0.07
2010	HSFFZ01ABC_02	木荷	叶	486.37	5	24.66	19.6	5	1.23	0.69	5	0.03
2010	HSFFZ01ABC_02	木荷	枝	468.21	5	11.71	6.06	5	0.77	0.36	5	0.08
2010	HSFFZ01ABC_02	木荷	皮	450.05	5	12.41	6.78	5	0.34	0.49	5	0.06
2010	HSFFZ01ABC_02	木荷	茎	468.14	5	8.95	2.27	5	0.44	0.15	5	0.06
2010	HSFFZ01ABC_02	木荷	根	440.14	5	17.58	7.2	5	0.99	0.37	5	0.11
2010	HSFFZ01ABC_02	西南木荷	叶	486.75	5	4.58	16.43	5	1.35	0.46	5	0.08
2010	HSFFZ01ABC_02	西南木荷	枝	449.97	5	5.09	7.92	5	2	0.27	5	0.08
2010	HSFFZ01ABC_02	西南木荷	皮	450.9	5	7.88	4.62	5	0.44	0.18	5	0.02
2010	HSFFZ01ABC_02	西南木荷	茎	458.98	5	5.01	2.62	5	0.56	0.1	5	0.03
2010	HSFFZ01ABC_02	西南木荷	根	414.02	5	15.18	5.01	5	0.86	0.15	5	0.03
2010	HSFFZ01ABC_02	醉香含笑	叶	503.87	5	14.77	16.9	5	1.17	0.68	5	0.07
2010	HSFFZ01ABC_02	醉香含笑	枝	477.95	5	7.46	4.46	5	0.81	0.15	5	0.03
2010	HSFFZ01ABC_02	醉香含笑	皮	449.72	5	23.34	6.72	5	1.02	0.22	5	0.04
2010	HSFFZ01ABC_02	醉香含笑	茎	479.97	5	8.91	2.71	5	0.31	0.1	5	0.01
2010	HSFFZ01ABC_02	醉香含笑	根	474.32	5	12.03	5.26	5	0.69	0.23	5	0.08
2010	HSFZH01ABC_02	马占相思	叶	507.99	5	9.99	28.1	5	2.06	0.99	5	0.1
2010	HSFZH01ABC_02	马占相思	枝	483.55	5	11.8	8.46	5	1.23	0.23	5	0.04
2010	HSFZH01ABC_02	马占相思	皮	489.65	5	15.05	15.11	5	1.2	0.19	5	0.01
2010	HSFZH01ABC_02	马占相思	茎	495.63	5	16.66	4.71	5	1.33	0.06	5	0.01

（续）

年份	样地代码	植物种名/群落物	采样部位	全碳/(g/kg) 平均值	重复数	标准差	全氮/(g/kg) 平均值	重复数	标准差	全磷/(g/kg) 平均值	重复数	标准差
2010	HSFZH01ABC_02	马占相思	根	488.95	5	18.41	10.77	5	1.58	0.21	5	0.02
2010	HSFZQ01ABC_02	秤星树	叶	424.72	5	4.96	19.6	5	0.5	0.72	5	0.07
2010	HSFZQ01ABC_02	秤星树	茎	424.55	5	3.59	4.13	5	0.49	0.26	5	0.03
2010	HSFZQ01ABC_02	秤星树	根	418.04	5	2.44	8.73	5	1.22	0.36	5	0.09
2010	HSFZH01ABC_02	桃金娘	叶	463.64	5	4.7	12.58	5	0.36	0.43	5	0.13
2010	HSFZH01ABC_02	桃金娘	茎	448.96	5	7.05	5.76	5	0.55	0.15	5	0.01
2010	HSFZH01ABC_02	桃金娘	根	431.15	5	26.63	5.95	5	0.81	0.2	5	0.13
2010	HSFZH01ABC_02	芒萁	地上部分	451.23	5	8.51	13.57	5	0.58	0.39	5	0.03
2010	HSFZH01ABC_02	芒萁	地下部分	390.54	5	10.33	8.45	5	1.1	0.22	5	0.02
2010	HSFZH01ABC_02	凋落物	叶	511.72	5	10.06	17.73	5	0.83	0.23	5	0.05
2010	HSFZH01ABC_02	凋落物	枝	475.69	5	9.28	10.92	5	0.31	0.07	5	0.01
2010	HSFZQ01ABC_02	乌毛蕨	地上部分	440.15	5	90.05	12.52	5	3.01	0.47	5	0.1
2010	HSFZQ01ABC_02	乌毛蕨	地下部分	404.49	5	39.14	9.68	5	2.73	0.32	5	0.07
2010	HSFZQ01ABC_02	淡竹叶	地上部分	454.71	5	12.23	21.45	5	1.48	0.93	5	0.1
2010	HSFZQ01ABC_02	淡竹叶	地下部分	359.06	5	24.91	18.96	5	2.11	0.45	5	0.1
2010	HSFZQ01ABC_02	凋落物	叶	486.2	6	101.52	12.2	6	4.82	0.37	6	0.08
2010	HSFZQ01ABC_02	凋落物	枝	525.84	6	9.97	5.77	6	3.51	0.08	6	0.02
2010	HSFFZ01ABC_02	白花灯笼	叶	465.71	5	4.49	34.13	5	5.33	0.94	5	0.14
2010	HSFFZ01ABC_02	白花灯笼	茎	468.41	5	14.63	13.6	5	1.62	0.34	5	0.12
2010	HSFFZ01ABC_02	白花灯笼	根	454.39	5	20.21	14.46	5	2.85	0.32	5	0.07
2010	HSFFZ01ABC_02	九节	叶	473.58	5	10.18	18.53	5	0.63	0.75	5	0.06

（续）

年份	样地代码	植物种名/调落物	采样部位	全碳/(g/kg)			全氮/(g/kg)			全磷/(g/kg)		
				平均值	重复数	标准差	平均值	重复数	标准差	平均值	重复数	标准差
2010	HSFFZ01ABC_02	九节	茎	475.04	5	14.59	5.74	5	1.05	0.27	5	0.03
2010	HSFFZ01ABC_02	九节	根	472.51	5	14.56	4.11	5	0.67	0.3	5	0.06
2010	HSFFZ01ABC_02	乌毛蕨	地上部分	450.49	5	13.02	16.42	5	1.42	0.42	5	0.02
2010	HSFFZ01ABC_02	乌毛蕨	地下部分	431.56	5	27.44	10.66	5	1.82	0.24	5	0.02
2010	HSFFZ01ABC_02	淡竹叶	地上部分	443.43	5	15.9	22.18	5	0.82	0.88	5	0.08
2010	HSFFZ01ABC_02	淡竹叶	地下部分	272.03	5	39	13.81	5	2.49	0.37	5	0.05
2010	HSFFZ01ABC_02	调落物	叶	501.6	5	19.47	13.42	5	0.3	0.24	5	0.02
2010	HSFFZ01ABC_02	调落物	枝	492.67	5	8.5	6.47	5	0.52	0.11	5	0.03
2015	HSFZH01ABC_02	马占相思	根	496.02	5	15.76	14.56	5	0.77	0.23	5	0.05
2015	HSFZH01ABC_02	马占相思	茎	504.35	5	33.04	5.1	5	0.69	0.08	5	0.02
2015	HSFZH01ABC_02	马占相思	叶	530.92	5	21.45	30.85	5	6.87	0.94	5	0.21
2015	HSFZH01ABC_02	马占相思	枝	519.32	5	24.12	17.66	5	0.88	0.3	5	0.12
2015	HSFZH01ABC_02	马占相思	皮	542.08	5	27.62	19.59	5	2.19	0.19	5	0.03
2015	HSFZH01ABC_02	秤星树	根	466.12	5	12.97	9.18	5	1.54	0.24	5	0.03
2015	HSFZH01ABC_02	秤星树	茎	446.9	5	31.37	7.25	5	0.88	0.21	5	0.04
2015	HSFZH01ABC_02	秤星树	叶	487.57	5	9.58	24.85	5	1.1	0.61	5	0.06
2015	HSFZH01ABC_02	桃金娘	根	487.03	5	19.26	6.83	5	0.62	0.16	5	0.02
2015	HSFZH01ABC_02	桃金娘	茎	474.27	5	9.8	7.56	5	1.08	0.2	5	0.03
2015	HSFZH01ABC_02	桃金娘	叶	532.42	5	30.96	13.11	5	0.69	0.45	5	0.01
2015	HSFZH01ABC_02	山鸡椒	根	496.98	5	21.95	12.11	5	0.92	0.31	5	0.03
2015	HSFZH01ABC_02	山鸡椒	茎	487.6	5	12.54	8.89	5	2.43	0.22	5	0.02

（续）

年份	样地代码	植物种名/群落物	采样部位	全碳/（g/kg）			全氮/（g/kg）			全磷/（g/kg）		
				平均值	重复数	标准差	平均值	重复数	标准差	平均值	重复数	标准差
2015	HSFZH01ABC_02	山鸡椒	叶	533.7	5	25.95	28.52	5	2.53	0.8	5	0.05
2015	HSFZH01ABC_02	芒萁	地上部分	487.97	5	17.25	14.9	5	1.19	0.4	5	0.04
2015	HSFZH01ABC_02	芒萁	地下部分	469.69	5	8.47	10.58	5	0.63	0.23	5	0.02
2015	HSFZH01ABC_02	凋落物	枝	510.55	5	18.48	12.91	5	0.62	0.11	5	0.02
2015	HSFZH01ABC_02	凋落物	叶	576.27	5	8.6	18.09	5	0.99	0.21	5	0.02
2015	HSFZQ01ABC_02	马尾松	根	533.28	5	21.74	6.95	5	1.13	0.25	5	0.04
2015	HSFZQ01ABC_02	马尾松	茎	537.69	5	18.11	1.88	5	0.35	0.07	5	0.01
2015	HSFZQ01ABC_02	马尾松	叶	553.66	5	30.09	12.97	5	5.63	0.84	5	0.07
2015	HSFZQ01ABC_02	马尾松	枝	551.72	5	30.96	5.22	5	0.68	0.35	5	0.05
2015	HSFZQ01ABC_02	马尾松	皮	548.74	5	38.21	5.37	5	0.62	0.29	5	0.08
2015	HSFZQ01ABC_02	三桠苦	根	514.59	5	57.81	10.4	5	0.9	0.27	5	0.03
2015	HSFZQ01ABC_02	三桠苦	茎	505.04	5	42.31	12.57	5	1.08	0.42	5	0.05
2015	HSFZQ01ABC_02	三桠苦	叶	470.89	5	24.02	30.7	5	2.76	1.05	5	0.11
2015	HSFZQ01ABC_02	秤星树	根	483.23	5	29.36	9.86	5	1.67	0.41	5	0.15
2015	HSFZQ01ABC_02	秤星树	茎	483.59	5	22.1	6.37	5	0.94	0.36	5	0.11
2015	HSFZQ01ABC_02	秤星树	叶	480.47	5	23.72	23.5	5	2.02	0.77	5	0.09
2015	HSFZQ01ABC_02	淡竹叶	地上部分	468.4	5	11.05	23.29	5	1.53	1.02	5	0.09
2015	HSFZQ01ABC_02	淡竹叶	地下部分	415.39	5	19.59	19.55	5	1.46	0.68	5	0.04
2015	HSFZQ01ABC_02	乌毛蕨	地上部分	463.28	5	2.15	15.85	5	1.96	0.67	5	0.08
2015	HSFZQ01ABC_02	乌毛蕨	地下部分	456.47	5	14.65	8.83	5	0.96	0.29	5	0.02
2015	HSFZQ01ABC_02	凋落物	枝	525.62	5	12.31	7.06	5	1.09	0.2	5	0.03

（续）

年份	样地代码	植物种名/凋落物	采样部位	全碳/(g/kg) 平均值	重复数	标准差	全氮/(g/kg) 平均值	重复数	标准差	全磷/(g/kg) 平均值	重复数	标准差
2015	HSFZQ01ABC_02	凋落物	叶	523.34	5	13.63	15.96	5	1.65	0.45	5	0.08
2015	HSFZQ01ABC_02	杉木	根	524.92	5	13.91	18.6	5	2.41	0.33	5	0.06
2015	HSFZQ01ABC_02	杉木	茎	537.52	5	22.78	1.79	5	0.36	0.05	5	0
2015	HSFZQ01ABC_02	杉木	叶	532.9	5	30.27	24.08	5	2.32	0.91	5	0.16
2015	HSFZQ01ABC_02	杉木	枝	522.66	5	16.64	8.98	5	1.37	0.3	5	0.06
2015	HSFZQ01ABC_02	杉木	皮	521.61	5	15.75	11.57	5	1.57	0.27	5	0.05
2015	HSFFZ01ABC_02	西南木荷	根	504.52	5	20.59	7.11	5	0.47	0.14	5	0.02
2015	HSFFZ01ABC_02	西南木荷	茎	497.44	5	16.55	2.31	5	1.07	0.06	5	0.01
2015	HSFFZ01ABC_02	西南木荷	叶	533.32	5	30.14	19.85	5	1.39	0.5	5	0.03
2015	HSFFZ01ABC_02	西南木荷	枝	488.97	5	30.22	8.07	5	1.8	0.23	5	0.01
2015	HSFFZ01ABC_02	西南木荷	皮	509.31	5	23.18	6.43	5	0.87	0.23	5	0.03
2015	HSFFZ01ABC_02	九节	根	469.57	5	22.17	6.27	5	1.5	0.38	5	0.08
2015	HSFFZ01ABC_02	九节	茎	485.21	5	17.01	8.68	5	1.28	0.46	5	0.08
2015	HSFFZ01ABC_02	九节	叶	490.77	5	16.24	18.64	5	1.5	0.75	5	0.07
2015	HSFFZ01ABC_02	乌毛蕨	地上部分	473.15	5	41.29	14.81	5	1.45	0.48	5	0.05
2015	HSFFZ01ABC_02	乌毛蕨	地下部分	420.66	5	32.76	9.16	5	1.79	0.29	5	0.03
2015	HSFFZ01ABC_02	凋落物	枝	481.83	5	15.19	8.86	5	1.66	0.19	5	0.07
2015	HSFFZ01ABC_02	凋落物	叶	521.9	5	23.41	15.57	5	0.98	0.3	5	0.05

表 3 - 21　鹤山站森林植物群落各层优势植物和凋落物的 K、S、Ca 元素含量

年份	样地代码	植物种名/凋落物	采样部位	全钾/ (g/kg)			全硫/ (g/kg)			全钙/ (g/kg)		
				平均值	重复数	标准差	平均值	重复数	标准差	平均值	重复数	标准差
2005	HSFZH01ABC_02	马占相思	树叶	8.09	6	0.96	3.92	6	0.42	3.99	6	1.7
2005	HSFZH01ABC_02	马占相思	树枝	3.1	6	0.6	3.31	6	0.37	5.94	6	1.83
2005	HSFZH01ABC_02	马占相思	树干	0.22	6	0.08	3.18	6	0.25	0.55	6	0.29
2005	HSFZH01ABC_02	马占相思	树皮	1.94	6	0.22	3.35	6	0.1	7.46	6	1.8
2005	HSFZH01ABC_02	马占相思	树根	1.18	6	0.07	3.38	6	0.11	2.5	6	0.98
2005	HSFZH01ABC_02	白花灯笼	树叶	8.23	3	0.49	4.86	3	0.87	7.41	3	0.08
2005	HSFZH01ABC_02	白花灯笼	树枝	2.69	3	0.05	3.41	3	0.17	5.82	3	0.05
2005	HSFZH01ABC_02	白花灯笼	树根	2.17	3	0.04	3.16	3	0.02	3.98	3	0.1
2005	HSFZH01ABC_02	秤星树	树叶	20.12	3	0.64	4.27	3	0.32	5.4	3	0.18
2005	HSFZH01ABC_02	秤星树	树枝	2.89	3	0.05	3.46	3	0.13	4.92	3	0.05
2005	HSFZH01ABC_02	秤星树	树根	4.03	3	0.03	4.26	3	0.14	3.78	3	1.61
2005	HSFZH01ABC_02	桃金娘	树叶	5.82	3	0.08	3.34	3	0.13	4.38	3	0.04
2005	HSFZH01ABC_02	桃金娘	树枝	2.85	3	0.17	2.93	3	0	2.75	3	0.26
2005	HSFZH01ABC_02	桃金娘	树根	1.52	3	0.03	2.86	3	0.05	9.14	3	4.94
2005	HSFZH01ABC_02	芒萁	地上部分	2.66	3	0.01	2.96	3	0.05	0.46	3	0.01
2005	HSFZH01ABC_02	芒萁	地下部分	3.25	3	0.04	2.46	3	0.08	1.32	3	0.78
2005	HSFZH01ABC_02	乌毛蕨	地上部分	11.49	3	0.22	2.92	3	0.16	5.23	3	0.08
2005	HSFZH01ABC_02	乌毛蕨	地下部分	5.42	3	0.06	2.49	3	0.07	0.91	3	0.07
2005	HSFFZ01ABC_02	醉香含笑	树叶	8.37	3	0.04	3.02	3	0.07	3.09	3	0.25
2005	HSFFZ01ABC_02	醉香含笑	树枝	4.01	3	0.16	2.89	3	0.14	1.57	3	0.05
2005	HSFFZ01ABC_02	醉香含笑	树干	1.36	3	0.09	2.77	3	0.1	0.3	3	0.04
2005	HSFFZ01ABC_02	醉香含笑	树皮	4.09	3	1.73	2.83	3	0.05	2.94	3	0.13

（续）

年份	样地代码	植物种名/调落物	采样部位	全钾/(g/kg)			全硫/(g/kg)			全钙/(g/kg)		
				平均值	重复数	标准差	平均值	重复数	标准差	平均值	重复数	标准差
2005	HSFFZ01ABC_02	醉香含笑	树根	5.06	3	0.06	2.62	3	0.02	1.22	3	0.01
2005	HSFFZ01ABC_02	木荷	树叶	7.07	3	0.29	2.8	3	0.05	2.37	3	0.3
2005	HSFFZ01ABC_02	木荷	树枝	2.92	3	0.34	2.77	3	0.13	1.48	3	0.11
2005	HSFFZ01ABC_02	木荷	树干	1.48	3	0.16	2.82	3	0.16	1.59	3	0.07
2005	HSFFZ01ABC_02	木荷	树皮	8.92	3	0.1	2.78	3	0.11	1.13	3	0.02
2005	HSFFZ01ABC_02	木荷	树根	5.27	3	0.13	2.63	3	0.11	0.9	3	0.05
2005	HSFFZ01ABC_02	西南木荷	树叶	8.23	3	0.07	2.89	3	0.13	1.58	3	0.26
2005	HSFFZ01ABC_02	西南木荷	树枝	3.66	3	0.06	2.99	3	0.29	1.72	3	0.03
2005	HSFFZ01ABC_02	西南木荷	树干	1.66	3	0.19	2.92	3	0.21	1.64	3	0.04
2005	HSFFZ01ABC_02	西南木荷	树皮	4.7	3	0.06	2.9	3	0.06	0.97	3	0.03
2005	HSFFZ01ABC_02	西南木荷	树根	4.78	3	0.05	2.71	3	0.09	0.72	3	0.01
2005	HSFFZ01ABC_02	红锥	树叶	5.72	3	0.19	2.63	3	0.04	2.22	3	0.02
2005	HSFFZ01ABC_02	红锥	树枝	2.92	3	0.28	2.76	3	0.13	7.47	3	1.18
2005	HSFFZ01ABC_02	红锥	树干	1.02	3	0.01	2.68	3	0.14	0.64	3	0.01
2005	HSFFZ01ABC_02	红锥	树皮	3.24	3	0.31	2.45	3	0.17	11.84	3	0.15
2005	HSFFZ01ABC_02	红锥	树根	2.93	3	0.05	2.92	3	0.21	5.06	3	0.14
2005	HSFFZ01ABC_02	阴香	树叶	9.45	3	0.12	3.41	3	0.04	2.89	3	0.04
2005	HSFFZ01ABC_02	阴香	树枝	3.68	3	0.03	3.33	3	0.04	5.99	3	0.32
2005	HSFFZ01ABC_02	阴香	树干	2.9	3	0.13	3.14	3	0.12	2.9	3	0.04
2005	HSFFZ01ABC_02	阴香	树皮	4.05	3	0.18	2.92	3	0.08	9.31	3	0.31
2005	HSFFZ01ABC_02	阴香	树根	3.93	3	0.19	2.96	3	0.13	2.71	3	0.02

（续）

年份	样地代码	植物种名/群落物	采样部位	全钾/(g/kg)			全硫/(g/kg)			全钙/(g/kg)		
				平均值	重复数	标准差	平均值	重复数	标准差	平均值	重复数	标准差
2005	HSFFZ01ABC_02	栀子	树叶	14.67	3	0.15	3.22	3	0.15	7.67	3	0.04
2005	HSFFZ01ABC_02	栀子	树枝	5.28	3	0.25	3.11	3	0.18	8.07	3	0.29
2005	HSFFZ01ABC_02	栀子	树根	4.22	3	0.08	2.9	3	0.07	7.1	3	0.55
2005	HSFFZ01ABC_02	山鸡椒	树叶	4.63	3	0.09	4.44	3	0.15	7.12	3	0.93
2005	HSFFZ01ABC_02	山鸡椒	树枝	7.17	3	0.13	3.37	3	0.2	3.6	3	0.1
2005	HSFFZ01ABC_02	山鸡椒	树根	2.5	3	0.14	2.66	3	0.27	2.06	3	0.13
2005	HSFFZ01ABC_02	白花灯笼	树叶	14.8	3	0.3	3.96	3	0.15	3.06	3	0.12
2005	HSFFZ01ABC_02	白花灯笼	树枝	2.81	3	0.12	3.09	3	0.11	2.05	3	0.05
2005	HSFFZ01ABC_02	白花灯笼	树根	3.43	3	0.01	2.78	3	0.11	2.77	3	0.02
2005	HSFFZ01ABC_02	三桠苦	树叶	10.92	3	0.04	3.36	3	0.18	5.51	3	0.07
2005	HSFFZ01ABC_02	三桠苦	树枝	5.29	3	0.24	2.94	3	0.1	2.45	3	0.14
2005	HSFFZ01ABC_02	三桠苦	树根	5	3	0.11	2.94	3	0.08	1.01	3	0.03
2005	HSFFZ01ABC_02	芒萁	地上部分	4.49	3	0.17	3.09	3	0.07	0.58	3	0.05
2005	HSFFZ01ABC_02	芒萁	地下部分	4.26	3	0.07	2.58	3	0.22	0.56	3	0.01
2005	HSFFZ01ABC_02	乌毛蕨	地上部分	9.19	3	0.21	3.05	3	0.1	5.7	3	0.5
2005	HSFFZ01ABC_02	乌毛蕨	地下部分	6.2	3	0.29	2.02	3	0.05	2.1	3	0.02
2005	HSFFZ01ABC_02	玉叶金花	地上部分	19.22	3	0.75	3.16	3	0.13	6.18	3	0.12
2005	HSFFZ01ABC_02	玉叶金花	地下部分	8.91	3	0.28	2.98	3	0.1	4.84	3	0.27
2005	HSFZQ01ABC_02	马尾松	树叶	6.89	3	0.02	4.01	3	0.29	2.26	3	0.02
2005	HSFZQ01ABC_02	马尾松	树枝	2.36	3	0.03	3.46	3	0.06	2.72	3	0.75
2005	HSFZQ01ABC_02	马尾松	树干	0.77	3	0.05	3.47	3	0.08	0.44	3	0.03

（续）

年份	样地代码	植物种名/群落物	采样部位	全钾/（g/kg）			全硫/（g/kg）			全钙/（g/kg）		
				平均值	重复数	标准差	平均值	重复数	标准差	平均值	重复数	标准差
2005	HSFZQ01ABC_02	马尾松	树皮	1.78	3	0.04	3.04	3	0.15	1.78	3	0.03
2005	HSFZQ01ABC_02	马尾松	树根	2.46	3	0.05	3.28	3	0.13	1.5	3	0.34
2005	HSFZQ01ABC_02	杉木	树叶	5.39	3	0.02	3.56	3	0.14	7.55	3	0.67
2005	HSFZQ01ABC_02	杉木	树枝	1.72	3	0.08	3.21	3	0.07	2.59	3	0.02
2005	HSFZQ01ABC_02	杉木	树干	0.52	3	0	3.08	3	0.15	0.25	3	0.02
2005	HSFZQ01ABC_02	杉木	树皮	3	3	0.02	2.93	3	0.04	1.97	3	0.01
2005	HSFZQ01ABC_02	杉木	树根	3.8	3	0.06	3.19	3	0.13	1.91	3	0.21
2005	HSFZQ01ABC_02	秤星树	树叶	9.9	3	0.23	3.37	3	0.09	7.35	3	0.05
2005	HSFZQ01ABC_02	秤星树	树枝	1.15	3	0.02	3.09	3	0.07	7.81	3	0.17
2005	HSFZQ01ABC_02	秤星树	树根	2.03	3	0.03	3.36	3	0.13	0.77	3	0.05
2005	HSFZQ01ABC_02	淡竹叶	地上部分	20.41	3	0.57	3.74	3	0.46	1.86	3	0.08
2005	HSFZQ01ABC_02	淡竹叶	地下部分	14.95	3	0.36	1.73	3	0.11	0.34	3	0.02
2005	HSFZH01ABC_02	凋落物	混合样	1.45	3	0.02	3.54	3	0.05	4.04	3	0.01
2005	HSFFZ01ABC_01	凋落物	混合样	3.02	3	0.04	2.97	3	0.12	2.93	3	0.02
2005	HSFZQ01ABC_02	凋落物	混合样	0.56	3	0	3.49	3	0.06	2.22	3	0.01
2010	HSFZQ01ABC_02	马尾松	树叶	4.46	5	0.82	1.7	5	0.16	2.82	5	0.63
2010	HSFZQ01ABC_02	马尾松	树枝	1.62	5	0.22	0.46	5	0.16	3.89	5	1.3
2010	HSFZQ01ABC_02	马尾松	树皮	2.27	5	1.14	0.83	5	0.11	4.37	5	2.14
2010	HSFZQ01ABC_02	马尾松	树茎	0.69	5	0.14	0.55	5	0.11	1.51	5	0.4
2010	HSFZQ01ABC_02	马尾松	树根	1.79	5	0.31	1.04	5	0.19	0.98	5	0.12
2010	HSFZQ01ABC_02	杉木	树叶	6.04	5	1.03	1.9	5	0.13	11.59	5	1.45

（续）

年份	样地代码	植物种名/调落物	采样部位	全钾/(g/kg)			全硫/(g/kg)			全钙/(g/kg)		
				平均值	重复数	标准差	平均值	重复数	标准差	平均值	重复数	标准差
2010	HSFZQ01ABC_02	杉木	树枝	1.96	5	0.17	0.45	5	0.14	3.9	5	0.62
2010	HSFZQ01ABC_02	杉木	树皮	2.97	5	0.98	0.72	5	0.14	3.2	5	0.96
2010	HSFZQ01ABC_02	杉木	树茎	1	5	0.37	0.24	5	0.13	1.47	5	0.36
2010	HSFZQ01ABC_02	杉木	树根	3.62	5	0.66	0.84	5	0.37	3.09	5	1.35
2010	HSFFZ01ABC_02	木荷	树叶	7.25	5	1.39	2.46	5	0.45	5.68	5	1.54
2010	HSFFZ01ABC_02	木荷	树枝	3.85	5	0.87	1.11	5	0.23	5.91	5	2.95
2010	HSFFZ01ABC_02	木荷	树皮	6.08	5	0.66	1.89	5	0.12	12.93	5	4.36
2010	HSFFZ01ABC_02	木荷	树茎	1.88	5	0.28	0.46	5	0.18	3.71	5	0.17
2010	HSFFZ01ABC_02	木荷	树根	7.07	5	1.98	2.03	5	0.17	2.1	5	0.53
2010	HSFFZ01ABC_02	西南木荷	树叶	7.73	5	1.08	2.15	5	0.19	3.47	5	0.5
2010	HSFFZ01ABC_02	西南木荷	树枝	4.85	5	0.67	1	5	0.66	2.62	5	0.57
2010	HSFFZ01ABC_02	西南木荷	树皮	5.93	5	0.78	1.82	5	0.31	2.66	5	0.32
2010	HSFFZ01ABC_02	西南木荷	树茎	2.93	5	0.13	0.86	5	0.32	3.17	5	0.84
2010	HSFFZ01ABC_02	西南木荷	树根	8.33	5	2.19	2.63	5	0.85	0.65	5	0.18
2010	HSFFZ01ABC_02	醉香含笑	树叶	5.92	5	1.04	1.96	5	0.44	3.58	5	0.33
2010	HSFFZ01ABC_02	醉香含笑	树枝	2.06	5	0.44	0.27	5	0.16	2.5	5	0.25
2010	HSFFZ01ABC_02	醉香含笑	树皮	3.86	5	1.26	0.61	5	0.53	4.71	5	0.34
2010	HSFFZ01ABC_02	醉香含笑	树茎	1.39	5	0.29	0.13	5	0.13	1.86	5	0.4
2010	HSFFZ01ABC_02	醉香含笑	树根	3.55	5	0.86	0.24	5	0.24	2.11	5	0.57
2010	HSFZH01ABC_02	马占相思	树叶	7.91	5	1.02	3.01	5	0.42	3.58	5	1
2010	HSFZH01ABC_02	马占相思	树枝	2.38	5	0.89	1.49	5	0.73	5.21	5	1.24

（续）

年份	样地代码	植物种名/凋落物	采样部位	全钾/（g/kg）			全硫/（g/kg）			全钙/（g/kg）		
				平均值	重复数	标准差	平均值	重复数	标准差	平均值	重复数	标准差
2010	HSFZH01ABC_02	马占相思	树皮	1.54	5	0.37	1.65	5	0.32	12.47	5	5.39
2010	HSFZH01ABC_02	马占相思	树茎	0.51	5	0.11	1	5	0.5	3.82	5	1.16
2010	HSFZH01ABC_02	马占相思	树根	1.63	5	0.22	1.39	5	0.52	3.59	5	1.61
2010	HSFZQ01ABC_02	秤星树	树叶	18.16	5	3.04	3.54	5	1.62	5.91	5	1.03
2010	HSFZQ01ABC_02	秤星树	树茎	3	5	0.42	1.59	5	0.83	3.11	5	1.62
2010	HSFZQ01ABC_02	秤星树	树根	3.39	5	0.65	5.13	5	0.41	0.32	5	0.12
2010	HSFZH01ABC_02	桃金娘	树叶	6.49	5	0.68	2.1	5	0.38	4.06	5	0.54
2010	HSFZH01ABC_02	桃金娘	树茎	2.24	5	0.35	0.91	5	0.22	3.37	5	0.57
2010	HSFZH01ABC_02	桃金娘	树根	2.07	5	0.32	1.3	5	0.32	3.11	5	0.9
2010	HSFZH01ABC_02	芒萁	地上部分	6.01	5	0.65	1.84	5	0.2	0.43	5	0.11
2010	HSFZH01ABC_02	芒萁	地下部分	3.53	5	0.99	1.36	5	0.46	0.37	5	0.26
2010	HSFZH01ABC_02	凋落物	树叶	1.87	5	0.3	2.15	5	0.49	5.81	5	0.48
2010	HSFZH01ABC_02	凋落物	树枝	0.18	5	0.04	1.28	5	0.25	5.19	5	0.87
2010	HSFZQ01ABC_02	乌毛蕨	地上部分	17.59	5	8.65	1.98	5	0.57	5.05	5	1.99
2010	HSFZQ01ABC_02	乌毛蕨	地下部分	8.91	5	6.21	1.26	5	0.31	1.91	5	1.38
2010	HSFZQ01ABC_02	淡竹叶	地上部分	53.31	5	42.54	5.34	5	0.65	0.87	5	0.43
2010	HSFZQ01ABC_02	淡竹叶	地下部分	6.26	5	0.91	3.75	5	1.19	0.09	5	0.03
2010	HSFZQ01ABC_02	凋落物	树叶	1.47	6	0.66	2.2	6	0.77	5.49	6	2.92
2010	HSFZQ01ABC_02	凋落物	树枝	0.18	6	0.06	1.27	6	0.47	2.58	6	1.42
2010	HSFFZ01ABC_02	白花灯笼	树叶	20.06	5	2.29	4.34	5	0.19	2.74	5	0.71
2010	HSFFZ01ABC_02	白花灯笼	树茎	3.2	5	0.4	1.44	5	0.28	4.75	5	0.95

（续）

年份	样地代码	植物种名/凋落物	采样部位	全钾/(g/kg)			全硫/(g/kg)			全钙/(g/kg)		
				平均值	重复数	标准差	平均值	重复数	标准差	平均值	重复数	标准差
2010	HSFFZ01ABC_02	白花灯笼	树根	3.44	5	0.39	1.42	5	0.42	3.71	5	0.53
2010	HSFFZ01ABC_02	九节	树叶	20.87	5	2.86	2.44	5	0.46	11.17	5	1.2
2010	HSFFZ01ABC_02	九节	树茎	9.45	5	2.24	2.29	5	0.69	5.77	5	1.37
2010	HSFFZ01ABC_02	九节	树根	4.91	5	1.2	2	5	0.7	4.04	5	1.73
2010	HSFFZ01ABC_02	乌毛蕨	地上部分	18.34	5	3.02	2.18	5	1.5	5.86	5	0.77
2010	HSFFZ01ABC_02	乌毛蕨	地下部分	6.25	5	1.04	1.25	5	0.57	1.36	5	0.17
2010	HSFFZ01ABC_02	淡竹叶	地上部分	23.66	5	4.04	5.26	5	0.74	0.47	5	0.26
2010	HSFFZ01ABC_02	淡竹叶	地下部分	9.82	5	1.87	3.42	5	0.68	0.18	5	0.06
2010	HSFFZ01ABC_02	凋落物	树叶	3.32	5	0.64	1.9	5	0.35	3.53	5	0.86
2010	HSFFZ01ABC_02	凋落物	树枝	0.62	5	0.27	1.12	5	0.19	2.92	5	1.07
2015	HSFZH01ABC_02	马占相思	树根	1.82	5	0.26	1.52	5	0.56	6.14	5	0.92
2015	HSFZH01ABC_02	马占相思	树茎	0.54	5	0.14	0.9	5	0.35	6.33	5	2.6
2015	HSFZH01ABC_02	马占相思	树叶	13.68	5	5.65	1.94	5	0.67	5.56	5	2.02
2015	HSFZH01ABC_02	马占相思	树枝	3.26	5	1.99	1.29	5	0.56	8.55	5	3.4
2015	HSFZH01ABC_02	马占相思	树皮	1.56	5	0.22	1.3	5	0.5	7.86	5	2.39
2015	HSFZH01ABC_02	秤星树	树根	3.11	5	0.58	1.18	5	0.36	2.65	5	0.75
2015	HSFZH01ABC_02	秤星树	树茎	2	5	0.29	1.44	5	0.54	11.47	5	5.88
2015	HSFZH01ABC_02	秤星树	树叶	11.15	5	3.69	1.46	5	1.18	7.65	5	2.42
2015	HSFZH01ABC_02	桃金娘	树根	1.77	5	0.17	0.88	5	0.17	5.93	5	1.95
2015	HSFZH01ABC_02	桃金娘	树茎	2.02	5	0.33	0.99	5	0.17	6.91	5	1.93
2015	HSFZH01ABC_02	桃金娘	树叶	5.21	5	0.44	1.57	5	0.08	5.87	5	1.09

（续）

年份	样地代码	植物种名/群落物	采样部位	全钾/(g/kg) 平均值	重复数	标准差	全硫/(g/kg) 平均值	重复数	标准差	全钙/(g/kg) 平均值	重复数	标准差
2015	HSFZH01ABC_02	山鸡椒	树根	1.7	5	0.3	1.18	5	0.21	1.55	5	1.46
2015	HSFZH01ABC_02	山鸡椒	树茎	1.37	5	0.33	0.76	5	0.11	4.01	5	1.03
2015	HSFZH01ABC_02	山鸡椒	树叶	8.12	5	3.04	1.83	5	0.29	7.14	5	2.83
2015	HSFZH01ABC_02	芒萁	地上部分	6.35	5	0.47	0.8	5	0.37	1.6	5	1.12
2015	HSFZH01ABC_02	芒萁	地下部分	3.98	5	0.67	0.7	5	0.36	0.46	5	0.51
2015	HSFZH01ABC_02	凋落物	树枝	0.41	5	0.16	1.11	5	0.5	11.79	5	1.7
2015	HSFZH01ABC_02	凋落物	树叶	1.59	5	0.13	0.89	5	0.15	6.96	5	1.6
2015	HSFZQ01ABC_02	马尾松	树根	2.9	5	0.54	1.24	5	0.58	1.41	5	0.87
2015	HSFZQ01ABC_02	马尾松	树茎	0.57	5	0.1	1	5	0.5	1.02	5	0.42
2015	HSFZQ01ABC_02	马尾松	树叶	5.24	5	0.49	0.95	5	0.24	1.9	5	0.9
2015	HSFZQ01ABC_02	马尾松	树枝	2.44	5	0.63	0.82	5	0.17	3.93	5	0.74
2015	HSFZQ01ABC_02	马尾松	树皮	3.11	5	0.64	0.75	5	0.19	4.71	5	1.75
2015	HSFZQ01ABC_02	三桠苦	树根	6.4	5	1.78	1.25	5	0.23	0.88	5	0.8
2015	HSFZQ01ABC_02	三桠苦	树茎	6.55	5	0.54	1.76	5	0.6	2.13	5	0.7
2015	HSFZQ01ABC_02	三桠苦	树叶	7.33	5	1.42	1.84	5	0.33	5.12	5	0.58
2015	HSFZQ01ABC_02	秤星树	树根	3.17	5	0.64	1.78	5	0.41	0.12	5	0.1
2015	HSFZQ01ABC_02	秤星树	树茎	2.82	5	0.61	1.77	5	0.19	3.37	5	1.54
2015	HSFZQ01ABC_02	秤星树	树叶	17.8	5	4.03	2.06	5	0.49	5.06	5	0.31
2015	HSFZQ01ABC_02	淡竹叶	地上部分	20.23	5	1.18	2.04	5	1.05	0.56	5	0.09
2015	HSFZQ01ABC_02	淡竹叶	地下部分	10.37	5	0.87	1.76	5	0.39	0.02	5	0.02
2015	HSFZQ01ABC_02	乌毛蕨	地上部分	17.67	5	1.82	1.23	5	0.28	5.88	5	2.03

（续）

年份	样地代码	植物种名/群落物	采样部位	全钾/(g/kg)			全硫/(g/kg)			全钙/(g/kg)		
				平均值	重复数	标准差	平均值	重复数	标准差	平均值	重复数	标准差
2015	HSFZQ01ABC_02	乌毛蕨	地下部分	5.33	5	1.01	0.83	5	0.21	1.32	5	0.28
2015	HSFZQ01ABC_02	凋落物	树枝	0.36	5	0.27	0.9	5	0.28	5.58	5	1.54
2015	HSFZQ01ABC_02	凋落物	树叶	1.19	5	0.26	0.86	5	0.21	2.84	5	0.97
2015	HSFZQ01ABC_02	杉木	树根	2.51	5	0.28	0.98	5	0.21	2.28	5	1.27
2015	HSFZQ01ABC_02	杉木	树茎	0.3	5	0.13	1.06	5	0.58	0.79	5	0.26
2015	HSFZQ01ABC_02	杉木	树叶	6.49	5	1.86	1.42	5	0.3	8.73	5	2.75
2015	HSFZQ01ABC_02	杉木	树枝	1.56	5	0.58	0.86	5	0.17	5.54	5	1.94
2015	HSFZQ01ABC_02	杉木	树皮	2.49	5	0.57	0.81	5	0.14	3.42	5	1.06
2015	HSFFZ01ABC_02	西南木荷	树根	6.81	5	0.79	1.69	5	0.5	0.6	5	0.51
2015	HSFFZ01ABC_02	西南木荷	树茎	1.03	5	0.15	0.77	5	0.3	1.96	5	0.78
2015	HSFFZ01ABC_02	西南木荷	树叶	6.3	5	1.91	1.17	5	0.21	1.29	5	0.8
2015	HSFFZ01ABC_02	西南木荷	树枝	3.48	5	1.36	1.13	5	0.2	2.1	5	0.69
2015	HSFFZ01ABC_02	西南木荷	树皮	8.64	5	3	1.47	5	0.21	2.89	5	0.41
2015	HSFFZ01ABC_02	九节	树根	4.54	5	1.05	1.38	5	0.3	1.82	5	0.63
2015	HSFFZ01ABC_02	九节	树茎	9.31	5	0.84	1.28	5	0.28	4.07	5	0.94
2015	HSFFZ01ABC_02	九节	树叶	18.14	5	3.26	1.77	5	0.25	10.49	5	2.21
2015	HSFFZ01ABC_02	乌毛蕨	地上部分	21.77	5	0.75	1.45	5	0.3	4.03	5	2.07
2015	HSFFZ01ABC_02	乌毛蕨	地下部分	7.39	5	1.24	0.94	5	0.26	1.27	5	0.26
2015	HSFFZ01ABC_02	凋落物	树枝	0.77	5	0.53	0.98	5	0.23	3.68	5	0.53
2015	HSFFZ01ABC_02	凋落物	树叶	2.85	5	0.33	1.1	5	0.47	1.77	5	0.41

表3-22　鹤山站森林植物群落各层优势植物和凋落物的 Mg 元素含量与干重热值、灰分

年份	样地代码	植物种名/凋落物	采样部位	全镁/(g/kg)			干重热值/(MJ/kg)			灰分/%		
				平均值	重复数	标准差	平均值	重复数	标准差	平均值	重复数	标准差
2005	HSFZH01ABC_02	马占相思	树叶	1.07	6	0.02	21.08	6	0.21	—	—	—
2005	HSFZH01ABC_02	马占相思	树枝	0.77	6	0.05	19.38	6	0.12	—	—	—
2005	HSFZH01ABC_02	马占相思	树干	0.03	6	0.02	18.49	6	0.15	—	—	—
2005	HSFZH01ABC_02	马占相思	树皮	0.25	6	0.01	20.04	6	0.13	—	—	—
2005	HSFZH01ABC_02	马占相思	树根	0.37	6	0.12	18.91	6	0.22	—	—	—
2005	HSFZH01ABC_02	白花灯笼	树叶	3.04	3	0.02	19.31	3	0.06	—	—	—
2005	HSFZH01ABC_02	白花灯笼	树枝	0.88	3	0.01	17.79	3	0.22	—	—	—
2005	HSFZH01ABC_02	白花灯笼	树根	0.96	3	0.01	18.21	3	0.04	—	—	—
2005	HSFZH01ABC_02	秤星树	树叶	3.18	3	0.09	21.12	3	0.04	—	—	—
2005	HSFZH01ABC_02	秤星树	树枝	1	3	0.01	18.73	3	0.1	—	—	—
2005	HSFZH01ABC_02	秤星树	树根	0.84	3	0	18.23	3	0.04	—	—	—
2005	HSFZH01ABC_02	桃金娘	树叶	0.87	3	0.01	20.08	3	0.05	—	—	—
2005	HSFZH01ABC_02	桃金娘	树枝	0.26	3	0.02	18.43	3	0.03	—	—	—
2005	HSFZH01ABC_02	桃金娘	树根	0.36	3	0.01	18.07	3	0.04	—	—	—
2005	HSFZH01ABC_02	芒萁	地上部分	0.31	3	0	19.05	3	0.04	—	—	—
2005	HSFZH01ABC_02	芒萁	地下部分	0.46	3	0.01	16.57	3	0.02	—	—	—
2005	HSFZH01ABC_02	乌毛蕨	地上部分	1.83	3	0.02	17.96	3	0.04	—	—	—
2005	HSFZH01ABC_02	乌毛蕨	地下部分	0.61	3	0	17.36	3	0.01	—	—	—
2005	HSFFZ01ABC_02	醉香含笑	树叶	0.9	3	0.03	20.37	3	0.03	—	—	—
2005	HSFFZ01ABC_02	醉香含笑	树枝	0.32	3	0.01	19.21	3	0.09	—	—	—
2005	HSFFZ01ABC_02	醉香含笑	树干	0.1	3	0	18.08	3	0.13	—	—	—
2005	HSFFZ01ABC_02	醉香含笑	树皮	0.34	3	0.01	18.7	3	0.03	—	—	—

（续）

年份	样地代码	植物种名/群落物	采样部位	全镁/(g/kg)			干重热值/(MJ/kg)			灰分/%		
				平均值	重复数	标准差	平均值	重复数	标准差	平均值	重复数	标准差
2005	HSFFZ01ABC_02	醉香含笑	树根	0.5	3	0.01	18.65	3	0.08	—	—	—
2005	HSFFZ01ABC_02	木荷	树叶	0.78	3	0.01	19.99	3	0.02	—	—	—
2005	HSFFZ01ABC_02	木荷	树枝	0.19	3	0.01	18.94	3	0.04	—	—	—
2005	HSFFZ01ABC_02	木荷	树干	0.06	3	0	18.63	3	0.06	—	—	—
2005	HSFFZ01ABC_02	木荷	树皮	0.29	3	0	18.78	3	0.01	—	—	—
2005	HSFFZ01ABC_02	木荷	树根	0.35	3	0.04	18.51	3	0.07	—	—	—
2005	HSFFZ01ABC_02	西南木荷	树叶	0.82	3	0	19.03	3	0.04	—	—	—
2005	HSFFZ01ABC_02	西南木荷	树枝	0.39	3	0	18.83	3	0.11	—	—	—
2005	HSFFZ01ABC_02	西南木荷	树干	0.12	3	0	18.82	3	0.04	—	—	—
2005	HSFFZ01ABC_02	西南木荷	树皮	0.26	3	0	19.1	3	0.05	—	—	—
2005	HSFFZ01ABC_02	西南木荷	树根	0.62	3	0.01	18.21	3	0.16	—	—	—
2005	HSFFZ01ABC_02	红锥	树叶	0.46	3	0	18.63	3	0.2	—	—	—
2005	HSFFZ01ABC_02	红锥	树枝	0.3	3	0.01	18.9	3	0.02	—	—	—
2005	HSFFZ01ABC_02	红锥	树干	0.09	3	0	19.19	3	0.15	—	—	—
2005	HSFFZ01ABC_02	红锥	树皮	0.59	3	0.01	17.4	3	0.13	—	—	—
2005	HSFFZ01ABC_02	红锥	树根	0.41	3	0	17.96	3	0.13	—	—	—
2005	HSFFZ01ABC_02	阴香	树叶	0.59	3	0	20.81	3	0.05	—	—	—
2005	HSFFZ01ABC_02	阴香	树枝	0.28	3	0.02	19.36	3	0.08	—	—	—
2005	HSFFZ01ABC_02	阴香	树干	0.32	3	0	19.43	3	0.17	—	—	—
2005	HSFFZ01ABC_02	阴香	树皮	0.34	3	0.01	18.63	3	0.04	—	—	—
2005	HSFFZ01ABC_02	阴香	树根	0.35	3	0.02	19.01	3	0.05	—	—	—

（续）

年份	样地代码	植物种名/调落物	采样部位	全镁/(g/kg)			干重热值/(MJ/kg)			灰分/%		
				平均值	重复数	标准差	平均值	重复数	标准差	平均值	重复数	标准差
2005	HSFFZ01ABC_02	栀子	树叶	1.36	3	0.01	17.53	3	0.1	—	—	—
2005	HSFFZ01ABC_02	栀子	树枝	0.39	3	0.01	18.32	3	0.04	—	—	—
2005	HSFFZ01ABC_02	栀子	树根	0.47	3	0.01	18.5	3	0.09	—	—	—
2005	HSFFZ01ABC_02	山鸡椒	树叶	1.55	3	0.06	20.55	3	0.11	—	—	—
2005	HSFFZ01ABC_02	山鸡椒	树枝	0.9	3	0.02	18.38	3	0.08	—	—	—
2005	HSFFZ01ABC_02	山鸡椒	树根	0.19	3	0.01	18.77	3	0.13	—	—	—
2005	HSFFZ01ABC_02	白花灯笼	树叶	1.22	3	0.02	19.23	3	0.09	—	—	—
2005	HSFFZ01ABC_02	白花灯笼	树枝	0.46	3	0.01	18.82	3	0.11	—	—	—
2005	HSFFZ01ABC_02	白花灯笼	树根	0.45	3	0	17.5	3	0.14	—	—	—
2005	HSFFZ01ABC_02	三桠苦	树叶	1.32	3	0.01	19.63	3	0.02	—	—	—
2005	HSFFZ01ABC_02	三桠苦	树枝	0.32	3	0.01	18.39	3	0.18	—	—	—
2005	HSFFZ01ABC_02	三桠苦	树根	0.42	3	0.01	17.76	3	0.23	—	—	—
2005	HSFFZ01ABC_02	芒萁	地上部分	0.71	3	0.03	18.95	3	0.16	—	—	—
2005	HSFFZ01ABC_02	芒萁	地下部分	0.37	3	0.01	15.67	3	0	—	—	—
2005	HSFFZ01ABC_02	乌毛蕨	地上部分	2.36	3	0.04	17.09	3	0.18	—	—	—
2005	HSFFZ01ABC_02	乌毛蕨	地下部分	1.03	3	0.07	13.41	3	0.07	—	—	—
2005	HSFFZ01ABC_02	玉叶金花	地上部分	1.64	3	0.06	18.9	3	0.05	—	—	—
2005	HSFFZ01ABC_02	玉叶金花	地下部分	0.45	3	0.01	18.97	3	0.08	—	—	—
2005	HSFZQ01ABC_02	马尾松	树叶	0.52	3	0	20.39	3	0.06	—	—	—
2005	HSFZQ01ABC_02	马尾松	树枝	0.2	3	0	19.82	3	0.05	—	—	—
2005	HSFZQ01ABC_02	马尾松	树干	0.08	3	0	19.16	3	0.24	—	—	—

（续）

年份	样地代码	植物种名/ 凋落物	采样部位	全镁/（g/kg）			干重热值/（MJ/kg）			灰分/%		
				平均值	重复数	标准差	平均值	重复数	标准差	平均值	重复数	标准差
2005	HSFZQ01ABC_02	马尾松	树皮	0.15	3	0	19.89	3	0.04	—	—	—
2005	HSFZQ01ABC_02	马尾松	树根	0.16	3	0.01	19.12	3	0.09	—	—	—
2005	HSFZQ01ABC_02	杉木	树叶	0.61	3	0	21.45	3	0.05	—	—	—
2005	HSFZQ01ABC_02	杉木	树枝	0.15	3	0	19.09	3	0.09	—	—	—
2005	HSFZQ01ABC_02	杉木	树干	0.04	3	0	18.96	3	0.06	—	—	—
2005	HSFZQ01ABC_02	杉木	树皮	0.13	3	0	18.4	3	0.03	—	—	—
2005	HSFZQ01ABC_02	杉木	树根	0.17	3	0	18.83	3	0.03	—	—	—
2005	HSFZQ01ABC_02	秤星树	树叶	4.44	3	0.07	19.96	3	0.05	—	—	—
2005	HSFZQ01ABC_02	秤星树	树枝	0.79	3	0	18.42	3	0.16	—	—	—
2005	HSFZQ01ABC_02	秤星树	树根	0.9	3	0.02	18.19	3	0.1	—	—	—
2005	HSFZQ01ABC_02	淡竹叶	地上部分	1.17	3	0.04	17.26	3	0.14	—	—	—
2005	HSFZQ01ABC_02	淡竹叶	地下部分	0.49	3	0.01	10.72	3	0.02	—	—	—
2005	HSFZQ01ABC_02	凋落物	混合样	0.61	3	0.01	21.99	3	0.13	—	—	—
2005	HSFFZ01ABC_01	凋落物	混合样	0.53	3	0	19	3	0.03	—	—	—
2005	HSFZQ01ABC_02	凋落物	混合样	0.18	3	0	21.15	3	0.02	—	—	—
2010	HSFZQ01ABC_02	马尾松	树叶	0.62	5	0.1	20.54	5	0.98	3	5	0.41
2010	HSFZQ01ABC_02	马尾松	树枝	0.37	5	0.07	19.84	5	0.44	1.8	5	0.32
2010	HSFZQ01ABC_02	马尾松	树皮	0.56	5	0.28	19.45	5	0.86	2.6	5	0.71
2010	HSFZQ01ABC_02	马尾松	树茎	0.25	5	0.05	17.04	5	1.59	0.8	5	0.12
2010	HSFZQ01ABC_02	马尾松	树根	0.3	5	0.05	18.28	5	1.14	2.3	5	0.98
2010	HSFZQ01ABC_02	杉木	树叶	1.52	5	0.24	20.17	5	0.57	5.9	5	0.25

（续）

年份	样地代码	植物种名/群落物	采样部位	全镁/(g/kg)			干重热值/(MJ/kg)			灰分/%		
				平均值	重复数	标准差	平均值	重复数	标准差	平均值	重复数	标准差
2010	HSFZQ01ABC_02	杉木	树枝	0.28	5	0.06	19.21	5	0.79	1.9	5	0.3
2010	HSFZQ01ABC_02	杉木	树皮	0.23	5	0.02	17.94	5	1.54	3.5	5	0.31
2010	HSFZQ01ABC_02	杉木	树茎	0.11	5	0.01	16.27	5	1.84	0.9	5	0.1
2010	HSFZQ01ABC_02	杉木	树根	0.28	5	0.09	18.13	5	0.81	4.7	5	0.59
2010	HSFFZ01ABC_02	木荷	树叶	2.16	5	0.4	21.51	5	1.06	4.9	5	0.47
2010	HSFFZ01ABC_02	木荷	树枝	1.13	5	0.31	19.71	5	0.82	3.1	5	0.84
2010	HSFFZ01ABC_02	木荷	树皮	1.52	5	0.45	19.45	5	0.87	6.1	5	1.16
2010	HSFFZ01ABC_02	木荷	树茎	0.29	5	0.09	18.14	5	1.88	1.7	5	0.08
2010	HSFFZ01ABC_02	木荷	树根	1.99	5	0.93	19.04	5	0.97	5.5	5	0.91
2010	HSFFZ01ABC_02	西南木荷	树叶	1.64	5	0.29	20.26	5	0.84	4	5	0.62
2010	HSFFZ01ABC_02	西南木荷	树枝	0.85	5	0.18	19.08	5	0.68	2.6	5	0.19
2010	HSFFZ01ABC_02	西南木荷	树皮	0.54	5	0.1	19.1	5	0.62	3.3	5	0.64
2010	HSFFZ01ABC_02	西南木荷	树茎	0.42	5	0.13	18.58	5	0.69	1.9	5	0.26
2010	HSFFZ01ABC_02	西南木荷	树根	0.96	5	0.25	16.72	5	0.34	11.5	5	2.12
2010	HSFFZ01ABC_02	醉香含笑	树叶	1.46	5	0.27	20.61	5	2.21	4.1	5	0.31
2010	HSFFZ01ABC_02	醉香含笑	树枝	0.66	5	0.3	19.41	5	0.94	2	5	0.32
2010	HSFFZ01ABC_02	醉香含笑	树皮	0.74	5	0.21	19.76	5	1.01	4.6	5	0.41
2010	HSFFZ01ABC_02	醉香含笑	树茎	0.3	5	0.05	19.06	5	0.79	1.4	5	0.19
2010	HSFFZ01ABC_02	醉香含笑	树根	0.94	5	0.33	19.36	5	1.09	5.8	5	1.71
2010	HSFZH01ABC_02	马占相思	树叶	1.35	5	0.29	22.03	5	0.54	4.7	5	0.48
2010	HSFZH01ABC_02	马占相思	树枝	1.1	5	0.32	18.95	5	1.07	2.4	5	0.63

（续）

年份	样地代码	植物种名/凋落物	采样部位	全镁/(g/kg)			干重热值/(MJ/kg)			灰分/%		
				平均值	重复数	标准差	平均值	重复数	标准差	平均值	重复数	标准差
2010	HSFZH01ABC_02	马占相思	树皮	0.75	5	0.41	21.06	5	1.25	4.2	5	0.78
2010	HSFZH01ABC_02	马占相思	树茎	0.26	5	0.12	19.16	5	1.03	1.5	5	0.39
2010	HSFZH01ABC_02	马占相思	树根	0.8	5	0.29	20.4	5	1.78	3.7	5	0.63
2010	HSFZQ01ABC_02	稗星树	树叶	4.23	5	1.16	17.74	5	1.02	9	5	1.07
2010	HSFZQ01ABC_02	稗星树	树茎	1.06	5	0.24	17.35	5	0.15	2.1	5	0.33
2010	HSFZQ01ABC_02	稗星树	树根	0.64	5	0.15	18.93	5	1.46	3.4	5	0.61
2010	HSFZH01ABC_02	桃金娘	树叶	1.82	5	0.13	21.56	5	0.48	3.8	5	0.15
2010	HSFZH01ABC_02	桃金娘	树茎	0.54	5	0.1	19.06	5	0.13	1.7	5	0.19
2010	HSFZH01ABC_02	桃金娘	树根	0.55	5	0.14	18.76	5	0.74	2.3	5	0.59
2010	HSFZH01ABC_02	芒萁	地上部分	1.34	5	0.19	19.9	5	1.52	5.5	5	1.13
2010	HSFZH01ABC_02	芒萁	地下部分	0.57	5	0.11	17.65	5	0.89	13.9	5	2.2
2010	HSFZH01ABC_02	凋落物	树叶	1.85	5	0.12	22.23	5	0.4	4	5	0.26
2010	HSFZH01ABC_02	凋落物	树枝	0.34	5	0.08	19.95	5	0.81	2.2	5	0.33
2010	HSFZQ01ABC_02	乌毛蕨	地上部分	2.34	5	0.74	15.89	5	3.98	15.5	5	15.72
2010	HSFZQ01ABC_02	乌毛蕨	地下部分	1.45	5	0.34	14.77	5	2.14	19.2	5	10.31
2010	HSFZQ01ABC_02	淡竹叶	地上部分	1.06	5	0.42	17.06	5	0.31	8.8	5	1.13
2010	HSFZQ01ABC_02	淡竹叶	地下部分	0.64	5	0.05	12.73	5	1.05	26.8	5	5.13
2010	HSFZQ01ABC_02	凋落物	树叶	0.67	6	0.17	21.08	6	1.44	3.3	6	0.85
2010	HSFZQ01ABC_02	凋落物	树枝	0.14	6	0.03	19.06	6	0.64	1.9	6	1.34
2010	HSFFZ01ABC_02	白花灯笼	树叶	1.81	5	0.32	19.02	5	0.56	8.2	5	0.73
2010	HSFFZ01ABC_02	白花灯笼	树茎	1.73	5	0.15	17.74	5	0.9	2.6	5	0.27

（续）

年份	样地代码	植物种名/凋落物	采样部位	全镁/（g/kg）			干重热值/（MJ/kg）			灰分/%		
				平均值	重复数	标准差	平均值	重复数	标准差	平均值	重复数	标准差
2010	HSFFZ01ABC_02	白花灯笼	树根	1.31	5	0.35	17.01	5	0.3	7	5	1.14
2010	HSFFZ01ABC_02	九节	树叶	5.02	5	0.59	17.99	5	1.31	10	5	1.55
2010	HSFFZ01ABC_02	九节	树茎	1.38	5	0.35	17.76	5	1.01	4.3	5	0.89
2010	HSFFZ01ABC_02	九节	树根	1.23	5	0.28	18.17	5	1.25	4.2	5	1.21
2010	HSFFZ01ABC_02	乌毛蕨	地上部分	4.23	5	0.64	16.57	5	0.21	9.3	5	1.02
2010	HSFFZ01ABC_02	乌毛蕨	地下部分	1.89	5	0.29	15.27	5	1.13	14.1	5	4.7
2010	HSFFZ01ABC_02	淡竹叶	地上部分	0.63	5	0.17	17.36	5	0.77	10.4	5	1.5
2010	HSFFZ01ABC_02	淡竹叶	地下部分	0.41	5	0.11	9.29	5	1.38	46.4	5	7.33
2010	HSFFZ01ABC_02	凋落物	树叶	1.26	5	0.15	19.93	5	0.44	4.3	5	1.08
2010	HSFFZ01ABC_02	凋落物	树枝	0.48	5	0.21	18.3	5	0.23	2	5	0.15
2015	HSFZH01ABC_02	马占相思	树根	1.6	5	0.24	18.97	5	0.21	3.5	5	0.99
2015	HSFZH01ABC_02	马占相思	树茎	0.56	5	0.17	18.85	5	0.18	1.4	5	0.42
2015	HSFZH01ABC_02	马占相思	树叶	2.4	5	0.17	20.44	5	0.58	5.3	5	1.23
2015	HSFZH01ABC_02	马占相思	树枝	2.18	5	0.51	19.29	5	0.44	3.4	5	1.38
2015	HSFZH01ABC_02	马占相思	树皮	1.07	5	0.17	20.5	5	0.13	3.4	5	0.27
2015	HSFZH01ABC_02	秤星树	树根	1.96	5	0.14	17.53	5	0.18	3.9	5	1.64
2015	HSFZH01ABC_02	秤星树	树茎	1.82	5	0.22	17.81	5	0.22	3.5	5	0.74
2015	HSFZH01ABC_02	秤星树	树叶	5.66	5	0.43	19.05	5	0.13	5.9	5	0.63
2015	HSFZH01ABC_02	桃金娘	树根	0.48	5	0.13	18.07	5	0.19	2.2	5	0.37
2015	HSFZH01ABC_02	桃金娘	树茎	0.56	5	0.1	18.55	5	0.23	2.2	5	0.42
2015	HSFZH01ABC_02	桃金娘	树叶	1.25	5	0.28	19.51	5	0.78	4.3	5	3.18

（续）

年份	样地代码	植物种名/调落物	采样部位	全镁/(g/kg)			干重热值/(MJ/kg)			灰分/%		
				平均值	重复数	标准差	平均值	重复数	标准差	平均值	重复数	标准差
2015	HSFZH01ABC_02	山鸡椒	树根	0.37	5	0.1	18.74	5	0.19	3.2	5	0.55
2015	HSFZH01ABC_02	山鸡椒	树茎	0.51	5	0.12	19.4	5	0.18	1.4	5	0.19
2015	HSFZH01ABC_02	山鸡椒	树叶	1.65	5	0.16	20.47	5	0.29	4	5	0.46
2015	HSFZH01ABC_02	芒萁	地上部分	0.8	5	0.1	18.92	5	0.18	4.4	5	0.28
2015	HSFZH01ABC_02	芒萁	地下部分	0.17	5	0.05	17.45	5	0.42	5.4	5	0.91
2015	HSFZH01ABC_02	调落物	树枝	0.84	5	0.08	19.23	5	0.1	2.9	5	0.31
2015	HSFZH01ABC_02	调落物	树叶	1.41	5	0.18	21.41	5	0.51	2.8	5	0.1
2015	HSFZQ01ABC_02	马尾松	树根	0.59	5	0.17	18.73	5	0.13	3.5	5	0.88
2015	HSFZQ01ABC_02	马尾松	树茎	0.22	5	0.05	19.13	5	0.24	1.1	5	0.63
2015	HSFZQ01ABC_02	马尾松	树叶	0.74	5	0.12	20.71	5	0.3	2	5	0.35
2015	HSFZQ01ABC_02	马尾松	树枝	0.55	5	0.1	19.8	5	0.49	2.2	5	0.16
2015	HSFZQ01ABC_02	马尾松	树皮	0.62	5	0.08	18.89	5	1.02	2.6	5	0.61
2015	HSFZQ01ABC_02	三桠苦	树根	0.42	5	0.1	18.06	5	0.56	5.1	5	0.98
2015	HSFZQ01ABC_02	三桠苦	树茎	0.83	5	0.15	18.24	5	0.24	3.2	5	0.29
2015	HSFZQ01ABC_02	三桠苦	树叶	1.81	5	0.55	18.51	5	0.23	7.4	5	0.86
2015	HSFZQ01ABC_02	秤星树	树根	1.14	5	0.13	17.67	5	0.33	3.4	5	0.38
2015	HSFZQ01ABC_02	秤星树	树茎	1.18	5	0.12	18.2	5	0.12	3	5	0.34
2015	HSFZQ01ABC_02	秤星树	树叶	3.19	5	0.34	18.36	5	0.42	9.9	5	1.29
2015	HSFZQ01ABC_02	淡竹叶	地上部分	1.3	5	0.12	17.76	5	0.18	9.5	5	0.44
2015	HSFZQ01ABC_02	淡竹叶	地下部分	0.28	5	0.09	15.95	5	0.54	13.1	5	3.9
2015	HSFZQ01ABC_02	乌毛蕨	地上部分	2.13	5	0.48	17.22	5	0.33	8.2	5	0.61

（续）

年份	样地代码	植物种名/凋落物	采样部位	全镁/(g/kg)			干重热值/(MJ/kg)			灰分/%		
				平均值	重复数	标准差	平均值	重复数	标准差	平均值	重复数	标准差
2015	HSFZZQ01ABC_02	乌毛蕨	地下部分	0.95	5	0.29	16.62	5	0.34	8	5	3.33
2015	HSFZZQ01ABC_02	凋落物	树枝	0.43	5	0.03	19.44	5	0.47	3.2	5	1.72
2015	HSFZZQ01ABC_02	凋落物	树叶	0.8	5	0.09	20.04	5	0.5	5.2	5	2.02
2015	HSFZZQ01ABC_02	杉木	树根	0.27	5	0.06	19.35	5	0.34	3.1	5	0.89
2015	HSFZZQ01ABC_02	杉木	树茎	0.12	5	0.04	18.98	5	0.4	0.5	5	0.14
2015	HSFZZQ01ABC_02	杉木	树叶	1.04	5	0.16	20.17	5	0.53	4.9	5	0.79
2015	HSFZZQ01ABC_02	杉木	树枝	0.41	5	0.11	18.87	5	0.16	3.1	5	0.23
2015	HSFZZQ01ABC_02	杉木	树皮	0.31	5	0.05	19.04	5	0.23	2.9	5	0.39
2015	HSFFZ01ABC_02	西南木荷	树根	1.05	5	0.31	19.09	5	0.21	3.6	5	0.1
2015	HSFFZ01ABC_02	西南木荷	树茎	0.33	5	0.13	18.51	5	0.14	2	5	0.58
2015	HSFFZ01ABC_02	西南木荷	树叶	1.46	5	0.13	20.31	5	0.11	3.1	5	0.69
2015	HSFFZ01ABC_02	西南木荷	树枝	0.59	5	0.05	18.93	5	0.13	2.3	5	0.4
2015	HSFFZ01ABC_02	西南木荷	树皮	0.68	5	0.11	18.57	5	0.57	4.1	5	0.7
2015	HSFFZ01ABC_02	九节	树根	1.45	5	0.54	18.08	5	0.22	4.2	5	0.57
2015	HSFFZ01ABC_02	九节	树茎	1.17	5	0.29	18	5	0.09	4.7	5	0.47
2015	HSFFZ01ABC_02	九节	树叶	3.18	5	0.23	18.04	5	0.32	9	5	0.75
2015	HSFFZ01ABC_02	乌毛蕨	地上部分	2.87	5	0.29	17.26	5	0.28	7.9	5	0.65
2015	HSFFZ01ABC_02	乌毛蕨	地下部分	0.97	5	0.3	16.68	5	0.32	10.5	5	4.07
2015	HSFFZ01ABC_02	凋落物	树枝	0.63	5	0.2	18.99	5	0.22	2.6	5	0.39
2015	HSFFZ01ABC_02	凋落物	树叶	1.07	5	0.1	20.51	5	0.44	5.6	5	1.54

3.1.13　动植物名录数据集

3.1.13.1　概述

本数据集是基于鹤山站长期定位监测样地的观测调查数据提取的鹤山站动植物名录，包括层片、类别、中文名、拉丁名等数据项。数据产生的长期观测样地为鹤山站马占相思林综合观测场（HS-FZH01）、鹤山站乡土林辅助观测场（HSFFZ01）、鹤山站针叶林站区调查点（HSFZQ01）。

3.1.13.2　数据采集和处理方法

所有植物名录数据提取自野外生物监测调查记录，动物名录数据由台站委托相关专业科研人员调查提供。

3.1.13.3　数据质量控制和评估

由中国生态系统研究网络（CERN）生物分中心安排植物分类学专家对鹤山站已有植物名录进行审核与订正，基于 http：//www.sp2000.org.cn/、http：//www.iplant.cn/与 https：//www.cfh.ac.cn/等网站对植物种名（中文名和拉丁名）进行核查，确定鹤山站生物监测数据的植物名录。对每年首次出现于调查记录中的植物种名，提交生物分中心进行名录审核与订正。鸟类动物名录，由站委托相关领域科研人员在完成调查后提供物种清单，并结合 http：//www.sp2000.org.cn/和 https：//species.sciencereading.cn/等网站进行审核订正。

3.1.13.4　数据

数据见表 3-23 至表 3-24。

表 3-23　鹤山站植物名录

层片	中文名	拉丁名
乔木层	白背叶	*Mallotus apelta* (Lour.) Müll. Arg.
乔木层	白花灯笼	*Clerodendrum fortunatum* L.
乔木层	变叶榕	*Ficus variolosa* Lindl. ex Benth.
乔木层	茶	*Camellia sinensis* (L.) Kuntze
乔木层	豺皮樟	*Litsea rotundifolia* var. *oblongifolia* (Nees) C. K. Allen
乔木层	潺槁木姜子	*Litsea glutinosa* (Lour.) C. B. Rob.
乔木层	秤星树	*Ilex asprella* (Hook. & Arn.) Champ. ex Benth.
乔木层	粗叶榕	*Ficus hirta* Vahl
乔木层	大叶相思	*Acacia auriculiformis* A. Cunn. ex Benth.
乔木层	鹅掌柴	*Heptapleurum heptaphyllum* (L.) Y. F. Deng
乔木层	翻白叶树	*Pterospermum heterophyllum* Hance
乔木层	光叶山黄麻	*Trema cannabina* Lour.
乔木层	西南木荷	*Schima wallichii* (DC.) Korth.
乔木层	红枝蒲桃	*Syzygium rehderianum* Merr. & L. M. Perry
乔木层	红锥	*Castanopsis hystrix* Hook. f. & Thomson ex A. DC.
乔木层	台湾毛楤木	*Aralia decaisneana* Hance
乔木层	假鹰爪	*Desmos chinensis* Lour.
乔木层	九节	*Psychotria asiatica* L.
乔木层	了哥王	*Wikstroemia indica* (L.) C. A. Mey.
乔木层	黧蒴锥	*Castanopsis fissa* (Champ. ex Benth.) Rehder & E. H. Wilson in Sarg.

（续）

层片	中文名	拉丁名
乔木层	棟	*Melia azedarach* L.
乔木层	棟叶吴萸	*Tetradium glabrifolium* (Champ. ex Benth.) T. G. Hartley
乔木层	马尾松	*Pinus massoniana* Lamb.
乔木层	马占相思	*Acacia mangium* Willd.
乔木层	毛八角枫	*Alangium kurzii* Craib
乔木层	毛果算盘子	*Glochidion eriocarpum* Champ. ex Benth.
乔木层	米碎花	*Eurya chinensis* R. Brown in C. Abel
乔木层	木荷	*Schima superba* Gardner & Champ.
乔木层	蒲桃	*Syzygium jambos* (L.) Alston
乔木层	三桠苦	*Melicope pteleifolia* (Champ. ex Benth.) Hartley
乔木层	山鸡椒	*Litsea cubeba* (Lour.) Pers.
乔木层	山乌桕	*Triadica cochinchinensis* Lour.
乔木层	杉木	*Cunninghamia lanceolata* (Lamb.) Hook.
乔木层	石斑木	*Rhaphiolepis indica* (L.) Lindl.
乔木层	算盘子	*Glochidion puberum* (L.) Hutch.
乔木层	桃金娘	*Rhodomyrtus tomentosa* (Aiton) Hassk.
乔木层	土蜜树	*Bridelia tomentosa* Blume
乔木层	腺叶桂樱	*Prunus phaeosticta* (Hance) Maxim.
乔木层	香叶树	*Lindera communis* Hemsl.
乔木层	小蜡	*Ligustrum sinense* Lour.
乔木层	印度野牡丹	*Melastoma malabathricum* Linnaeus
乔木层	野漆	*Toxicodendron succedaneum* (L.) Kuntze
乔木层	阴香	*Cinnamomum burmanni* (Nees & T. Nees) Blume
乔木层	银柴	*Aporosa dioica* (Roxb.) Müll. Arg.
乔木层	樟	*Camphora officinarum* Nees
乔木层	栀子	*Gardenia jasminoides* J. Ellis
乔木层	竹柏	*Nageia nagi* (Thunb.) Kuntze
乔木层	竹节树	*Carallia brachiata* (Lour.) Merr.
乔木层	醉香含笑	*Michelia macclurei* Dandy
灌木层	白背叶	*Mallotus apelta* (Lour.) Müll. Arg.
灌木层	白花灯笼	*Clerodendrum fortunatum* L.
灌木层	白楸	*Mallotus paniculatus* (Lam.) Müll. Arg.
灌木层	变叶榕	*Ficus variolosa* Lindl. ex Benth.
灌木层	茶	*Camellia sinensis* (L.) Kuntze
灌木层	豺皮樟	*Litsea rotundifolia* var. *oblongifolia* (Nees) C. K. Allen

（续）

层片	中文名	拉丁名
灌木层	潺槁木姜子	*Litsea glutinosa*（Lour.）C. B. Rob.
灌木层	秤星树	*Ilex asprella*（Hook. & Arn.）Champ. ex Benth.
灌木层	粗叶榕	*Ficus hirta* Vahl
灌木层	大花紫薇	*Lagerstroemia speciosa*（L.）Pers.
灌木层	地桃花	*Urena lobata* L.
灌木层	鹅掌柴	*Heptapleurum heptaphyllum*（L.）Y. F. Deng
灌木层	翻白叶树	*Pterospermum heterophyllum* Hance
灌木层	光叶山矾	*Symplocos lancifolia* Siebold & Zucc.
灌木层	光叶山黄麻	*Trema cannabina* Lour.
灌木层	海南蒲桃	*Syzygium hainanense* H. T. Chang & R. H. Miao
灌木层	黑面神	*Breynia fruticosa*（L.）Hook. f.
灌木层	红枝蒲桃	*Syzygium rehderianum* Merr. & L. M. Perry
灌木层	红锥	*Castanopsis hystrix* Hook. f. & Thomson ex A. DC.
灌木层	台湾毛楤木	*Aralia decaisneana* Hance
灌木层	假鹰爪	*Desmos chinensis* Lour.
灌木层	九节	*Psychotria asiatica* L.
灌木层	了哥王	*Wikstroemia indica*（L.）C. A. Mey.
灌木层	黧蒴锥	*Castanopsis fissa*（Champ. ex Benth.）Rehder & E. H. Wilson in Sarg.
灌木层	楝叶吴萸	*Tetradium glabrifolium*（Champ. ex Benth.）T. G. Hartley
灌木层	毛八角枫	*Alangium kurzii* Craib
灌木层	毛果算盘子	*Glochidion eriocarpum* Champ. ex Benth.
灌木层	毛黄肉楠	*Actinodaphne pilosa*（Lour.）Merr.
灌木层	米碎花	*Eurya chinensis* R. Brown in C. Abel
灌木层	米仔兰	*Aglaia odorata* Lour.
灌木层	木荷	*Schima superba* Gardner & Champ.
灌木层	蒲桃	*Syzygium jambos*（L.）Alston
灌木层	琴叶榕	*Ficus pandurata* Hance
灌木层	三桠苦	*Melicope pteleifolia*（Champ. ex Benth.）Hartley
灌木层	山鸡椒	*Litsea cubeba*（Lour.）Pers.
灌木层	山乌桕	*Triadica cochinchinensis* Lour.
灌木层	山芝麻	*Helicteres angustifolia* L.
灌木层	杉木	*Cunninghamia lanceolata*（Lamb.）Hook.
灌木层	深山含笑	*Michelia maudiae* Dunn
灌木层	石斑木	*Rhaphiolepis indica*（L.）Lindl.
灌木层	算盘子	*Glochidion puberum*（L.）Hutch.

（续）

层片	中文名	拉丁名
灌木层	桃金娘	*Rhodomyrtus tomentosa*（Aiton）Hassk.
灌木层	土蜜树	*Bridelia tomentosa* Blume
灌木层	香叶树	*Lindera communis* Hemsl.
灌木层	小果山龙眼	*Helicia cochinchinensis* Lour.
灌木层	小蜡	*Ligustrum sinense* Lour.
灌木层	印度野牡丹	*Melastoma malabathricum* Linnaeus
灌木层	野漆	*Toxicodendron succedaneum*（L.）Kuntze
灌木层	叶下珠	*Phyllanthus urinaria* L.
灌木层	阴香	*Cinnamomum burmanni*（Nees & T. Nees）Blume
灌木层	银柴	*Aporosa dioica*（Roxb.）Müll. Arg.
灌木层	樟	*Cinnamomum camphora*（L.）J. Presl
灌木层	栀子	*Gardenia jasminoides* J. Ellis
灌木层	竹节树	*Carallia brachiata*（Lour.）Merr.
灌木层	醉香含笑	*Michelia macclurei* Dandy
草本层	半边旗	*Pteris semipinnata* L.
草本层	垂穗石松	*Palhinhaea cernua*（L.）Vasc. & Franco
草本层	单色蝴蝶草	*Torenia concolor* Lindl.
草本层	淡竹叶	*Lophatherum gracile* Brongn.
草本层	地胆草	*Elephantopus scaber* L.
草本层	短叶黍	*Panicum brevifolium* L.
草本层	弓果黍	*Cyrtococcum patens*（L.）A. Camus
草本层	华南鳞盖蕨	*Microlepia hancei* Prantl
草本层	华南毛蕨	*Cyclosorus parasiticus*（L.）Farw.
草本层	火炭母	*Persicaria chinensis*（L.）H. Gross
草本层	剑叶凤尾蕨	*Pteris ensiformis* Burm.
草本层	类芦	*Neyraudia reynaudiana*（Kunth）Keng ex Hitchc.
草本层	芒	*Miscanthus sinensis* Andersson
草本层	芒萁	*Dicranopteris pedata*（Houtt.）Nakaike
草本层	毛果珍珠茅	*Scleria levis* Retz.
草本层	三羽新月蕨	*Pronephrium triphyllum*（Sw.）Holttum
草本层	山菅兰	*Dianella ensifolia*（L.）DC.
草本层	扇叶铁线蕨	*Adiantum flabellulatum* L.
草本层	双穗雀稗	*Paspalum distichum* L.
草本层	团叶鳞始蕨	*Lindsaea orbiculata*（Lam.）Mett. ex Kuhn
草本层	乌毛蕨	*Blechnopsis orientalis*（L.）C. Presl

（续）

层片	中文名	拉丁名
草本层	细毛鸭嘴草	*Ischaemum ciliare* Retz.
草本层	小花露籽草	*Ottochloa nodosa* var. *micrantha* (Balansa ex A. Camus) S. L. Chen & S. M. Phillips
草本层	异叶双唇蕨	*Lindsaea heterophylla* Dryand.

表 3 - 24　鹤山站动物名录

类别	中文名	拉丁名
鸟类	暗绿绣眼鸟	*Zosterops japonicus* (Temminck et Schlegel, 1848)
鸟类	八哥	*Acridotheres cristatellus* (Linnaeus, 1758)
鸟类	八声杜鹃	*Cacomantis merulinus* Scopoli, 1786
鸟类	白喉短翅鸫	*Brachypteryx leucophris* Temminck, 1828
鸟类	白鹡鸰	*Motacilla alba* Linnaeus, 1758
鸟类	白眉鹀	*Emberiza tristrami* Swinhoe, 1870
鸟类	白头鹎	*Pycnonotus sinensis* (Gmelin, 1789)
鸟类	斑头鸺鹠	*Glaucidium cuculoides* (Vigors, 1831)
鸟类	叉尾太阳鸟	*Aethopyga christinae* Swinhoe, 1869
鸟类	大拟啄木鸟	*Psilopogon virens* (Boddaert, 1783)
鸟类	大山雀	*Parus cinereus* Vieillot, 1818
鸟类	大嘴乌鸦	*Corvus macrorhynchos* (Wagler, 1827)
鸟类	发冠卷尾	*Dicrurus hottentottus* (Linnaeus, 1766)
鸟类	海南蓝仙鹟	*Cyornis hainanus* Ogilvie-Grant, 1900
鸟类	褐翅鸦鹃	*Centropus sinensis* Stephens, 1815
鸟类	褐顶雀鹛	*Schoeniparus brunneus* Gould, 1863
鸟类	褐耳鹰	*Accipiter badius* Gmelin, 1788
鸟类	褐柳莺	*Phylloscopus fuscatus* (Blyth, 1842)
鸟类	褐头鹪莺	*Prinia subflava* (Gmelin, 1789)
鸟类	黑冠鹃隼	*Aviceda leuphotes* Dumont, 1820
鸟类	黑喉噪鹛	*Garrulax chinensis* (Scopoli, 1786)
鸟类	黑卷尾	*Dicrurus macrocercus* Vieillot, 1817
鸟类	黑尾蜡嘴雀	*Eophona migratoria* Hartert, 1910
鸟类	红耳鹎	*Pycnonotus jocosus* (Linnaeus, 1758)
鸟类	红隼	*Falco tinnunculus* Linnaeus, 1758
鸟类	红头穗鹛	*Cyanoderma ruficeps* (Blyth, 1847)

（续）

动物类别	动物名称	拉丁名
鸟类	红尾歌鸲	*Larvivora sibilans*（Swinhoe，1863）
鸟类	红胁蓝尾鸲	*Tarsiger cyanurus*（Pallas，1773）
鸟类	红胸啄花鸟	*Dicaeum ignipectus*（Blyth，1843）
鸟类	红嘴蓝鹊	*Urocissa erythroryncha* Boddaert，1783
鸟类	红嘴相思鸟	*Leiothrix lutea*（Scopoli，1786）
鸟类	画眉	*Garrulax canorus*（Linnaeus，1758）
鸟类	黄腹鹪莺	*Prinia flaviventris*（Delessert，1840）
鸟类	黄眉柳莺	*Phylloscopus inornatus*（Blyth，1842）
鸟类	黄眉姬鹟	*Ficedula narcissina*（Temminck，1836）
鸟类	黄眉鹀	*Emberiza chrysophrys* Pallas，1776
鸟类	黄腰柳莺	*Phylloscopus proregulus*（Pallas，1811）
鸟类	灰背鸫	*Turdus hortulorum*（Sclater，1863）
鸟类	灰喉山椒鸟	*Pericrocotus solaris*（Blyth，1846）
鸟类	灰树鹊	*Dendrocitta formosae*（Swinhoe，1863）
鸟类	灰头鹀	*Emberiza spondocephala* Pallas，1776
鸟类	家燕	*Hirundo rustica* Linnaeus，1758
鸟类	金翅雀	*Chloris sinica*（Linnaeus，1766）
鸟类	金腰燕	*Cecropis daurica* Laxmann，1769
鸟类	栗背短脚鹎	*Hemixos castanonotus* Swinhoe，1870
鸟类	栗耳凤鹛	*Yuhina castaniceps*（Moore，F，1854）
鸟类	领角鸮	*Otus bakkamoena*（Pennant，1769）
鸟类	鹊鸲	*Copsychus saularis*（Linnaeus，1758）
鸟类	四声杜鹃	*Cuculus micropterus* Gould，1838
鸟类	松鸦	*Garrulus glandarius*（Linnaeus，1758）
鸟类	乌鸫	*Turdus merula* Linnaeus，1758
鸟类	乌灰鸫	*Turdus cardis*（Temminck，1838）
鸟类	小鸦鹃	*Centropus bengalensis* Gmelin，1788
鸟类	夜鹭	*Nycticorax nycticorax* Linnaeus，1758
鸟类	噪鹃	*Eudynamys scolopaceus* Linnaeus，1758
鸟类	长尾缝叶莺	*Orthotomus sutorius*（Pennant，1769）

（续）

动物类别	动物名称	拉丁名
鸟类	珠颈斑鸠	*Streptopelia chinensis* Scopoli，1786
鸟类	棕背伯劳	*Lanius schach* Linnaeus，1758
鸟类	棕颈钩嘴鹛	*Pomatorhinus ruficollis* Hodgson，1836

3.2　土壤观测数据

3.2.1　土壤交换量数据集

3.2.1.1　概述

土壤阳离子交换性能是指土壤溶液中的阳离子与土壤固相的阳离子进行的交换作用。土壤具有吸附溶液中阳离子、同时释放出等量的其他阳离子的能力，即土壤溶液中阳离子与土壤胶体表面阳离子的相互取代作用。主要包括两个过程：①土壤溶液中的阳离子进入胶体双电层被吸附。②胶体扩散层中阳离子为平衡电荷进入土壤溶液被解吸。本数据集包括鹤山站 2005—2015 年 6 个长期监测样地的年尺度土壤交换量监测数据，包括交换性钾、交换性钠、交换性钙、交换性镁、交换性酸、交换性氢、交换性铝和阳离子交换量 8 项指标。

3.2.1.2　数据采集和处理方法

于 2005、2010 年和 2015 年在每个采样地内按照 CERN 观测规范要求采取表层土壤 0～20 cm，采集 10 个单点样混合成 1 个样品装入塑料盆中，混合均匀后用四分法取 1.5 kg 左右的土壤放入封口袋。取回的土样置于干净的白纸上风干，挑除根系和石子，四分法取足量样品碾磨后，过 2 mm 和 0.25 mm 筛，装入封口袋中备用，剩余样品用于长期保存或备用。

阳离子交换量测定采用乙酸铵交换法，交换性钙、镁离子测定采用乙酸铵交换-原子吸收光谱法，交换性钾、钠离子测定采用乙酸铵交换-火焰光度法，交换性氢离子、交换性铝离子和交换性酸总量测定采用氯化钾交换-中和滴定法。

3.2.1.3　数据质量控制和评估

按照 CERN《陆地生态系统土壤观测规范》《陆地生态系统土壤观测质量保证与质量控制》等实施，保证数据的完整性、一致性、准确度和精密度。在完整性方面，本数据集中的数据都具备完整的背景信息、人为活动记录、分析方法记录和分析质控记录。在一致性方面，台站、样地等空间位置信息和代码始终保持一致。在准确度和精密度方面，主要严格规范实验室测定过程，测定时插入国家标准样品进行准确度控制，同时插入平行样品进行相对偏差控制。

3.2.1.4　数据价值/数据使用方法和建议

土壤交换性能是体现土壤肥力的重要指标，该数据包含了亚热带低山丘陵区代表性人工林土壤阳离子交换量、交换性阳离子含量及交换性酸含量，可为该区域林地土壤养分管理提供数据支持，也可为人工植被恢复及服务功能提升等提供服务。

本数据集原始数据可通过广东鹤山森林生态系统国家野外科学观测研究站（http://hsf.cern.ac.cn/）"资源服务"下的"数据服务"页面申请获取。

3.2.1.5　数据

数据见表 3-25 至表 3-30。

表 3 - 25　马占相思林综合观测场土壤交换量

年	月	观测层次/cm	交换性钙离子 (1/2Ca²⁺) / (mmol/kg)		交换性镁离子 (1/2 Mg²⁺) / (mmol/kg)		交换性钾离子 (K⁺) / (mmol/kg)		交换性钠离子 (Na⁺) / (mmol/kg)		重复数
			平均值	标准差	平均值	标准差	平均值	标准差	平均值	标准差	
2005	9	0~20	7.83	1.97	1.38	0.20	1.41	0.39	2.07	0.64	6
2015	1	0~20	7.53	1.56	2.44	0.34	2.97	0.58	8.96	2.02	6
2015	4	0~20	5.44	1.83	1.97	0.20	2.17	0.50	5.57	0.45	6
2015	7	0~20	3.46	0.67	1.15	0.14	2.12	0.36	2.19	1.96	6
2015	10	0~20	5.20	1.98	1.12	0.34	1.48	0.54	1.64	0.51	6

年	月	观测层次 (cm)	交换性酸总量 (H⁺＋1/3 Al³⁺) / (mmol/kg)		交换性铝离子 (1/3 Al³⁺) / (mmol/kg)		交换性氢离子 (H⁺) / (mmol/kg)		阳离子交换量 (⁺) / (mmol/kg)		重复数
			平均值	标准差	平均值	标准差	平均值	标准差	平均值	标准差	
2005	9	0~20	73.02	4.95	55.76	11.56	17.27	10.57	122.88	13.05	6
2010	10	0~20	92.37	10.71	83.77	9.95	8.60	0.98	70.40	7.66	6
2015	1	0~20	103.25	3.60	92.34	3.75	10.91	0.74	140.59	17.98	6
2015	4	0~20	99.69	5.21	91.82	4.76	7.87	1.44	147.41	14.92	6
2015	7	0~20	112.89	18.52	101.54	17.09	11.35	1.76	143.45	13.26	6
2015	10	0~20	104.96	7.43	94.66	6.20	10.30	1.82	148.13	20.67	6

表 3 - 26　乡土林辅助观测场土壤交换量

年	月	观测层次/cm	交换性钙离子 (1/2Ca²⁺) / (mmol/kg)		交换性镁离子 (1/2 Mg²⁺) / (mmol/kg)		交换性钾离子 (K⁺) / (mmol/kg)		交换性钠离子 (Na⁺) / (mmol/kg)		重复数
			平均值	标准差	平均值	标准差	平均值	标准差	平均值	标准差	
2005	9	0~20	5.73	0.63	0.98	0.09	2.32	1.21	1.23	0.29	6
2015	1	0~20	6.41	0.73	2.22	0.13	3.65	0.26	7.90	0.88	6
2015	4	0~20	3.95	0.30	1.82	0.15	2.76	0.30	5.72	0.54	6
2015	7	0~20	2.90	0.98	0.95	0.21	2.22	1.23	2.10	2.50	6
2015	10	0~20	3.26	0.64	0.80	0.08	1.97	0.21	1.20	0.74	6

年	月	观测层次 (cm)	交换性酸总量 (H⁺+1/3Al³⁺) / (mmol/kg)		交换性铝离子 (1/3Al³⁺) / (mmol/kg)		交换性氢离子 (H⁺) / (mmol/kg)		阳离子交换量 (⁺) / (mmol/kg)		重复数
			平均值	标准差	平均值	标准差	平均值	标准差	平均值	标准差	
2005	9	0~20	49.78	2.29	39.64	2.90	10.14	1.33	82.03	4.90	6
2010	10	0~20	49.45	6.45	46.65	5.54	2.80	2.37	54.67	9.84	6
2015	1	0~20	45.15	9.05	41.36	7.93	3.79	1.27	102.90	15.12	6
2015	4	0~20	50.42	5.48	46.17	5.18	4.25	0.63	116.38	7.75	6
2015	7	0~20	66.78	15.55	60.13	13.35	6.65	2.37	105.81	21.97	6
2015	10	0~20	52.77	7.65	47.42	7.75	5.35	1.06	113.97	12.74	6

表 3 - 27　针叶林站区调查点土壤交换量

年	月	观测层次/cm	交换性钙离子 (1/2Ca²⁺) / (mmol/kg)		交换性镁离子 (1/2 Mg²⁺) / (mmol/kg)		交换性钾离子 (K⁺) / (mmol/kg)		交换性钠离子 (Na⁺) / (mmol/kg)		重复数
			平均值	标准差	平均值	标准差	平均值	标准差	平均值	标准差	
2005	9	0~20	6.76	1.74	1.00	0.07	1.06	0.13	1.29	0.05	6
2015	1	0~20	5.28	1.08	2.32	0.15	3.35	0.66	9.30	1.31	6
2015	4	0~20	4.21	0.76	1.71	0.44	2.11	0.39	5.54	1.86	6
2015	7	0~20	2.92	0.48	0.90	0.21	1.93	0.51	1.12	0.50	6
2015	10	0~20	3.72	0.85	1.03	0.49	1.54	0.34	2.23	2.48	6

年	月	观测层次 (cm)	交换性酸总量 (H⁺+1/3Al³⁺) / (mmol/kg)		交换性铝离子 (1/3Al³⁺) / (mmol/kg)		交换性氢离子 (H⁺) / (mmol/kg)		阳离子交换量 (⁺) / (mmol/kg)		重复数
			平均值	标准差	平均值	标准差	平均值	标准差	平均值	标准差	
2005	9	0~20	50.17	4.11	21.48	15.42	28.69	17.14	91.30	13.82	6
2010	10	0~20	63.15	21.39	57.29	19.53	5.86	2.01	55.32	12.79	6
2015	1	0~20	61.70	26.03	56.78	24.94	4.92	1.23	123.17	11.88	6
2015	4	0~20	69.63	27.09	64.96	25.69	4.67	1.52	130.34	8.87	6
2015	7	0~20	90.07	23.14	83.01	22.13	7.06	1.41	124.26	14.69	6
2015	10	0~20	70.82	27.63	65.32	25.57	5.50	2.47	129.26	13.44	6

表3-28 桉林站区调查点土壤交换量

年	月	观测层次/cm	交换性钙离子 (1/2Ca²⁺)/(mmol/kg)		交换性镁离子 (1/2 Mg²⁺)/(mmol/kg)		交换性钾离子 (K⁺)/(mmol/kg)		交换性钠离子 (Na⁺)/(mmol/kg)		重复数
			平均值	标准差	平均值	标准差	平均值	标准差	平均值	标准差	
2015	1	0~20	4.21	2.60	1.81	0.61	1.69	0.40	8.01	2.13	6
2015	4	0~20	2.96	0.30	1.55	0.15	0.64	0.19	5.59	0.66	6
2015	7	0~20	3.32	1.08	0.96	0.41	0.57	0.64	2.04	2.13	6
2015	10	0~20	4.89	2.33	1.48	0.70	0.26	0.17	5.15	3.67	6

年	月	观测层次 (cm)	交换性酸总量 (H⁺+1/3Al³⁺)/(mmol/kg)		交换性铝离子 (1/3Al³⁺)/(mmol/kg)		交换性氢离子 (H⁺)/(mmol/kg)		阳离子交换量 (⁺)/(mmol/kg)		重复数
			平均值	标准差	平均值	标准差	平均值	标准差	平均值	标准差	
2010	10	0~20	75.05	8.37	63.22	6.84	11.83	2.05	56.39	21.55	6
2015	1	0~20	82.08	9.36	73.56	8.72	8.52	1.00	87.34	10.34	6
2015	4	0~20	82.63	11.64	73.17	10.57	9.46	1.53	103.86	13.10	6
2015	7	0~20	95.63	5.48	84.58	5.67	11.05	1.00	116.63	37.47	6
2015	10	0~20	79.06	9.71	70.40	7.86	8.66	2.60	94.78	8.08	6

表 3 - 29　大叶相思林站区调查点土壤交换量

年	月	观测层次/cm	交换性钙离子（1/2Ca²⁺）/(mmol/kg)		交换性镁离子（1/2 Mg²⁺）/(mmol/kg)		交换性钾离子（K⁺）/(mmol/kg)		交换性钠离子（Na⁺）/(mmol/kg)		重复数
			平均值	标准差	平均值	标准差	平均值	标准差	平均值	标准差	
2015	1	0~20	4.93	1.31	2.30	0.27	2.81	0.85	8.40	0.96	6
2015	4	0~20	4.23	1.36	1.91	0.53	1.64	0.65	6.01	2.01	6
2015	7	0~20	4.75	0.78	1.81	0.34	1.95	0.60	5.99	2.98	6
2015	10	0~20	5.52	1.33	2.14	0.70	1.65	0.72	7.08	3.47	6

年	月	观测层次（cm）	交换性酸总量（H⁺＋1/3Al³⁺）/(mmol/kg)		交换性铝离子（1/3Al³⁺）/(mmol/kg)		交换性氢离子（H⁺）/(mmol/kg)		阳离子交换量（⁺）/(mmol/kg)		重复数
			平均值	标准差	平均值	标准差	平均值	标准差	平均值	标准差	
2010	10	0~20	83.23	4.83	73.72	4.54	9.51	0.57	121.56	9.60	6
2015	1	0~20	78.57	8.87	71.94	8.59	6.63	0.47	113.34	25.52	6
2015	4	0~20	83.64	14.59	76.43	13.66	7.21	1.46	109.09	13.42	6
2015	7	0~20	83.80	9.63	74.94	8.56	8.86	1.73	112.14	17.69	6
2015	10	0~20	76.65	10.22	69.33	9.93	7.32	2.27	106.03	12.95	6

表 3 - 30 草坡站区调查点土壤交换量

年	月	观测层次 / cm	交换性钙离子 (1/2Ca²⁺) / (mmol/kg)		交换性镁离子 (1/2 Mg²⁺) / (mmol/kg)		交换性钾离子 (K⁺) / (mmol/kg)		交换性钠离子 (Na⁺) / (mmol/kg)		重复数
			平均值	标准差	平均值	标准差	平均值	标准差	平均值	标准差	
2015	1	0~20	5.11	1.35	1.99	0.36	2.90	0.47	7.39	2.07	6
2015	4	0~20	4.35	0.75	1.95	0.31	1.80	0.35	5.84	0.79	6
2015	7	0~20	4.01	1.12	1.12	0.25	1.86	0.25	2.08	1.88	6
2015	10	0~20	6.02	2.23	1.71	0.54	1.37	0.69	6.32	2.51	6

年	月	观测层次 / (cm)	交换性酸总量 (H⁺+1/3Al³⁺) / (mmol/kg)		交换性铝离子 (1/3 Al³⁺) / (mmol/kg)		交换性氢离子 (H⁺) / (mmol/kg)		阴离子交换量 (⁺) / (mmol/kg)		重复数
			平均值	标准差	平均值	标准差	平均值	标准差	平均值	标准差	
2010	10	0~20	106.04	7.32	90.99	8.20	15.05	2.77	137.78	7.48	6
2015	1	0~20	91.42	10.85	84.02	10.52	7.40	1.88	142.69	31.56	6
2015	4	0~20	89.66	6.70	82.48	6.08	7.18	1.77	138.69	9.16	6
2015	7	0~20	96.33	19.14	87.42	18.27	8.91	1.53	112.31	22.46	6
2015	10	0~20	101.10	9.44	92.01	9.21	9.09	1.43	139.85	33.97	6

3.2.2　土壤养分数据集

3.2.2.1　概述

本数据集包括鹤山站 2005—2015 年长期监测样地的年尺度土壤养分数据，包括有机质、全氮、全磷、全钾、有效磷、速效钾、缓效钾和 pH 8 项指标。

3.2.2.2　数据采集和处理方法

于 2005 年在每个采样地内按照 CERN 观测规范要求采取表层 0～20 cm 土壤样品和剖面 0～10 cm、10～20 cm、20～40 cm、40～60 cm、60～80 cm、80～100 cm 土壤样品，风干过筛后待测。于 2010 年在每个采样地内按照 CERN 观测规范要求采取表层 0～20 cm 土壤样品和剖面 0～10 cm、10～20 cm、20～40 cm、40～60 cm、60～100 cm 土壤样品，风干过筛后待测。2015 年在每个采样地内按照 CERN 观测规范要求采取表层 0～20 cm 土壤样品，剖面样品的采集：用带 PVC 衬管的土钻采用梅花形方式多点分别采集剖面 0～10 cm、10～20 cm、20～40 cm、40～60 cm、60～100 cm 土壤样品，每个采样分区 0～10 cm、10～20 cm 取 12～14 个单点样混合成 1 个样品，20～40 cm、40～60 cm、60～100 cm 土壤均取 10 个单点样混合成 1 个样品装入塑料盆中，混合均匀后用四分法取 1.5 kg 左右的土壤放入封口袋。取回的土样置于干净的白纸上风干，挑除根系和石子，四分法取足量碾磨后，过 2 mm 筛，再用四分法从过 2 mm 筛的土样中取足量样品，磨细后过 0.25 mm 筛。2 mm 土样用于分析有效磷、速效钾、缓效钾和 pH，0.25 mm 土样用于分析有机质、全氮、全磷和全钾。剩余样品用于长期保存或备用。

土壤有机质测定采用重铬酸钾氧化法，全氮测定采用半微量凯氏法，全磷测定采用氢氧化钠碱熔-钼锑抗比色法，全钾测定采用氢氧化钠碱熔-原子吸收光谱法，有效磷测定采用氟化铵-盐酸浸提-钼锑抗比色法，速效钾测定采用乙酸铵浸提-原子吸收光谱法，缓效钾测定采用硝酸浸提-原子吸收光谱法，pH 测定采用无 CO_2 水提取（水土比为 2.5∶1）-电位法。

3.2.2.3　数据质量控制和评估

数据质量控制和评估参考第 3 章 3.2.1.3。

3.2.2.4　数据价值/数据使用方法和建议

土壤养分循环是土壤圈物质循环的重要组成部分，也是陆地生态系统维持生物生命周期的必要条件。土壤中的养分元素可以反复地再循环和利用，在全球碳氮循环中都发挥着至关重要的作用；土壤 pH 是土壤形成过程和熟化的一个重要指标，也是土壤缓冲性能的重要体现，直接影响土壤养分存在的形态和有效性、微生物活动以及植物生长发育等诸多过程。

该数据集包含了南方红壤地区不同植被类型下的土壤养分指标，可为南亚热带人工林生态系统的演变和管理措施提供数据支持。也可服务于区域人工林生态系统服务功能评价。

本数据集原始数据可通过广东鹤山森林生态系统国家野外科学观测研究站（http：//hsf.cern.ac.cn/）"资源服务"下的"数据服务"页面申请获取。

3.2.2.5　数据

数据见表 3-31 至表 3-42。

表 3-31　马占相思林综合观测场土壤全量养分

年	月	观测层次/cm	有机质/（g/kg）		全氮/（g/kg）		全磷/（g/kg）		全钾/（g/kg）		重复数
			平均值	标准差	平均值	标准差	平均值	标准差	平均值	标准差	
2005	9	0～20	29.32	3.76	1.28	0.38	0.20	0.03	23.59	5.39	6
2005	9	0～10	25.51	3.29	1.65	0.23	0.22	0.01	19.87	2.50	3
2005	9	10～20	14.13	1.95	0.92	0.08	0.23	0.05	22.92	3.36	3
2005	9	20～40	10.19	0.60	0.76	0.03	0.23	0.02	27.52	4.73	3

（续）

年	月	观测层次/cm	有机质/（g/kg）		全氮/（g/kg）		全磷/（g/kg）		全钾/（g/kg）		重复数
			平均值	标准差	平均值	标准差	平均值	标准差	平均值	标准差	
2005	9	40～60	7.43	1.12	0.59	0.06	0.22	0.01	29.69	5.02	3
2005	9	60～80	6.27	0.51	0.51	0.03	0.26	0.03	29.95	6.50	3
2005	9	80～100	5.34	0.85	0.40	0.03	0.27	0.03	30.73	6.12	3
2010	10	0～20	45.01	10.44	1.71	0.34	—	—	—	—	3
2010	10	0～10	54.08	5.44	2.01	0.24	0.23	0.03	14.31	2.37	3
2010	10	10～20	24.74	5.45	0.95	0.18	0.22	0.02	17.41	3.25	3
2010	10	20～40	17.22	4.97	0.70	0.16	0.25	0.05	18.90	3.45	3
2010	10	40～60	11.11	2.76	0.48	0.09	0.24	0.04	20.53	4.15	3
2010	10	60～100	7.39	0.83	0.33	0.03	0.26	0.05	24.78	5.00	3
2015	1	0～20	48.10	10.92	1.88	0.32	0.18	0.04	15.86	2.57	6
2015	4	0～20	41.30	8.30	1.69	0.34	0.18	0.05	17.93	2.66	6
2015	7	0～20	48.47	3.86	1.92	0.20	0.17	0.09	19.84	7.75	6
2015	10	0～20	38.25	6.75	1.98	0.50	0.22	0.03	22.44	5.57	6
2015	10	0～10	59.01	17.66	2.20	0.61	0.22	0.06	14.93	2.25	6
2015	10	10～20	23.77	3.67	1.04	0.14	0.19	0.05	15.68	2.06	6
2015	10	20～40	13.65	3.63	0.68	0.14	0.25	0.18	17.93	2.76	6
2015	10	40～60	8.29	4.52	0.47	0.12	0.25	0.11	20.31	1.88	6
2015	10	60～100	6.95	1.28	0.37	0.08	0.19	0.03	25.09	4.24	6

表 3-32　乡土林辅助观测场土壤全量养分

年	月	观测层次/cm	有机质/（g/kg）		全氮/（g/kg）		全磷/（g/kg）		全钾/（g/kg）		重复数
			平均值	标准差	平均值	标准差	平均值	标准差	平均值	标准差	
2005	9	0～20	24.23	3.71	1.17	0.26	0.24	0.03	34.33	3.62	6
2005	9	0～10	14.09	7.18	1.17	0.12	0.21	0.02	31.78	2.15	3
2005	9	10～20	11.29	1.82	0.85	0.11	0.20	0.01	34.58	3.74	3
2005	9	20～40	7.24	1.32	0.68	0.07	0.22	0.00	38.64	2.22	3
2005	9	40～60	5.13	1.64	0.49	0.11	0.25	0.02	48.31	12.66	3
2005	9	60～80	3.61	1.98	0.60	0.13	0.24	0.03	42.25	4.31	3
2005	9	80～100	3.24	0.33	0.43	0.15	0.31	0.03	49.59	5.52	3
2010	10	0～20	40.61	7.52	1.58	0.29	—	—	—	—	3
2010	10	0～10	50.50	8.02	2.01	0.50	0.48	0.17	23.82	3.20	3
2010	10	10～20	26.79	2.06	1.17	0.12	0.34	0.04	24.13	5.13	3
2010	10	20～40	17.52	2.97	0.85	0.09	0.38	0.07	27.94	6.36	3
2010	10	40～60	12.62	4.97	0.72	0.08	0.42	0.11	29.53	8.88	3
2010	10	60～100	9.38	3.09	0.42	0.09	—	—	40.99	8.37	3
2015	1	0～20	34.24	6.90	1.46	0.16	0.35	0.02	26.25	3.13	6
2015	4	0～20	36.22	5.22	1.45	0.12	0.34	0.04	24.71	6.72	6
2015	7	0～20	31.99	7.56	1.47	0.28	0.27	0.10	22.61	8.95	6
2015	10	0～20	33.64	3.55	1.54	0.16	0.35	0.03	30.16	7.57	6
2015	10	0～10	42.61	8.88	1.85	0.21	0.27	0.03	23.06	2.53	6

（续）

年-月	观测层次/cm	有机质/（g/kg）		全氮/（g/kg）		全磷/（g/kg）		全钾/（g/kg）		重复数
		平均值	标准差	平均值	标准差	平均值	标准差	平均值	标准差	
2015-10	10~20	23.69	3.44	1.13	0.08	0.23	0.02	23.82	2.54	6
2015-10	20~40	15.64	2.97	0.83	0.11	0.25	0.03	25.48	2.46	6
2015-10	40~60	12.94	9.28	0.62	0.10	0.28	0.06	28.96	6.05	6
2015-10	60~100	6.46	2.01	0.46	0.07	0.29	0.05	36.92	7.43	6

表 3-33　针叶林站区调查点土壤全量养分

年	月	观测层次/cm	有机质/（g/kg）		全氮/（g/kg）		全磷/（g/kg）		全钾/（g/kg）		重复数
			平均值	标准差	平均值	标准差	平均值	标准差	平均值	标准差	
2005	9	0~20	21.52	3.20	0.98	0.16	0.20	0.02	44.90	6.55	6
2005	9	0~10	22.52	4.09	1.17	0.09	0.18	0.01	42.91	1.22	3
2005	9	10~20	14.03	1.00	0.79	0.06	0.18	0.03	44.94	0.40	3
2005	9	20~40	10.72	0.49	0.65	0.12	0.19	0.01	45.80	0.95	3
2005	9	40~60	7.14	1.66	0.54	0.08	0.16	0.02	42.44	6.50	3
2005	9	60~80	4.82	0.93	0.42	0.06	0.16	0.05	46.04	3.62	3
2005	9	80~100	3.02	0.51	0.26	0.06	0.16	0.01	48.96	4.92	3
2010	10	0~20	40.01	5.99	1.49	0.22	—	—	—	—	3
2010	10	0~10	49.03	5.76	1.91	0.20	0.39	0.02	26.65	9.45	3
2010	10	10~20	27.41	2.22	1.15	0.10	0.34	0.02	26.31	8.35	3
2010	10	20~40	20.69	6.52	0.77	0.25	0.35	0.02	26.65	9.88	3
2010	10	40~60	14.81	4.45	0.83	0.10	0.54	0.20	26.88	13.05	3
2010	10	60~100	8.59	2.18	0.48	0.09	0.53	0.33	29.24	11.87	3
2015	1	0~20	37.54	5.98	1.48	0.12	0.32	0.08	32.65	11.70	6
2015	4	0~20	35.03	5.64	1.47	0.19	0.25	0.11	31.34	10.95	6
2015	7	0~20	39.13	9.08	1.55	0.28	0.20	0.09	25.69	11.23	6
2015	10	0~20	34.99	3.82	1.63	0.13	0.30	0.07	33.71	10.83	6
2015	10	0~10	45.87	9.39	1.92	0.21	0.22	0.05	27.37	8.76	6
2015	10	10~20	23.41	4.70	1.13	0.21	0.21	0.04	32.83	10.74	6
2015	10	20~40	16.27	3.93	0.87	0.20	0.21	0.06	29.77	10.55	6
2015	10	40~60	10.34	6.21	0.68	0.23	0.21	0.04	34.26	10.18	6
2015	10	60~100	10.08	7.41	0.59	0.25	0.19	0.02	31.98	7.76	6

表 3-34　桉林站区调查点土壤全量养分

年	月	观测层次/cm	有机质/（g/kg）		全氮/（g/kg）		全磷/（g/kg）		全钾/（g/kg）		重复数
			平均值	标准差	平均值	标准差	平均值	标准差	平均值	标准差	
2010	10	0~20	33.37	4.67	1.13	0.19	—	—	—	—	3
2010	10	0~10	42.20	4.24	1.17	0.21	0.33	0.03	7.32	1.86	3
2010	10	10~20	22.09	3.76	0.67	0.13	0.30	0.05	7.75	2.33	3

（续）

年	月	观测层次/cm	有机质/（g/kg）		全氮/（g/kg）		全磷/（g/kg）		全钾/（g/kg）		重复数
			平均值	标准差	平均值	标准差	平均值	标准差	平均值	标准差	
2010	10	20～40	16.04	2.24	0.52	0.09	0.39	0.04	9.69	2.26	3
2010	10	40～60	11.37	1.60	0.39	0.03	0.40	0.04	9.79	1.83	3
2010	10	60～100	8.50	1.78	0.25	0.06	0.39	0.05	10.62	3.58	3
2015	1	0～20	28.33	3.75	0.96	0.12	0.15	0.02	9.49	1.02	6
2015	4	0～20	28.94	6.23	1.08	0.10	0.12	0.02	10.58	0.62	6
2015	7	0～20	29.92	5.10	1.12	0.24	0.11	0.02	12.44	3.58	6
2015	10	0～20	28.33	4.17	1.19	0.16	0.17	0.01	12.23	1.68	6
2015	10	0～10	31.98	7.10	1.36	0.08	0.13	0.01	9.49	1.06	6
2015	10	10～20	16.14	2.33	0.87	0.23	0.17	0.09	10.38	1.22	6
2015	10	20～40	9.79	3.30	0.61	0.11	0.15	0.02	12.05	1.24	6
2015	10	40～60	6.54	3.24	0.47	0.13	0.17	0.02	13.98	3.86	6
2015	10	60～100	5.23	2.19	0.41	0.11	0.18	0.02	14.44	3.07	6

表 3-35　大叶相思林站区调查点土壤全量养分

年	月	观测层次/cm	有机质/（g/kg）		全氮/（g/kg）		全磷/（g/kg）		全钾/（g/kg）		重复数
			平均值	标准差	平均值	标准差	平均值	标准差	平均值	标准差	
2010	10	0～20	37.52	4.68	1.43	0.21	—	—	—	—	3
2010	10	0～10	50.08	10.08	1.91	0.26	0.52	0.05	13.95	2.94	3
2010	10	10～20	19.24	2.90	0.78	0.07	0.49	0.05	16.08	2.31	3
2010	10	20～40	10.22	2.11	0.42	0.21	0.53	0.12	19.22	3.33	3
2010	10	40～60	6.14	1.58	0.37	0.05	0.55	0.16	20.64	3.47	3
2010	10	60～100	3.52	1.61	0.18	0.08	0.54	0.19	20.37	5.83	3
2015	1	0～20	36.31	6.93	1.49	0.23	0.23	0.08	16.50	5.46	6
2015	4	0～20	34.17	6.76	1.29	0.26	0.18	0.06	18.44	1.95	6
2015	7	0～20	34.84	8.66	1.47	0.20	0.19	0.07	21.82	8.33	6
2015	10	0～20	30.70	6.21	1.53	0.24	0.25	0.07	18.67	4.03	6
2015	10	0～10	48.27	10.36	2.02	0.36	0.23	0.06	15.59	3.56	6
2015	10	10～20	15.37	6.50	0.79	0.20	0.23	0.06	18.12	4.22	6
2015	10	20～40	13.70	4.36	0.61	0.11	0.22	0.05	21.96	7.27	6
2015	10	40～60	5.38	3.15	0.43	0.09	0.22	0.04	22.22	5.43	6
2015	10	60～100	5.39	1.89	0.37	0.11	0.22	0.04	23.17	4.16	6

表 3-36　草坡站区调查点土壤全量养分

年	月	观测层次/cm	有机质/（g/kg）		全氮/（g/kg）		全磷/（g/kg）		全钾/（g/kg）		重复数
			平均值	标准差	平均值	标准差	平均值	标准差	平均值	标准差	
2010	10	0～10	46.77	10.90	1.78	0.25	0.43	0.04	16.63	4.78	3
2010	10	10～20	23.24	4.97	0.96	0.18	0.41	0.08	18.01	1.84	3

（续）

年	月	观测层次/cm	有机质/（g/kg）		全氮/（g/kg）		全磷/（g/kg）		全钾/（g/kg）		重复数
			平均值	标准差	平均值	标准差	平均值	标准差	平均值	标准差	
2010	10	20～40	19.66	1.90	0.77	0.06	0.47	0.13	19.37	0.00	3
2010	10	40～60	10.22	2.08	0.52	0.06	0.37	0.02	19.66	3.96	3
2010	10	60～100	8.02	0.39	0.37	0.05	0.45	0.04	23.12	2.35	3
2015	1	0～20	43.06	7.34	1.69	0.39	0.21	0.04	19.30	1.61	6
2015	4	0～20	39.41	6.75	1.45	0.16	0.18	0.03	21.34	1.27	6
2015	7	0～20	39.03	15.48	1.67	0.17	0.13	0.12	20.18	3.42	6
2015	10	0～20	36.92	6.11	1.68	0.43	0.24	0.04	20.56	4.48	6
2015	10	0～10	61.07	8.49	1.95	0.42	0.17	0.01	17.99	1.99	6
2015	10	10～20	24.65	6.78	0.88	0.31	0.15	0.04	20.74	2.87	6
2015	10	20～40	17.06	6.42	0.57	0.18	0.17	0.02	22.99	2.91	6
2015	10	40～60	11.16	3.92	0.40	0.14	0.17	0.02	24.48	3.10	6
2015	10	60～100	8.57	2.64	0.29	0.12	0.18	0.02	25.05	3.05	6

表 3-37　马占相思林综合观测场土壤速效养分和 pH

年	月	观测层次/cm	有效磷/（mg/kg）		速效钾/（mg/kg）		缓效钾/（mg/kg）		pH		重复数
			平均值	标准差	平均值	标准差	平均值	标准差	平均值	标准差	
2005	3	0～20	2.25	0.89	46.11	5.79	—	—	3.96	0.03	6
2005	7	0～20	1.42	0.64	42.85	2.36	—	—	4.04	0.05	6
2005	9	0～20	1.69	0.53	39.32	4.82	79.99	9.88	4.12	0.04	6
2005	11	0～20	1.34	1.00	44.30	11.28	—	—	4.14	0.03	6
2010	1	0～20	6.54	1.84	19.16	9.67	—	—	—	—	6
2010	4	0～20	6.19	0.48	68.99	15.24	—	—	—	—	6
2010	8	0～20	1.94	1.31	55.50	22.71	—	—	—	—	6
2010	10	0～20	0.86	0.13	48.44	11.12	104.87	12.07	3.81	0.07	6
2015	1	0～20	2.63	0.48	44.33	11.78	127.95	14.02	3.81	0.04	6
2015	4	0～20	2.53	0.59	30.17	7.31	127.91	8.50	3.82	0.10	6
2015	7	0～20	3.56	0.95	59.15	10.46	143.83	16.65	3.63	0.10	6
2015	10	0～20	2.53	0.38	42.18	14.46	90.90	18.24	3.82	0.02	6

表 3-38　乡土林辅助观测场土壤速效养分和 pH

年	月	观测层次/cm	有效磷/（mg/kg）		速效钾/（mg/kg）		缓效钾/（mg/kg）		pH		重复数
			平均值	标准差	平均值	标准差	平均值	标准差	平均值	标准差	
2005	3	0～20	2.99	0.70	63.46	7.50	—	—	4.16	0.04	6
2005	7	0～20	1.81	0.43	52.65	21.63	—	—	4.27	0.13	6
2005	9	0～20	2.35	0.40	52.20	3.53	119.57	24.76	4.26	0.02	6
2005	11	0～20	1.31	1.12	43.52	5.03	—	—	4.30	0.03	6
2010	1	0～20	5.62	0.91	20.70	13.32	—	—	—	—	6
2010	4	0～20	4.73	1.06	49.81	7.86	—	—	—	—	6
2010	8	0～20	2.27	0.40	34.84	11.98	—	—	—	—	6
2010	10	0～20	1.50	0.22	48.03	8.44	89.30	10.68	3.93	0.07	6
2015	1	0～20	2.18	0.62	47.96	8.31	135.03	9.06	4.08	0.07	6
2015	4	0～20	3.25	0.69	48.74	9.27	104.40	15.20	3.93	0.05	6
2015	7	0～20	2.88	0.57	48.12	14.30	123.99	39.12	3.75	0.08	6
2015	10	0～20	3.15	0.58	40.73	1.57	111.73	17.48	4.00	0.08	6

表 3-39　针叶林站区调查点土壤速效养分和 pH

年	月	观测层次/cm	有效磷/(mg/kg)		速效钾/(mg/kg)		缓效钾/(mg/kg)		pH		重复数
			平均值	标准差	平均值	标准差	平均值	标准差	平均值	标准差	
2005	3	0~20	2.44	0.86	46.77	4.34	—	—	4.08	0.05	6
2005	7	0~20	1.52	0.70	42.63	3.72	—	—	4.20	0.07	6
2005	9	0~20	2.23	0.59	34.05	2.83	103.12	20.49	4.24	0.05	6
2005	11	0~20	1.56	0.53	31.93	1.39	—	—	4.19	0.04	6
2010	1	0~20	5.96	1.47	32.48	3.74	—	—	—	—	6
2010	4	0~20	6.27	1.26	36.47	5.01	—	—	—	—	6
2010	8	0~20	2.59	1.68	32.43	4.57	—	—	—	—	6
2010	10	0~20	1.69	0.35	30.05	5.18	117.47	17.27	3.88	0.07	6
2015	1	0~20	2.82	0.45	42.18	7.15	156.29	9.56	4.12	0.13	6
2015	4	0~20	3.33	1.06	35.28	3.95	131.30	17.16	3.86	0.10	6
2015	7	0~20	3.23	0.44	44.86	8.22	158.28	21.48	3.74	0.06	6
2015	10	0~20	3.15	0.53	32.89	4.47	130.88	19.34	4.08	0.12	6

表 3-40　桉林站区调查点土壤速效养分和 pH

年	月	观测层次/cm	有效磷/(mg/kg)		速效钾/(mg/kg)		缓效钾/(mg/kg)		pH		重复数
			平均值	标准差	平均值	标准差	平均值	标准差	平均值	标准差	
2010	1	0~20	3.24	0.68	22.23	2.67	—	—	—	—	6
2010	4	0~20	2.99	0.74	22.33	3.43	—	—	—	—	6
2010	8	0~20	2.06	0.94	18.92	1.94	—	—	—	—	6
2010	10	0~20	1.73	2.70	25.92	16.65	51.99	22.81	3.77	0.05	6
2015	1	0~20	1.86	0.25	21.97	5.02	66.29	10.48	3.84	0.04	6
2015	4	0~20	2.12	0.51	18.96	3.27	75.43	18.01	3.69	0.04	6
2015	7	0~20	2.02	0.56	24.44	6.22	62.89	26.42	3.64	0.06	6
2015	10	0~20	1.88	0.33	21.68	5.58	38.78	6.93	3.88	0.04	6

表 3-41　大叶相思林站区调查点土壤速效养分和 pH

年	月	观测层次/cm	有效磷/(mg/kg)		速效钾/(mg/kg)		缓效钾/(mg/kg)		pH		重复数
			平均值	标准差	平均值	标准差	平均值	标准差	平均值	标准差	
2010	1	0~20	5.49	1.65	52.68	20.93	—	—	—	—	6
2010	4	0~20	5.45	1.78	61.25	19.14	—	—	—	—	6
2010	8	0~20	3.13	1.66	48.42	5.28	—	—	—	—	6
2010	10	0~20	9.08	1.89	39.25	7.52	98.68	16.85	3.82	0.07	6
2015	1	0~20	2.39	0.37	49.57	16.80	128.40	17.22	3.97	0.07	6
2015	4	0~20	3.07	1.07	46.84	11.04	139.64	20.33	3.85	0.06	6
2015	7	0~20	3.79	0.69	50.48	7.56	110.07	12.37	3.68	0.05	6
2015	10	0~20	3.50	0.61	45.39	13.72	88.20	16.52	4.04	0.05	6

表 3 - 42　草坡站区调查点土壤速效养分和 pH

年	月	观测层次/cm	有效磷/（mg/kg）		速效钾/（mg/kg）		缓效钾/（mg/kg）		pH		重复数
			平均值	标准差	平均值	标准差	平均值	标准差	平均值	标准差	
2010	1	0~20	6.22	1.23	52.53	19.96	—	—	—	—	6
2010	4	0~20	3.84	1.38	31.82	4.65	—	—	—	—	6
2010	8	0~20	1.71	0.23	29.55	5.91	—	—	—	—	6
2010	10	0~20	10.42	4.87	27.95	3.52	88.19	13.35	3.76	0.07	6
2015	1	0~20	2.33	0.50	35.29	7.72	138.95	40.00	3.97	0.09	6
2015	4	0~20	3.48	0.73	37.74	4.76	155.88	37.44	3.84	0.04	6
2015	7	0~20	4.40	1.06	42.24	7.46	107.93	9.67	3.73	0.05	6
2015	10	0~20	4.93	0.74	38.01	8.31	92.35	30.62	3.97	0.03	6

3.2.3　土壤速效微量元素数据集

3.2.3.1　概述

本数据集包括鹤山站长期监测样地 2005 年和 2015 年表层 0~20 cm 土壤速效微量元素数据，包括有效硼、有效锰、有效铜、有效硫和有效钼 5 项指标。

3.2.3.2　数据采集和处理方法

于 2005 年 9 月和 2015 年 10 月在每个采样地内按照 CERN 观测规范要求采取表层 0~20 cm 土壤样品，均取 10 个单点样混合成 1 个样品装入塑料盆中，混合均匀后用四分法取 1.5 kg 左右的土壤放入封口袋。取回的土样置于干净的白纸上风干，挑除根系和石子，四分法取足量样品碾磨后，过 2 mm 尼龙筛，装入封口袋中备用。剩余样品用于长期保存或备用。

有效硼测定采用沸水-姜黄素比色法，有效铜测定采用盐酸浸提-原子吸收分光光度法或电感耦合等离子质谱法（ICP 法），有效硫测定采用磷酸盐浸提（酸性土壤）-比浊法，有效锰测定采用乙酸铵-对苯二酚浸提-原子吸收光谱法，有效钼测定采用草酸-草酸铵浸提-ICP 法。

3.2.3.3　数据质量控制和评估

按照 CERN《陆地生态系统土壤观测规范》《陆地生态系统土壤观测质量保证与质量控制》等实施，保证了数据的完整性、一致性、准确度和精密度。在完整性方面，本数据集中的数据都具备完整的背景信息、人为活动记录、分析方法记录和分析质控记录。在一致性方面，台站、样地等空间位置信息和代码始终保持一致。在准确度和精密度方面，主要严格规范数据实验室测定过程，插入国家标准样品进行数据准确度控制，同时测定时插入平行样品进行相对偏差控制及用历史数据比对来控制误差。

本数据集原始数据可通过广东鹤山森林生态系统国家野外科学观测研究站（http://hsf.cern.ac.cn/）"资源服务"下的"数据服务"页面申请获取。

3.2.3.4　数据

数据见表 3-43 至表 3-48。

表 3 - 43　马占相思林综合观测场土壤速效微量养分含量

年	月	观测层次/cm	有效钼/(mg/kg)		有效铜/(mg/kg)		有效硼/(mg/kg)		有效锰/(mg/kg)		有效硫/(mg/kg)		重复数
			平均值	标准差	平均值	标准差	平均值	标准差	平均值	标准差	平均值	标准差	
2005	9	0~20	1.76	0.08	—	—	1.74	0.46	—	—	55.00	13.28	6
2015	10	0~20	—	—	2.73	0.45	3.00	1.38	0.47	0.32	28.43	7.48	6

表 3 - 44　乡土林辅助观测场土壤速效微量养分含量

年	月	观测层次/cm	有效钼/(mg/kg)		有效铜/(mg/kg)		有效硼/(mg/kg)		有效锰/(mg/kg)		有效硫/(mg/kg)		重复数
			平均值	标准差	平均值	标准差	平均值	标准差	平均值	标准差	平均值	标准差	
2005	9	0~20	1.51	0.095	—	—	1.22	0.36	—	—	64.27	10.73	6
2015	10	0~20	—	—	1.51	0.18	2.58	2.55	2.14	2.81	33.27	8.00	6

表 3 - 45　针叶林站区调查点土壤速效微量养分含量

年	月	观测层次/cm	有效钼/(mg/kg)		有效铜/(mg/kg)		有效硼/(mg/kg)		有效锰/(mg/kg)		有效硫/(mg/kg)		重复数
			平均值	标准差	平均值	标准差	平均值	标准差	平均值	标准差	平均值	标准差	
2005	9	0~20	1.64	0.19	—	—	1.87	0.42	—	—	52.25	6.86	6
2015	10	0~20	—	—	1.49	0.37	1.97	0.80	2.08	2.72	44.29	25.88	6

表 3 - 46　桉林站区调查点土壤速效微量养分含量

年	月	观测层次/cm	有效钼/(mg/kg)		有效铜/(mg/kg)		有效硼/(mg/kg)		有效锰/(mg/kg)		有效硫/(mg/kg)		重复数
			平均值	标准差	平均值	标准差	平均值	标准差	平均值	标准差	平均值	标准差	
2015	10	0~20	1.98	0.61	—	0.19	1.33	0.46	0.12	0.13	58.85	23.72	6

表 3 - 47　大叶相思林站区调查点土壤速效微量养分含量

年	月	观测层次/cm	有效铜/(mg/kg)		有效硼/(mg/kg)		有效锰/(mg/kg)		有效硫/(mg/kg)		重复数
			平均值	标准差	平均值	标准差	平均值	标准差	平均值	标准差	
2015	10	0~20	2.54	0.50	1.65	0.49	1.25	1.42	43.36	11.67	6

表 3 - 48　草坡站区调查点土壤速效微量养分含量

年	月	观测层次/cm	有效铜/(mg/kg)		有效硼/(mg/kg)		有效锰/(mg/kg)		有效硫/(mg/kg)		重复数
			平均值	标准差	平均值	标准差	平均值	标准差	平均值	标准差	
2015	10	0~20	1.54	0.48	2.69	1.90	0.28	0.10	30.84	8.84	6

3.2.4 剖面土壤机械组成数据集

3.2.4.1 概述

本数据集为鹤山站长期监测样地 2005 年剖面土壤（0~10 cm、10~20 cm、20~40 cm、40~60 cm、60~80 cm 和 80~100 cm）和 2015 年剖面土壤（0~10 cm、10~20 cm、20~40 cm、40~60 cm 和 60~100 cm）的机械组成数据。

3.2.4.2 数据采集和处理方法

按照 CERN 长期观测规范，剖面土壤机械组成的监测频率为每 10 年 1 次。2005 年 9 月在每个采样地内按照 CERN 观测规范要求采取 0~10 cm、10~20 cm、20~40 cm、40~60 cm、60~80 cm、80~100 cm 土壤样品，土壤均取 10 个单点样混合成 1 个样品装入塑料盆中，混合均匀后用四分法取 1.5 kg 左右的土壤放入封口袋。取回的土样置于干净的白纸上风干，挑除根系和石子，四分法取足量样品碾磨后，过 2 mm 尼龙筛后待测。2015 年在每个样地的 6 个采样分区内按以下步骤采样：用带 PVC 衬管的土钻采用梅花形方式多点分别采集剖面 0~10 cm、10~20 cm、20~40 cm、40~60 cm、60~100 cm 土壤样品，每个采样分区 0~10 cm、10~20 cm 取 12~14 个单点样混合成 1 个样品，20~40 cm、40~60 cm、60~100 cm 土壤均取 10 个单点样混合成 1 个样品装入塑料盆中，混合均匀后用四分法取 1.5 kg 左右的土壤放入封口袋。取回的土样置于干净的白纸上风干，挑除根系和石子，四分法取足量碾磨后，过 2 mm 尼龙筛，装入封口袋中备用。机械组成分析采用比重计法。剩余样品用于长期保存或备用。

3.2.4.3 数据质量控制和评估

按照 CERN《陆地生态系统土壤观测规范》《陆地生态系统土壤观测适量保证与质量控制》等实施，保证了数据的完整性、一致性、准确度和精密度。在完整性方面，本数据集中的数据都具备完整的背景信息、人为活动记录、分析方法记录和分析质控记录。在一致性方面，台站、样地等空间位置信息和代码始终保持一致。因为机械组成无法用标样来控制准确度，我们采用增加平行样品和与历史数据比对进行精确度和准确度控制。

3.2.4.4 数据价值/数据使用方法和建议

土壤机械组成不仅是土壤分类的重要诊断指标，还是土壤中矿物质颗粒各级的百分比，它反映了土壤矿物质颗粒的大小和数量状况，影响着土壤中水、气、养分的含量、保持、供应与热状况，也反映了土壤的耕作性能、发苗性、宜种性等生产性能，是研究土壤水、肥、气、热状况，物质迁移转化及土壤退化过程等均需要关注的重要因素。

本数据集原始数据可通过广东鹤山森林生态系统国家野外科学观测研究站（http：//hsf. cern. ac. cn/）"资源服务"下的"数据服务"页面申请获取。

3.2.4.5 数据

数据见表 3-49 至表 3-54。

表 3-49　马占相思林综合观测场剖面土壤机械组成

年	月	观测层次/cm	0.05~<2 mm 土粒比例/%		0.002~<0.05 mm 土粒比例/%		<0.002 mm 土粒比例/%		重复数
			平均值	标准差	平均值	标准差	平均值	标准差	
2005	9	0~10	48.52	0.93	12.99	2.32	38.49	2.59	3
2005	9	10~20	39.86	4.65	16.36	2.49	43.78	2.17	3
2005	9	20~40	49.14	5.68	12.58	1.09	38.28	4.64	3
2005	9	40~60	43.09	2.38	14.30	2.58	42.61	1.19	3
2005	9	60~80	49.00	6.26	12.16	1.35	38.83	6.71	3

（续）

年	月	观测层次/cm	0.05～<2 mm 土粒比例/%		0.002～<0.05 mm 土粒比例/%		<0.002 mm 土粒比例/%		重复数
			平均值	标准差	平均值	标准差	平均值	标准差	
2005	9	80～100	42.27	5.46	11.89	3.17	45.84	2.32	3
2015	10	0～10	45.37	7.23	27.41	7.32	27.21	3.74	6
2015	10	10～20	43.33	8.21	29.63	8.76	27.04	4.37	6
2015	10	20～40	41.46	4.58	29.46	8.53	29.08	6.51	6
2015	10	40～60	37.72	7.65	32.01	8.50	30.27	2.11	6
2015	10	60～100	42.82	12.45	28.27	9.08	28.91	6.25	6

表3-50　乡土林辅助观测场剖面土壤机械组成

年	月	观测层次/cm	0.05～<2 mm 土粒比例/%		0.002～<0.05 mm 土粒比例/%		<0.002 mm 土粒比例/%		重复数
			平均值	标准差	平均值	标准差	平均值	标准差	
2005	9	0～10	57.04	4.48	10.45	2.27	32.51	3.67	3
2005	9	10～20	54.30	3.62	9.48	1.09	36.22	4.69	3
2005	9	20～40	54.02	2.63	11.00	0.72	34.98	2.99	3
2005	9	40～60	54.09	3.43	11.00	3.21	34.91	0.24	3
2005	9	60～80	55.12	1.96	12.71	2.63	32.16	4.36	3
2005	9	80～100	56.15	5.22	9.83	0.52	34.02	4.72	3
2015	10	0～10	53.71	4.76	28.78	9.48	17.52	5.71	6
2015	10	10～20	52.18	4.73	26.22	6.31	21.60	3.79	6
2015	10	20～40	47.76	5.48	27.76	6.71	24.49	4.65	6
2015	10	40～60	48.10	3.52	25.71	5.91	26.19	6.38	6
2015	10	60～100	52.86	6.29	21.97	3.96	25.17	8.43	6

表3-51　针叶林站区调查点剖面土壤机械组成

年	月	观测层次/cm	0.05～<2 mm 土粒比例/%		0.002～<0.05 mm 土粒比例/%		<0.002 mm 土粒比例/%		重复数
			平均值	标准差	平均值	标准差	平均值	标准差	
2005	9	0～10	64.05	4.59	12.03	3.43	23.92	1.35	3
2005	9	10～20	58.28	0.52	12.10	2.61	29.62	2.37	3
2005	9	20～40	52.37	0.74	19.66	0.12	27.97	0.83	3
2005	9	40～60	51.68	1.06	15.26	1.24	33.06	0.93	3
2005	9	60～80	56.36	7.02	14.09	3.90	29.55	3.15	3
2005	9	80～100	55.53	2.89	13.88	2.41	30.58	5.06	3
2015	10	0～10	54.22	2.39	23.33	2.71	22.45	2.89	6
2015	10	10～20	55.58	3.00	20.27	3.07	24.15	2.39	6
2015	10	20～40	50.82	8.24	23.33	4.55	25.85	4.22	6
2015	10	40～60	50.14	4.17	22.65	1.71	27.21	3.33	6
2015	10	60～100	49.12	4.41	22.99	2.47	27.89	4.77	6

表 3 - 52　桉林站区调查点剖面土壤机械组成

年	月	观测层次/cm	0.05～<2 mm 土粒比例/%		0.002～<0.05 mm 土粒比例/%		<0.002 mm 土粒比例/%		重复数
			平均值	标准差	平均值	标准差	平均值	标准差	
2015	10	0～10	38.23	4.41	29.12	3.33	32.65	2.89	6
2015	10	10～20	37.04	2.87	28.61	1.63	34.35	3.52	6
2015	10	20～40	34.15	4.59	29.80	2.58	36.05	2.47	6
2015	10	40～60	34.15	5.72	30.14	2.39	35.71	4.23	6
2015	10	60～100	37.04	7.63	30.99	2.77	31.97	8.43	6

表 3 - 53　大叶相思林站区调查点剖面土壤机械组成

年	月	观测层次/cm	0.05～<2 mm 土粒比例/%		0.002～<0.05 mm 土粒比例/%		<0.002 mm 土粒比例/%		重复数
			平均值	标准差	平均值	标准差	平均值	标准差	
2015	10	0～10	47.76	3.41	26.22	1.55	26.02	3.75	6
2015	10	10～20	47.24	6.82	24.18	7.52	28.57	5.32	6
2015	10	20～40	42.99	6.67	26.73	2.50	30.27	4.36	6
2015	10	40～60	41.29	5.97	26.39	2.79	32.31	3.52	6
2015	10	60～100	42.99	6.41	27.41	3.52	29.59	5.44	6

表 3 - 54　草坡站区调查点剖面土壤机械组成

年	月	观测层次/cm	0.05～<2 mm 土粒比例/%		0.002～<0.05 mm 土粒比例/%		<0.002 mm 土粒比例/%		重复数
			平均值	标准差	平均值	标准差	平均值	标准差	
2015	10	0～10	57.79	4.10	22.31	2.79	19.90	2.21	6
2015	10	10～20	52.69	7.02	23.84	3.67	23.47	4.23	6
2015	10	20～40	48.44	5.58	24.52	2.77	27.04	3.75	6
2015	10	40～60	47.07	7.26	24.86	3.44	28.06	5.23	6
2015	10	60～100	49.46	6.76	22.99	3.07	27.55	5.28	6

3.2.5　剖面土壤容重数据集

3.2.5.1　概述

本数据集为鹤山站长期监测样地 2005 年剖面土壤（0～10 cm、10～20 cm、20～40 cm、40～60 cm、60～80 cm 和 80～100 cm）和 2015 年剖面土壤（0～10 cm、10～20 cm、20～40 cm、40～60 cm 和 60～100 cm）的容重数据。

3.2.5.2　数据采集和处理方法

按照 CERN 长期观测规范，剖面土壤容重的监测频率为每 10 年 1 次。2005 年在每个监测样地的上、下坡挖 2 个剖面，分层采集土壤剖面容重样品；2015 年在每个监测样地的上、中、下坡挖 3 个剖面，分层采集土壤剖面容重样品。采用环刀法测定各层土壤容重，每层采集 3 个重复。

3.2.5.3　数据质量控制和评估

（1）采样时每个样地设 2 个剖面或 3 个剖面，分层采样以保证数据的代表性。

（2）环刀样品采集由同一个实验人员操作完成，避免人为因素导致的结果差异。

（3）由于土壤容重较为稳定，台站区域内的土壤容重基本一致，因此，测定时我们会将测定结果与历史土壤容重结果进行对比，检查数据是否存在异常，如果同一层土壤容重与历史数据存在差异，则进行重新采样测定。

3.2.5.4 数据价值/数据使用方法和建议

土壤容重的大小与土壤质地、结构、有机质含量、土壤紧实度、耕作措施等密切相关。土壤容重是计算元素密度的必需参数，如碳密度，还是研究生态系统元素循环和格局必不可少的指标。

本数据集原始数据可通过广东鹤山森林生态系统国家野外科学观测研究站（http：//hsf. cern. ac. cn/）"资源服务"下的"数据服务"页面申请获取。

3.2.5.5 数据

数据见表 3 - 55 至表 3 - 60。

表 3 - 55　马占相思林综合观测场剖面土壤容重

年	月	观测层次/cm	容重/（g/cm³）	标准差/（s/cm³）	重复数
2005	9	0～20	1.33	0.081	6
2005	9	20～40	1.46	0.045	6
2005	9	40～60	1.47	0.046	6
2005	9	60～80	1.55	0.043	6
2005	9	80～100	1.53	0.064	6
2015	10	0～10	1.27	0.042	9
2015	10	10～20	1.30	0.068	9
2015	10	20～40	1.35	0.018	9
2015	10	40～60	1.39	0.019	9
2015	10	60～100	1.44	0.011	9

表 3 - 56　乡土林辅助观测场剖面土壤容重

年	月	观测层次/cm	容重/（g/cm³）	标准差/（s/cm³）	重复数
2005	9	0～20	1.43	0.056	6
2005	9	20～40	1.54	0.026	6
2005	9	40～60	1.46	0.032	6
2005	9	60～80	1.53	0.026	6
2005	9	80～100	1.54	0.033	6
2015	10	0～10	1.33	0.016	9
2015	10	10～20	1.34	0.034	9
2015	10	20～40	1.40	0.058	9
2015	10	40～60	1.40	0.106	9
2015	10	60～100	1.43	0.027	9

表 3 - 57　针叶林站区调查点剖面土壤容重

年	月	观测层次/cm	容重/（g/cm³）	标准差/（s/cm³）	重复数
2005	9	0～20	1.37	0.039	6
2005	9	20～40	1.53	0.025	6
2005	9	40～60	1.51	0.019	6
2005	9	60～80	1.49	0.029	6
2005	9	80～100	1.58	0.044	6
2015	10	0～10	1.37	0.075	9
2015	10	10～20	1.37	0.042	9
2015	10	20～40	1.42	0.047	9
2015	10	40～60	1.49	0.017	9
2015	10	60～100	1.51	0.035	9

表 3 - 58　桉林站区调查点剖面土壤容重

年	月	观测层次/cm	容重/（g/cm³）	标准差/（s/cm³）	重复数
2015	10	0～10	1.27	0.033	9
2015	10	10～20	1.35	0.017	9
2015	10	20～40	1.39	0.059	9
2015	10	40～60	1.43	0.036	9
2015	10	60～100	1.45	0.033	9

表 3 - 59　大叶相思林站区调查点剖面土壤容重

年	月	观测层次/cm	容重/（g/cm³）	标准差/（s/cm³）	重复数
2015	10	0～10	1.36	0.055	9
2015	10	10～20	1.38	0.070	9
2015	10	20～40	1.38	0.053	9
2015	10	40～60	1.40	0.029	9
2015	10	60～100	1.47	0.051	9

表 3 - 60　草坡站区调查点剖面土壤容重

年	月	观测层次/cm	容重/（g/cm³）	标准差/（s/cm³）	重复数
2015	10	0～10	1.29	0.037	9
2015	10	10～20	1.37	0.066	9
2015	10	20～40	1.45	0.073	9
2015	10	40～60	1.49	0.009	9
2015	10	60～100	1.51	0.002	9

3.2.6　剖面土壤微量元素和重金属元素全量数据集

3.2.6.1　概述

本数据集为鹤山站长期监测样地 2005 年剖面土壤（0～10 cm、10～20 cm、20～40 cm、

40~60 cm、60~80 cm 和 80~100 cm）和 2015 年剖面土壤（0~10 cm、10~20 cm、20~40 cm、40~60 cm 和 60~100 cm）的 9 种土壤微量元素和重金属元素（硼、钼、锰、锌、铜、硒、镉、铬和镍）全量数据。

3.2.6.2 数据采集和处理方法

按照 CERN 长期观测规范，剖面土壤微量元素和重金属元素全量的监测频率为每 10 年 1 次。2005 年在每个采样地内按照 CERN 观测规范要求采取 0~10 cm、10~20 cm、20~40 cm、40~60 cm、60~80 cm、80~100 cm 土壤样品，风干过筛后待测。2015 年在每个样地的 6 个采样分区内按以下步骤采样：用带 PVC 衬管的土钻采用梅花形方式多点分别采集剖面 0~10 cm、10~20 cm、20~40 cm、40~60 cm、60~100 cm 土壤样品，每个采样分区 0~10 cm、10~20 cm 取 12~14 个单点样混合成 1 个样品，20~40 cm、40~60 cm、60~100 cm 土壤均取 10 个单点样混合成 1 个样品装入塑料盆中，混合均匀后用四分法取 1.5 kg 左右的土壤放入封口袋。取回的土样置于干净的白纸上风干，挑除根系和石子，四分法取足量碾磨后，过 2 mm 尼龙筛，再用四分法取足量碾磨后，过 0.149 mm 尼龙筛，装入封口袋中备用。剩余样品用于长期保存或备用。

剖面土壤微量元素和重金属元素全量分析方法见表 3-61。

表 3-61 土壤微量元素和重金属元素全量分析方法

分析项目名称	分析方法名称
全硼	盐酸-硝酸-氢氟酸-高氯酸消煮—ICP - AES 测定
全钼	盐酸-硝酸-氢氟酸-高氯酸消煮—ICP - AES 测定
全锰	盐酸-硝酸-氢氟酸-高氯酸消煮—ICP - AES 测定
全锌	盐酸-硝酸-氢氟酸-高氯酸消煮—ICP - AES 测定
全铜	盐酸-硝酸-氢氟酸-高氯酸消煮—ICP - AES 测定
硒	1+1 王水消解—原子荧光光谱法
镉	盐酸-硝酸-氢氟酸-高氯酸消煮-石墨炉原子吸收分光光度法
铬	盐酸-硝酸-氢氟酸-高氯酸消煮—ICP - AES 测定
镍	盐酸-硝酸-氢氟酸-高氯酸消煮—ICP - AES 测定

3.2.6.3 数据质量控制和评估

数据质量控制和评估参考第 3 章 3.2.1.3。

3.2.6.4 数据价值/数据使用方法和建议

2005 年的剖面土壤微量元素和重金属元素采样分区与 2015 年不同，2009 年样地按照采样规范进行了重新布置和设计，部分指标可能存在较大差异，主要是由于样地空间异质性。

本数据集原始数据可通过广东鹤山森林生态系统国家野外科学观测研究站（http://hsf. cern. ac. cn/）"资源服务"下的"数据服务"页面申请获取。

3.2.6.5 数据

数据见表 3-62 至表 3-67。

表3-62　马占相思林综合观测场剖面土壤微量元素和重金属元素全量

年	月	观测层次/cm	全硼/(mg/kg)		全钼/(mg/kg)		全锰/(mg/kg)		全锌/(mg/kg)		全铜/(mg/kg)		铬/(mg/kg)		硒/(mg/kg)		镉/(mg/kg)		镍/(mg/kg)		重复数
			平均值	标准差	平均值	标准差	平均值	标准差	平均值	标准差	平均值	标准差	平均值	标准差	平均值	标准差	平均值	标准差	平均值	标准差	
2005	9	0~10	73.53	28.41	1.08	0.39	51.68	16.94	84.94	12.21	18.23	1.75	70.15	4.49	0.63	0.060	0.013	0.001	12.25	1.66	3
2005	9	10~20	54.06	4.70	1.23	0.87	37.30	3.41	90.12	22.24	16.73	6.39	82.78	8.29	0.66	0.108	0.003	0.002	17.32	4.73	3
2005	9	20~40	163.80	19.11	0.37	0.16	44.16	7.06	90.93	21.11	18.58	7.16	91.30	4.71	0.77	0.102	0.028	0.028	18.20	3.52	3
2005	9	40~60	114.30	56.12	0.49	0.34	48.27	3.33	101.68	12.34	21.69	3.84	102.36	17.06	0.73	0.129	0.003	0.005	18.67	2.82	3
2005	9	60~80	51.86	17.37	0.45	0.42	96.29	76.76	199.21	138.8	43.16	27.30	106.64	18.12	0.70	0.039	0.018	0.013	19.52	2.64	3
2005	9	80~100	34.76	30.58	1.06	0.09	78.58	18.37	291.94	264.51	36.56	11.52	117.42	7.67	0.76	0.118	0.006	0.007	19.10	2.03	3
2015	10	0~10	31.04	17.16	2.21	0.61	53.20	13.98	103.74	23.46	17.74	4.57	76.29	20.73	2.39	1.495	0.015	0.009	13.51	2.13	6
2015	10	10~20	42.99	25.25	3.70	1.79	55.24	19.13	91.50	23.57	17.14	6.32	83.86	14.23	2.83	1.685	0.006	0.006	13.39	2.82	6
2015	10	20~40	37.61	25.22	2.44	1.70	61.44	15.82	91.50	6.70	17.40	6.23	83.48	13.10	3.30	1.317	0.013	0.011	13.26	2.23	6
2015	10	40~60	40.07	40.43	2.16	0.83	70.71	19.48	106.04	19.70	20.80	6.35	87.94	8.68	2.83	1.122	0.005	0.008	12.91	2.13	6
2015	10	60~100	41.79	26.57	2.40	1.60	73.35	18.12	93.62	18.42	22.41	4.07	79.44	6.69	3.93	0.977	0.021	0.017	11.52	0.80	6

表3-63　乡土林辅助观测场剖面土壤微量元素和重金属元素全量

年	月	观测层次/cm	全硼/(mg/kg)		全钼/(mg/kg)		全锰/(mg/kg)		全锌/(mg/kg)		全铜/(mg/kg)		铬/(mg/kg)		硒/(mg/kg)		镉/(mg/kg)		镍/(mg/kg)		重复数
			平均值	标准差	平均值	标准差	平均值	标准差	平均值	标准差	平均值	标准差	平均值	标准差	平均值	标准差	平均值	标准差	平均值	标准差	
2005	9	0~10	87.72	65.91	1.81	0.11	47.34	6.84	130.46	54.80	27.45	1.29	16.05	1.87	0.63	0.060	0.013	0.001	5.75	0.34	3
2005	9	10~20	122.00	21.71	1.81	0.10	46.92	6.76	86.52	3.58	26.92	1.23	16.19	1.29	0.66	0.108	0.003	0.002	5.97	0.60	3
2005	9	20~40	93.69	51.42	1.74	0.67	54.66	7.29	99.61	11.38	27.51	1.81	16.96	1.01	0.77	0.102	0.028	0.028	6.59	0.14	3
2005	9	40~60	92.81	76.42	1.22	0.28	105.91	12.46	90.34	6.43	27.21	1.68	18.31	1.13	0.73	0.129	0.003	0.005	7.28	0.68	3
2005	9	60~80	178.80	74.75	2.77	2.66	139.37	63.45	434.54	251.10	27.30	1.27	18.41	2.14	0.70	0.039	0.018	0.013	7.68	1.42	3
2005	9	80~100	194.00	53.20	1.61	0.56	145.10	6.74	484.05	534.98	29.68	1.57	18.45	1.20	0.76	0.118	0.006	0.007	7.54	0.40	3

（续）

年	月	观测层次/cm	全硼/(mg/kg) 平均值	标准差	全钼/(mg/kg) 平均值	标准差	全锰/(mg/kg) 平均值	标准差	全锌/(mg/kg) 平均值	标准差	全铜/(mg/kg) 平均值	标准差	铬/(mg/kg) 平均值	标准差	硒/(mg/kg) 平均值	标准差	镉/(mg/kg) 平均值	标准差	镍/(mg/kg) 平均值	标准差	重复数
2015	10	0~10	61.83	49.89	1.61	0.54	84.91	63.23	159.7	17.24	7.79	3.89	34.68	30.34	2.39	1.495	0.015	0.009	8.75	2.09	6
2015	10	10~20	104.20	44.48	1.66	0.48	85.42	25.97	168.62	19.92	10.08	9.91	36.01	33.33	2.83	1.685	0.006	0.006	8.74	2.44	6
2015	10	20~40	114.30	48.09	1.87	0.94	94.18	35.22	173.90	36.89	7.28	3.80	21.42	6.58	3.30	1.317	0.013	0.011	8.15	1.71	6
2015	10	40~60	86.58	50.58	1.66	0.50	131.51	59.24	195.58	19.09	6.77	3.63	21.51	6.52	2.83	1.122	0.005	0.008	8.37	1.77	6
2015	10	60~100	95.68	48.71	2.32	0.62	166.63	77.88	186.40	29.14	6.26	3.15	20.64	3.09	3.93	0.977	0.021	0.017	8.01	2.21	6

表3-64　针叶林站区调查点剖面土壤微量元素和重金属元素全量

年	月	观测层次/cm	全硼/(mg/kg) 平均值	标准差	全钼/(mg/kg) 平均值	标准差	全锰/(mg/kg) 平均值	标准差	全锌/(mg/kg) 平均值	标准差	全铜/(mg/kg) 平均值	标准差	铬/(mg/kg) 平均值	标准差	硒/(mg/kg) 平均值	标准差	镉/(mg/kg) 平均值	标准差	镍/(mg/kg) 平均值	标准差	重复数
2005	9	0~10	56.83	38.85	1.32	0.07	116.08	93.87	103.41	32.50	22.38	10.13	13.13	0.47	0.64	0.107	0.011	0.011	3.53	0.38	3
2005	9	10~20	127.30	63.77	1.64	0.38	103.55	91.92	135.27	60.65	11.26	12.78	13.25	0.38	0.58	0.080	0.018	0.030	3.18	0.08	3
2005	9	20~40	158.90	5.53	2.37	1.21	362.83	473.93	113.64	46.14	19.75	13.37	16.52	2.14	0.67	0.164	0.010	0.011	3.96	0.43	3
2005	9	40~60	105.90	105.01	1.47	0.49	341.82	387.41	157.25	51.77	10.44	9.69	15.53	0.92	0.59	0.024	0.027	0.034	3.78	0.28	3
2005	9	60~80	154.70	76.43	1.40	0.33	370.66	278.74	138.94	12.27	16.86	6.75	15.42	0.47	0.72	0.110	0.020	0.016	4.01	0.15	3
2005	9	80~100	231.40	102.53	1.81	0.28	324.57	182.22	94.50	12.93	17.58	7.86	14.35	0.93	0.71	0.015	0.008	0.006	3.68	0.08	3
2015	10	0~10	117.20	89.91	6.99	4.52	132.11	46.79	142.35	40.53	15.02	6.37	43.30	19.36	3.19	1.692	0.061	0.038	6.49	2.61	6
2015	10	10~20	60.61	43.84	7.07	3.67	106.00	45.10	134.87	35.21	11.19	3.43	42.58	24.05	2.76	0.991	0.060	0.036	5.41	1.06	6
2015	10	20~40	57.68	34.72	6.25	2.57	140.95	81.93	139.80	21.59	11.02	3.66	42.49	26.00	2.51	1.132	0.040	0.036	5.74	1.20	6
2015	10	40~60	58.05	46.18	7.41	1.74	200.05	95.96	148.05	30.75	13.06	6.66	48.67	30.57	2.93	1.371	0.046	0.032	6.41	1.95	6
2015	10	60~100	67.24	67.69	7.50	3.02	230.32	117.94	156.89	20.59	14.76	9.30	47.33	30.54	2.83	0.991	0.043	0.033	6.68	2.24	6

表 3 - 65 桉林站区调查点剖面土壤微量元素和重金属元素全量

年	月	观测层次/cm	全硼/(mg/kg) 平均值	标准差	全钼/(mg/kg) 平均值	标准差	全锰/(mg/kg) 平均值	标准差	全锌/(mg/kg) 平均值	标准差	全铜/(mg/kg) 平均值	标准差	铬/(mg/kg) 平均值	标准差	硒/(mg/kg) 平均值	标准差	镉/(mg/kg) 平均值	标准差	镍/(mg/kg) 平均值	标准差	重复数
2015	10	0~10	27.79	20.18	2.65	0.93	83.21	14.29	94.30	16.09	17.91	2.63	66.18	2.28	1.51	0.44	0.028	0.010	12.21	1.20	6
2015	10	10~20	24.02	13.84	3.16	1.19	88.91	30.90	102.64	18.13	17.31	2.66	69.48	3.85	1.51	0.38	0.017	0.011	13.72	1.41	6
2015	10	20~40	38.83	30.43	3.75	1.19	106.85	22.80	97.96	13.47	20.54	2.25	79.62	8.69	1.63	0.56	0.011	0.013	15.63	1.72	6
2015	10	40~60	26.66	19.70	4.18	1.39	131.51	28.81	106.38	11.28	25.22	4.17	79.89	7.84	1.33	0.69	0.012	0.015	16.17	1.25	6
2015	10	60~100	27.08	21.86	4.28	1.27	139.76	23.18	105.61	7.75	27.09	3.27	76.32	2.58	1.06	0.29	0.019	0.011	17.07	2.45	6

表 3 - 66 大叶相思林站区调查点剖面土壤微量元素和重金属元素全量

年	月	观测层次/cm	全硼/(mg/kg) 平均值	标准差	全钼/(mg/kg) 平均值	标准差	全锰/(mg/kg) 平均值	标准差	全锌/(mg/kg) 平均值	标准差	全铜/(mg/kg) 平均值	标准差	铬/(mg/kg) 平均值	标准差	硒/(mg/kg) 平均值	标准差	镉/(mg/kg) 平均值	标准差	镍/(mg/kg) 平均值	标准差	重复数
2015	10	0~10	35.42	36.06	5.46	2.29	64.59	92.31	133.59	32.40	18.59	4.31	66.08	11.75	1.81	0.61	0.049	0.015	10.15	2.06	6
2015	10	10~20	46.35	51.21	4.86	1.56	66.38	113.97	122.96	32.64	17.99	4.55	69.69	13.53	2.28	0.87	0.031	0.010	10.85	2.57	6
2015	10	20~40	24.67	8.12	6.73	3.03	82.62	126.55	127.30	18.06	20.80	4.56	76.64	16.06	2.67	0.92	0.034	0.022	12.48	2.71	6
2015	10	40~60	45.45	29.79	6.30	2.26	88.65	34.35	117.69	27.67	22.84	5.69	78.94	19.08	2.68	1.09	0.031	0.016	14.49	3.89	6
2015	10	60~100	36.58	26.78	5.38	1.95	102.18	35.36	127.81	22.19	24.45	5.97	75.64	21.00	2.26	0.87	0.019	0.008	14.09	3.51	6

表 3 - 67 草坡站区调查点剖面土壤微量元素和重金属元素全量

年	月	观测层次/cm	全硼/(mg/kg) 平均值	标准差	全钼/(mg/kg) 平均值	标准差	全锰/(mg/kg) 平均值	标准差	全锌/(mg/kg) 平均值	标准差	全铜/(mg/kg) 平均值	标准差	铬/(mg/kg) 平均值	标准差	硒/(mg/kg) 平均值	标准差	镉/(mg/kg) 平均值	标准差	镍/(mg/kg) 平均值	标准差	重复数
2015	10	0~10	31.86	20.74	5.54	1.89	43.16	22.77	101.96	9.77	11.61	2.59	70.56	8.94	2.36	0.41	0.042	0.013	5.06	1.50	6
2015	10	10~20	26.54	17.55	8.09	1.83	40.61	31.89	97.45	15.05	11.27	3.63	77.90	13.09	3.04	2.04	0.026	0.013	5.43	1.94	6
2015	10	20~40	37.95	33.90	7.06	2.68	44.18	43.39	95.41	25.96	12.04	5.32	87.01	19.98	3.04	1.45	0.023	0.009	6.03	2.22	6
2015	10	40~60	30.76	11.34	10.52	6.30	53.96	14.57	83.59	12.08	14.85	5.57	93.23	19.47	2.44	0.99	0.025	0.027	7.41	1.82	6
2015	10	60~100	31.88	8.67	9.46	6.07	58.47	18.73	90.82	19.61	14.85	6.48	89.13	20.87	1.98	1.28	0.010	0.004	7.21	2.80	6

3.2.7　剖面土壤矿质全量数据集

3.2.7.1　概述

本数据集为鹤山站长期监测样地 2005 年和 2015 年剖面土壤的矿质［二氧化硅（SiO_2）、氧化铁（Fe_2O_3）、氧化铝（Al_2O_3）、氧化钛（TiO_2）、氧化锰（MnO）、氧化钙（CaO）、氧化镁（MgO）、氧化钾（K_2O）、氧化钠（Na_2O）、五氧化二磷（P_2O_5）、烧失量（LOI）和硫（S）］全量数据。

3.2.7.2　数据采集和处理方法

按照 CERN 长期观测规范，剖面土壤矿质全量的监测频率为每 10 年 1 次。2005 年在每个采样地内按照 CERN 观测规范要求采取 0～10 cm、10～20 cm、20～40 cm、40～60 cm、60～80 cm、80～100 cm 土壤样品，风干过筛后待测。2015 年在每个样地的 6 个采样分区内按以下步骤采样：用带 PVC 衬管的土钻采用梅花形方式多点分别采集剖面 0～10 cm、10～20 cm、20～40 cm、40～60 cm、60～100 cm 土壤样品，每个采样分区 0～10 cm、10～20 cm 取 12～14 个单点样混合成 1 个样品，20～40 cm、40～60 cm、60～100 cm 土壤均取 10 个单点样混合成 1 个样品装入塑料盆中，混合均匀后用四分法取 1.5 kg 左右的土壤放入封口袋。取回的土样置于干净的白纸上风干，挑除根系和石子，用四分法取足量碾磨后，过 2 mm 尼龙筛，再用四分法取足量碾磨后，过 0.149 mm 尼龙筛，装入封口袋中备用。剩余样品用于长期保存或备用。

SiO_2、Fe_2O_3、Al_2O_3、TiO_2、MnO、CaO、MgO、K_2O、Na_2O 和 P_2O_5 测定采用偏硼酸锂熔融—ICP- AES 法；烧失量采用烧失减重法；全硫采用库仑滴定法—测硫仪测定（GB/T 214—2007）。

3.2.7.3　数据质量控制和评估

数据质量控制和评估参考第 3 章 3.2.1.3。

3.2.7.4　数据价值/数据使用方法和建议

土壤矿物质的组成结构和性质，对土壤物理性质（结构性、水分特征、通气性、热性质、力学性质和耕作性）、化学性质（吸附性能、表面活性、酸碱性、氧化还原电位、缓冲作用）以及生物与生物化学性质（土壤微生物、生物多样性、酶活性等）均有深刻影响。

本数据集原始数据可通过广东鹤山森林生态系统国家野外科学观测研究站（http：//hsf. cern. ac. cn/）"资源服务"下的"数据服务"页面申请获取。

3.2.7.5　数据

数据见表 3 - 68 至表 3 - 73。

表 3 - 68　马占相思林综合观测场剖面土壤矿质全量

年	月	观测层次/cm	SiO_2/%		Al_2O_3/%		MnO/%		重复数
			平均值	标准差	平均值	标准差	平均值	标准差	
2005	9	0～10	61.87	5.04	13.74	1.27	0.006 7	0.002 2	3
2005	9	10～20	60.41	10.21	16.91	1.41	0.004 8	0.000 4	3
2005	9	20～40	65.79	16.92	16.50	2.41	0.005 7	0.000 9	3
2005	9	40～60	64.29	11.44	16.16	0.98	0.006 2	0.000 4	3
2005	9	60～80	62.28	10.50	17.76	2.50	0.012 4	0.009 9	3
2005	9	80～100	65.58	14.37	17.54	2.27	0.010 1	0.002 4	3
2015	10	0～10	62.26	3.29	16.92	1.02	0.008 2	0.001 4	6

（续）

年	月	观测层次/cm	SiO₂/%		Al₂O₃/%		MnO/%		重复数
			平均值	标准差	平均值	标准差	平均值	标准差	
2015	10	10～20	64.92	4.10	17.57	0.82	0.008 1	0.001 5	6
2015	10	20～40	62.29	3.22	17.51	0.86	0.007 9	0.000 5	6
2015	10	40～60	66.64	9.18	16.95	0.98	0.007 2	0.000 6	6
2015	10	60～100	62.00	5.08	17.30	0.33	0.007 4	0.001 0	6

年	月	观测层次/cm	K₂O/%		Na₂O/%		S/%		重复数
			平均值	标准差	平均值	标准差	平均值	标准差	
2005	9	0～10	2.39	0.30	0.12	0.033	0.53	0.18	3
2005	9	10～20	2.76	0.40	0.10	0.020	0.54	0.19	3
2005	9	20～40	3.32	0.57	0.12	0.005	0.83	0.44	3
2005	9	40～60	3.58	0.61	0.12	0.021	0.48	0.50	3
2005	9	60～80	3.61	0.78	0.19	0.034	0.32	0.26	3
2005	9	80～100	3.70	0.74	0.16	0.041	0.73	0.71	3
2015	10	0～10	1.93	0.36	0.15	0.083	0.43	0.17	6
2015	10	10～20	2.20	0.46	0.16	0.070	0.27	0.06	6
2015	10	20～40	2.44	0.28	0.14	0.059	0.30	0.11	6
2015	10	40～60	2.56	0.32	0.13	0.045	0.29	0.05	6
2015	10	60～100	2.95	0.47	0.12	0.039	0.29	0.06	6

年	月	观测层次/cm	TiO₂/%		P₂O₅/%		LOI/%		重复数
			平均值	标准差	平均值	标准差	平均值	标准差	
2005	9	0～10	0.33	0.024	0.050	0.001 9	—	—	3
2005	9	10～20	0.40	0.029	0.054	0.011 9	—	—	3
2005	9	20～40	0.40	0.032	0.054	0.004 2	—	—	3
2005	9	40～60	0.41	0.036	0.051	0.002 1	—	—	3
2005	9	60～80	0.42	0.001	0.060	0.006 0	—	—	3
2005	9	80～100	0.39	0.039	0.062	0.006 3	—	—	3
2015	10	0～10	0.17	0.035	0.091	0.028 1	12.83	2.30	6
2015	10	10～20	0.17	0.025	0.089	0.027 4	9.69	0.93	6
2015	10	20～40	0.17	0.026	0.085	0.039 6	9.11	0.43	6
2015	10	40～60	0.15	0.021	0.084	0.029 2	8.52	1.14	6
2015	10	60～100	0.13	0.020	0.072	0.033 7	10.27	4.89	6

（续）

年	月	观测层次/cm	Fe$_2$O$_3$/%		CaO/%		MgO/%		重复数
			平均值	标准差	平均值	标准差	平均值	标准差	
2005	9	0~10	4.75	0.24	0.042	0.017	0.443	0.043 3	3
2005	9	10~20	5.29	0.46	0.038	0.023	0.521	0.053 9	3
2005	9	20~40	6.00	0.43	0.031	0.009	0.593	0.073 2	3
2005	9	40~60	7.13	0.77	0.037	0.015	0.629	0.070 0	3
2005	9	60~80	8.25	2.25	0.168	0.217	0.679	0.031 2	3
2005	9	80~100	9.35	0.98	0.037	0.012	0.639	0.104 7	3

表3-69　乡土林辅助观测场剖面土壤矿质全量

年	月	观测层次/cm	SiO$_2$/%		Al$_2$O$_3$/%		MnO/%		重复数
			平均值	标准差	平均值	标准差	平均值	标准差	
2005	9	0~10	65.75	7.34	16.40	0.75	0.006 1	0.000 88	3
2005	9	10~20	59.20	0.49	17.72	1.18	0.006 1	0.000 87	3
2005	9	20~40	61.20	3.26	15.66	0.71	0.007 1	0.000 94	3
2005	9	40~60	60.70	9.53	16.53	0.73	0.013 7	0.001 61	3
2005	9	60~80	68.55	8.59	18.98	0.64	0.018 0	0.008 19	3
2005	9	80~100	70.80	10.50	19.65	0.20	0.018 7	0.000 87	3
2015	10	0~10	61.72	5.63	16.36	0.95	0.007 4	0.001 29	6
2015	10	10~20	60.62	5.66	16.97	1.73	0.008 5	0.001 21	6
2015	10	20~40	65.07	8.05	16.84	0.24	0.008 5	0.000 97	6
2015	10	40~60	66.76	6.99	17.11	1.00	0.009 1	0.000 66	6
2015	10	60~100	67.31	4.23	17.57	0.49	0.009 7	0.001 33	6

年	月	观测层次/cm	K$_2$O/%		Na$_2$O/%		S/%		重复数
			平均值	标准差	平均值	标准差	平均值	标准差	
2005	9	0~10	3.83	0.26	0.30	0.052	0.57	0.328	3
2005	9	10~20	4.17	0.45	0.36	0.119	0.40	0.365	3
2005	9	20~40	4.66	0.27	0.26	0.046	0.47	0.291	3
2005	9	40~60	5.82	1.53	0.38	0.179	0.37	0.220	3
2005	9	60~80	5.09	0.52	0.36	0.111	0.42	0.232	3
2005	9	80~100	5.98	0.66	0.62	0.397	0.34	0.169	3
2015	10	0~10	2.78	0.31	0.16	0.040	0.39	0.046	6
2015	10	10~20	2.97	0.59	0.17	0.032	0.34	0.038	6
2015	10	20~40	3.21	0.64	0.16	0.032	0.34	0.052	6
2015	10	40~60	3.48	0.87	0.17	0.062	0.36	0.047	6
2015	10	60~100	3.53	1.16	0.19	0.052	0.32	0.059	6

（续）

年-月		观测层次/cm	TiO₂/%		P₂O₅/%		LOI/%		重复数
			平均值	标准差	平均值	标准差	平均值	标准差	
2005	9	0～10	0.10	0.002	0.049	0.005 1	—	—	3
2005	9	10～20	0.10	0.007	0.046	0.003 1	—	—	3
2005	9	20～40	0.10	0.007	0.051	0.000 5	—	—	3
2005	9	40～60	0.11	0.009	0.058	0.005 5	—	—	3
2005	9	60～80	0.11	0.007	0.056	0.008 0	—	—	3
2005	9	80～100	0.12	0.007	0.071	0.006 6	—	—	3
2015	10	0～10	0.12	0.033	0.063	0.016 6	16.72	7.36	6
2015	10	10～20	0.12	0.037	0.062	0.014 5	12.47	0.45	6
2015	10	20～40	0.11	0.017	0.058	0.010 7	11.73	1.16	6
2015	10	40～60	0.12	0.020	0.075	0.017 2	11.85	0.46	6
2015	10	60～100	0.12	0.023	0.082	0.018 8	12.56	3.23	6

年	月	观测层次/cm	Fe₂O₃/%		CaO/%		MgO/%		重复数
			平均值	标准差	平均值	标准差	平均值	标准差	
2005	9	0～10	2.06	0.18	0.078	0.015	0.369	0.021 4	3
2005	9	10～20	2.18	0.24	0.082	0.034	0.392	0.028 5	3
2005	9	20～40	2.48	0.17	0.029	0.001	0.440	0.023 1	3
2005	9	40～60	2.66	0.28	0.055	0.019	0.469	0.021 3	3
2005	9	60～80	3.94	1.86	0.030	0.002	0.493	0.058 4	3
2005	9	80～100	3.25	0.40	0.109	0.084	0.535	0.060 5	3

表 3-70　针叶林站区调查点剖面土壤矿质全量

年	月	观测层次/cm	SiO₂/%		Al₂O₃/%		MnO/%		重复数
			平均值	标准差	平均值	标准差	平均值	标准差	
2005	9	0～10	52.48	5.21	14.84	0.46	0.015 0	0.012 1	3
2005	9	10～20	52.12	2.84	16.47	0.37	0.013 4	0.011 9	3
2005	9	20～40	56.42	6.90	17.61	1.93	0.046 8	0.061 2	3
2005	9	40～60	57.96	6.15	15.61	0.54	0.044 1	0.050 0	3
2005	9	60～80	60.51	5.23	16.32	0.60	0.047 8	0.036 0	3
2005	9	80～100	57.82	2.67	16.16	1.53	0.041 9	0.023 5	3
2015	10	0～10	63.23	5.51	16.90	1.24	0.009 6	0.000 8	6
2015	10	10～20	66.54	3.83	17.70	1.35	0.008 9	0.000 5	6
2015	10	20～40	61.85	1.91	17.65	0.93	0.009 2	0.001 7	6
2015	10	40～60	63.04	5.29	17.35	1.52	0.010 2	0.001 8	6
2015	10	60～100	64.36	3.29	17.94	0.69	0.011 5	0.001 4	6

（续）

年	月	观测层次/cm	K₂O/%		Na₂O/%		S/%		重复数
			平均值	标准差	平均值	标准差	平均值	标准差	
2005	9	0～10	5.17	0.15	0.256	0.044	0.26	0.094	3
2005	9	10～20	5.42	0.048	0.273	0.054	0.21	0.030	3
2005	9	20～40	5.52	0.11	0.281	0.091	0.79	0.456	3
2005	9	40～60	5.12	0.78	0.266	0.023	0.52	0.549	3
2005	9	60～80	5.55	0.44	0.333	0.144	0.44	0.184	3
2005	9	80～100	5.90	0.59	0.209	0.060	0.40	0.215	3
2015	10	0～10	3.08	1.04	0.210	0.104	0.39	0.090	6
2015	10	10～20	3.49	1.14	0.213	0.102	0.34	0.132	6
2015	10	20～40	3.31	1.02	0.266	0.050	0.32	0.038	6
2015	10	40～60	3.38	1.04	0.188	0.123	0.39	0.144	6
2015	10	60～100	3.32	0.92	0.180	0.071	0.33	0.032	6

年	月	观测层次/cm	TiO₂/%		P₂O₅/%		LOI/%		重复数
			平均值	标准差	平均值	标准差	平均值	标准差	
2005	9	0～10	0.084	0.006 0	0.040	0.002 7	—	—	3
2005	9	10～20	0.084	0.003 3	0.041	0.006 4	—	—	3
2005	9	20～40	0.093	0.002 4	0.043	0.002 1	—	—	3
2005	9	40～60	0.093	0.004 6	0.037	0.004 2	—	—	3
2005	9	60～80	0.095	0.003 6	0.036	0.011 1	—	—	3
2005	9	80～100	0.098	0.004 7	0.037	0.003 3	—	—	3
2015	10	0～10	0.152	0.030 7	0.063	0.031 6	12.23	1.66	6
2015	10	10～20	0.140	0.034 3	0.076	0.010 5	13.71	5.70	6
2015	10	20～40	0.142	0.031 2	0.060	0.016 4	10.63	3.43	6
2015	10	40～60	0.158	0.035 7	0.061	0.016 1	15.27	9.34	6
2015	10	60～100	0.156	0.034 8	0.055	0.010 2	14.69	5.84	6

年	月	观测层次/cm	Fe₂O₃/%		CaO/%		MgO/%		重复数
			平均值	标准差	平均值	标准差	平均值	标准差	
2005	9	0～10	2.12	0.93	0.118	0.090	0.367	0.038	3
2005	9	10～20	1.82	0.24	0.103	0.053	0.395	0.045	3
2005	9	20～40	2.34	0.62	0.079	0.045	0.497	0.066	3
2005	9	40～60	2.17	0.70	0.099	0.019	0.469	0.116	3
2005	9	60～80	2.22	0.11	0.097	0.013	0.545	0.042	3
2005	9	80～100	2.37	0.04	0.142	0.062	0.620	0.071	3

表 3-71　桉林站区调查点剖面土壤矿质全量

年	月	观测层次/cm	SiO_2/%		Al_2O_3/%		MnO/%		重复数
			平均值	标准差	平均值	标准差	平均值	标准差	
2015	10	0~10	56.93	4.60	16.34	1.08	0.008 1	0.000 56	6
2015	10	10~20	58.39	7.58	16.59	1.13	0.007 6	0.000 47	6
2015	10	20~40	65.11	7.46	17.28	1.44	0.007 9	0.000 60	6
2015	10	40~60	67.99	10.28	16.52	1.67	0.008 4	0.001 09	6
2015	10	60~100	63.35	3.69	17.21	1.41	0.008 2	0.000 18	6

年	月	观测层次/cm	K_2O/%		Na_2O/%		S/%		重复数
			平均值	标准差	平均值	标准差	平均值	标准差	
2015	10	0~10	0.62	0.35	0.115	0.069	0.34	0.071	6
2015	10	10~20	0.66	0.36	0.081	0.059	0.36	0.086	6
2015	10	20~40	0.71	0.41	0.084	0.049	0.33	0.051	6
2015	10	40~60	0.76	0.59	0.088	0.039	0.39	0.080	6
2015	10	60~100	1.00	0.54	0.112	0.055	0.31	0.042	6

年	月	观测层次/cm	TiO_2/%		P_2O_5/%		LOI/%		重复数
			平均值	标准差	平均值	标准差	平均值	标准差	
2015	10	0~10	0.17	0.015	0.057	0.009	10.24	0.35	6
2015	10	10~20	0.18	0.020	0.049	0.017	9.01	0.37	6
2015	10	20~40	0.21	0.022	0.046	0.019	9.98	2.09	6
2015	10	40~60	0.23	0.017	0.056	0.005	9.16	0.26	6
2015	10	60~100	0.24	0.038	0.079	0.011	7.40	3.66	6

表 3-72　大叶相思林站区调查点剖面土壤矿质全量

年	月	观测层次/cm	SiO_2/%		Al_2O_3/%		MnO/%		重复数
			平均值	标准差	平均值	标准差	平均值	标准差	
2015	10	0~10	57.69	3.99	16.63	0.53	0.007 3	0.000 37	6
2015	10	10~20	61.36	3.58	16.92	1.34	0.007 2	0.000 48	6
2015	10	20~40	62.40	3.87	16.35	0.72	0.005 8	0.002 94	6
2015	10	40~60	66.68	8.77	16.06	0.54	0.007 4	0.000 68	6
2015	10	60~100	65.30	6.56	16.92	1.19	0.007 6	0.000 35	6

年	月	观测层次/cm	K_2O/%		Na_2O/%		S/%		重复数
			平均值	标准差	平均值	标准差	平均值	标准差	
2015	10	0~10	2.11	0.53	0.055	0.029	0.40	0.077	6
2015	10	10~20	2.40	0.59	0.077	0.052	0.27	0.039	6
2015	10	20~40	2.83	0.88	0.082	0.033	0.30	0.046	6
2015	10	40~60	2.90	0.70	0.076	0.024	0.35	0.048	6
2015	10	60~100	3.07	0.70	0.065	0.026	0.33	0.080	6

（续）

年	月	观测层次/cm	TiO$_2$/%		P$_2$O$_5$/%		LOI/%		重复数
			平均值	标准差	平均值	标准差	平均值	标准差	
2015	10	0~10	0.14	0.032	0.059	0.028	13.82	5.76	6
2015	10	10~20	0.16	0.030	0.052	0.021	18.39	11.16	6
2015	10	20~40	0.17	0.039	0.065	0.025	23.62	18.90	6
2015	10	40~60	0.21	0.050	0.063	0.031	25.00	17.59	6
2015	10	60~100	0.20	0.051	0.065	0.022	32.44	18.41	6

表 3 - 73　草坡站区调查点剖面土壤矿质全量

年	月	观测层次/cm	SiO$_2$/%		Al$_2$O$_3$/%		MnO/%		重复数
			平均值	标准差	平均值	标准差	平均值	标准差	
2015	10	0~10	62.46	1.77	15.17	0.38	0.006 1	0.000 96	6
2015	10	10~20	60.84	3.22	16.59	1.21	0.005 8	0.000 75	6
2015	10	20~40	58.30	2.39	16.14	0.63	0.006 1	0.000 98	6
2015	10	40~60	61.45	3.39	16.51	0.46	0.006 0	0.000 50	6
2015	10	60~100	61.42	3.62	17.02	0.46	0.005 6	0.000 77	6

年	月	观测层次/cm	K$_2$O/%		Na$_2$O/%		S/%		重复数
			平均值	标准差	平均值	标准差	平均值	标准差	
2015	10	0~10	2.51	0.28	0.089	0.049	0.40	0.066	6
2015	10	10~20	2.66	0.39	0.080	0.025	0.28	0.043	6
2015	10	20~40	2.98	0.43	0.068	0.021	0.32	0.062	6
2015	10	40~60	3.30	0.24	0.080	0.051	0.32	0.050	6
2015	10	60~100	3.03	0.57	0.058	0.027	0.32	0.065	6

年	月	观测层次/cm	TiO$_2$/%		P$_2$O$_5$/%		LOI/%		重复数
			平均值	标准差	平均值	标准差	平均值	标准差	
2015	10	0~10	0.11	0.010	0.048	0.025	19.29	9.25	6
2015	10	10~20	0.12	0.020	0.052	0.018	19.00	13.58	6
2015	10	20~40	0.13	0.020	0.037	0.011	10.53	3.15	6
2015	10	40~60	0.17	0.020	0.053	0.015	18.03	12.50	6
2015	10	60~100	0.15	0.019	0.052	0.017	12.92	6.84	6

3.3　水分观测数据

3.3.1　土壤体积含水量数据集（中子仪测定法）

3.3.1.1　概述

本数据集收录了 2005—2015 年鹤山站定点定位观测不同类型人工林土壤体积含水量观测数据。包括观测年份、观测样地、人工林类型、观测层次、土壤体积含水量。观测层次单位为 cm，土壤体积含水量单位为 cm^3/cm^3。进行调查和数据收集的长期观测样地包括鹤山站气象观测（HSFQX01）、鹤山站马占相思林综合观测场（HSFZH01）、鹤山站乡土林辅助观测场（HSFFZ01）。

3.3.1.2　数据采集和处理方法

调查和数据采集频度按中国生态系统研究网络（CERN）长期监测规范丛书《陆地生态系统水环境观测指标与规范》要求进行，观测频率为每 5 d 1 次，雨后加测。

土壤体积含水量观测采用中子水分仪（英国，型号 9956NE）直接测定法，测定前，将仪器校正容器盛满水，用中子水分仪测定容器的水溶液，以校正仪器的准确性，同时也可检查仪器的稳定性。然后将中子水分仪移至野外，分别对样地内预先埋设好的中子管进行测定，中子管埋深 120 cm 内，每 10 cm 测定 1 次，中子管埋深超过 120 cm，每隔 20 cm 测定 1 次，中子管埋设按上、中、下坡各 3 根，埋深根据实际土层厚度，最深达 260 cm；记录每层测定数据，数据录入后进行数据处理，形成土壤体积含水量数据表。测定一般选择晴天。

3.3.1.3　数据质量控制和处理方法

仪器稳定性是该方法测量最好的数据质量控制，每次完成测定后，及时清洁维护仪器，并将采集读数部分拆除放入干燥器或恒温恒湿设备中存放。测定水中读数时至少测定 10 组数据，不出现大的数据漂移，可以直观反映仪器的稳定性，水中读数数据稳定，数据漂移控制在 5% 才可进行野外测定。定期检查和清理中子管，避免管内积水。定期对仪器进行标定，结合室内标定和室外标定，校正标准曲线。同时每 2 个月对中子管附近土壤采样，用烘干法测定土壤含水量，进行校正。

数据处理为按样地计算月平均值，在 CERN 水分监测数据报表 FC01 表的基础上，将每个样地分层观测值取平均值后，作为本数据集数据，标明重复数及标准差。

3.3.1.4　数据价值/数据使用方法和建议

土壤水分是森林生态系统中物质和能量传输的介质，土壤含水量直接影响土壤的固、液、气三相比，不仅影响陆地与大气之间的热量平衡，陆地表面大气环流和土壤温度等，还是评价土壤资源优劣的一个重要指标。同时土壤水分也影响土壤中物质循环和能量流动，直接与地下部分生态学过程密切相关，其影响根系生长与养分利用，微生物、土壤动物群落结构和功能等。本数据集可服务于森林生态系统功能评估、土壤生态学及地下生态学过程等诸多研究领域。数据包括气象观测场裸地（对照样地）、先锋群落马占相思林及乡土树种林 3 个观测场。

本数据集原始数据可通过广东鹤山森林生态系统国家野外科学观测研究站（http://hsf.cern.ac.cn/）"资源服务"下的"数据服务"页面申请获取。

3.3.1.5　数据

数据见表 3-74 至表 3-76。

表3-74 鹤山站气象观测场土壤体积含水量观测数据

样地代码：HSFQX01CTS_01　人工林类型：草地

各层次土壤体积含水量/（cm³/cm³）

年	月	10 cm	20 cm	30 cm	40 cm	50 cm	60 cm	70 cm	80 cm	90 cm	100 cm	110 cm	120 cm	140 cm	160 cm	180 cm	重复数
2005	1	11.3±2.8	15.7±1.1	17.1±0.2	15.8±1.3	16.7±1.2	18.1±0.5	17.5±1.8	16.7±1.6	16.5±1.3	17.9±2	18.4±1.2	17.7±1.5	18.1±1.4	15.2±1.6	0±0	2
2005	2	10.9±1.7	15±2.2	13.4±0.1	14.5±0.1	14.2±0.7	14.9±0.4	14.1±0.6	14.2±0.8	13.1±1.8	14.7±4	16.1±4.5	15.7±5	15.1±5.4	15.5±5.1	15.3±4.8	2
2005	3	13.5±4.3	20.7±1.4	22.1±0.4	23.1±0.7	23.2±1.2	23.3±1.2	22.4±0.8	21.3±0.7	21±0.2	20.8±0.1	20.2±0.8	18.3±3.1	17.1±3.9	18.4±2.3	19±0.8	2
2005	4	14.3±0.2	19.2±0.1	21.2±0.5	21.4±0.5	21.9±0.4	22.2±0.5	22.3±0.4	22.3±0.4	22.4±0.2	22±0.9	21.6±1.2	20.2±2.5	18.5±3.2	19.3±1.8	18.5±1.2	2
2005	5	18.7±0.9	20.6±0.9	21.4±0.6	21.7±0.1	21.9±0	22.3±0.5	22.3±0.7	22.1±0.7	22.4±0.7	22.7±0.7	22.6±0.5	19.8±2.4	18.7±3.8	21.2±0.5	19.4±1.3	2
2005	6	16.8±1.2	21.5±0.5	22.1±0.2	22.5±0.3	22.7±0.4	23±0.9	23±1.1	22.8±0.9	22.7±0.8	22.9±0.6	23±0.6	21.4±1.4	20.1±3	20.7±2.6	19.9±3	2
2005	7	9.6±2.2	18±0.7	20.4±0.1	21.8±0.1	22.5±0.7	23.2±1	23.4±0.6	22.8±0.8	22.7±0.4	23.2±0.3	23.3±0.1	22.6±0.1	21±2.4	21.1±2.2	22.3±0.5	2
2005	8	11.8±3.5	19.9±0.3	21.4±0.1	22.5±0.4	23.7±0.5	23.9±0.4	23.5±0.5	22.8±0.4	23.1±0.3	23.4±0.7	23.4±1.2	22.8±2	22.6±1	22.9±0.9	23±0.5	2
2005	9	19.1±1.3	20.3±3	21.7±0.1	22.9±1	22.5±1.6	23.2±1.3	22.3±0.6	22.2±0.1	22.5±0.2	22.7±0.3	22±0.8	18.1±4.5	19.2±3.7	20±2	19.3±2	2
2005	10	16.1±1.7	18.6±0.3	19.6±0.4	20.6±0.6	21.5±0.8	21.5±0.3	21.4±0.4	21.7±0.2	21.8±0.2	22±0.2	21.9±0.4	21.3±0.7	20.8±1.5	21.5±0.9	20.1±0.2	2
2005	11	16.4±0.1	18.5±0.2	18.9±0.1	19.3±0.3	19.7±0.8	20.2±0.4	20±0.5	19.5±0.1	19.9±0.4	20.4±0.5	20.6±0.5	17.9±2.1	17.9±2.4	18.9±1.4	18.4±1	2
2005	12	13.6±0.9	18.9±1.3	19.4±0.6	20.5±1.2	20.6±1.5	20.9±0.8	20.7±0.5	20.6±0	20.6±0.4	21±0.4	20.8±0.6	18.4±3.8	17.9±4.1	20.3±2.4	19.5±2.7	2
2006	1	17.8±0.6	25.2±0.9	26±1	27±1.2	27.7±1.4	27.9±0.4	27.6±1	27.3±0.2	27.3±0.7	27.7±0.4	27.9±0.8	25.9±1.4	24.2±3.1	27.1±2.7	25.1±1.6	2
2006	2	20.4±0.5	26.7±0.4	27.2±0.6	27.9±1.2	28±1.7	28.1±1.6	27.9±1.3	27.1±0.6	26.9±0.3	27.4±0.3	27.4±0.6	23.5±3.5	22.7±5.7	26.6±2	24.9±3.3	2
2006	3	23.9±0.3	29.8±0.2	30.1±0.3	31.1±0.5	31.1±0.6	31.2±0.6	33.5±3.1	30.1±1	29.3±1.2	29.5±0.7	29.3±0.7	28.2±0.4	25.2±2	27.2±1.2	25.7±2	2
2006	4	25.1±0.6	29.8±0.3	30.7±0.2	31.4±0.1	32.2±0.5	32.3±0.8	32.4±0.6	31.3±0.6	31.5±1.3	31.3±0.8	31.1±0.6	28.3±1.7	25.6±2.8	28.3±1.5	26.1±2.3	2
2006	5	24.2±0.7	29.2±0.1	30±0.1	31.5±0	31.9±0.5	31.8±0.6	31.9±0.6	31.6±0.7	31.6±0.1	31.6±0.1	31.8±0.6	28±2.4	26.1±4.3	29.2±1.9	27.2±2	2
2006	6	26.4±0.7	30.7±0.2	31.1±0	31.5±0.3	32.2±0.6	32.4±0.6	32.5±0.6	31.5±0.6	31.9±0.6	31.6±0.2	32.5±0.5	29.8±0	27.5±3.3	30.4±1.3	28.8±2	2
2006	7	25.3±0.2	30.1±0.6	30.4±0.4	31.5±0.4	31.8±1.4	32.1±1.2	31.9±1.1	31.4±1.1	31.6±0.3	31.6±0.2	31.8±0.4	27.3±3.6	26.6±4.2	29.4±1.8	28.5±2.3	2
2006	8	25.2±0.3	29±0.6	30±0	31.1±0.1	31.4±0.7	31.6±0.7	31.7±0.6	31.5±0.6	31.4±0.3	31.8±0.1	31.9±0.4	29.3±1.3	26.3±4.3	29.5±2.7	28.1±1.9	2
2006	9	24.4±0.3	29.1±0.1	29.9±0.5	30.7±0.1	31.2±0.8	31.6±1.4	31.7±1.3	31.5±1.1	31.6±0.5	32.1±0.3	32±0.3	29.4±2.5	26.8±5.6	30±1.6	28.1±2.4	2

（续）

年	月	各层次土壤体积含水量/（cm³/cm³）															重复数
		10 cm	20 cm	30 cm	40 cm	50 cm	60 cm	70 cm	80 cm	90 cm	100 cm	110 cm	120 cm	140 cm	160 cm	180 cm	
2006	10	21.3±0.1	27.1±0.5	28±0.3	29.5±0.9	30.1±2	30.4±1.1	30.1±0.8	29.7±0.1	30±1.1	30.4±1	30.8±0.6	26.3±5.8	25.2±7	29.3±1.8	27.4±2.8	2
2006	11	21.2±1	27.4±1.1	28.4±0.2	30±0.7	30.4±0.9	30.4±0.9	30.7±0.4	29.8±0.2	29.6±1	30.4±0.9	30.6±1	26.4±5	24.7±6.7	28.9±2	26.1±3.9	2
2006	12	22.1±0.5	28.9±0.2	29.5±0.9	30.7±0.4	31±0.3	31.4±0.2	31.2±0.3	30.1±0.5	29.8±1.1	30.1±1.1	30.1±0.7	25.8±5.1	24.1±6.7	28.5±2	26.7±3	2
2007	1	20.3±0.4	26.6±1	27.3±0.3	28.7±0.7	29±1.7	29.6±1.4	29.3±0.4	28.9±0.6	28.9±1.2	29.5±0.8	29.8±1	25.5±4.8	21.5±3.5	28.1±2	26.2±2.4	2
2007	2	21±0.1	27±0.2	27.5±0.3	28.6±0.1	28.8±1.3	29±1	28.9±0.6	28.7±0.1	27.9±0.8	28.6±0.4	28.8±0.9	25.3±5.1	23.3±7.3	27.2±3.4	25.7±3.7	2
2007	3	23.6±0.8	29±0.2	29±1.1	30±0.2	29.8±1.1	29.6±1.2	29.5±0.9	28.4±0.1	28.5±0.7	28.7±0.8	28.7±0.4	24.3±6	23.1±6.9	27.5±2.1	25.5±3	2
2007	4	24.8±0.5	30.1±0.5	30.3±0.5	31.6±0.4	32.2±1	31.5±1.4	31±0.5	30.3±0.3	29.6±0.6	29.7±0.6	30±0.5	25.2±5.6	23.9±7.2	28.2±2.3	25.8±3.7	2
2007	5	25.4±0.1	30.8±0.7	31.2±0.3	32.1±0.7	33±1.3	33.1±1	32.9±1.4	32.3±0.6	32.4±0.7	32.9±0.7	33.1±0.5	29.5±3.5	27.1±6.9	30.8±1.7	28.2±2.8	2
2007	6	24.8±0.1	30.4±1.1	31.2±0.2	32.3±0.6	33.5±1.6	32.9±2	32.8±1.6	32.2±0.8	32.4±0.2	32.9±0.6	33.3±0.3	30.5±3.4	28.4±5.1	31.8±1.1	29.3±3	2
2007	7	23.7±0.2	26.5±0.2	26.4±3.8	30.3±0.1	31.1±0.1	31.8±0.1	32.2±0	32.5±0.4	32.4±1	32.2±0.6	31.9±0.6	31.2±1.5	29.1±4	30±1.2	28.7±1.5	2
2007	8	25.1±0.1	27.6±0.4	29.4±0.1	30.2±0.1	30.6±1.2	30.9±1.1	31.1±0.9	31±0.3	31.2±0.2	31.2±0.2	31.3±0.6	26.9±5.1	25.8±6.3	28.7±2.2	26.8±2.7	2
2007	9	25.2±1	28.4±1	31.2±1.7	31.2±0.1	31.9±0.6	32.7±1.3	32.5±1.2	32.1±0.7	32.2±0	32.6±0.1	32.4±0.2	30.6±1.8	27.1±6.6	30.1±2.8	28.8±2.4	2
2007	10	21.1±0.2	26.6±0.2	28±0.4	29.3±0.2	30±0.9	30.5±1.2	30.5±1.1	30±0.3	30.4±0.9	30.8±0.4	30.8±0.8	27.1±4.8	25±6.9	29±1.6	26.8±2.7	2
2007	11	18.2±1	24.6±1.7	25.7±0.4	26.7±1.1	27.6±1.6	27.6±1.6	27.6±0.8	27.5±0	27.4±0.8	27.7±0.4	28±0.9	24.3±5.6	22.8±6.9	27.8±2	25.9±3.3	2
2007	12	17.8±0.8	24±0.5	25.2±0.1	26±0.9	26.2±1.5	27.2±1.7	27.3±1.1	26.8±0.5	26.5±0.2	26.8±0.3	27±0.5	24.3±4.2	22.3±6.7	25.7±3.5	24.2±4.5	2
2008	1	19.3±0.7	25.2±0.2	26.8±0	27±0	27.2±0.6	27.9±1.5	27.7±0.5	27.4±0.6	26.5±0.6	26.7±0.9	27.4±0.5	25.7±1.8	22.8±5.6	26.9±2.5	25.4±2.9	2
2008	2	24.2±0.3	29.3±1	29.9±1	31.4±0.3	31.6±0.9	31.8±1.3	31.6±0.6	31±0.2	31.1±0.7	31.4±0.6	31.3±0.7	29.1±1.4	25.6±5.6	28.1±2.3	26±2.8	2
2008	3	21.5±0	26.6±0.6	28.2±0.4	30±0.4	30.4±0.9	30.5±1	30.5±0.7	29.5±0.6	29.6±0.6	30.2±0.6	30±0.6	26.4±4.4	24.4±6.4	26.9±3.2	26±3.2	2
2008	4	25±1.2	28.9±0.2	30.8±0.7	31.7±0.4	32.5±0.8	32.5±1.7	32.6±1.5	32±0.7	31.8±0	32±0.7	31.5±1	27.9±3	24.4±6.7	28.3±1.4	26.3±2.9	2
2008	5	26.3±0.6	30.4±0.1	31.5±0.2	33±0.6	33.3±1.5	32.8±2	33±1.3	32.3±1.3	32.8±0.8	33.2±0.3	33±0.6	29.4±3	27.1±6.6	30.8±1.6	28±2.7	2
2008	6	27.6±0.3	30.5±0.7	31.9±0.1	33.2±0.1	33.9±0.8	33.8±1.9	34±0.9	33.3±1	33.6±0	34.1±0.6	34.6±0.8	29.4±3.3	28.7±5.2	32.6±1.5	30.7±2.5	2

（续）

各层次土壤体积含水量/（cm³/cm³）

年	月	10 cm	20 cm	30 cm	40 cm	50 cm	60 cm	70 cm	80 cm	90 cm	100 cm	110 cm	120 cm	140 cm	160 cm	180 cm	重复数
2008	7	26.5±0.3	29.8±0.5	31.3±0.3	32.5±0.3	33.4±0.6	33.5±1.9	33.3±1.7	32.9±1.1	32.9±0.4	33.8±0.8	33.2±0.3	30±3.7	27.6±6.4	31.3±1.5	28.9±2.7	2
2008	8	25.7±0.6	29.1±0	30.6±0.5	31.9±0	32.2±1.4	32.5±1.2	33±1.3	32.3±0.9	32.5±0.1	33±0.6	33±0.3	28.8±4.5	27.8±6.1	32±0.7	29.5±1.7	2
2008	9	23.2±1	28.6±0.1	29.1±0.8	30.6±0.2	31.4±1	31.2±1.4	31.1±1	30.9±0.8	31.2±0.2	31.8±0.2	31.6±0	27.9±4.4	26.7±6	29.9±1.4	27.8±2.1	2
2008	10	24.8±0.2	28.9±0.7	29.8±0.4	31.2±0.2	32.2±0.9	32.3±1	32.4±1.1	31.7±0.9	31.6±0.1	32.4±0.1	32.4±0.3	28.4±3.6	26.4±6.5	30.7±1.2	28.8±2.1	2
2008	11	22.4±0.6	26.9±0.9	27.6±0.2	28.7±1.1	29.3±1.6	29.5±1.2	29.7±0.5	29.2±0.6	29.4±1	30.1±1	29.8±1.1	25.2±5.8	24.7±6.3	28.3±1.6	27±2.7	2
2008	12	19.1±1.1	24.9±1.6	25.7±0.2	27±1.4	27.1±2.5	28±1.5	27.8±0.9	27.3±0.2	27.1±0.9	27.9±0	28.1±0.7	24.1±5.4	23.1±6.8	28±2.4	25.8±3.1	2
2009	1	21.2±1.7	25.7±1.8	25.5±0.7	26.6±1.5	27.3±2	27.5±1.4	27.1±0.6	26.5±0.3	26.9±0.4	27.1±0.4	27±0.8	22.5±6.3	22.8±5.8	26.4±3.2	25.1±2.9	2
2009	2	22.2±1.8	25.3±0.7	26.4±1.1	27.3±1.8	27.4±1.8	27.2±1.1	27±0.3	26.7±0.5	26.9±0.5	27.6±0.4	27±0.7	22.2±6.9	23±5.6	26.3±3.3	24.7±3.3	2
2009	3	25.7±0.9	29.1±0.6	30.4±0.1	31.7±1.1	32±1	31.8±1.2	31.3±1.3	30.4±0.7	30.1±0.4	30.2±0.7	29.8±1.2	25.9±2.4	24.2±5.6	27.2±2.6	25.2±2.6	2
2009	4	26.5±1.5	30.7±0.1	31.3±0.4	32.8±0.4	32.7±1.3	32.8±1.6	32.7±1.6	32.3±1.9	32.4±0.5	33.3±0.8	33.1±1.2	29.3±3.6	27.5±5.5	30.1±2.2	28.3±3.2	2
2009	5	22.7±0.8	28±1	29.3±0.5	30.4±0.5	30.9±1.2	31.3±1.5	31.6±1.3	31.2±1.1	31.4±0.1	31.8±0.2	32.1±0.1	27.9±4.9	26.5±6.1	30.8±1.5	28.4±1.8	2
2009	6	25.4±0.4	29.7±0.2	31.1±0.1	32.1±0	32.2±0.7	32.2±1	32.3±1.5	31.9±0.9	32±0.9	32.1±0.3	32.8±1.1	28.2±4.6	27.2±5.7	31.2±1.5	28.8±2.1	2
2009	7	24.5±1	29.1±0.6	30.7±0.3	31.9±0.4	32.6±1.2	32.3±2	32.5±1.3	32±0.4	32.1±0.5	32.3±0.4	32.7±0.1	29.9±3	28.1±4.7	30.5±1.7	29.2±2.2	2
2009	8	24.8±0.7	29±0.5	30.1±0	31.4±0.1	32.1±0.9	32.1±1.6	32.2±1.2	31.7±0.9	31.9±0.1	32.4±0.6	32.1±0.3	28.5±3.6	27.8±4.6	29.3±3.2	29±1.5	2
2009	9	24.6±0.2	28.5±0.4	29.7±0.4	30.9±1.1	31.6±1.6	31.5±1.7	31.4±1.7	31.3±0.7	31.6±0	32.1±0.3	31.5±0.8	27.2±5.2	27.4±5.1	30±2.2	28.3±1.8	2
2009	10	20.9±0	26.6±0.2	27.7±0	30±0.2	30±0.9	29.8±0.8	30.1±0.7	30±0.1	30.1±0.2	31±0.3	30.8±0.3	26.7±4.6	25.9±5.3	29±1.4	27.4±1.5	2
2009	11	22.6±0.3	27.5±0	28.3±0.2	29.1±0.4	30±1.6	29.7±2	29.6±1	28.8±0.5	29±0.2	29.2±0.2	29.1±0.4	24.4±5.8	23.8±6.3	26.9±2.9	26.1±2.2	2
2009	12	23.1±0.8	27.8±0.6	28.8±1.2	30±0.2	29.7±1.3	29.4±1.4	29.2±0.3	28.6±0.1	28.4±0.7	28.9±0.2	28.9±0.2	24±5	23.9±6	27.6±2.6	25.8±2.8	2
2010	1	26.7±0.1	30.1±0.2	30.5±0.4	32.1±0.7	32.2±1.2	32±2	31.5±0.7	31.3±0.2	31.1±0.3	31.7±0	31.2±0	26.6±4.9	25.4±5.4	28.2±2.1	26.5±1.7	2
2010	2	27.1±0.4	30.9±0.7	31±0.2	32±0.8	32.4±1.6	32.2±2	32.5±1.6	32.2±1.2	32.3±1.1	33±0.7	32.9±0.8	27.3±5.1	26.4±6.5	29.5±2.4	27.3±3.2	2
2010	3	24.7±0.9	29.3±0	29.7±0.4	31.2±0.9	31.2±1.7	31.6±2.3	31.7±1.6	31.1±1.3	31.3±0.3	31.6±0.4	31.5±0.5	27±4.7	25.5±6.4	29.2±1.7	27.2±2.4	2

（续）

各层次土壤体积含水量/（cm³/cm³）

年	月	10 cm	20 cm	30 cm	40 cm	50 cm	60 cm	70 cm	80 cm	90 cm	100 cm	110 cm	120 cm	140 cm	160 cm	180 cm	重复数
2010	4	27.7±0.5	31±0.4	30.9±0.6	32.2±1	32.4±2.2	32.3±2.5	32.5±2	31.8±1.1	31.8±0.8	32.4±1.1	32.4±0.7	27.2±4.8	26.1±6.4	29.7±2.1	27.1±2.7	2
2010	5	26.7±0.4	30.6±1.1	31.2±0.4	32.5±0.9	32.5±2.3	32.9±2.6	33±2	32.4±1.9	32.4±1	33.1±1.3	33±1.5	28.1±4.2	27.2±5.6	30.9±1.3	28.9±2	2
2010	6	28.5±0.1	31.7±1	31.7±0.3	33±1.5	33.2±2.3	33.1±2.7	33.1±2.4	32.8±2.4	33±1.4	33.6±1.6	33.5±1.6	28.4±4.1	27.9±5.2	31.5±0.9	29.4±1.7	2
2010	7	22.6±0.5	27.4±1.3	28.2±0.1	29.6±1.6	30.7±2	30.9±2.2	31.3±1.8	30.8±0.7	30.8±0.2	31.9±0.8	31.8±0.5	26.6±5	26.1±5.9	29.1±2.2	27.5±1.9	2
2010	8	25.7±0.7	29.9±0.3	31.2±0	32.2±1.1	33±1.6	33.3±2.3	33.3±2	32.7±1.9	32.9±0.6	33.7±1.3	29.9±5.3	28.1±5	27.2±6.1	30.8±1.9	28.5±2.4	2
2010	9	27.8±0.2	30.4±0.8	31.1±0.3	32.5±0.5	33.5±1.3	33.3±2.9	33.4±2.2	33.2±2.2	33.4±1.2	33.8±1.1	33.6±1.1	29±4.2	28.2±4.7	31±0.3	29.3±0.9	2
2010	10	27.3±0.2	30.8±0.5	31.6±0	33.2±1.1	33.1±2.4	33.1±2.2	33.5±1.9	32.7±1.7	33±1	33.4±1.1	33.5±0.4	27.7±5.3	27.1±5.9	30.5±1.8	28.4±1.9	2
2010	11	21±1.7	25.8±1.6	26.7±0.4	27.9±1.8	28.6±2	29±1.6	28.8±0.8	28.7±0.1	29.2±0.1	30.2±0.3	30.1±0.1	24.9±5.8	24.5±6.4	28.2±2.2	26.6±2.5	2
2010	12	22.1±1.1	26.4±1.3	26.4±0.1	27.5±1.2	27.9±2.5	28.1±1.8	27.7±0.9	27.3±0.6	27.4±0.3	28.3±0.2	28±0.2	23.3±5.4	23.1±6.2	27.1±2.6	25.2±2.9	2
2011	1	22.7±0.4	27.7±0.4	27.5±0.5	28.3±1	28.8±2.2	28.5±2.4	28.1±1.1	27.3±0	27.3±0	28.1±0.7	27.8±0.1	23.7±5.2	22.6±6.4	26.7±1.9	24.9±3.1	2
2011	2	24.1±0.6	28.8±0.2	29±0	29.9±1.3	29.9±2.8	29.7±2.8	28.9±1.8	27.6±0.9	27.8±0	28.3±0.4	28.3±0.3	23.6±5.1	22.5±6.3	26.9±2	25.3±2.5	2
2011	3	24.5±0.4	29.5±0.4	29.9±0	31.1±1.2	31.4±2.4	30.7±2.5	30±2	29±1.3	28.4±0.4	28.9±0.4	28.7±0.3	24.1±5	22.8±6.5	27.1±1.7	25±3.1	2
2011	4	22.6±0	27.3±0.8	27.5±0.2	29.1±0.9	29.9±1.7	29.8±1.6	29.3±1	28.7±0.5	28.5±0.2	29.2±0.5	28.8±0.3	24.1±5.3	22.9±6.1	27.2±2.1	25.2±3.1	2
2011	5	26.6±0.1	30.1±0.7	30.5±0.1	31.7±1.1	32.2±2.4	32±2.7	31.9±1.9	30.8±1.5	30.4±0.9	30.3±1.2	30.1±1.1	24.5±4.8	23.8±5.7	27.5±1.9	25.7±3.2	2
2011	6	26.4±0.1	29.2±0.5	30.2±0.5	31.6±1.5	32.2±2	32±2.5	32.3±2	31.9±1.2	31.9±1.1	32.5±1.2	32±1	27.1±4.5	26.8±4.6	29.7±1.2	27.4±2.2	2
2011	7	29.7±1.6	31.3±0.1	32.4±0	34±0.7	34±2.1	34±2.6	34.1±1.9	33.2±2.6	33.9±1.8	34.8±1.7	33.9±1.8	28.8±4.1	28.3±4.7	31.7±2.1	30.1±2.2	2
2011	8	26.5±1	30.2±0.3	31.4±0.6	33.2±0.2	32.5±2.2	34.2±2	33.7±2.1	33.8±1	33.7±0	33.3±0.7	32.9±0.8	29.1±4.6	28±4.3	28.4±2.3	26.5±2.6	2
2011	9	22.6±0.7	26.5±0.6	27.3±0.5	28.5±1.8	29±2	29.2±1.4	29.4±0.5	29.2±0.1	29.7±0.6	30.1±0.5	29.5±0.6	24.5±6.6	25.5±5.2	28.1±2.2	26.9±1.9	2
2011	10	27.4±0.5	30.7±0.5	30.2±0.5	32.6±1.4	32.4±2.4	32±2.4	32.1±1.6	31.2±1.6	31.7±0.8	31.7±1.2	30.6±0.1	25.4±5.3	25.9±3.8	28.2±2.1	26.7±2.4	2
2011	11	25.9±0.1	30.3±0.5	30.8±0	31.9±1.4	32.9±2.6	32.5±2.1	32.9±1	32.2±1.2	32.4±0.6	33.1±0.9	32.8±0.1	27.6±5.2	27±5.7	30.3±2.1	28.3±1.5	2
2011	12	26.6±0.3	28.5±0.4	29.2±0.2	30.4±1.9	30.9±2	31.1±1	30.4±1	30.5±0.2	30.9±0	31±0.5	29.2±1.4	24.8±7.3	27.3±3.5	27.7±3	27.5±1.6	2

(续)

各层次土壤体积含水量/ (cm³/cm³)

年	月	10 cm	20 cm	30 cm	40 cm	50 cm	60 cm	70 cm	80 cm	90 cm	100 cm	110 cm	120 cm	140 cm	160 cm	180 cm	重复数
2012	1	29.4±1.1	33.3±0.5	33±0.1	34.6±1.3	34.5±2.9	33.9±3	32.9±2.2	31.7±1.8	31.3±0.3	31.7±0.5	31.8±0.6	26.7±4.4	25.3±6.6	30.2±1.9	28±3.1	2
2012	2	27.8±0.8	32.8±0.6	33.5±0.5	34.8±1	35.2±2.4	34.7±1.6	33.6±2.1	32.8±0.6	32.3±0.3	32.4±0.5	32.2±0.1	27±5.7	25.7±7	30.4±2.1	28.5±3.3	2
2012	3	29.4±0.6	33.2±1	33.2±0	35±1.7	35.3±2.4	35.3±2.5	35.4±2.1	34.9±1.6	34.9±1.4	35.4±1	35.5±1.3	29.6±5	27.5±7.4	31.5±1.6	28.9±2.6	2
2012	4	30.4±0.4	35.1±1.4	35.2±0.4	36.4±1	37.2±2.4	36.4±2.4	37.1±1.2	36.6±2.2	36.1±0.2	36.9±0.3	37.1±1.1	30.9±5.4	29.3±6.8	33.9±1.7	30.6±2.9	2
2012	5	29.2±0.7	34.7±1.2	34.3±0.1	36.3±1.3	36.8±2.7	36±2.2	36.5±2.7	35.8±2.1	36.2±1.4	36.5±1.4	35.9±1.4	31.1±4.9	29.4±6.3	33.7±1.3	31.5±1.7	2
2012	6	27.1±1.6	34.5±4.9	33.5±3.2	38.7±0.1	35.9±7.4	32±8.9	32.7±11.2	33.5±11.6	33.1±9.9	33.8±10.4	30.4±4.5	27.7±3.1	25.6±0	30.5±6.8	27.7±4.4	2
2012	7	27.1±0.3	33.7±1.2	33.6±0.4	35.7±1.3	35.9±2.7	36.3±2.5	32.9±3.5	35.6±1.3	35.6±0.5	36.3±1	36±0.4	30.6±5.9	28.3±5.9	33±1.7	29.7±1.2	2
2012	8	26.1±0.3	33.2±1.5	33.4±0.6	35.6±1	36.4±2.1	36.6±2.3	36.7±1.7	36±1.2	36.3±0.6	36.8±0.5	36.9±0.7	30±5.2	29.5±7.5	33.9±1.7	30.9±1.4	2
2012	9	27.5±0.6	35.4±1.3	35.3±0.2	37.3±0.9	37.3±2.4	37.9±2.9	37.9±1	37.3±2	37.6±1.1	38.3±1.3	33.8±5.9	31.2±5.5	30.2±7.1	34.7±1.1	31.9±1.6	2
2012	10	23.9±0.3	30.7±0.6	31.3±0.3	33±1.3	34.1±2.2	34.1±1.5	34±0.7	34±0.7	34.1±0.2	35.2±0.7	34.7±0.1	29.4±6.8	28±7.2	33.3±1.8	31.1±2.6	2
2012	11	28±0.1	33±0.5	33.1±0.6	34.8±1.5	35.6±2	35.5±2.3	35±1.5	34.4±2.1	34.6±1.1	34.9±0.7	34.8±0.3	28.5±5.4	26.4±6	31.5±2.8	28.8±2.8	2
2012	12	29.6±0.1	35.1±1.1	34.8±1.1	36.4±2	37.4±1.9	37±1.3	36.7±2.2	35.8±1.4	35.5±0	36.5±1.2	36.7±0.7	30.6±5.6	28.9±7.6	33.7±2.3	32.6±2.9	2
2013	3	23.5±0.4	29.4±1.5	29.2±0.1	30.4±2	30.9±1.9	31.5±2.1	31±1.1	30.3±0.2	30.4±0.6	31.3±0.4	31.6±1.1	28±4.2	25.9±7.8	31.2±2.8	28.5±3.9	2
2013	4	34.3±1.1	40.1±0.5	39.5±1.1	41.8±1.7	42.5±0.5	42.9±1.8	41.9±0.4	41.5±0.6	41.8±0.4	44.5±2.4	44±0.9	37.3±7.9	36±9.9	42±4.8	38.2±3.2	2
2013	5	30.2±0.2	36.2±0.3	36.1±1.7	37.7±1.1	38.3±0.5	38.1±1.3	38.1±1.6	37.6±1.8	37.3±0.2	38.5±0.4	38.4±0.2	32.8±5.8	30.6±6.2	33.8±0.5	32.4±3.1	2
2013	6	30.1±0.2	34.1±0.4	34.3±0.2	35.8±1.2	36.7±2.6	36±2.7	36±1.7	35.7±2	35.3±0.8	36.1±1	35.8±1	29.7±5.8	27.7±7.9	32.2±1.1	29.3±1.8	2
2013	7	28.3±0.5	32.4±0.5	32.6±0.7	34.8±0.9	35.3±3.2	35.2±2.6	35.3±1.3	34.2±0.8	34.5±0.5	35±0.4	34.5±0.7	28.8±5.2	27.6±6.4	31.8±1.5	29.3±2.2	2
2013	8	30.9±0.8	34.9±2	35.2±0.1	36.5±1.4	37.1±2.8	36.5±2.7	36.5±2	35.8±2.3	36.2±1.8	36.7±1	36.8±0.8	30.4±4.7	27.6±6.4	34±1.8	31.5±1.4	2
2013	9	28.9±0.2	34.3±0.4	34.4±0.1	36.1±1.4	36.8±2.2	36.5±2.6	36.4±2.4	35.7±2.6	36±0.5	35.9±0.6	35.8±0.6	30.3±4.6	29.6±6.5	33.8±0.8	30.8±2.1	2
2013	10	25.7±0.1	31.5±0.2	31.8±1.2	34.2±0.9	34.7±2.2	35.2±1.9	34.9±0.9	34.4±0.9	34.6±0.5	35.1±0.1	34.9±0.6	28.9±5.9	27.2±6.7	32.2±2.3	29.9±2.8	2
2013	11	26±0.4	31.5±0.8	32.2±0.2	34.9±1.1	34.2±2	33.8±2	32.5±1.7	32.5±0.6	32.1±0.2	33±0.5	32.6±0.1	27.4±5.3	26.4±7.3	31.5±1.7	29.4±3.1	2

（续）

年	月	各层次土壤体积含水量/（cm³/cm³）															重复数
		10 cm	20 cm	30 cm	40 cm	50 cm	60 cm	70 cm	80 cm	90 cm	100 cm	110 cm	120 cm	140 cm	160 cm	180 cm	
2013	12	27.4±0.5	33.3±0.4	34±0.1	36±0.2	35.7±2.3	35.4±2.5	35.2±1.3	34.3±1.1	34±0.7	34.3	34.3±1.1	29.2±4.9	28.2±6.6	33.1±1.2	30.6±1.9	2
2014	1	25.7±0.1	32.9±1	33.8±0.6	35.6±0.6	36.2±2.1	36.2±2.1	36.6±1.7	36.4±0.4	36.8±0.2	36.4±0.9	36.8±0.1	30.6±5.5	30±7.7	34.4±2	32.1±2.3	2
2014	2	27.2±0.1	32.5±0.9	32.1±0.2	32.1±0.9	32.5±2.1	32.4±1.8	31.9±0.4	31.9±0.3	32.8±0.5	33.3±0.2	33±0.7	28.1±6.1	27.1±6.7	31.1±2.1	29.2±3	2
2014	3	29.1±0.4	33.6±0.6	33.8±1.1	35.3±1.2	35.6±1.5	35±2	34±1	32.7±0.1	32.6±0.6	32.8±0.2	32.7±0.8	27.6±6.1	26.7±6.9	31.6±2.4	29.6±3.3	2
2014	4	29.7±0	34.4±1.2	33.9±0.1	35.8±1.5	36.5±2.3	36.6±2.4	36±2.2	35.7±1.8	35.8±1.3	36.8±1.5	36.4±2.1	31.2±3.7	29.5±5.9	33.7±0.4	31.2±2.3	2
2014	5	31.5±0.5	35.8±0.6	35.3±0.3	36.2±0.2	36.9±2.1	37.1±2.7	37.4±2.1	36.4±2.2	36.3±0.8	36.8±1.6	36.4±1	31.3±4.6	30.2±5.8	34.4±1	31.8±1.3	2
2014	6	29.8±0.1	34.7±1	34.9±1	35.8±1.4	36.3±2.3	36.5±2.2	36±1.5	35.1±1.7	35.3±0.2	35.8±0.4	35.6±0.3	29.7±5.8	28.3±7.5	32.7±1.3	30.6±2.3	2
2014	7	28.5±0.1	33.4±1	33.6±0.4	34.7±1.1	35.6±2.3	35.4±1.4	35.1±0.4	34.1±0.4	34.2±0.6	34.7±0.4	34.5±0.6	29.6±7.1	28.3±6.7	32.1±1.6	30.2±2.4	2
2014	8	28.1±0.2	31.8±0.4	31.5±0.5	33.7±1.3	33.7±1.8	34±1.9	33.9±1.3	32.7±0.9	33.1±0	34±0.4	33.6±0.2	28.2±5.4	27±5.5	31.3±1.2	29.1±2.1	2
2014	9	28.5±0.1	33.7±0.3	32.9±0.7	35.2±0.2	35.3±2.1	35.3±2.1	34.9±1.8	34.3±1	34.4±1	35.4±0.4	35±1.6	29.8±3.9	28.4±5.2	32±1.2	30.4±1.8	2
2014	10	23.5±0.5	29.4±0.4	30.1±0.5	32.1±1.5	32.8±2.2	33±1.7	33.6±0.4	32.8±0.2	33.6±0.2	34.5±0.4	34.8±0.2	28.3±6.1	27±7.1	32.1±1.9	29.9±1.2	2
2014	11	23.6±0	29.4±0.7	29.6±0.8	30.9±1.2	31.1±2.7	31.6±1.6	31.2±0.5	30.6±0.5	31±0.2	31.5±0.1	31.7±0.8	26.7±5.6	26±7.4	30.7±2.1	28.8±3.6	2
2014	12	24.9±1.4	30±0.2	30.2±0.8	30.6±1.1	31.3±2.1	30.9±2.3	30.7±1.3	29.8±0.6	30.3±0.2	30.8±0.4	30.8±0.6	26.2±5.4	25±7.1	29.4±2	27.3±2.9	2
2015	1	26.2±1.6	31.9±0.4	32±1.1	33.3±0.9	33.6±1.6	33.8±1.8	33.3±1.3	32±1.1	31.1±0.3	31.7±0.3	31.4±0.6	25.9±5.4	24.9±6.8	29.2±2.6	27.1±2.9	2
2015	2	25.6±0.5	30.6±0.1	31±0.6	32.8±0.1	33±1.6	33.1±1.6	32.8±0.3	32.1±0.2	31.8±0.5	32.1±0.1	32±0.3	26.6±5.7	25±6.8	29.9±2.3	27.6±3.1	2
2015	3	26.3±1.4	30.7±0.9	31.3±1.5	32±0.2	32.3±0.5	32.1±0.9	31.2±0.1	30.3±0.1	29.9±0.2	30.5±0.6	30.1±0.7	25.1±5.8	23.9±7	28.4±2.5	26.7±2.6	2
2015	4	28.2±3.4	34±0.9	35±3.6	35.6±1.8	36.3±1.4	36.8±0.7	36.1±0.1	35.2±0.9	36±1	36.4±0	36±0.4	30.1±6	28.6±5.3	35±2	31.9±1	2
2015	5	29.5±0.4	32.7±0.3	32.6±0	33.9±1	34.5±2	34.8±2	34.7±1.7	34±1.4	34.2±0.9	34.5±1	34.3±0.6	28.8±4.5	27.6±5.7	31.6±1.5	29.5±1.9	2
2015	6	30.7±0.2	34.2±0.7	34.4±0.4	36.1±1.1	36.4±1.5	36.7±2.2	36.1±1.7	35.4±1.5	35.7±1.2	36.5±1.2	35.6±1.2	29.9±5.2	29.3±6.6	33.4±2.3	31.1±1.5	2
2015	7	26.2±0.1	32.4±0.2	32.3±0.3	34.8±1.8	35.5±2.1	35.4±2	35.1±1.5	34.3±0.8	35±0.4	35.4±0.2	34.1±1.8	30.2±5.1	28.7±7	33.1±2.1	30.6±2.6	2
2015	8	25.2±0	30.9±1.5	31±0.2	33.5±1.3	34.5±2.3	34.4±2.7	34.4±0.5	34.1±0.9	34.1±0.1	34.5±0	33.5±0.3	28.4±6.2	27.1±6.7	31.5±1.7	29.4±2.1	2

（续）

年	月	各层次土壤体积含水量 / (cm³/cm³)															重复数
		10 cm	20 cm	30 cm	40 cm	50 cm	60 cm	70 cm	80 cm	90 cm	100 cm	110 cm	120 cm	140 cm	160 cm	180 cm	
2015	9	27.3±0.9	32.1±0.7	32.1	33±1.5	33.8±2.5	33.8±1.6	34.3±2	33.6±1.8	33.4±0.8	33.8±0.6	33.1±1.4	28.1±5.9	27.1±6.5	30.9±1.8	29±2.8	2
2015	10	26.7±0.6	31±0.6	32.1±1.3	33.5±0.6	34.1±2.2	33.8±2.7	34.2±1.2	33.7±1.4	33.4±0.8	34.7±0.5	34.6±0.2	28.9±4.8	27.5±6.4	31.5±1.4	29.5±1.6	2
2015	11	24.3±0.8	29.9±0.3	30.5±0.6	31.9±0.2	32.2±1.5	32.5±1	32.8±0.9	32.6±0.2	32.7±0.4	32.7±0.4	32.9±1	28.9±4.6	26.4±6.8	30.8±2	28.8±2.9	2
2015	12	28.5±1.2	33±0.5	32.9±0.1	33.7±0.6	34.6±2.3	34.3±2.1	33.1±1.5	32.4±1.1	32.8	32.6±0.4	32.5±0.3	27.1±6.1	25.4±6.8	29.6±2.4	27.4±3.1	2

样地代码：HSFZH01CTS_01   人工林类型：马占相思林

表 3-75　鹤山站马占相思林综合观测场土壤体积含水量观测数据

年	月	各层次土壤体积含水量 / (cm³/cm³)																			重复数
		10 cm	20 cm	30 cm	40 cm	50 cm	60 cm	70 cm	80 cm	90 cm	100 cm	110 cm	120 cm	140 cm	160 cm	180 cm	200 cm	220 cm	240 cm	260 cm	
2005	1	9.9±2.7	13.5±3.1	15.7±3.3	16.7±3.2	17±3.8	16.3±3.4	15.8±3.6	15.6±3.1	15.3±2.8	15±3	14.7±3	14.3±3.6	13.7±4	13.5±3.7	12.9±1.9	11.5±1.8	10.3±2.9	9.7±1.2	8.8±1.7	9
2005	2	9.7±1.8	13.5±2.6	16±2.9	17.2±2.8	17.1±3.3	17.2±3.4	16.4±3.1	16±3	18.2±16.5	15.5±2.4	15.3±2.4	14.7±3	14.2±3.2	13.3±3.8	13.2±2.9	10.6±1.6	9.8±1.7	9.9±1.3	—	9
2005	3	12.6±2.9	17±2.9	19.1±2.8	19.8±3.3	19.7±3.8	19.2±4.1	17.8±4.4	21.1±25.6	17.1±3.3	16.6±3.4	18.2±17.8	15.5±4.5	15±4.5	13.9±4.7	12.3±1	10.2±1.6	8.8±1.3	9.3±2	—	9
2005	4	14.4±3.3	18.1±2.7	19.6±2.8	20.1±3.1	20.2±3.3	20±3.4	19.4±3.7	19.4±3.6	18.9±3	18.2±3.2	17.7±3.8	17±4.4	16.1±4.4	14.5±4.4	14±4	10.5±2.5	8.7±1.1	9.1±1.6	—	9
2005	5	17±1.6	19.3±1.8	20.4±2	20.5±2.9	20.8±3.3	20.5±3.6	19.8±3.8	19.9±3.5	19.6±2.6	19.2±2.4	18.8±3.3	18.5±4.3	18.1±4.3	17±4.3	16.5±4.1	12.2±1.8	10.1±1.9	10.7±2.3	—	9
2005	6	13.6±5	19.5±2	21.2±1.7	21.7±2.6	21.8±3.4	21.8±3.8	21.2±4.1	20.7±3.9	21±3.4	20.7±3.8	20.4±3.1	20.1±3.8	19.9±4.2	19.7±4.1	19.4±3.9	15.3±1.6	13.2±2.2	13.1±2.1	14.2±3.2	9
2005	7	8.8±2.8	17.3±2.4	19.9±2.1	21.1±2.8	21.3±3.4	21.4±3.9	21.2±4.2	20.6±3.8	20.8±3.3	20.6±2.9	20.5±3	20.2±3.3	19.2±4.1	19.6±4.5	19.3±4	15.8±1.2	13.6±1.9	12.8±2.2	13.9±3	9
2005	8	10.3±4	18.4±2.1	20.2±1.9	21.2±2.4	22±3.3	21.9±3.6	21.4±3.7	20.9±3.7	20.1±3.7	20.4±2.7	20.2±2.7	19.4±2.9	18.6±3.3	18.2±4.5	16.7±3.2	14.3±1.4	12.8±1.6	11.7±2	12.7±2.6	9
2005	9	18.7±2.2	20.4±2	21.1±2.2	21.1±3.2	21±3.8	20.3±3.4	19.5±3.9	19.8±3	19.3±3	19.1±2.5	19±3	18.5±3.4	18.5±3	18.3±3.7	17.9±3.4	13.1±1.3	11.6±1.5	13.3±2.9	12.8±3.2	9
2005	10	14.6±1.7	16.6±1.8	17.2±3	17.5±3.7	17.5±4	16.9±3.8	16.7±3.7	16.7±3.7	16.2±3.7	16±3.6	15.6±3.5	15.6±4.4	15.3±4.5	14.8±4.4	14.9±4	11.4±2.2	9.9±1.9	11.3±3	10.9±3.1	9
2005	11	12.2±1.6	14.9±2	17.2±2.4	18.3±2.6	18.5±3.2	17.8±3.2	17.2±2.7	17.2±2.7	16.9±2.1	16.4±2.1	16.1±2.6	16.2±2.2	15.8±3.3	15.4±3.7	15±2.8	11.6±1.1	10.6±1.2	12.4±2.3	11.9±2.5	9
2005	12	8.8±2.1	13.6±1.9	16.3±2.1	17.7±2.4	17.9±3	17.8±3.2	16.9±3.1	16.6±3.1	16.3±2.4	16±2.9	15.5±3.1	15.2±3.1	14.8±3.4	14±4.1	14.6±3.4	13.1±3.5	10.4±1.4	10.5±1.8	10.3±2.5	9
2006	1	12.2±2.7	19±3.1	22.9±2.7	24.8±3.3	25.3±4	25.4±4.4	23.8±4.8	23.6±4.2	23.2±3.1	22.5±3.1	21.9±3.9	21.3±4.5	20.7±4.6	19±5	20.3±4.5	15.8±1.7	13.8±1.6	15.5±2.8	15.9±3.9	9

（续）

各层次土壤体积含水量/ (cm³/cm³)

年	月	10 cm	20 cm	30 cm	40 cm	50 cm	60 cm	70 cm	80 cm	90 cm	100 cm	110 cm	120 cm	140 cm	160 cm	180 cm	200 cm	220 cm	240 cm	260 cm	重复数
2006	2	13.3±3	19.7±2.8	23.6±2.8	25.2±3.3	25.4±4.1	25.4±4.6	24±4.6	23.9±4.3	23.4±3.1	22.4±3	21.8±3.8	21.2±4.3	21±4.7	19.3±5.8	20.2±5	15.2±1.4	13.7±2.7	16±3.3	16.3±4	9
2006	3	18.2±5.2	24.1±4.3	26.6±3.4	27.3±3.6	27.6±4.2	27.2±4.6	25.5±4.3	25±4.3	24.6±3.4	23.4±3.7	22.5±3.9	21.9±4.5	21.2±4.6	19.3±5.6	20.3±4.7	15.4±1.4	13.2±1.3	15±2.7	15.5±4.2	9
2006	4	21.8±4	27.3±3.2	29.6±3.3	29.5±4.1	29.5±4.6	28.6±4.5	26.5±4.5	26.1±4	25.4±3.1	24.3±3.1	23.6±4	22.9±5.1	22.1±5.1	20±5.5	21.1±4.8	16.3±4.8	13.6±1.8	15.5±4.5	15.7±4.1	9
2006	5	22.7±3.5	27.8±2.7	29.5±2.7	29.7±3.8	29.9±4.6	30.3±4.8	28.7±5.2	28.3±5.1	27.6±4.4	27.4±4.2	27±4.2	25.9±5.2	25.3±5.3	23.8±6.1	22.9±5.7	17.8±5.7	15±2.5	15.7±3	15.6±3.6	9
2006	6	24.6±3.7	28.8±2.5	30.6±2.4	31±3.4	31.1±4.3	31.3±5.1	30±5.2	30±5.3	29.4±4.4	29±3.9	28.5±4.1	27.6±5.2	28.4±5.8	27.6±5.3	27.5±4.5	21.3±1.9	18.3±1.5	20.4±3.1	20.4±4.4	9
2006	7	23.5±3.3	28.2±2.5	29.5±2.7	29.7±3.9	29.8±4.6	29.7±5	28.1±5.2	28.2±4.8	28±3.8	27.2±3.6	27±4	26.7±5.1	27.1±5.4	25.5±5.2	25.8±4.4	20±2	17.3±2.3	18.8±3.2	18.8±4.5	9
2006	8	24.2±3.4	28.6±2.3	30±2.7	30.1±3.9	30.1±4.8	30.1±5.2	28.9±5.2	28.7±5	28.5±4.2	28±3.8	27.5±3.8	26.6±5.5	27.4±6	26.3±5.5	26±5.8	20.8±1.9	18.4±2.9	18.9±3.2	19.4±4.6	9
2006	9	24±3.5	27.8±3	29.4±2.7	30.4±5.9	30.2±4.4	30.1±4.6	28.7±5.1	28.7±4.5	28.1±4.2	27.8±3.9	27.1±3.9	26.4±5.2	26.9±5.9	25.2±5.8	25.9±4.6	20.4±2.2	17.2±2.9	18.7±3.6	18.6±4.1	9
2006	10	20.3±3.4	24.8±3	27.1±3.3	28±4	28.4±4.5	28±4.9	26.4±4.9	26.7±4.1	26.5±3.5	26.1±3.3	25.6±3.5	25.4±4.7	25.8±5.3	24±4.5	24.9±4.6	18.9±4.6	17.1±2.1	16.4±2.5	16.8±3	9
2006	11	19.3±2.9	23.9±2.6	26.7±3.1	27.8±3.6	28.1±4.1	28±4.7	26.4±4.6	26.5±4	25.9±3.6	25.4±3.6	25±3.5	24.7±4.2	24.4±5.3	23.3±5.3	23.5±4.3	18.3±4.3	16.2±1.4	15.3±1.2	15.9±2.2	9
2006	12	22.3±3	26.6±2.8	28.6±3.1	28.9±4.1	28.5±4.6	27.9±4.9	26.6±4.6	26±4	25.5±4.3	25.4±3.6	24.6±3.6	24.1±4.1	23.7±4.9	22.1±5.2	22.7±4.4	17.7±1.7	15.4±1.4	15.8±2.8	15.9±3.2	9
2007	1	19.2±2.4	23.9±2.4	26.3±3.3	27.2±3.7	27.4±3.7	27.5±4.6	25.9±4.5	25.9±4.4	25.6±3.1	24.8±3	24.1±3.2	23.5±4.6	23.4±4.9	21.7±5.5	22.7±4.5	17.5±1.6	14.8±1.6	17.5±3.4	17.5±4.4	9
2007	2	19.3±3.2	23.7±2.8	26.2±3.1	27.1±3.7	27.2±3.7	27.1±4.5	26.1±4.8	25.5±4.3	25.1±3.5	24.1±3.2	23.7±3.4	23.6±4.2	23±5.1	21.3±5.7	21.9±4.8	16.7±1.6	14.4±1.4	16.2±3	16.9±4.1	9
2007	3	21.3±2.8	25±2.5	27±2.7	27.5±3.4	27.7±4.3	27.3±4.6	25.8±4.5	25.5±4	25±3.3	24.6±3	23.8±3.5	23.2±4.3	22.8±5	20.9±5.3	21.8±4.5	17±1.7	14.2±1.2	16.2±3	16.3±4.2	9
2007	4	23.6±3.2	27.8±2.9	29.4±3.2	29.6±4.4	29.6±4.8	29.1±5	27.1±5	26.9±4.7	26.4±4.1	25.8±4	25.1±4.2	24.1±5	23.5±5.4	21.7±5.8	22.2±4.5	16.4±1.6	13.8±1	16.1±3.1	16.4±4.3	9
2007	5	25.2±2.9	28.5±2.5	30±2.9	30.6±4	30.6±4.6	30.7±5.2	29.9±5.2	30±5	30±4.3	29.2±3.8	28.3±4.1	27.8±5.4	27.4±4.6	25.6±6.1	25.6±5.2	19.1±3.2	16±2.6	18.2±4.3	17.3±5.1	9
2007	6	26.3±2.7	29.2±1.9	30.3±2.3	30.5±3.7	30.6±4.4	30.8±4.9	29.6±5.1	29.8±4.6	29.6±3.9	29.6±3.7	28.9±4	28.1±5.5	27.4±5.8	26.5±6.8	27.3±4.6	20.5±4.6	16.8±1.8	18.9±4.1	18.1±5.1	9
2007	7	25.8±3.5	28.7±3	29.7±3	29.9±3.9	29.6±4.5	29.5±5	28.7±5.2	29.2±4.9	29.1±4.2	28.4±4	28.2±4	28±5	28.3±5.4	27.4±5.5	27.3±4.6	21.3±4.6	18.2±2.9	20.6±3.5	20.4±4.8	9
2007	8	24.5±3.7	26.8±3	28.2±2.9	28.2±3.8	28.4±4.3	28.5±4.7	27.8±4.7	27.7±4.6	27.1±3.8	27.1±2.7	26.4±4.1	26±5.1	25.8±5.7	26.5±5.3	26.8±4.6	20.5±4.9	15.2±1.2	18.1±3.5	17.6±4.6	9
2007	9	25.9±2.7	28.5±2.1	29.8±2.5	30.1±3.4	30.2±3.9	29.4±4.8	29.7±4.8	29.6±4.4	29.6±4.2	28.9±3.5	28.1±3.6	27.3±5.1	27.2±5.5	26.5±5.7	26.8±4.9	20.5±2.3	17.2±2.3	19.8±3.9	19.1±5.4	9
2007	10	21.8±3.8	25.1±2.9	26.9±2.7	27.5±3.4	27.4±4	27.2±4.2	26.7±4.3	27±4.3	27±3.7	26.4±3.5	26±3.6	26.1±4.2	25.1±5.4	23.9±5.3	24.2±4.6	19.3±1.8	16.6±3	18.5±3.6	17±4.7	9

（续）

各层次土壤体积含水量/（cm³/cm³）

年	月	10 cm	20 cm	30 cm	40 cm	50 cm	60 cm	70 cm	80 cm	90 cm	100 cm	110 cm	120 cm	140 cm	160 cm	180 cm	200 cm	220 cm	240 cm	260 cm	重复数
2007	11	15.8±2	20.9±2.1	23.6±2.6	25±3.3	25.6±3.8	25.8±4	24.6±4.3	24.7±4.2	24.1±3.6	23.8±3.2	23.3±3.2	22.9±4.1	22.6±5.1	21.8±5.2	22.2±4.3	16.9±2.2	14.2±1.3	16±3.4	16.2±4.8	9
2007	12	15.5±2.1	20±2.4	22.5±2.6	24±3.2	24.8±3.6	25.3±4.1	24.8±4.5	24.4±4	24.1±3.8	23.8±3.5	23.1±3.8	22.4±4.5	22.2±5	20.6±5.5	21.4±4.3	16.4±1.5	13.5±0.8	15.6±3.2	15.9±4.4	9
2008	1	16.6±3.1	21.9±2.7	24.3±3.1	25.6±3.4	26±4.2	25.6±4.8	24.7±4.6	24.8±4.1	24.1±3.7	23.9±3.9	23.3±3.9	22.3±4.5	21.1±5	19.9±5.5	20.8±4.4	15.4±1.7	14±2.6	15.4±3.3	15.4±4.2	9
2008	2	22±3.1	26.4±2.9	28.8±3.2	29.6±4	30±4.7	30.2±4.9	28.4±5.5	29.1±4.4	27.8±4.9	27.2±3.5	26.7±4.1	25±5.4	23.8±5.7	21.3±6.3	21.6±5.6	16.5±2.1	14.4±2.5	16.2±3	16.3±3.4	9
2008	3	21.3±2.5	25.8±2.7	28.6±2.8	29.4±3.8	29.5±4.5	28.8±4.8	27.2±4.9	27.1±4.4	26.7±4.6	26.3±3.3	25.2±3.8	23.8±5.2	23.3±5.3	21.1±5.7	21.5±4.9	16.4±1.7	13.5±1.3	15.8±3.2	16.1±4.1	9
2008	4	24.2±2.4	27.8±2.2	29.7±2.7	30.4±3.8	30.5±4.8	30.4±5.1	29.5±5.7	29.5±4.9	29.5±4.8	28.2±4.4	27.5±5.7	26.1±5.7	24.4±5.9	22.3±5	22.3±5	17.1±2.1	13.9±0.9	15.7±3.1	16.1±4.5	9
2008	5	25.2±3	28.2±2.5	29.7±2.6	30.8±3.6	31.2±4.2	31.6±4.8	31.2±6.3	30.4±5.1	30.4±4.4	30±4.3	29.2±4.2	27.9±6.2	26.9±6.1	26±6	25.1±5.5	18.5±3.4	15.9±3	16.5±3.4	16.6±4.1	9
2008	6	26.2±2.1	29.1±1.8	30.8±1.9	31.5±2.7	31.9±3.8	32.3±4.7	31.7±4.8	31.3±3.8	31.4±4.8	30.6±4.1	29.9±4	28.8±6.4	28.7±6.5	28±5.7	28±5.5	21.6±2.8	18.4±1.8	20.3±4.1	20±5.4	9
2008	7	25.8±2	28.3±1.8	30±2.1	30.9±2.6	31.4±3.5	31.4±4.3	31±4.8	30.2±5	29.7±4.3	29.3±3.7	28.6±3.8	27.5±5.3	28.3±5.7	27.4±5.4	27.3±4.6	21.2±2.1	17.5±1.8	20.1±3.4	20±5.1	9
2008	8	25.3±2.3	28.2±1.9	29.6±2.5	30.1±3.5	30.4±4.2	30.7±4.9	29.6±5.2	29.8±4.6	29.3±4.3	28.9±4.3	28.3±3.8	27.2±5.4	27.8±5.7	26.8±5.4	26.9±4	20.9±2.4	18±2.5	19.1±3.6	18.6±5	9
2008	9	23.6±2.9	26.5±2.5	28.5±2.6	28.7±3.6	28.7±4.3	28.5±4.7	26.8±4.8	27±4.5	26.7±4.5	26.3±3.6	25.8±3.6	25.5±4.6	25.9±5.5	24.6±5.2	24.8±4.3	19.4±2.2	16.2±1.7	18.7±3.4	18.5±4.6	9
2008	10	24.5±2.5	27.1±2.2	28.9±2.7	29.6±3.6	30±4.2	29.9±4.9	28.9±5.2	29.1±4.6	28.3±4.4	28.2±4.2	27.8±3.7	27±5.5	26.4±5.5	25.1±5.4	25.1±4.7	19.3±2.4	16.1±1.7	18.3±3.4	17.8±4.9	9
2008	11	20.7±1.7	23.9±1.6	25.6±2.1	26.7±2.8	26.9±4.5	26.9±4.4	26.2±4.3	26.2±4	25.7±3.4	25.3±4.2	24.8±3.1	24±4.4	24.1±5.4	23.1±5.3	23.4±4.5	18.2±2.3	15.4±1.2	16.8±3.5	16.3±5.1	9
2008	12	16.5±1.9	20.9±1.9	23.4±2.1	24.6±2.7	25.5±3.4	25.9±4	24.6±4.1	25±4.2	24.7±3.3	24.2±3.2	23.7±2.9	22.9±4.4	22.6±4.7	20.9±5.2	21.8±4.4	17.2±1.8	14.7±1.8	16.7±3.1	16.3±4.5	9
2009	1	17.8±2.6	22.4±2.7	24.9±2.8	25.5±3.3	25.7±4.2	25±4.1	24.2±4.3	24.5±3.6	23.5±3.1	22.9±3	22.8±3.7	22.4±4.3	21.1±4.2	20.2±5.4	21±4.4	15.4±1.6	13.4±1	16.6±3.4	19±1.1	9
2009	2	18.9±2.6	22.9±2.7	24.9±3	25.8±3.7	25.7±4.2	24.8±4.3	24.2±4.2	24.1±3.5	23.4±2.9	23±3.2	22.6±3.6	22.2±4.5	20.1±5	19.7±5.4	20.3±4.9	14.6±1.5	13.3±1.3	15.9±3.4	18±2	9
2009	3	20.3±3.9	25.1±3.9	27.6±3.6	28.2±4.3	28.7±5	28.4±5.4	26.9±5.6	26.5±4.6	25.7±3.6	24.5±3.4	23.8±4	22.9±4.8	21.5±5.1	19.5±5.8	20.4±4.8	15.2±1.9	13±0.9	15.7±3.1	17.8±2.4	9
2009	4	24.3±2.7	28±2.4	30±2.5	30.8±3.8	30.9±4.5	31.4±5.2	30.3±5.1	30.5±4.2	29.8±4.1	28.9±3.9	28.3±4	27.1±5	26.2±6.2	23.9±6.2	23.6±5.5	18.2±3	14.9±2.5	16.3±3.9	19.3±2.1	9
2009	5	21.6±3.5	26.1±2.9	28.4±2.7	29±3.9	29.4±4.9	29.4±5.2	28±5.1	28.6±4.4	28.1±3.9	27.6±4	27.2±3.9	26.6±5.4	27.2±5.9	25.5±5.8	25.7±5.2	20.3±2.6	16.5±2.1	17.9±3.9	20.4±3.7	9
2009	6	25.7±2.8	28.5±2.1	30±2.6	30.5±3.6	30.8±4.6	31.1±5	29.8±5.3	29.6±4.8	29.5±4.4	28.8±4.2	28.5±3.3	27.8±4.8	28.3±5.8	26.7±5.7	26.7±4.3	20.3±2.6	17.5±2.1	18.7±3.7	21.2±3.7	9
2009	7	25±2.8	27.9±2.1	29.9±2.4	30.5±3.6	30.3±4.5	30.5±5	29.3±4.9	29.4±4.1	28.9±3.8	28.3±3.6	27.9±3.8	27.3±5.3	27.7±5.9	26.2±5.3	26±5.2	18.8±2.7	16±1.9	17.7±4	20.7±3.3	9

（续）

年	月	各层次土壤体积含水量/（cm³/cm³）																			重复数
		10 cm	20 cm	30 cm	40 cm	50 cm	60 cm	70 cm	80 cm	90 cm	100 cm	110 cm	120 cm	140 cm	160 cm	180 cm	200 cm	220 cm	240 cm	260 cm	
2009	8	25.4±2.7	28.4±1.9	29.6±2.6	29.6±3.8	29.8±4.5	29.7±4.9	29.1±4.9	28.8±4.5	28.7±4.1	28±3.4	27.5±3.7	26.8±4.9	27.2±5.7	26.1±5.7	26.4±4.5	20.3±2.4	16.9±1.7	18.8±4	21.8±3.3	9
2009	9	23.1±3.2	27±2.7	28.3±2.7	29.1±3.6	29.1±4.6	29±5	28±5.1	28±4.8	27.4±4	27.1±3.6	26.9±3.9	26.4±4.4	25.6±5.1	24±4.9	24.2±4.6	19.2±2	15.7±1.3	17.9±3.6	20.8±2.1	9
2009	10	19.9±2.4	23.7±2.2	25.7±2.7	26.7±3.5	26.9±4.3	26.7±4.3	25.4±4.4	25.5±4.2	25.2±4.2	24.7±4.4	23.9±3.3	23.5±4.4	23.3±4.7	21.6±5.4	21.8±4.6	17.3±4	14.8±1.4	16.2±3.9	17.9±4.4	9
2009	11	18.9±3.5	23±3	25.3±2.8	26.3±3.4	26.5±4	26.4±4.3	25±4.4	24.7±4.1	24.3±3.5	23.4±4	22.6±3.7	22.4±4.4	21.6±4.9	20.3±5.3	20.5±4.2	16.3±1.6	15.2±2.3	14.3±2.5	14.1±3.5	9
2009	12	20.1±2.8	24.2±2.7	26.1±3	26.9±3.9	26.8±4.7	26.3±4.9	25.3±4.6	25.1±4	24.4±3	23.6±3.1	22.9±3.5	22.1±4.4	21.6±4.6	20.2±5.1	20.3±4.2	15.8±1.7	13.8±1.5	16.6±3.3	18.8±1.6	9
2010	1	25.6±3.1	28.4±2.6	29.7±3.5	30±4.5	29.9±5.1	29.2±5.3	28±5.1	27.6±4.3	26.8±3.8	25.8±4.1	25.2±4.9	24.1±5.6	22.5±5.9	21.7±5.9	21.9±5	15.2±1.5	13.8±1.7	16.1±3.1	18.5±1.4	9
2010	2	25.5±3.4	28.7±2.9	30±3.7	30.6±4.8	30.4±5.2	30.4±5.3	29.5±5.1	29.7±4.8	28.7±3.6	28±3.7	27.3±4.2	26.3±5.9	25.4±6.2	23.7±5.6	23.4±4.6	17.2±1.7	14.4±1.3	16.9±3.8	19.2±1.5	9
2010	3	23.8±2.7	27.5±2.5	29.1±3.2	29.3±4.2	29.5±4.8	29.4±5	28±5	28.3±4.7	27.7±3.9	27.3±4	26.8±4	25.8±5.5	26±5.7	24.3±5.4	24±4.9	17.8±2	14.5±1.4	16.9±3.4	19.1±2.6	9
2010	4	26±3	28.7±2.6	30.1±3	30.3±4.3	30.4±4.9	30.4±4.9	29.4±5.5	29.2±4.8	28.2±4	27.9±3.5	27.4±4.1	26.5±5.5	26.3±5.8	24.6±5.5	24.1±5	18±2	15±1.8	16.8±3.1	19±2.8	9
2010	5	26.4±2.9	29±2.4	29.7±3.5	30.7±4.1	31.3±5.6	30.7±5.1	29.6±4.3	29.4±4.8	28.7±4.6	28.3±4.3	28.5±4.3	28.1±6	27.9±5.8	26.7±5	26.4±5	20±2.5	17.2±1.7	18.7±3.9	20±4.5	9
2010	6	28.4±3.2	30.1±2.4	31.2±3	31.2±3	31.4±5.1	31.9±6	31.1±6.5	30.7±4.7	30±4	29.5±4.4	29.1±4.2	28.4±5.5	28.1±6	27.4±5.4	27.4±4.7	20.8±2.2	17.5±2	19.4±3.6	21.3±2.6	9
2010	7	22.9±4.9	25.8±4.5	27.6±4.5	28.4±4.4	28.6±4.4	28.6±4.4	26.9±5.9	27.7±4.4	27.2±4.4	27.2±3.6	26.5±3.7	26.1±5.5	25.7±4.5	24.6±5	25.1±4.6	18.9±2	16.4±2	17.8±4	19.8±4.2	9
2010	8	26±4.9	28.4±3.6	29.6±3.7	29.9±4.5	29.8±4.9	29.8±5	29±4.5	29±4	28.7±4.1	28.4±4	27.8±4.1	27±5.2	25.8±6.8	25.1±5.3	25.9±4.8	19.5±2.2	16.1±1.7	19.1±4.2	21.8±1.9	9
2010	9	27.6±3.3	29.8±2.8	30.3±3	30.5±4.1	30.8±4.7	31.2±5.1	30.9±5	30.6±4.7	30±4.2	29.6±4.2	28.8±3.8	27.7±5.3	27.2±5.6	26±5.9	25.9±5	19.4±2.2	16.1±1.9	18±4.1	20±3.7	9
2010	10	27.1±3.6	29.1±2.8	29.9±3.3	30.4±4	30.5±4.8	30.9±4.5	30.4±4.7	29.9±4.5	29.5±4.4	28.9±4.2	28.2±4	27.5±4.8	27.4±5.7	26.4±5.2	26.7±4.8	20.2±2.3	17.4±2.1	19.4±4.2	22±2.5	9
2010	11	19.3±2.3	23±2.4	25.1±3	26.1±3.7	26.4±4.2	26.5±4.6	25.9±4.5	26.1±4.2	25.6±3.5	25.3±3.5	24.7±3.6	24.2±4.9	23.9±5.2	22.9±5.4	23.9±4.8	17.2±1.6	15.2±1.4	17±4	18.8±3.7	9
2010	12	17.9±3.1	21.9±2.4	24±2.6	25.3±3.3	25.8±4.2	25.8±3.8	25.1±4.1	24.8±4.1	23.9±3.5	23.4±3.1	22.7±3.7	22.6±4.6	21.9±4.8	21±4.8	21±4.2	15.8±4.4	13.9±1.3	14.7±3.1	15.8±4.2	9
2011	1	17.9±3.1	22.4±2.6	24.8±2.7	26.1±3.7	26.1±3.7	26±4.1	25±4.1	24.7±4	24.2±3.4	23.6±3.4	22.8±3.6	22.4±4.7	21.7±4.9	20±5.5	20.9±4.9	17.2±0.4	14.1±0.8	15.6±0.2	18.3±0.9	9
2011	2	19.2±3.5	24.1±3	26.2±3	26.8±3.6	26.9±4.4	26.9±4.4	25.5±4.2	25.3±4	24.5±3.4	24±3.3	23.4±3.6	22.5±4.6	21.9±4.9	20.1±5.4	20.9±4.5	17.1±0.8	15.3±1.4	13.9±1.9	13.6±3.5	9
2011	3	20.8±3.5	24.7±2.7	26.5±2.6	27.3±2.6	27.6±4.1	27.4±4.3	26.3±4.3	25.9±4	25±3.5	24.3±3.6	23.6±3.6	23.3±3.6	21.9±4.6	19.8±4.6	20.5±4.6	17.3±0.5	14.1±0.4	14.5±2.1	14.5±3.8	9
2011	4	18.5±2.9	23±2.3	25.3±2.3	26.3±3.3	26.7±4.2	26.7±4.2	25.9±4	25.8±4.4	25.2±3.9	24.3±4.2	23.4±3.7	22.7±5	21.7±5.1	19.8±5.4	20±4.3	16.6±1.5	14±1.4	13±2	13.1±3.4	9

（续）

各层次土壤体积含水量/（cm³/cm³）

年	月	10 cm	20 cm	30 cm	40 cm	50 cm	60 cm	70 cm	80 cm	90 cm	100 cm	110 cm	120 cm	140 cm	160 cm	180 cm	200 cm	220 cm	240 cm	260 cm	重复数
2011	5	21.4±4.3	25.6±3.1	27.7±2.9	28±4	27.7±4.5	27.2±4.5	26±4.5	25.7±4.4	25±3.7	24.1±4.3	23.5±4.1	22.9±4.6	21.4±5.3	19.4±5.7	20±5.1	17.2±0.8	14.9±2.1	15±0.3	14.9±3.5	9
2011	6	22.2±5.7	26.2±4.8	28.3±4.6	28.7±5.1	28.9±5.8	28.8±5.8	28±5.5	27.7±5.8	26.7±5.2	26±4.6	25±4.7	23.8±6	22.3±6	20.5±6.4	19.9±5.9	16.3±1	14.6±1.1	13.8±1	12.8±3	9
2011	7	26±4.2	29±3.2	30.2±3.8	30.2±4.2	30.9±4.7	30.9±4.7	30.9±5.3	30.8±4.7	30±4.2	29.6±4	28.9±4.7	28.5±5.8	27.1±6	25.9±5.9	26.3±5.7	20.4±1.6	17.8±1.6	20±1.2	21.6±1.9	9
2011	8	23.8±3.8	27.8±3.6	29.1±4.6	29.3±6.2	30.3±6	30.3±5.9	29±6.8	29.1±7.2	28.3±6.1	27.6±6.2	26.2±6.8	26.3±6.4	25±6.5	23.4±6.7	22.9±7.5	17.7±3	16.9±3.2	18.1±2.6	16.8±4	9
2011	9	17.9±2.8	22.3±2.5	24.4±2.9	25.2±3.7	25.7±4.5	25.6±4.5	24.8±4.5	24.3±4.3	23.6±3.6	23.1±3.7	22.5±4.4	22.1±4.7	20.5±5.4	19.6±6	20.8±5.5	16.5±1.3	14.1±1.5	14.5±2.5	16.3±3.4	9
2011	10	20.7±3.9	24.6±3.1	26.6±3.2	27.6±3.8	28.2±4.3	27.7±4.7	26.9±4.8	26.2±4.4	25.4±4.2	24.5±4.4	23.6±4.7	22.7±5.6	20.6±5.7	19.3±6	19.4±5.6	16.1±1.1	14±1.2	14.2±1	14.7±3	9
2011	11	21.6±3.8	25.5±3.1	27.7±3.3	28.5±4	28.7±4.3	29.2±4.7	28.1±4.6	27.6±4.6	26.7±4.4	26.1±4	25.3±4.5	23.8±5.2	21.5±6	19.2±6.2	19.8±5.8	15.6±1.5	13.3±1	13.9±1.1	14.9±3.4	9
2011	12	20.5±3.2	24±2.9	25.8±3.6	26.8±4.2	26.7±4.5	26.4±4.4	25.7±4.3	25.5±4.2	24.9±3.8	24±3.6	23.2±4.7	22.4±4.9	20.3±5.3	19.7±5.6	20.4±5.4	15.4±1.4	12.4±0.7	14.3±0.3	17.4±0.4	9
2012	1	27.9±18	27.2±3.5	30.5±4.2	30±5	30.2±5.2	29.8±4.6	28.6±6	26.8±4.7	25.7±3.5	24.4±3.5	23.7±3.2	23±5.2	22.9±6.4	20.2±6.6	21.4±5.4	15.4±1.8	12.7±0.9	15.1±3.2	15.6±4.3	9
2012	2	21±3.6	26.8±3	29.6±3.6	30±4.8	30.3±5.2	29.8±4.9	27.9±4.5	27.3±4.5	26.2±4.3	25.2±3.4	24.2±4.3	23.1±5.2	22.5±5.8	20±6.5	21.6±5.5	15.5±1.8	13.2±0.6	15.2±3	15.9±4.4	9
2012	3	24.2±4.2	29.7±3.1	31.7±3.9	33.4±5.6	32.7±5.5	32.6±5.2	31.1±5.6	30.4±4.9	29±4.2	27.8±3.9	26.3±4.4	24.7±6.1	23.4±6.4	20.9±6.5	21.9±5.4	15.4±1.9	12.8±0.9	15±2.9	16.8±6.5	9
2012	4	25.7±4.4	31.7±3.2	33.4±4.2	36.1±11.5	33.8±7.3	34.6±5.7	33.2±5.7	32.8±5.7	31.9±4.9	30.8±4.7	29.8±5.7	27.9±6.7	26.9±7	24.6±7.8	24.9±6.9	17.7±3.1	14.1±2	16.5±3.7	16.6±4.6	9
2012	5	25.5±4.3	31.8±3.3	33.7±4.2	34.7±5.5	34.6±5.4	35.4±5.7	34.2±5.5	33.8±5.4	32.6±4.6	32.2±4.8	31.4±4.8	29.7±6.2	30.7±6.5	29.6±5.9	30.2±5.4	22.1±2.4	18.5±1.7	21.6±4.2	20.8±5.6	9
2012	6	24.7±6.3	31.7±2.9	33.8±4	34.6±5.5	34±5.8	34.9±5.5	33.8±5.5	33.5±4.8	32.6±4.7	32±4.1	31.5±4.7	30.7±6.2	30.9±6.7	29.5±6.2	30.6±5.3	19.8±4.6	16.4±7	18.6±8.7	17.8±9.3	9
2012	7	24±4.6	30.2±3.7	32±4.5	33.2±5.2	33.3±5.8	33.2±5.6	31.3±7.4	31.5±4.8	30.9±4.1	30.4±3.8	29.4±4.6	28.2±5.7	29.1±6.4	28.1±5.6	28.7±5.3	21.3±2.4	17.7±1.7	21.4±4.5	20.7±5.3	9
2012	8	22.8±4.2	30.3±3.1	32±6	34.2±5.1	34.6±5.5	35±5.1	33.6±5.3	33.3±5	32.8±4.4	32.1±4.7	31.2±6	30.2±6.4	30.6±6.9	29.5±6.5	30.1±5.4	21.6±2.9	19.6±3.4	21.9±4.5	21.7±6	9
2012	9	23.2±4.8	31.6±3.3	34±4.1	35.2±5.1	35.5±5.7	36.3±5.4	35±5.6	34.2±5.3	33.9±4.4	32.3±6	32.1±6	30.6±6.4	31.2±7	30±7	30.3±7.8	22±2.7	18.3±1.9	22.1±5	21.4±5.7	9
2012	10	19±5.1	26.3±3.7	29.5±4.6	31.1±5.2	31.4±5.8	31.9±5.6	30.3±5.7	29.9±5.4	29.3±4.9	29.1±4.5	28.3±5	27.3±6	27.9±6.6	26.2±6.2	26.9±4.6	20.5±2.3	17±1.7	20.7±4.3	20.2±5.4	9
2012	11	20.7±4.4	28.4±3.2	31.3±3.8	32.3±4.7	32.4±5	32.6±4.8	30.8±4.8	30.2±4.8	29±3.4	28.2±4.4	27±4.2	25.6±5.4	25.1±5.7	24.2±5.7	25±4.7	18.2±1.8	15.5±1.1	18.5±3.6	19.1±5	9
2012	12	24.8±4.7	31.7±3.5	33.7±4.2	35.7±5.5	35.5±5.5	35.6±5	34.5±6.1	33.5±5.5	32.6±4.4	32.2±4.4	31.5±4.2	29.7±6.3	30.2±7	29.3±6.6	28.9±5.1	22.7±6.6	17.8±3	20.8±5.3	19.4±5.2	9
2013	3	17.8±3.6	25.9±3	28.9±3.6	30.1±4.7	30.4±4.5	31±4.4	29.4±4.6	29.2±4.6	28.4±3.8	27.8±3.6	26.5±4.2	26.1±5.6	26.3±5.9	24.6±5.9	25.8±4.9	18.3±2.4	17.4±4.1	16.9±2.7	17.7±5.6	9

（续）

各层次土壤体积含水量/（cm³/cm³）

年	月	10 cm	20 cm	30 cm	40 cm	50 cm	60 cm	70 cm	80 cm	90 cm	100 cm	110 cm	120 cm	140 cm	160 cm	180 cm	200 cm	220 cm	240 cm	260 cm	重复数
2013	4	26.7±10.7	35.4±12	37.6±13.1	39.9±13.1	39.3±12.3	40.6±12.6	38.7±12.7	38.2±11.4	38.3±12.4	36.7±12.4	35.7±12.3	34.3±12.6	33.9±13.7	32.8±12.5	33.5±12.6	25±9.1	21.9±8.3	22.2±8	22.1±9.8	9
2013	5	25.2±4.9	33.3±4.1	35.4±4.6	35.9±5.2	36.3±5.6	37.3±5.3	35.9±6.2	35.1±5.6	34.2±4.8	33.8±4.3	32.6±4.8	31.5±6.8	32.3±6.9	31.2±6.9	32±5.9	20.1±8	17.2±7	17.9±7.3	17.5±8.3	9
2013	6	25.2±4.8	30.4±3.1	32.6±4	33.2±5.1	33.4±5.1	33.7±5.2	32.1±5.1	31.6±5	30.6±4.2	30.2±3.9	29.1±4.4	27.9±6	28.9±6.5	27.7±6	28.3±5	19.6±1.9	17±2	18.2±2.7	17.9±5.5	9
2013	7	24.1±6	28.7±4.2	31.2±4.4	31.8±5	32±5.1	32±5.2	30.5±5.2	29.7±4.8	28.8±4.4	28.1±4.5	27.5±5	26.5±6.1	26.6±6.6	26±5.9	26.3±5.5	16.5±6.4	15±5.8	15.7±6.5	16.8±8	9
2013	8	26.7±5.9	32.2±3.5	33.9±4.1	34.9±5.2	35.4±5.4	36±4.9	34.4±5.7	34±5.4	32.9±4.6	32.2±4.1	31.3±4.5	30.2±6.5	31±6.8	30.2±6	30.7±5.4	21.3±1.6	18.5±2.1	19.7±2.8	19.3±3.8	9
2013	9	25.9±4.7	31.2±3.2	33.3±4.1	34.1±5	34.4±5.1	34.7±4.8	33.5±5.2	32.9±5.2	32.1±4.3	31.3±4.1	30.7±4.6	30±6.3	30.5±6.6	29.4±5.8	30.3±5	21.7±1.8	18.6±2.1	19.7±3	19.3±5.8	9
2013	10	19.3±5.4	26.2±4	29.4±4.2	30.8±4.8	31±4.9	31.3±4.6	29.5±5	28.9±4.8	28.1±4	27.3±3.7	26.5±4.2	26.1±5.6	26.5±6.3	25.5±5.8	26.5±5.2	19.9±2.4	16.2±2	18.2±3.2	18.1±5.5	9
2013	11	17.4±3.7	25.2±3.8	28.3±3.7	29.8±4.3	29.8±4.7	30.2±4.5	28.2±4.7	27.5±4.6	26.7±4.6	25.5±4.5	24.6±4.3	23.7±6	23.4±5.3	22.2±6	23.4±5.1	15.2±6.3	12.9±5.3	14±6.1	14.4±7.7	9
2013	12	19.7±4.8	27.8±4.5	31±4.5	32±5	32.3±5.5	32.5±5.3	30.9±6	30.3±5.5	29±4.8	28.3±5	26.7±5.5	25.2±5.9	24.3±6.1	22.1±6.8	23.6±5.3	17.8±2.4	15±0.8	16.2±2.2	17.7±5.3	9
2014	1	19.5±4.2	28±2.9	32.1±3.9	33.3±4.6	33.9±5.3	34.4±5.1	32.7±5.3	32±5	31±4.5	30.2±4.4	29.3±4.6	27.6±6.6	26.4±6.9	24.6±6.8	25±5.4	17.7±1.9	15±0.8	16.1±2.1	17±5.2	9
2014	2	19.8±3.8	27.3±3.6	29.7±4.1	30.8±4.2	31.3±4.6	31.6±4.5	30.1±4.8	29.6±5	28.7±4.2	28.1±3.9	26.7±4.4	25.8±5.5	25.3±5.9	23.3±6.2	24.2±5.5	17.4±2	14.9±0.8	15.9±2.3	16.7±5.1	9
2014	3	22±3.8	29.4±3.3	32±4.1	32.6±4.7	32.4±5.2	33±5.1	30.5±4.9	29.6±4.9	28.7±3.6	28±4	27±4.3	26±5.6	25.2±6.1	23.7±6.8	24.4±5.1	17.5±1.8	14.7±0.9	16.1±2.2	16.8±5.2	9
2014	4	23.9±4.8	30.8±3.3	33.3±4.3	34.3±4.9	34.5±5	35.4±5	33.7±6.5	33.5±5.4	32.4±4.5	31.8±4	31.2±4.7	30.7±6.6	31.2±6.8	29.9±6.4	30.2±5.3	21±1.9	17.9±2.2	18.4±3.3	18.9±6.7	9
2014	5	25.7±5.1	31.7±3.2	33.7±4	34.4±5.2	34.7±5.1	35.5±5.2	33.7±5.1	33.3±5.4	32.5±5.4	31.9±4.4	30.9±4.6	30.4±6.5	31.2±6.6	30.2±5.9	30.7±5.5	21.2±1.1	18.4±2.5	19.2±2.8	19.2±5.9	9
2014	6	25.2±5	30.6±3.1	32.3±4	32.8±4.9	32.6±5.1	32.7±5	30.7±4.8	30.1±4.4	29.6±3.8	28.9±3.8	28.3±4.3	27.9±6.3	28.9±6.2	27.7±5.5	28.3±5.1	20±2.1	17.2±1.7	18.6±3	18.5±5.9	9
2014	7	21.3±5.1	27.8±3.4	30.4±3.9	31.2±4.7	31.3±5	31.2±4.6	29.3±5	28.7±4.8	27.8±3.7	27.2±4	26.3±4.1	25.6±6.2	25.8±5.4	24.6±5.4	25.8±4.7	18.8±1.8	16.2±1.6	17.7±2.7	18±5.9	9
2014	8	19.4±6.1	26.2±4.3	29.2±4.4	30.9±5.1	31.1±5	31.2±5.4	29.5±5.4	28.8±5.5	28.3±4.9	27.7±4.9	26.3±5.4	25.7±6.5	25.6±6.7	23.5±5.4	23.9±5.2	17.1±1.5	14.6±1.4	15.6±1.9	16.7±1.9	9
2014	9	21.1±6.2	28.7±3.9	31.7±4.4	33±4.5	33.2±4.6	33.6±4.8	31.7±5	31.1±4.6	29.9±4	29.3±4.1	28.4±4.1	27.7±6.3	27.8±6.4	25.9±6.4	25.3±5	17.7±2.1	14.7±1.4	15.7±2.3	16.6±5.2	9
2014	10	15.9±5.1	24±3.2	27.8±3.8	29.7±4	30.1±4.4	30.5±4.6	28.6±4.9	28.4±4.8	27.3±3.9	27±4	26±4.5	25.8±6.2	25.8±6.1	24.2±6.6	24.9±5.2	17.9±2.4	14.9±1.7	15.9±2.2	16.9±6	9
2014	11	14.6±4.7	22.3±2.9	26.6±3.3	28.5±3.5	28.8±4	29.1±4.3	27.3±4.8	26.8±4.8	25.9±3.4	24.9±3.4	23.7±4.2	22.9±5.4	22.1±5.4	20.9±6.1	22±5.1	16.2±1.7	13.7±0.6	14.8±1.6	16.6±5.2	9
2014	12	15.4±4	22.7±2.7	26.5±3	28.2±3.5	28.7±4.2	28.8±4.4	26.9±4.4	26.4±4.4	25.2±3.3	24.4±3.5	23.2±4.4	22.3±6.2	21.7±5.6	20±6.4	21.1±5.1	15.9±2	13.4±0.9	14±1.4	15.7±5.2	9

（续）

各层次土壤体积含水量/（cm³/cm³）

年	月	10 cm	20 cm	30 cm	40 cm	50 cm	60 cm	70 cm	80 cm	90 cm	100 cm	110 cm	120 cm	140 cm	160 cm	180 cm	200 cm	220 cm	240 cm	260 cm	重复数
2015	1	17±3.9	24±3.2	27.8±3.9	29.2±4.1	29.2±4.2	29.2±4.2	27.2±4.4	26.6±4.3	25.7±3.4	24.6±3.8	23.6±3.9	22.3±5	21.3±5.3	19.8±6.4	20.9±5.3	14.9±1.6	12.7±0.6	15.2±2.7	16±4.2	9
2015	2	16.7±4.8	23.1±2.7	27.2±3.4	28.9±3.6	29.2±4	29.4±4.2	27.5±4.5	26.9±4.2	25.9±3.5	24.8±3.5	23.7±4.5	22.7±5.2	21.9±5.3	20.2±6.7	21.3±5.4	15.1±1.7	12.8±0.5	15.3±2.5	16.1±4.1	9
2015	3	16.7±4	23.8±2.5	27.4±3.8	29±3.9	29.2±4.7	29.6±4.9	27.5±5.1	27.1±5	26.4±4.1	25.1±4.2	23.8±4.8	22.8±5.5	21.8±5.5	20.5±6.7	21.4±5.8	15.6±2.5	13±1.1	15.6±2.4	16.5±4.5	9
2015	4	18±5.6	25.5±6.1	30.3±9	32.3±8.1	31.9±7.5	32±9.4	30.8±9.5	29.7±8.6	28.6±7.7	27.9±8.7	26.3±8.5	25±8.9	23.9±8.2	22±9.1	22.8±8.5	16.3±4.4	13.9±4.4	18.3±9	19±10.2	9
2015	5	20.1±5.7	27±4.8	30.1±5.2	31.6±5	31.8±5	32.4±5.2	31±5.8	30.3±5.4	29.5±5.8	28.6±5.4	27.3±6	25.5±7.1	24.3±7	22.1±7.6	22.4±6.7	14.5±6.3	12.2±5.1	14.2±6.2	14.7±6.5	9
2015	6	23.3±5	30.5±3.1	33.2±3.9	34.3±4.4	34.8±4.8	34.4±4.2	33.2±5.2	32.7±5.1	31.8±4.9	31.1±4.9	30.2±4.6	29.5±6.1	29.9±6.4	28.5±5.7	29±5.1	21.5±2.1	17.6±1.7	20.4±4.2	20.2±5.6	9
2015	7	21.5±5.3	28.3±3.3	31.2±3.5	31.8±4.4	32±4.2	32±4.8	30.2±4.8	29.8±4.5	28.7±4	28.1±3.7	27.3±4.2	26.3±5.7	26.6±5.6	25.4±5.9	26±4.8	18.6±1.9	15.6±1.7	18.9±3.6	18.8±5.1	9
2015	8	18±5.5	24.9±3.6	28.3±3.8	29.4±3.8	29.4±4	29.3±4.1	27.5±4.4	26.9±4.2	26.2±3.5	25.3±4.2	24.4±3.9	23.7±5	23.5±5.2	22±5.8	23.1±4.9	16.9±2	14.4±1.4	17.3±2.9	17.6±4.5	9
2015	9	19.7±5.3	27±3.3	30.6±3.7	31.4±4.1	31.4±4	31.5±4.4	29.7±4.5	29.2±4.7	28.7±3.8	28.1±4.1	27±4.7	25.9±6	26±6.5	24±6	24.3±5.2	17.1±2.5	14.4±1.9	17.1±3.2	17.7±4.9	9
2015	10	19.4±5.6	26.7±3	30.3±3.5	31.7±4.1	31.8±4.3	32.6±4.8	30.9±5.3	30.4±4.9	30.1±4.3	29.1±3.8	28.7±4.4	27.9±5.7	28.9±6.5	27.5±5.8	28.2±4.7	20.9±2.4	17.2±2	20.2±4.7	20.5±5.9	9
2015	11	15.4±4.6	23±2.5	27.2±3.3	29.5±4.1	29.7±4.1	28±4.7	27.7±4.6	27.5±4.4	26.9±3.9	26.5±3.6	25.7±4.3	25.2±5.3	25.6±5.7	24.4±5.6	25.7±5	18.8±2.1	15.9±1.5	19.4±4.7	19.4±5.3	9
2015	12	19.3±4.7	26.4±3.4	29.9±4.3	30.8±4.4	30.5±4.7	30.4±4.8	28.9±5.3	27.8±5.3	26.9±3.5	25.8±3.4	24.7±4.3	23.3±5.2	21.4±5.7	21.4±5.7	22.8±5.2	16.8±2	14.2±1.3	17.2±3.6	17.8±5.2	9

表 3-76 鹤山站乡土林辅助观测场土壤体积含水量观测数据

样地代码：HSFFZ01CTS_01　　人工林类型：乡土林

各层次土壤体积含水量/（cm³/cm³）

年	月	10 cm	20 cm	30 cm	40 cm	50 cm	60 cm	70 cm	80 cm	90 cm	100 cm	110 cm	120 cm	140 cm	160 cm	180 cm	重复数
2008	2	19.9±0.8	24.9±0.7	25.7±0.4	23.8±3	23.1±3.7	22.5±2.9	22.8±1.3	23±1.1	21.4±1.3	19.3±2.6	18.7±4.2	17.4±4.4	14.8±1.6	13.7±2.8	14.1±5.4	2
2008	3	18±1.2	23.3±1.1	23.5±0.9	23.4±1.1	22±2	21.2±2.1	21.9±0.5	22.2±0.5	21.5±1.1	19.3±2.6	18.9±4.5	17.7±4.5	14.8±1.5	13.7±2.4	14.1±5.4	2
2008	4	21.1±1.2	26.6±1.6	26.7±0.7	24.4±2.3	23.6±2.5	22±3.1	19.6±0.6	22.1±0.4	21.8±0.9	20.4±0.9	19.1±2.8	17.9±4.6	15.6±1.9	14.4±2.7	13.7±5	2
2008	5	21.1±1.3	26.8±1	27.6±0.7	26.4±0.9	25.3±2	24.3±1.6	23.8±2.1	23.6±3.5	23.1±3.3	21.6±3.2	20.7±3.9	18.9±3.9	15.3±2.5	13.9±2.8	14.3±4.1	2
2008	6	23.3±1.8	27.4±1.1	28.9±1	28.3±0.8	26.3±2.5	25.5±2.4	25±2.8	24.6±3.8	23.9±3.9	23.3±3.1	22.4±4.8	21.2±4.9	17.9±2.9	17.6±3.9	18.2±4.5	2

（续）

| 年 | 月 | 各层次土壤体积含水量/(cm³/cm³) | | | | | | | | | | | | | | | 重复数 |
		10 cm	20 cm	30 cm	40 cm	50 cm	60 cm	70 cm	80 cm	90 cm	100 cm	110 cm	120 cm	140 cm	160 cm	180 cm	
2008	7	22.7±2.4	27±1.7	27.4±1.3	26.4±1.6	25.4±2.6	24.1±1.5	24±2.5	23.5±4	22.8±3.1	21.6±2.4	21.2±3.5	20.4±3.1	17.2±2.2	16.7±3.1	17±3.3	2
2008	8	22.5±2.2	26.1±2	27±1.2	25.7±1.8	24.5±2.6	23.6±1.8	24.4±2.4	24.1±3.4	23.6±3.6	22.5±3.3	21.8±4.5	21.1±4.1	17.8±2.6	17.2±3.1	17.2±4	2
2008	9	21.1±2.7	25.1±2.3	25.4±0.9	24±1.2	23.2±1.9	22.6±2	23±2.2	23.2±3.4	22.6±3.4	21.3±3.4	20.9±4.6	19.6±3.5	17±1.2	16.2±2.3	16.6±4	2
2008	10	21.3±2.5	25.8±1.9	26.3±1.3	25.3±1.3	24.2±1.9	23.3±2.5	23.1±3.6	23.3±4.5	23±4.3	22±3.8	21±5	19.9±4.8	16.6±3.5	16.4±3.9	16.6±4.1	2
2008	11	18.9±2.3	22.3±2.7	22.5±2	21.5±1.9	20.8±1.8	20.6±2.3	21±4.1	21.1±4	21±3	19.6±3.5	19±4.8	17.8±3.9	15.3±2.8	15.5±3	15.5±3.7	2
2008	12	14.8±3.8	20±3	21.1±2	20.5±1.4	20.2±1.6	19.4±1.8	19.5±3.7	19±4.6	18.8±3.5	18.1±2.9	17.7±4.2	16.5±4.9	13.9±4.2	13.6±4.4	13.9±4.4	2
2009	1	15.4±3.5	18.4±3.7	19.4±2.9	18.9±2.1	18.3±2.5	18.1±3.1	18.6±4.1	18.1±4.8	17.1±4.7	16±4.6	15.8±5.5	14.8±5.1	13±3.4	12.6±3.6	12.6±4.1	2
2009	2	16.9±2.4	20.5±1.9	19.8±1.6	19±1.2	18.7±1.7	18.7±3	18.5±3.7	18.5±3.7	17.5±3.1	16.7±3.5	16±3.9	14.4±4.4	12.6±3.1	12.8±2.6	12.5±3.7	2
2009	3	21.4±3.7	24.1±3.1	23.8±3	22.4±2.9	21.9±2.7	21.7±2.6	21±3	20.4±3	19.3±2.5	18.5±3.2	17.8±3.9	16.9±3.1	15.5±1.4	15.1±2.2	14.8±2.8	2
2009	4	22.4±3	26.6±2.1	27.3±1.4	25.7±1.9	25±2.3	23.5±2.1	23.3±2.8	22.9±3.4	22.3±3.7	20.8±3.4	20.3±4	19.3±3.9	15.6±3.4	13.9±3.5	13.6±3.5	2
2009	5	19.9±3.1	24.8±2.4	25.4±1.8	24.1±1	23±1.5	22.1±2.5	22.4±3	22.6±4.6	22.7±4.5	22.1±4.5	21.1±5.2	19.6±5.1	16.4±3.4	15.5±4.2	15.2±4.9	2
2009	6	21.7±3.6	25.6±3.1	26.9±1.8	25.5±1.4	24.5±2.1	23.4±2.1	23.1±2.8	22.9±4.7	22.9±5.2	21.8±4.9	21.2±5.6	19.8±5	16.5±3.9	15.7±4.5	15.2±4.1	2
2009	7	21.9±3.2	24.8±2.5	25.2±2.5	23.6±1.9	23±1.8	22.4±2.5	22.4±3.7	22.7±5	22.9±5.7	21.7±5.2	20.9±5.9	20.1±4.8	16.8±3.6	16.3±4	16.8±5	2
2009	8	22.3±3.2	25.2±2.4	25.6±2.4	24.5±1.6	22.9±1.8	22.2±2.3	22.2±3.4	22.6±5.5	22.5±5.9	21.6±5.5	20.9±5.5	19.7±5.4	16.5±4.3	15.8±4.5	16.1±4.6	2
2009	9	23.1±2.6	25.1±1.4	24.9±0.5	23.4±1.1	23±1.9	22±1.9	22.3±3.2	22.8±4.1	22±5.1	21.5±4.7	20.2±4.4	18.5±4.1	16.9±3.8	15.4±3.2	15.6±3.1	2
2009	10	19.2±2.8	23.4±1.8	23.7±0.7	22.8±0.6	22±1.4	21.7±1.1	21.2±2.1	21.2±4	21.2±2.5	20.6±4.4	19.2±4.7	17.8±4.4	14.7±3.2	14±3.8	14.3±4.7	2
2009	11	18.6±1.5	23±1.7	23.7±1	23±1.4	22±1	21.1±1.7	20.4±3.4	20.1±3.6	20±4.2	18.9±4.3	18.4±4	17.3±3.7	15.1±3.3	14.1±3.1	14.1±3.4	2
2009	12	19.1±1.6	23.3±0.7	24±0.8	23.8±0.8	23.2±1.4	22.1±0.8	21.2±1.9	20.1±3.3	19.7±3.9	18.7±3.5	18±4	16.5±3.9	14±3.5	12.8±3.9	13.3±4	2
2010	1	21.7±1.5	25±2.5	26.1±1.8	25.5±0.9	24.4±1	23.1±0.8	22.6±1.3	21.5±2.2	20.8±2.8	19.6±3.1	18.4±3.9	17±3.6	14.6±2.4	13±3.3	12.6±3.2	2
2010	2	22±2.5	26.6±1.3	27±0.5	26.4±0.3	25.7±0	24.4±1.7	23.5±3.8	22.1±4.8	21.9±4.4	20.8±3.6	19.9±4.3	18.4±3.9	14.9±3.4	14.3±3.4	14.5±3.5	2
2010	3	20.5±2.3	25.2±1.7	25.8±1.1	25.1±0.8	24.6±0.7	23.8±0.9	23±3.6	22.2±5	21.7±4.8	21±4.3	19.9±5	18.4±4.9	15.5±3.8	14.7±4.2	14.5±4.3	2

（续）

| 年 | 月 | 各层次土壤体积含水量/（cm³/cm³） | | | | | | | | | | | | | | | 重复数 |
		10 cm	20 cm	30 cm	40 cm	50 cm	60 cm	70 cm	80 cm	90 cm	100 cm	110 cm	120 cm	140 cm	160 cm	180 cm	
2010	4	22.6±2	26.8±1.8	26.8±0.8	26.1±0.7	25.2±0.6	24.3±1.3	23.7±3.7	22.5±5	21.8±4.3	20.6±4.2	19.5±4.5	18±4.1	15.1±4	14.7±4.4	14.1±3.7	2
2010	5	22.5±2.5	26.9±1.8	27±0.6	26.6±0.8	26.3±0.5	24.8±1.9	24.1±4.5	23.8±5.5	23.8±5.5	22.7±4.8	21.7±5.2	20.4±5.3	16.7±4.9	16.4±4.8	16.8±4.8	2
2010	6	24.6±1.5	27.8±2	28.3±0.8	27.5±1.1	26.5±0.9	25.8±1.6	25.8±3.1	25.8±4.7	25.4±5.2	24±4.3	23.1±4.3	21.4±4.6	18.2±3.2	17.5±3.7	17.4±4.3	2
2010	7	22±1.2	24.8±1.6	24.6±1.1	24.3±1	23.8±1.1	23±2.1	23.3±4.1	23.3±5.5	23.3±5.1	22.2±4.9	21±5.1	19.6±5.1	16.4±4.2	15.9±3.9	16.1±4.4	2
2010	8	23.1±1.2	26±2.4	26.4±1.8	25.8±1.9	25.4±1.6	24.2±2.4	24.1±4.4	24.5±5.1	24.6±5.3	22.9±5.6	21.6±5.4	20.6±6.6	17.4±4.2	16.8±5	16.7±5	2
2010	9	24.6±0.8	26.4±2	27.6±1.6	27.3±1.2	26.2±1.1	26±1.4	26.7±2.3	25.9±4.2	25.7±3.3	24±3.2	22.2±3.7	21.3±3.5	18.5±2.8	17.6±3	17.1±3.3	2
2010	10	23.7±2.3	26±2.4	26.5±2.9	26.2±2.9	25.6±3.1	24.6±2.8	24.8±3.8	24.7±5.1	24.5±5.2	23.4±4.2	22.4±4	21.4±4.4	18.5±3.3	17±3.2	16±2.8	2
2010	11	18.3±2	21.9±1.3	22.6±1.6	22.5±1.8	21.7±2.1	21.5±2.6	22.2±4.3	22.5±4.5	21.7±5.2	20.1±5.4	19.3±5.5	19±4.5	16.7±3.3	15.7±3	15±4.3	2
2010	12	16.1±1.9	21±1.5	21.8±1.1	21.9±0.7	21.4±0.4	20.9±1.7	20.4±3.5	20.2±4.2	20.3±3.9	19.3±2.8	18.4±3.6	17.5±3.8	14.7±3.3	14±3.5	14±3.5	2
2011	1	16±0.9	21.5±1	22.2±0.7	22.2±0.6	21.4±0.3	20.5±1.4	20.3±3.9	19.8±4.3	19.6±3.8	18.8±3.4	17.5±4	16.6±4.5	14.3±3.5	13±3.3	13.6±3.6	2
2011	2	17.3±0.1	22.4±0.9	22.8±1.1	22.3±0.6	21±0.9	20.2±2.4	20.4±2.4	20.2±3.3	20.2±2.9	18.9±2.3	17.9±3.6	16.7±4	14.4±3	13.1±2.6	13.3±3.9	2
2011	3	17.7±1.2	23.2±0.9	23.4±0.4	23.3±0.9	22.2±0.3	21.3±0.8	20.3±1	19.9±2.6	19.9±3.3	18.9±2.4	17.6±3.6	16.5±3.9	14.3±2.7	13±2.7	12.7±4.3	2
2011	4	17±1.2	21.6±1.1	22.7±0.9	23±0.9	22.2±0.6	21.2±0.1	20.6±1.7	20.2±2.6	19.9±2.7	18.3±2.5	18±3.2	16.6±3.3	14.3±2.3	13±2.1	13.2±3.7	2
2011	5	21±1.5	24.2±1.4	24.2±1.4	23.5±0.7	22.7±0.2	21.2±0.1	20.6±1.9	20.8±3.2	19.8±3.2	18.4±2.7	17.5±3.3	16±2.6	14±2.6	12.7±3	11.6±2.3	2
2011	6	22.1±2.1	24.5±1.5	24.9±1.5	24.3±1.1	23.9±1	22.9±1.5	22.7±2.2	22.5±2.7	20.8±1.1	18.6±1.6	17.8±1.8	16.8±2.4	14.8±1.9	13.3±1.6	12.3±2.3	2
2011	7	24±2.2	26.4±2.5	26.5±2.8	25.6±2.6	24.9±2.6	24.8±3.1	24.5±3.8	24.7±4.5	23.8±4.4	22.3±4.1	21.6±4.7	20.4±3.9	17.8±3.5	16.9±3.6	16.2±4.1	2
2011	8	24.3±2.3	26.6±2.6	27.3±2.6	27.2±1.9	26.7±2.6	25.5±3.6	25.5±5.1	25±4.9	24.3±4.4	23.3±4.4	22.2±4.5	20.5±4.6	18.5±4.7	17.6±4.5	16.3±3.2	2
2011	9	20.3±2.9	22.8±1.8	22.8±1.2	22.7±1.2	22.2±1.2	21.7±2.2	21.3±2.8	20.7±3.4	20.3±2.7	19.2±3	18.4±3.9	17.1±3.7	14.8±3.4	14.1±3.7	14±3.1	2
2011	10	23.3±3	25.8±1.9	25.7±1.2	25.6±1.1	24.6±1.1	23.3±2.6	22.4±2.2	21.7±3.8	21.1±3.9	19.7±2.8	19.1±3.1	17.6±3.5	15.6±4.1	13.7±2.9	14.3±3	2
2011	11	21.4±2.2	25.9±1.8	26.7±0.9	26.4±0.7	26.1±1	24.8±2.2	23.8±3.9	23.7±3.8	22.4±4.3	21.3±4	20.3±4.4	18.5±4.4	15.4±3.9	14.2±3.3	14.3±3.5	2
2011	12	22±1.8	23.6±1.3	23.4±1.3	23.3±1.5	23±2.2	21.9±3.8	21.4±4.6	21.6±4.2	20.5±4.3	19.7±4.2	19.2±3.9	17.8±2.7	15.3±2.4	15±3.2	13.4±1.3	2

（续）

各层次土壤体积含水量/（cm³/cm³）

年	月	10 cm	20 cm	30 cm	40 cm	50 cm	60 cm	70 cm	80 cm	90 cm	100 cm	110 cm	120 cm	140 cm	160 cm	180 cm	重复数
2012	1	21.5±2.3	27.9±1.7	28.1±1	27.4±0.9	26.1±1.8	24.9±0.9	23.2±2.6	22.4±4.5	21.9±4	21.2±4.2	20.3±3.9	18.6±4.2	15.9±4	14.6±4.3	14.6±4.7	2
2012	2	22.1±1.7	27.2±1.5	27.7±0.4	26.9±0.6	26.2±1.3	24.8±0.8	23.5±3.1	22.7±3.9	22.4±3.6	21±2.7	20.3±4	18.9±4.4	15.7±4.3	14.6±4.3	16.1±4.4	2
2012	3	23.1±2.3	28.4±1.7	29.1±1	28.5±0.4	27.9±0.4	26.5±1.7	24.8±2.9	23.3±3.5	23.2±2.8	21.7±2.5	21.3±4.1	19.1±2.9	15.8±2.5	14.6±2.5	15.2±3.1	2
2012	4	24.5±2.4	30.4±1.7	30.5±1.4	30.2±0.9	29.8±0.5	28.1±1.8	26.6±4.5	25.3±5.2	25.3±5	23.6±4.1	22.9±4.6	21.1±4.4	17.5±4.4	16.5±4.6	16.4±4.6	2
2012	5	24.1±2.6	30.3±1.5	30.6±1.5	29.8±0.8	29.5±0.7	28.3±2.4	26.8±5	25.9±6.1	25.8±5.8	24.6±4.5	23.5±5	22.1±5.3	18±4.7	17.5±5.3	18.2±4.8	2
2012	6	16.2±1.8	20.6±1.5	21.1±0.7	19.9±0.8	19.9±0.8	18.3±1.9	18.4±2.6	17.9±4.6	17.1±3.7	16.3±3.4	16.2±3.7	14.6±3.9	12.4±4.3	12.1±3.6	12.3±3.6	2
2012	7	23.5±3	29.5±2.7	29.7±2.1	28.4±1.7	27.9±1.6	26.6±2.1	25.9±4.3	24.9±5.3	25.1±5	23.8±3.7	22.9±4.8	21.1±4.7	17±4.3	17.4±5.2	17.8±4.9	2
2012	8	22.8±3.8	29.3±3.2	29.6±1.8	28.8±1.1	28.8±1.5	27.7±2	26.7±4.8	25.6±4.9	25.4±5.1	24.2±4.1	23.3±4.4	21.5±5	17.6±5.1	17.6±5.1	18.2±4.3	2
2012	9	22.8±3.5	30±2.8	30.8±1.2	30.3±1.7	30±1.1	28.6±2.2	27.4±5	26.8±5.7	26.1±5.2	24.8±4.7	23.8±5	22.4±5	18.5±4.7	17.9±5.2	18.5±4.8	2
2012	10	18.7±3.3	26±2.7	27.1±2	27.5±1.6	27.2±2	26.5±2.8	25.1±3.8	24.2±4.7	23.7±4.4	23.4±4.2	22.6±4.7	20.9±4.9	17.5±4.6	16.8±5.2	17.3±4.5	2
2012	11	20.6±2	28.2±1.6	29.1±1	28.9±1.2	28.3±1.5	26.9±2.1	25.6±3.6	24.5±4.4	23.8±4.3	22.6±3.6	21.7±4.2	19.7±3.9	16.9±4.1	15.9±4.7	16.3±4.1	2
2012	12	22.5±2.4	29.2±1.7	30±1.2	30.4±1.3	29.9±2.7	27.8±1.4	27.3±4.2	26±5.8	25.6±5.9	24.1±4.7	23.4±5.5	21.7±5.2	18.1±5	17.5±5.7	17.7±4.2	2
2013	3	17.2±1.5	24.6±1.6	26±0.9	25.9±1	25.5±1.8	24.9±1.5	24.3±2.1	22.5±4.7	22.6±4.3	21.7±2.9	20.8±3.9	19±4.4	17.3±3.8	15.5±5.3	15.8±4.8	2
2013	4	25.8±2.8	37.4±1.7	37.8±1.5	36.8±2.1	35.8±1.5	34.2±0.8	32.6±5.4	31.8±6.2	31.3±6.2	30±5.5	28.5±4.2	25.9±6.5	22.9±5.9	21.7±5.6	21.9±5.7	2
2013	5	23.8±2.8	32.6±2.4	32.5±1.3	32.4±2.3	32±0.8	30.5±1.8	28.9±4.6	27.6±6.2	27.4±5.9	26±4.5	25.2±5.7	22.6±5.8	19.3±5.5	19±6.2	19.9±5.5	2
2013	6	23.8±3.3	30.1±2.4	29.8±2	30±1.8	28.8±2.3	27.7±1.7	26.1±3	24.9±4.8	24.5±4.7	23.3±3.8	22.2±4.6	21±4.7	17.2±4.7	16.9±5.1	17.4±4.9	2
2013	7	24.2±3.4	28.7±2.4	28.3±1.7	28.6±1.7	27.8±1.1	26.2±2	25±3.7	24.1±4.9	23.4±4.1	22.3±3.4	21.9±4.2	20.3±4.7	17±4.7	16.3±4.9	16.6±4	2
2013	8	24.7±5.7	31±2.3	31.2±1.1	30.8±0.8	30.3±1.1	29.1±1.5	27.5±4.2	26.7±5.7	25.9±5.7	24.6±4.4	23.4±5	21.6±5.9	18.2±5	17.7±5.6	18.4±4.9	2
2013	9	21.2±1.2	30.2±1.9	30.4±1.2	30.1±1.2	29.4±1.5	28.3±1.5	27.1±2.7	26.4±3.6	25.9±3.8	24.4±3.6	23.4±4.1	22±4	18.6±3.9	18.4±4.4	18.7±4.6	2
2013	10	18.6±3.6	26.5±1.6	28±1.8	27.6±2.2	27.6±2.4	26.4±1.7	24.9±3.3	23.8±4.2	23.8±4.1	22.9±3.3	23.4±3.8	20.3±4.7	17.5±4.9	16.6±5	17.1±4.6	2
2013	11	17.5±3.2	25.8±1.2	26.8±1.5	26.5±2.5	26±2.7	24.7±1	23.5±2.2	22.4±3.2	22.2±3.5	21.1±2.3	20.1±3.2	19.1±4.1	16±3.9	15.1±4.6	15.8±4.2	2
2013	12	18.5±3.4	27.1±0.5	27.8±0.6	28.1±0.7	27.7±1.8	25.6±0.2	24.4±2.1	23.3±4.1	22.7±3.8	21.4±2.7	20.8±4.2	19.2±4.4	16.2±4.1	14.8±4.3	15.1±4.8	2

（续）

各层次土壤体积含水量/（cm³/cm³）

年	月	10 cm	20 cm	30 cm	40 cm	50 cm	60 cm	70 cm	80 cm	90 cm	100 cm	110 cm	120 cm	140 cm	160 cm	180 cm	重复数
2014	1	17.1±4.3	26.1±2.2	28±0.8	28.2±1	29±1	27.2±1.6	27.5±5	24.9±4.4	24.4±4.4	23.4±3.7	22.6±4.3	20.9±4.8	17.3±4.4	16.6±4.4	16.7±4.9	2
2014	2	17.5±3	25.5±0.4	26.2±0.2	25.8±0.4	25.6±1.3	24.9±1.3	23.6±3.9	22.7±4.7	22.8±3.8	21.8±3.1	20.6±3.8	19.5±4.6	16.3±4.9	15.2±4.8	15.6±5.2	2
2014	3	19.3±3.2	27.7±0.5	28.3±0.9	27±1.1	26.9±2.1	25.5±0.6	24±3	23.1±4.3	23.1±3.9	21.9±3.1	20.7±4.1	19.2±4.9	16±4.7	15.2±5	15.6±5.2	2
2014	4	21.6±4.5	29.5±2.1	30.6±0.9	30.2±0.3	29.9±1.3	28.5±1.7	27.2±3.6	26.4±5.6	25.7±5.5	24.6±4.5	23.5±5.1	22±5.2	18.3±5.4	17.7±5.5	18.3±4.9	2
2014	5	23.7±5.8	31.1±1.1	31.4±1.1	31±0.6	30.3±0.5	28.5±2.3	27.2±4.5	26.9±6	26.1±5.7	24.5±5.1	23.7±5.5	22.9±5.8	19.7±6.1	18.5±6.4	19.4±5.3	2
2014	6	23.6±5.8	29.6±1.9	30±1.6	29.6±2	28.3±2.2	27.2±1.9	25.8±3.8	25.2±5.4	24.8±4.8	23.6±3.8	22.5±4.3	20.2±7.2	18.3±5.3	17.6±5.6	18.5±4.9	2
2014	7	21.4±4.7	28.1±2	28.7±2.5	28.5±2.8	27.7±2.3	26.4±2.2	25.3±3.7	24.3±4.4	23.9±4.4	22.8±2.8	21.8±3.2	20.8±4.4	17.9±4.9	16.7±4.8	17.4±4.3	2
2014	8	20.4±4.2	27.5±2	28±1.8	27.8±1.4	27.3±2	25.9±1.1	24.6±3.1	23.3±4.4	23.2±4.3	22.1±3.4	21.2±3.8	20.3±4.7	17.4±4.9	15.9±4.7	16.5±4.1	2
2014	9	20.7±5.1	28.1±2.1	28.9±1.1	29.1±1	28.4±1.2	26.9±1.2	26.4±3.7	25.3±4.6	24.8±5	23.9±4.4	22.5±4.2	21.5±5.2	18.1±5.5	16.9±5.5	17.4±4.8	2
2014	10	16±3.2	24.5±1	25.8±1.3	26.5±2	26.3±2.1	25.3±1.2	24.2±3.4	23.3±4.5	23.8±4.6	22.1±3.4	21.7±4.3	20.4±4.7	18±5.1	16.8±5.5	17.5±4.9	2
2014	11	15.4±3.9	23.5±0.8	24.9±0.8	24.9±0.6	25.2±1.5	23.6±1.2	22.8±2.7	21.6±4.2	21.7±4.3	20.7±2.6	20.3±3.8	18.8±4.3	16.4±4.9	15.2±4.7	16±4.4	2
2014	12	15.5±3.7	23.1±0.4	24.7±0.8	24.9±0.9	24.6±1.4	23.1±0.8	21.8±3	20.9±4.1	20.9±3.8	19.9±2.4	18.8±3.3	18±4.7	15.5±4.9	14±4.5	14.7±4.3	2
2015	1	16.2±4	24.6±0.6	25.7±1.1	25.4±1.2	25.2±1.6	23.7±0.9	22.1±3	21.1±4	20.6±3.6	19.6±2.6	18.5±3.5	17±4.5	14.8±4.8	13.3±4.5	14.1±4.7	2
2015	2	15.3±3.9	23.3±0.8	24.9±0.4	25.2±1.2	25±1.4	24±0.4	22.4±2.8	21.2±3.6	21.2±3.6	19.9±2.5	19±3.5	17.4±4.9	15.1±4.8	13.6±4.3	14.1±4.5	2
2015	3	16.2±3.3	24±0.7	24.8±1.4	24.3±1.3	23.8±1.9	22.5±1.2	21.1±3	19.9±3.8	19.9±3.7	18.7±2.3	17.7±3.6	16.4±4.2	13.9±4.5	13.6±4.3	13.2±4.5	2
2015	4	15.8±3.5	24.4±0.7	26±2.2	26.3±3.4	26±4	24.5±1.4	22.7±2.2	21.5±3.3	21.5±2.6	20.4±1	19.4±2.5	17.6±3.7	15.6±3.7	14.6±2.8	15.1±3.3	2
2015	5	19.6±5.3	27.4±1	27.8±0.5	28.2±0.6	28.1±1.1	26.4±1.8	24.9±3.6	23.3±4.5	22.8±3.8	21.8±3.1	20.6±3.6	19±4.3	15.8±4.2	14.4±4.2	15.1±4.5	2
2015	6	21.6±6.4	29.5±1.9	30.2±1.1	30.1±0.2	29.8±0.9	28.7±2.7	26.9±4.5	25.8±5.8	25±5	24.1±4.6	22.9±4.7	21.8±5.1	18.4±5.5	17.6±5.6	18.3±5	2
2015	7	19.8±6	27.4±1.1	28.4±1.2	28.4±1.2	28.1±1.8	27.2±3	26±4.7	24±5.2	24.3±3.6	22.9±4.1	21.5±4.2	20.8±5.2	17.6±5.1	17.1±4.8	17.6±4.8	2
2015	8	18.8±6.3	25.9±1.6	27.4±1.2	27.2±1.5	27.4±2	26.3±2.7	24.7±4.1	23.3±4.9	22.7±4.4	21.8±3.1	20.9±3.3	19.8±4.4	16.8±4.9	15.9±4.9	16.7±4.2	2
2015	9	19.4±6.8	27.4±1.5	28.5±1	27.9±1.4	27.8±1.8	26.8±2.7	25.1±3.7	23.9±5.2	23.5±4.6	22.7±4	21.6±4.2	20.4±4.9	17.2±5.2	16.1±4.7	16.9±4.4	2
2015	10	18.8±8.1	25.9±2	27.7±1.2	27.5±0.6	27.8±1.4	26.7±2.9	25.2±4.7	24.3±5.7	23.8±5.3	22.8±4.3	21.9±4.8	20.7±5	17.5±5.5	16.8±5.6	17.5±4.7	2
2015	11	15.4±6.6	23.5±2.3	25.3±0.9	25.3±0.9	25.7±1.2	24.7±2.5	23.3±4.2	22.5±5.6	22.1±4.5	21.3±3.6	20.6±3.9	19.5±5.4	16.8±5.4	15.9±5.5	16.7±5	2
2015	12	18.7±7.6	27±2.2	27.8±0.8	27.5±1.1	26.4±0.8	24.8±1.7	23.4±3.7	22.5±4.6	22±4	21.3±3.4	19.7±3.6	18.5±4.7	15.8±5.3	14.6±5.1	15.1±4.5	2

3.3.2 土壤质量含水量数据集（烘干法）

3.3.2.1 概况

本数据集收录了 2006—2015 年鹤山站定点定位观测的马占相思人工林土壤质量含水量数据。包括观测年份、观测样地、观测层次、土壤质量含水量。观测层次单位为 cm，土壤质量含水量单位为％。进行调查和数据收集的长期观测样地为鹤山站马占相思林综合观测场（HSFZH01）。

3.3.2.2 数据采集和处理方法

调查和数据采集频度按中国生态系统研究网络（CERN）长期监测规范丛书《陆地生态系统水环境观测指标与规范》要求进行，观测频率为每 2 个月 1 次。

人工采集土壤，实验室烘干计算质量含水量。数据处理方法为按样地计算月平均值，同一样地原始数据 1 个月观测多次的，某层次的土壤质量含水量为该层次的数次测定值之和除以测定次数。

3.3.2.3 数据质量控制和处理方法

样品采集的代表性是数据质量控制的关键，采样分上、中、下坡采样，样品采集尽量与中子管理设范围内的土壤水分条件相似。

3.3.2.4 数据价值/数据使用方法和建议

此部分数据是对鹤山站典型人工林土壤体积含水量数据的有效补充，主要用于校正中子仪测定的体积含水量数据，数据价值与使用方法参照第 3 章 3.3.1.4。

本数据集原始数据可通过广东鹤山森林生态系统国家野外科学观测研究站（http：//hsf. cern. ac. cn/）"资源服务"下的"数据服务"页面申请获取。

3.3.2.5 数据

数据见表 3-77。

表 3-77 鹤山站土壤质量含水量观测数据

年	月	样地代码	各层次土壤质量含水量/％									
			10 cm	20 cm	30 cm	40 cm	50 cm	60 cm	70 cm	80 cm	90 cm	100 cm
2006	2	HSFZH01CHG_01	25.7	19.9	16.6	19.0	18.1	18.3	17.9	17.4	16.7	12.9
2006	4	HSFZH01CHG_01	26.3	23.4	20.9	25.2	23.3	23.2	21.3	22.7	20.3	17.8
2006	6	HSFZH01CHG_01	34.2	24.9	23.6	24.6	22.7	23.5	23.1	22.3	23.0	20.5
2006	7	HSFZH01CHG_01	36.3	25.0	20.3	24.2	23.5	22.8	21.0	21.7	19.7	18.6
2006	10	HSFZH01CHG_01	22.7	19.0	20.4	18.7	18.7	18.8	19.1	19.1	19.3	18.3
2006	12	HSFZH01CHG_01	23.6	17.9	19.0	18.7	19.8	19.6	19.3	18.6	18.6	17.2
2009	3	HSFZH01CHG_01	13.7	13.5	14.7	15.6	15.3	15.9	15.8	15.7	14.8	13.2
2009	5	HSFZH01CHG_01	18.7	17.0	17.7	17.5	17.1	16.7	17.5	17.2	16.8	15.4
2009	7	HSFZH01CHG_01	22.7	20.2	19.4	18.7	18.8	17.4	17.7	17.7	16.9	16.0
2009	8	HSFZH01CHG_01	17.7	17.4	18.1	17.6	17.4	17.5	17.4	16.4	16.2	14.9
2009	10	HSFZH01CHG_01	19.6	17.1	16.6	15.7	14.8	15.1	15.1	14.4	14.1	11.9
2010	1	HSFZH01CHG_01	22.3	20.8	19.8	20.6	20.1	18.9	19.1	18.8	16.9	14.8
2010	3	HSFZH01CHG_01	27.0	24.2	23.3	22.6	22.4	22.8	22.1	22.1	21.5	20.7
2010	5	HSFZH01CHG_01	37.6	29.2	25.5	24.2	23.6	22.6	22.9	22.4	21.8	20.8

（续）

年	月	样地代码	各层次土壤质量含水量/%									
			10 cm	20 cm	30 cm	40 cm	50 cm	60 cm	70 cm	80 cm	90 cm	100 cm
2010	7	HSFZH01CHG_01	41.9	28.3	25.0	25.2	24.1	23.8	22.6	22.5	21.0	19.9
2010	8	HSFZH01CHG_01	33.0	22.5	23.9	23.5	22.1	21.3	20.8	22.1	19.2	18.3
2010	11	HSFZH01CHG_01	26.2	22.3	21.0	19.9	19.9	19.6	18.9	19.1	18.3	17.7
2010	12	HSFZH01CHG_01	24.7	21.2	19.9	19.7	19.8	19.7	19.2	18.1	18.4	16.2
2011	3	HSFZH01CHG_01	24.2	21.7	20.5	19.7	20.0	19.5	19.2	18.8	18.0	15.3
2011	5	HSFZH01CHG_01	22.7	20.8	20.6	19.1	19.2	18.6	18.2	17.4	18.4	14.9
2011	7	HSFZH01CHG_01	25.9	28.6	37.2	28.2	30.7	28.5	26.1	24.0	20.3	24.7
2011	9	HSFZH01CHG_01	21.8	19.2	17.4	18.1	17.9	17.6	17.4	18.3	16.6	12.9
2011	12	HSFZH01CHG_01	20.7	19.3	20.1	20.2	20.4	19.6	19.9	19.9	18.8	15.6
2012	3	HSFZH01CHG_01	25.1	24.4	21.9	22.0	23.9	22.2	21.0	22.0	22.6	16.6
2012	5	HSFZH01CHG_01	28.6	27.1	24.9	24.6	25.4	23.3	23.5	21.3	22.2	20.1
2012	7	HSFZH01CHG_01	35.4	29.3	29.7	25.9	27.2	23.1	24.5	24.9	22.5	18.7
2012	9	HSFZH01CHG_01	31.4	25.7	26.0	24.1	25.4	24.9	24.4	24.0	29.0	23.3
2012	11	HSFZH01CHG_01	27.2	24.3	24.1	23.8	24.4	23.9	24.0	23.5	22.1	17.5
2013	1	HSFZH01CHG_01	26.6	24.6	21.9	23.9	23.1	22.7	22.5	23.2	21.3	19.7
2013	3	HSFZH01CHG_01	22.9	20.3	19.2	19.2	19.3	19.2	19.4	18.8	18.9	14.8
2013	5	HSFZH01CHG_01	25.5	20.0	21.2	22.5	22.5	22.5	22.6	23.1	25.5	19.9
2013	7	HSFZH01CHG_01	27.4	24.3	22.7	23.1	22.7	22.4	22.2	22.9	19.5	16.6
2013	9	HSFZH01CHG_01	32.7	26.3	24.5	25.5	26.0	25.3	25.3	23.3	23.3	20.4
2013	11	HSFZH01CHG_01	22.5	18.8	19.1	19.1	18.7	18.4	17.9	17.9	16.8	15.8
2014	1	HSFZH01CHG_01	24.2	23.0	22.3	22.4	22.4	21.9	21.5	21.7	19.7	19.1
2014	3	HSFZH01CHG_01	27.9	22.7	21.9	21.7	22.1	21.9	21.8	20.0	18.6	14.7
2014	5	HSFZH01CHG_01	32.3	26.6	23.9	24.5	24.5	21.5	22.8	22.9	24.1	21.5
2014	7	HSFZH01CHG_01	28.8	25.3	23.7	23.0	21.9	21.9	22.4	21.0	19.8	17.5
2014	9	HSFZH01CHG_01	24.9	23.4	22.2	21.9	22.5	21.1	21.7	21.5	18.9	16.5
2014	11	HSFZH01CHG_01	18.8	15.3	14.8	15.6	16.5	16.8	16.8	17.4	15.7	13.4
2015	1	HSFZH01CHG_01	23.5	20.0	20.3	19.8	20.4	20.6	20.7	19.4	19.1	17.2
2015	3	HSFZH01CHG_01	21.5	19.0	17.8	18.1	18.5	18.0	17.8	17.3	15.3	14.2
2015	6	HSFZH01CHG_01	26.0	23.8	23.7	23.5	23.9	23.5	22.4	22.1	20.0	18.9
2015	7	HSFZH01CHG_01	29.2	25.2	23.8	22.9	22.9	23.6	23.6	22.9	21.4	19.7
2015	10	HSFZH01CHG_01	26.6	23.2	23.2	23.0	22.6	22.2	22.8	22.3	20.9	21.3
2015	11	HSFZH01CHG_01	19.1	17.3	18.0	17.4	17.7	17.1	17.2	17.0	17.5	14.3

3.3.3　地表水、地下水水质数据集

3.3.3.1　概况

本数据集收录了 2005—2015 年鹤山站定点定位观测的（静止和流动）地表水、地下水水质分析数据。包括观测样地、采样日期、水温、pH、Ca^{2+} 含量、Mg^{2+} 含量、K^+ 含量、Na^+ 含量、CO_3^{2-} 含

量、HCO₃⁻ 含量、Cl⁻ 含量、SO₄²⁻ 含量、NO₃⁻ 含量、矿化度、化学需氧量（COD）、溶解氧（DO）含量、总氮含量、总磷含量、电导率等。进行调查和数据收集的长期观测样地主要代表鹤山站及周边流域地表水与地下水现状。

3.3.3.2 数据采集和处理方法

调查和数据采集频度按中国生态系统研究网络（CERN）长期监测规范丛书《陆地生态系统水环境观测指标与规范》要求进行，观测频率为 4 次/年（每年的 1、4、7、10 月）。

于月底在固定采样点采集水样，能现场测定的指标用便携式多参数水质分析仪进行测定，现场测定指标包括水温、pH、水中溶解氧、矿化度、电导率。现场采集水样，当天送回实验室，尽快过滤分装，对不能立即测定的项目，加稀盐酸处理后于 4 ℃冰箱保存，并尽快预约上机测试。数据均为直接测定数据。

3.3.3.3 数据质量控制和处理方法

数据质量控制按照《中国生态系统研究网络（CERN）长期观测质量管理规范》丛书《陆地生态系统水环境观测质量保证与质量控制》要求进行，实验室分析测定时插入标准样品进行质量控制。分析方法见表 3 - 78。

表 3 - 78 鹤山站水质分析方法

指标名称	单位	小数位数	数据获取方法
水温	℃	1	便携式多参数水质分析仪
pH	无量纲	2	便携式多参数水质分析仪
钙离子（Ca^{2+}）	mg/L	3	电感耦合等离子体质谱仪法（ICP - MS）
镁离子（Mg^{2+}）	mg/L	3	电感耦合等离子体质谱仪法（ICP - MS）
钾离子（K^+）	mg/L	3	电感耦合等离子体质谱仪法（ICP - MS）
钠离子（Na^+）	mg/L	3	电感耦合等离子体质谱仪法（ICP - MS）
碳酸根离子（CO_3^{2-}）	mg/L	2	酸碱滴定法
重碳酸根离子（HCO_3^-）	mg/L	2	酸碱滴定法
氯化物（Cl^-）	mg/L	2	硝酸银滴定法
硫酸根离子（SO_4^{2-}）	mg/L	2	离子色谱法
磷酸根离子（PO_4^{3-}）	mg/L	2	离子色谱法
硝酸根（NO_3^-）	mg/L	2	流动注射分析仪
化学需氧量（高锰酸盐指数）	mg/L	2	重铬酸钾法
水中溶解氧（DO）	mg/L	2	便携式多参数水质分析仪
矿化度	mg/L	2	便携式多参数水质分析仪
总氮（N）	mg/L	2	总有机碳分析仪（TOC 分析仪）
总磷（P）	mg/L	2	电感耦合等离子体质谱仪法（ICP - MS）
电导率	mS/cm	3	便携式多参数水质分析仪
电导率与矿化度换算系数	无量纲	2	计算

3.3.3.4 数据价值/数据使用方法和建议

森林具有涵养水源、净化水质等方面的功能，森林生态系统水环境长期监测数据对研究环境变化、水化学演变以及养分输移等具有重要意义。数据可服务于生态系统健康评价、生态系统服务功能及全球变化等相关领域，为区域环境变化研究、生态系统管理等提供数据支撑。

本数据集原始数据可通过广东鹤山森林生态系统国家野外科学观测研究站（http://hsf.cern.ac.cn/）"资源服务"下的"数据服务"页面申请获取。

3.3.3.5 数据

数据见表 3 - 79。

表 3 - 79　鹤山站地表水、地下水水质观测数据

样地代码	采样日期	水温/℃	pH	Ca^{2+}含量/(mg/L)	Mg^{2+}含量/(mg/L)	K^+含量/(mg/L)	Na^+含量/(mg/L)	CO_3^{2-}含量/(mg/L)	HCO_3^-含量/(mg/L)	Cl^-含量/(mg/L)	SO_4^{2-}含量/(mg/L)	NO_3^-含量/(mg/L)	矿化度/(mg/L)	COD/(mg/L)	DO含量/(mg/L)	总氮含量/(mg/L)	总磷含量/(mg/L)	电导率/(mS/cm)
HSFZH01CLB_01	2005-07-31	26.9	6.50	3.200	0.800	1.300	1.500	—	47.10	2.80	23.50	0.10	50.50	2.60	6.80	0.80	0.10	—
HSFFZ01CDX_01	2005-07-31	26.0	6.67	27.580	3.994	7.803	3.843	—	86.58	7.10	9.02	1.44	79.00	4.75	3.13	1.79	0.09	—
HSFQX01CYS_01	2005-07-31	27.3	5.15	0.338	0.039	0.212	0.239	—	44.86	1.00	5.30	2.83	264.00	1.36	1.31	0.64	0.08	—
HSFZH01CLB_01	2005-10-30	21.3	6.80	2.800	0.700	0.800	1.700	—	33.50	5.90	6.30	0.60	134.50	3.70	5.90	1.80	0.00	—
HSFFZ01CDX_01	2005-10-30	20.0	5.55	2.416	1.140	0.987	3.580	—	97.65	7.00	8.25	0.07	203.00	2.40	3.92	2.06	0.00	—
HSFQX01CYS_01	2005-10-30	20.8	4.63	14.355	0.513	0.906	1.648	—	42.20	4.87	2.47	0.01	154.00	5.65	1.75	1.43	0.10	—
HSFZH01CLB_01	2006-07-29	27.0	6.60	9.400	0.800	7.000	7.700	—	14.60	1.30	11.30	0.60	126.20	5.20	6.80	1.10	0.00	—
HSFFZ01CDX_01	2006-07-29	26.0	6.90	0.834	0.213	3.298	4.820	—	17.63	2.44	3.59	4.14	176.00	1.17	3.28	0.50	0.00	—
HSFZH01CLB_01	2006-10-24	20.0	6.40	7.100	0.500	2.900	1.500	—	18.40	2.30	5.40	0.40	32.00	3.40	6.30	0.50	0.00	—
HSFFZ01CDX_01	2006-10-24	20.0	6.02	0.332	0.106	1.754	0.986	—	19.93	4.23	2.95	4.07	23.00	1.23	3.51	0.41	0.00	—
HSFQX01CYS_01	2006-03-01	13.0	4.47	0.425	0.029	0.275	0.058	—	7.67	0.96	20.11	1.64	177.00	2.02	1.22	1.19	0.01	—
HSFQX01CYS_01	2006-04-26	16.0	5.22	3.193	0.433	0.862	10.010	—	13.03	1.17	15.60	2.05	142.00	4.30	1.41	2.41	0.03	—
HSFQX01CYS_01	2006-07-31	27.0	3.68	0.275	0.069	2.372	0.256	—	—	1.67	22.04	8.11	86.00	3.91	1.52	0.31	0.04	—
HSFQX01CYS_01	2006-10-30	20.0	4.99	1.098	0.057	0.146	0.253	—	15.33	0.51	2.73	0.26	46.00	0.07	2.17	0.20	0.00	—
HSFQX01CYS_01	2007-04-30	25.0	4.43	1.634	0.164	1.686	0.644	—	0.00	—	79.03	—	—	—	—	—	—	—
HSFFZ10CLB_01	2007-04-30	25.0	5.99	1.634	0.867	6.593	2.255	—	1.22	0.50	8.29	0.20	400.00	—	—	5.58	0.01	—
HSFFZ10CDX_01	2007-04-30	25.0	5.41	1.469	1.320	5.331	4.040	—	2.44	1.10	2.08	4.17	200.00	—	—	13.14	0.01	—
HSFQX01CYS_01	2007-08-01	30.8	5.20	1.141	0.223	0.621	1.279	—	0.00	1.10	5.63	—	—	—	—	—	—	—
HSFFZ10CLB_01	2007-08-01	30.8	5.66	0.887	0.839	2.713	1.910	—	5.49	—	10.45	2.19	600.00	—	—	26.33	0.04	—
HSFFZ10CDX_01	2007-08-01	30.8	4.98	1.089	1.270	4.144	4.600	—	4.27	—	3.08	2.78	—	—	—	26.11	0.02	—
HSFZH01CJB_01	2007-08-01	30.8	6.01	6.314	1.500	15.905	2.590	—	10.37	—	10.68	0.27	—	—	—	29.89	0.04	—

（续）

样地代码	采样日期	水温/℃	pH	Ca²⁺ 含量/(mg/L)	Mg²⁺ 含量/(mg/L)	K⁺ 含量/(mg/L)	Na⁺ 含量/(mg/L)	CO₃²⁻ 含量/(mg/L)	HCO₃⁻ 含量/(mg/L)	Cl⁻ 含量/(mg/L)	SO₄²⁻ 含量/(mg/L)	NO₃⁻ 含量/(mg/L)	矿化度/(mg/L)	COD/(mg/L)	DO 含量/(mg/L)	总氮含量/(mg/L)	总磷含量/(mg/L)	电导率/(mS/cm)
HSFQX01CYS_01	2007-09-30	26.6	5.04	0.719	0.061	0.682	0.470	—	—	0.40	6.26	0.51	—	13.12	0.02	0.98	0.02	—
HSFFZ10CLB_01	2007-09-30	26.6	6.08	0.599	0.402	1.243	1.433	—	—	0.50	0.28	0.21	—	6.99	0.02	1.59	0.01	—
HSFFZ10CDX_01	2007-09-30	26.6	5.47	1.434	1.007	1.952	3.166	—	—	0.90	5.07	0.94	—	7.94	0.02	0.52	—	—
HSFZH01CJB_01	2007-09-30	26.6	6.57	3.774	0.825	4.197	1.695	—	—	0.80	5.07	—	—	7.46	0.02	0.52	0.01	—
HSFQX01CYS_01	2007-10-30	20.6	4.78	0.463	0.739	0.224	0.418	—	4.58	4.11	83.74	11.75	—	14.03	0.05	2.61	0.06	—
HSFFZ10CLB_01	2007-10-30	26.6	6.25	0.009	0.309	0.124	0.532	—	12.36	4.57	1.37	0.41	—	7.67	0.05	0.16	0.04	—
HSFFZ10CDX_01	2007-10-30	26.6	5.93	0.038	0.761	0.328	1.196	—	13.13	9.93	0.12	3.98	—	7.07	0.06	0.95	0.01	—
HSFZH01CJB_01	2007-10-30	26.6	6.31	0.106	0.687	0.736	0.576	—	25.19	6.45	8.16	0.32	—	11.19	0.06	0.24	0.02	—
HSFQX01CYS_01	2007-04-02	24.7	4.30	8.700	0.400	0.700	0.900	—	—	—	10.50	0.20	—	—	—	4.70	4.70	—
HSFZH01CSJ_01	2007-04-02	24.7	3.30	22.800	2.600	16.900	9.800	—	—	—	44.70	0.30	—	—	—	19.90	19.90	—
HSFZH01CCJ_01	2007-04-02	24.7	5.00	9.700	1.200	20.100	11.900	—	—	—	20.10	0.20	—	—	—	8.40	8.40	—
HSFZH01CRJ_01	2007-04-02	24.7	7.00	49.300	2.400	15.000	8.100	—	—	—	35.50	0.30	—	—	—	7.20	7.20	—
HSFZH01CJB_01	2007-04-02	24.7	6.80	8.100	1.100	7.200	3.400	—	—	—	7.70	0.00	—	—	—	1.50	1.50	—
HSFQX01CYS_01	2007-04-18	21.0	5.30	2.300	0.000	0.100	—	—	—	—	1.20	0.00	—	—	—	1.70	0.00	—
HSFZH01CSJ_01	2007-04-18	21.0	3.60	7.300	0.800	6.600	2.700	—	—	—	26.40	0.20	—	—	—	12.20	0.20	—
HSFZH01CCJ_01	2007-04-18	21.0	5.50	3.500	0.300	2.000	0.500	—	—	—	5.50	0.10	—	—	—	4.20	0.20	—
HSFZH01CRJ_01	2007-04-18	21.0	6.70	31.400	1.500	9.300	4.800	—	—	—	22.60	0.30	—	—	—	5.60	0.10	—
HSFQX01CYS_01	2007-04-25	20.6	4.70	1.100	0.000	0.000	0.000	—	—	—	0.90	0.00	—	—	—	3.20	0.00	—
HSFZH01CSJ_01	2007-04-25	20.6	3.70	3.100	0.300	4.100	2.400	—	—	—	14.70	0.20	—	—	—	11.10	0.10	—
HSFZH01CCJ_01	2007-04-25	20.6	5.60	2.600	0.200	1.400	0.600	—	—	—	2.50	0.10	—	—	—	6.10	0.00	—
HSFZH01CRJ_01	2007-04-25	20.6	6.60	10.400	0.600	5.100	2.300	—	—	—	6.40	0.20	—	—	—	6.50	0.10	—

（续）

样地代码	采样日期	水温/℃	pH	Ca²⁺含量/(mg/L)	Mg²⁺含量/(mg/L)	K⁺含量/(mg/L)	Na⁺含量/(mg/L)	CO₃²⁻含量/(mg/L)	HCO₃⁻含量/(mg/L)	Cl⁻含量/(mg/L)	SO₄²⁻含量/(mg/L)	NO₃⁻含量/(mg/L)	矿化度/(mg/L)	COD/(mg/L)	DO含量/(mg/L)	总氮含量/(mg/L)	总磷含量/(mg/L)	电导率/(mS/cm)
HSFZQ01CSJ_01	2007 - 04 - 25	20.6	4.60	6.600	0.500	3.400	0.400	—	—	—	19.60	0.20	—	—	—	15.90	0.10	—
HSFFZ01CSJ_01	2007 - 04 - 25	20.6	5.10	5.100	0.800	4.900	1.700	—	—	—	9.70	0.10	—	—	—	8.20	0.10	—
HSFQX01CYS_01	2007 - 05 - 05	23.6	4.40	1.800	0.000	0.100	—	—	—	—	1.60	0.10	—	—	—	1.20	0.00	—
HSFZH01CSJ_01	2007 - 05 - 05	23.6	3.40	7.300	0.900	8.600	4.500	—	—	—	21.30	0.30	—	—	—	11.10	0.10	—
HSFZH01CCJ_01	2007 - 05 - 05	23.6	4.70	3.400	0.300	2.400	0.700	—	—	—	3.70	0.10	—	—	—	3.10	0.00	—
HSFZH01CRJ_01	2007 - 05 - 05	23.6	6.30	16.100	0.800	6.500	2.600	—	—	—	14.00	0.20	—	—	—	3.60	0.00	—
HSFQX01CYS_01	2007 - 05 - 25	28.7	4.60	1.000	—	—	—	—	—	—	1.20	0.00	—	—	—	3.00	0.00	—
HSFZH01CSJ_01	2007 - 05 - 25	28.7	3.80	2.100	0.200	2.400	1.400	—	—	—	6.60	0.10	—	—	—	8.20	0.00	—
HSFZH01CCJ_01	2007 - 05 - 25	28.7	5.30	2.900	0.200	1.700	0.500	—	—	—	2.40	0.10	—	—	—	6.00	0.00	—
HSFZH01CRJ_01	2007 - 05 - 25	28.7	5.70	9.600	0.500	3.500	1.600	—	—	—	4.40	0.30	—	—	—	6.50	0.10	—
HSFZQ01CSJ_01	2007 - 05 - 25	28.7	5.00	4.900	0.300	2.800	1.000	—	—	—	12.60	0.10	—	—	—	11.50	0.10	—
HSFFZ01CSJ_01	2007 - 05 - 25	28.7	4.60	2.400	0.400	2.700	0.400	—	—	—	7.80	0.10	—	—	—	8.90	0.10	—
HSFQX01CYS_01	2007 - 06 - 11	26.6	5.30	1.900	0.000	—	0.100	—	—	—	0.50	0.10	—	—	—	0.80	—	—
HSFZH01CSJ_01	2007 - 06 - 11	26.6	3.50	3.700	0.400	4.400	3.600	—	—	—	12.80	0.20	—	—	—	6.40	0.00	—
HSFZH01CCJ_01	2007 - 06 - 11	26.6	5.40	2.500	0.300	3.500	2.100	—	—	—	4.00	0.00	—	—	—	2.60	0.00	—
HSFZH01CRJ_01	2007 - 06 - 11	26.6	6.00	14.200	0.600	5.600	2.300	—	—	—	5.20	0.10	—	—	—	1.90	0.00	—
HSFZQ01CSJ_01	2007 - 06 - 11	26.6	4.50	1.700	0.100	1.600	0.200	—	—	—	7.80	0.10	—	—	—	6.20	0.00	—
HSFFZ01CSJ_01	2007 - 06 - 11	26.6	4.50	3.000	0.200	2.100	0.500	—	—	—	4.70	0.00	—	—	—	2.50	0.10	—
HSFQX01CYS_01	2007 - 06 - 30	27.8	5.10	1.700	—	—	—	—	—	—	0.10	0.00	—	—	—	0.60	—	—
HSFZH01CSJ_01	2007 - 06 - 30	27.8	3.80	2.300	0.300	3.400	2.200	—	—	—	8.20	0.10	—	—	—	4.30	0.00	—
HSFZH01CCJ_01	2007 - 06 - 30	27.8	4.40	2.100	0.200	1.300	0.500	—	—	—	1.30	0.00	—	—	—	1.00	0.00	—

（续）

样地代码	采样日期	水温/℃	pH	Ca²⁺含量/(mg/L)	Mg²⁺含量/(mg/L)	K⁺含量/(mg/L)	Na⁺含量/(mg/L)	CO₃²⁻含量/(mg/L)	HCO₃⁻含量/(mg/L)	Cl⁻含量/(mg/L)	SO₄²⁻含量/(mg/L)	NO₃⁻含量/(mg/L)	矿化度/(mg/L)	COD/(mg/L)	DO含量/(mg/L)	总氮含量/(mg/L)	总磷含量/(mg/L)	电导率/(mS/cm)
HSFZH01CRJ_01	2007-06-30	27.8	6.10	14.600	0.600	5.800	1.900	—	—	—	3.70	0.70	—	—	—	1.80	0.00	—
HSFZQ01CSJ_01	2007-06-30	27.8	4.00	1.300	0.100	1.900	0.200	—	—	—	7.10	0.10	—	—	—	6.40	0.00	—
HSFFZ01CSJ_01	2007-06-30	27.8	4.30	0.900	0.200	2.000	0.300	—	—	—	3.70	0.00	—	—	—	3.30	0.00	—
HSFQX01CYS_01	2007-06-30	27.8	4.90	0.000	—	—	—	—	—	—	0.20	0.70	—	—	—	1.00	0.00	—
HSFZH01CJB_01	2007-06-30	27.8	6.00	5.400	0.900	3.700	1.500	—	—	—	1.50	0.00	—	—	—	0.50	0.00	—
HSFQX01CYS_01	2007-08-10	26.4	5.30	11.400	0.300	0.900	1.100	—	—	—	5.30	0.10	—	—	—	4.30	0.00	—
HSFZH01CSJ_01	2007-08-10	26.4	3.70	2.700	0.300	3.300	2.800	—	—	—	10.20	0.10	—	—	—	10.50	0.00	—
HSFZH01CCJ_01	2007-08-10	26.4	5.50	3.400	0.500	6.000	3.300	—	—	—	5.40	0.10	—	—	—	5.60	0.00	—
HSFZH01CRJ_01	2007-08-10	26.4	6.90	28.000	1.100	6.800	3.600	—	—	—	10.60	0.10	—	—	—	2.60	0.10	—
HSFQX01CYS_01	2007-08-17	25.8	4.50	1.500	0.000	0.500	0.200	—	—	—	1.90	0.00	—	—	—	1.10	0.00	—
HSFZH01CSJ_01	2007-08-17	25.8	3.60	1.500	0.200	2.200	2.100	—	—	—	9.60	0.10	—	—	—	7.10	0.00	—
HSFZH01CCJ_01	2007-08-17	25.8	5.50	2.500	0.300	3.500	2.300	—	—	—	3.10	0.00	—	—	—	2.10	0.00	—
HSFZH01CRJ_01	2007-08-17	25.8	7.00	16.200	0.600	4.600	2.200	—	—	—	4.10	0.10	—	—	—	1.80	0.10	—
HSFZQ01CSJ_01	2007-08-17	25.8	4.40	1.200	0.200	1.800	0.500	—	—	—	6.50	0.10	—	—	—	6.80	0.00	—
HSFFZ01CSJ_01	2007-08-17	25.8	4.60	1.300	0.300	1.700	0.500	—	—	—	3.60	0.00	—	—	—	3.00	0.00	—
HSFQX01CYS_01	2007-09-07	25.5	4.00	2.300	0.100	1.000	0.300	—	—	—	4.40	0.10	—	—	—	2.60	0.00	—
HSFZH01CSJ_01	2007-09-07	25.5	3.80	2.600	0.400	2.600	2.100	—	—	—	10.70	0.10	—	—	—	8.10	0.20	—
HSFZH01CCJ_01	2007-09-07	25.5	5.80	2.300	0.400	4.300	4.200	—	—	—	3.90	0.00	—	—	—	5.60	0.00	—
HSFZH01CRJ_01	2007-09-07	25.5	6.90	14.200	0.500	4.700	2.300	—	—	—	5.10	0.10	—	—	—	4.20	0.00	—
HSFZQ01CSJ_01	2007-09-07	25.5	3.90	1.700	0.200	2.400	0.600	—	—	—	17.10	0.10	—	—	—	10.90	0.00	—
HSFFZ01CSJ_01	2007-09-07	25.5	4.50	2.700	0.400	2.100	0.500	—	—	—	12.30	0.00	—	—	—	8.10	0.00	—

（续）

样地代码	采样日期	水温/℃	pH	Ca²⁺含量/(mg/L)	Mg²⁺含量/(mg/L)	K⁺含量/(mg/L)	Na⁺含量/(mg/L)	CO₃²⁻含量/(mg/L)	HCO₃⁻含量/(mg/L)	Cl⁻含量/(mg/L)	SO₄²⁻含量/(mg/L)	NO₃⁻含量/(mg/L)	矿化度/(mg/L)	COD/(mg/L)	DO含量/(mg/L)	总氮含量/(mg/L)	总磷含量/(mg/L)	电导率/(mS/cm)
HSFQX01CYS_01	2007-09-12	28.2	4.20	4.400	0.100	0.700	0.400	—	—	—	3.60	0.20	—	—	—	2.20	0.00	—
HSFZH01CSJ_01	2007-09-12	28.2	3.60	5.500	0.800	4.100	3.000	—	—	—	25.00	0.30	—	—	—	9.20	0.10	—
HSFZH01CCJ_01	2007-09-12	28.2	4.50	5.100	0.500	3.800	2.800	—	—	—	9.60	0.20	—	—	—	4.10	0.10	—
HSFZH01CRJ_01	2007-09-12	28.2	6.70	17.000	0.600	4.700	2.500	—	—	—	7.40	0.30	—	—	—	2.80	0.00	—
HSFZQ01CSJ_01	2007-09-12	28.2	4.00	9.300	1.100	5.000	1.200	—	—	—	37.00	0.80	—	—	—	21.70	0.10	—
HSFFZ01CSJ_01	2007-09-12	28.2	4.30	7.100	0.900	2.300	0.800	—	—	—	19.60	0.40	—	—	—	10.10	0.20	—
HSFQX01CYS_01	2007-09-26	24.5	4.50	3.800	0.100	0.500	0.400	—	—	—	2.80	0.10	—	—	—	1.90	—	—
HSFZH01CSJ_01	2007-09-26	24.5	3.80	2.100	0.300	2.000	1.300	—	—	—	15.50	0.30	—	—	—	7.00	0.00	—
HSFZH01CCJ_01	2007-09-26	24.5	5.50	3.300	0.900	10.400	11.100	—	—	—	10.00	—	—	—	—	3.30	0.00	—
HSFZH01CRJ_01	2007-09-26	24.5	6.90	11.100	0.400	3.500	2.000	—	—	—	4.50	0.20	—	—	—	1.40	—	—
HSFZQ01CSJ_01	2007-09-26	24.5	4.50	3.600	0.500	2.500	0.800	—	—	—	15.70	0.50	—	—	—	11.50	0.00	—
HSFFZ01CSJ_01	2007-09-26	24.5	4.80	3.800	0.600	2.700	0.600	—	—	—	10.40	0.30	—	—	—	7.10	0.10	—
HSFQX01CYS_01	2007-10-04	25.4	5.60	6.600	0.300	0.600	1.000	—	—	—	5.20	0.20	—	—	—	4.80	0.00	—
HSFZH01CSJ_01	2007-10-04	25.4	3.90	7.000	1.100	5.500	4.900	—	—	—	26.20	0.40	—	—	—	13.30	0.00	—
HSFZH01CCJ_01	2007-10-04	25.4	5.70	7.400	1.100	8.400	7.700	—	—	—	14.00	0.20	—	—	—	8.10	0.00	—
HSFZH01CRJ_01	2007-10-04	25.4	6.70	20.000	0.600	4.300	2.500	—	—	—	4.20	0.20	—	—	—	3.40	0.00	—
HSFZQ01CSJ_01	2007-10-04	25.4	4.30	8.300	1.000	4.600	1.500	—	—	—	30.00	0.80	—	—	—	23.10	0.00	—
HSFFZ01CSJ_01	2007-10-04	25.4	5.20	6.400	1.000	4.500	1.900	—	—	—	23.30	0.50	—	—	—	18.30	0.10	—
HSFFZ10CLB_01	2008-01-30	7.8	6.10	9.965	1.914	7.711	4.245	—	—	6.29	12.15	1.01	45.00	—	—	1.79	0.14	—
HSFFZ10CDX_01	2008-01-30	7.8	5.33	0.318	1.057	2.707	10.029	—	—	10.15	1.38	14.54	57.50	—	—	6.78	0.07	—
HSFZH01CJB_01	2008-01-30	7.8	6.73	0.272	0.527	1.908	4.081	—	—	9.07	4.12	0.12	15.00	—	—	0.86	0.07	—

（续）

样地代码	采样日期	水温/℃	pH	Ca^{2+}含量/(mg/L)	Mg^{2+}含量/(mg/L)	K^+含量/(mg/L)	Na^+含量/(mg/L)	CO_3^{2-}含量/(mg/L)	HCO_3^-含量/(mg/L)	Cl^-含量/(mg/L)	SO_4^{2-}含量/(mg/L)	NO_3^-含量/(mg/L)	矿化度/(mg/L)	COD/(mg/L)	DO含量/(mg/L)	总氮含量/(mg/L)	总磷含量/(mg/L)	电导率/(mS/cm)
HSFFZ10CLB_01	2008-04-30	22.8	5.66	3.120	0.736	3.028	2.266	—	27.79	4.68	14.05	6.84	—	8.52	7.63	0.88	0.27	—
HSFFZ10CDX_01	2008-04-30	22.8	5.12	0.712	0.547	2.264	3.781	—	20.99	5.35	0.04	22.69	—	7.20	8.25	2.63	0.21	—
HSFZH01CJB_01	2008-04-30	22.8	6.53	4.154	1.321	6.245	2.257	—	30.15	5.36	16.49	0.31	—	15.67	6.27	0.60	0.24	—
HSFFZ10CLB_01	2008-07-30	26.6	5.20	1.126	0.346	0.996	1.371	—	18.85	2.77	2.88	4.31	115.00	8.23	6.71	0.88	0.26	—
HSFFZ10CDX_01	2008-07-30	26.6	4.52	0.592	0.460	1.621	3.146	—	10.15	5.01	1.24	11.56	145.00	8.02	5.30	2.63	0.21	—
HSFZH01CJB_01	2008-07-30	26.6	5.69	2.520	0.647	2.868	1.597	—	23.93	3.67	2.99	0.55	295.00	11.41	1.97	0.57	0.24	—
HSFFZ10CLB_01	2008-10-30	22.1	5.41	0.265	0.163	0.733	1.750	—	10.28	2.28	1.83	0.35	85.00	8.00	7.39	0.64	0.02	—
HSFFZ10CDX_01	2008-10-30	22.1	4.87	0.239	0.277	1.965	3.798	—	20.11	5.14	0.64	2.24	153.50	5.00	5.91	2.93	0.01	—
HSFZH01CJB_01	2008-10-30	22.1	6.04	1.118	0.721	5.262	2.210	—	22.35	4.26	2.65	0.00	160.00	20.00	4.83	1.39	0.04	—
HSFFZ10CLB_01	2009-01-30	11.3	6.05	0.454	0.171	1.172	2.348	—	11.35	2.90	3.13	0.18	12.00	0.00	6.93	2.58	0.03	35.200
HSFFZ10CDX_01	2009-01-30	11.3	5.31	0.741	0.345	1.461	4.369	—	7.57	5.10	1.68	0.40	34.00	0.00	7.12	6.28	0.04	63.600
HSFZH01CJB_01	2009-01-30	11.3	6.60	2.023	0.358	3.692	3.000	—	12.20	5.00	5.58	0.15	76.00	20.00	8.37	3.33	0.19	60.000
HSFFZ10CLB_01	2009-04-30	12.3	5.70	0.431	0.127	0.838	2.173	—	14.39	2.70	3.87	0.86	40.00	7.00	7.51	0.76	0.18	45.200
HSFFZ10CDX_01	2009-04-30	12.3	5.54	1.778	0.392	1.394	4.295	—	8.97	5.40	1.71	0.00	44.00	0.00	7.03	3.26	0.16	73.600
HSFZH01CJB_01	2009-04-30	12.3	6.85	1.664	0.360	4.824	2.270	—	17.37	5.30	6.76	0.18	42.00	22.00	8.30	0.94	0.21	56.000
HSFFZ10CLB_01	2009-07-30	—	5.99	0.504	0.429	0.778	1.269	—	10.88	2.10	3.45	0.42	166.00	7.00	6.84	0.72	0.01	35.900
HSFFZ10CDX_01	2009-07-30	—	5.85	1.469	0.987	1.364	1.073	—	7.98	4.50	2.24	0.39	160.00	8.00	6.78	2.79	0.00	63.400
HSFZH01CJB_01	2009-07-30	—	6.54	0.259	0.672	4.176	3.623	—	23.20	3.10	3.93	0.41	136.00	10.00	7.58	0.68	0.00	52.800
HSFFZ10CLB_01	2009-10-30	—	5.66	0.280	1.312	0.061	0.663	—	10.02	2.30	3.33	0.60	158.00	4.00	7.98	1.31	0.02	34.300
HSFFZ10CDX_01	2009-10-30	—	5.44	1.128	4.261	2.061	1.946	—	7.74	5.10	1.67	1.90	142.00	4.00	7.28	2.73	0.01	52.800
HSFZH01CJB_01	2009-10-30	—	6.42	0.442	1.541	2.036	1.539	—	20.64	5.60	3.14	0.09	142.00	16.00	8.88	1.19	0.01	50.600

（续）

样地代码	采样日期	水温/℃	pH	Ca^{2+}含量/(mg/L)	Mg^{2+}含量/(mg/L)	K^+含量/(mg/L)	Na^+含量/(mg/L)	CO_3^{2-}含量/(mg/L)	HCO_3^-含量/(mg/L)	Cl^-含量/(mg/L)	SO_4^{2-}含量/(mg/L)	NO_3^-含量/(mg/L)	矿化度/(mg/L)	COD/(mg/L)	DO含量/(mg/L)	总氮含量/(mg/L)	总磷含量/(mg/L)	电导率/(mS/cm)
HSFFZ10CLB_01	2010-01-30	—	5.66	0.572	0.433	0.855	1.410	—	5.37	3.20	2.70	1.05	20.00	0.00	8.83	1.87	0.03	28.800
HSFFZ10CDX_01	2010-01-30	—	5.85	0.794	0.730	1.211	2.353	—	13.58	5.37	1.80	1.15	56.00	3.00	7.81	2.18	0.04	46.800
HSFZH01CJB_01	2010-01-30	—	7.98	9.071	0.743	2.055	1.973	—	7.59	4.98	12.93	0.37	92.00	18.00	7.04	2.21	0.05	132.200
HSFFZ10CLB_01	2010-04-30	—	6.03	2.435	0.665	0.890	1.120	—	8.46	2.20	1.79	2.33	34.00	6.00	8.12	1.71	0.03	56.600
HSFFZ10CDX_01	2010-04-30	—	5.48	0.304	0.040	0.272	0.383	—	11.25	4.80	0.47	0.69	38.00	1.00	6.16	1.65	0.06	52.300
HSFZH01CJB_01	2010-04-30	—	6.90	5.298	0.539	1.432	1.130	—	14.34	5.78	6.53	0.55	64.00	14.00	7.38	2.07	0.03	84.100
HSFFZ10CLB_01	2010-07-30	—	5.84	3.098	0.181	0.685	0.434	—	8.70	3.21	5.03	0.16	58.00	24.00	7.51	11.58	0.05	34.800
HSFFZ10CDX_01	2010-07-30	—	5.93	3.634	1.926	0.612	2.036	—	15.63	4.27	8.35	0.06	56.00	7.00	7.03	2.70	0.03	32.400
HSFZH01CJB_01	2010-07-30	—	6.78	2.029	0.315	0.870	0.689	—	8.92	3.24	2.44	0.12	40.00	25.00	8.30	4.87	0.05	45.300
HSFFZ10CLB_01	2010-10-30	—	6.75	0.942	0.358	0.991	1.280	—	7.13	3.49	3.20	0.16	30.00	9.00	8.23	1.15	0.04	38.600
HSFFZ10CDX_01	2010-10-30	—	6.11	1.158	0.765	1.302	2.307	—	16.31	5.15	3.40	0.06	44.00	5.00	8.68	2.15	0.06	46.000
HSFZH01CJB_01	2010-10-30	—	6.70	3.039	0.746	1.939	1.672	—	8.52	5.48	4.43	0.13	34.00	19.00	9.30	0.35	0.04	34.300
HSFFZ10CLB_01	2011-01-30	4.0	5.10	1.436	0.212	4.417	0.846	—	5.24	5.10	1.37	0.20	17.59	2.00	8.83	0.98	0.06	27.600
HSFFZ10CDX_01	2011-01-30	4.0	6.45	2.620	0.268	2.030	0.743	—	13.41	6.22	1.53	0.19	80.81	6.00	7.81	0.82	0.06	83.400
HSFZH01CJB_01	2011-01-30	4.0	6.99	14.150	1.185	9.457	2.202	—	9.41	5.77	3.70	1.67	47.20	25.00	7.04	2.17	0.07	53.600
HSFFZ10CLB_01	2011-04-30	23.2	6.03	0.054	0.036	0.092	0.043	—	2.61	5.40	1.48	0.33	15.50	0.04	7.05	0.69	0.03	23.100
HSFFZ10CDX_01	2011-04-30	23.2	5.48	1.719	1.106	1.888	3.186	—	14.10	5.85	0.58	1.66	32.98	7.00	6.16	2.50	0.04	51.900
HSFZH01CJB_01	2011-04-30	23.2	6.90	4.301	0.959	2.763	2.309	—	11.31	8.10	3.40	0.06	39.36	25.00	7.38	0.72	0.05	57.700
HSFFZ10CLB_01	2011-07-30	26.0	6.41	0.142	0.141	0.657	1.314	—	3.49	3.67	0.95	0.20	12.32	1.00	7.30	0.44	0.04	20.000
HSFFZ10CDX_01	2011-07-30	26.0	5.97	1.369	0.997	1.491	3.032	—	9.28	5.47	0.28	2.37	41.77	0.00	7.55	2.60	0.05	47.200
HSFZH01CJB_01	2011-07-30	26.0	6.95	3.634	0.750	3.319	1.260	—	12.71	5.55	1.66	0.02	41.04	8.00	7.31	0.48	0.04	49.700

（续）

样地代码	采样日期	水温/℃	pH	Ca^{2+}含量/(mg/L)	Mg^{2+}含量/(mg/L)	K^+含量/(mg/L)	Na^+含量/(mg/L)	CO_3^{2-}含量/(mg/L)	HCO_3^-含量/(mg/L)	Cl^-含量/(mg/L)	SO_4^{2-}含量/(mg/L)	NO_3^-含量/(mg/L)	矿化度/(mg/L)	COD/(mg/L)	DO含量/(mg/L)	总氮含量/(mg/L)	总磷含量/(mg/L)	电导率/(mS/cm)
HSFFZ10CLB_01	2011-10-30	18.6	6.16	1.300	0.330	0.900	2.000	—	4.86	5.25	0.46	0.29	16.23	1.00	7.95	0.56	0.14	21.300
HSFFZ10CDX_01	2011-10-30	18.6	6.29	2.100	0.870	2.000	4.100	—	15.92	7.20	0.08	1.34	39.09	2.00	8.17	3.32	0.14	46.700
HSFZH01CJB_01	2011-10-30	18.6	6.20	3.400	0.670	9.300	2.700	—	11.39	9.45	2.66	0.05	62.72	38.00	8.24	1.10	0.15	71.800
HSFFZ10CLB_01	2012-01-30	8.3	5.39	0.759	0.353	1.213	1.582	—	5.24	2.60	2.10	0.41	25.50	1.00	7.95	1.83	0.01	32.400
HSFFZ10CDX_01	2012-01-30	8.3	5.10	1.519	1.023	1.585	3.196	—	13.41	4.30	2.32	0.72	41.40	2.00	8.17	2.91	—	48.000
HSFZH01CJB_01	2012-01-30	8.3	6.57	3.623	0.975	4.327	1.860	—	9.41	6.30	4.64	0.30	52.00	38.00	8.24	1.34	0.01	54.000
HSFFZ10CLB_01	2012-04-28	21.9	5.30	1.078	0.773	0.492	0.347	—	2.61	2.45	1.78	0.69	19.90	1.00	6.09	2.32	0.00	38.000
HSFFZ10CDX_01	2012-04-28	21.9	5.28	1.035	0.885	0.370	0.231	—	4.10	2.14	0.93	0.52	18.20	0.00	7.45	1.87	—	30.000
HSFZH01CJB_01	2012-04-28	21.9	6.59	1.537	0.806	0.487	0.256	—	7.31	3.20	2.78	0.71	33.30	29.00	7.32	2.90	0.06	54.000
HSFFZ10CLB_01	2012-07-30	25.5	5.65	1.650	1.054	1.450	1.237	—	3.49	4.50	1.39	0.25	26.70	0.00	8.13	0.76	—	29.500
HSFFZ10CDX_01	2012-07-30	25.5	5.57	1.412	0.967	2.014	3.230	—	9.28	3.65	1.41	0.71	26.30	2.00	8.12	2.10	0.01	43.000
HSFZH01CJB_01	2012-07-30	25.5	6.95	2.675	0.658	3.496	1.255	—	8.60	6.12	3.82	0.13	39.10	30.00	7.72	0.45	—	42.200
HSFFZ10CLB_01	2012-10-30	22.4	5.83	1.416	0.353	0.991	0.669	—	4.86	2.90	1.07	0.31	20.27	4.00	9.98	0.55	—	34.600
HSFFZ10CDX_01	2012-10-30	22.4	4.99	1.378	0.857	0.673	3.075	—	10.50	2.10	0.81	0.79	29.86	1.00	9.51	2.64	0.00	42.300
HSFZH01CJB_01	2012-10-30	22.4	6.90	2.230	0.553	1.534	1.189	—	9.20	3.20	3.62	0.22	34.29	36.00	9.75	0.89	—	55.200
HSFFZ10CLB_01	2013-01-30	14.1	5.25	8.406	0.435	3.826	0.580	—	15.24	3.40	3.30	3.20	61.31	0.00	11.56	2.46	0.02	61.400
HSFFZ10CDX_01	2013-01-30	14.1	5.08	3.481	0.324	2.367	0.747	—	13.41	2.30	2.32	1.50	25.83	2.00	10.30	1.66	0.03	42.000
HSFZH01CJB_01	2013-01-30	14.1	6.47	9.183	0.581	5.981	0.788	—	14.41	5.30	4.64	3.86	38.49	24.00	6.43	7.42	0.06	65.700
HSFFZ10CLB_01	2013-04-30	22.9	5.32	1.931	0.246	1.192	0.572	—	2.92	2.35	1.90	1.10	12.47	2.00	12.50	3.57	0.03	19.400
HSFFZ10CDX_01	2013-04-30	22.9	5.46	1.064	0.175	0.639	0.497	—	4.10	2.14	0.93	1.11	11.68	1.00	9.84	4.11	0.00	18.600
HSFZH01CJB_01	2013-04-30	22.9	6.30	1.171	0.566	1.373	0.179	—	6.31	2.20	1.78	1.05	15.38	17.00	6.94	2.37	0.06	27.300

（续）

样地代码	采样日期	水温/℃	pH	Ca^{2+}含量/(mg/L)	Mg^{2+}含量/(mg/L)	K^+含量/(mg/L)	Na^+含量/(mg/L)	CO_3^{2-}含量/(mg/L)	HCO_3^-含量/(mg/L)	Cl^-含量/(mg/L)	SO_4^{2-}含量/(mg/L)	NO_3^-含量/(mg/L)	矿化度/(mg/L)	COD/(mg/L)	DO含量/(mg/L)	总氮含量/(mg/L)	总磷含量/(mg/L)	电导率/(mS/cm)
HSFFZ10CLB_01	2013-07-30	25.7	5.57	1.825	0.494	0.569	1.433	—	3.49	4.50	1.39	0.65	20.46	0.00	12.98	1.25	0.03	24.300
HSFFZ10CDX_01	2013-07-30	25.7	5.36	1.875	1.064	1.232	5.198	—	9.28	3.65	1.41	1.79	37.72	2.00	10.41	3.94	0.04	48.600
HSFZH01CJB_01	2013-07-30	25.7	6.43	1.678	0.238	0.530	0.516	—	6.60	1.12	2.05	0.52	14.47	18.00	7.39	1.07	0.02	19.180
HSFFZ10CLB_01	2013-10-30	19.2	6.49	1.953	0.644	1.203	3.183	—	4.76	3.20	2.55	0.35	23.71	7.00	11.96	1.27	0.04	32.900
HSFFZ10CDX_01	2013-10-30	19.2	5.99	1.696	1.050	1.308	4.429	—	10.50	2.90	2.50	1.86	26.98	2.00	10.68	3.04	0.04	41.000
HSFZH01CJB_01	2013-10-30	19.2	6.07	3.219	0.892	4.523	2.820	—	15.20	3.20	3.62	0.22	34.92	23.00	8.12	0.84	0.04	55.400
HSFFZ10CDX_01	2014-01-30	11.6	6.16	4.562	3.261	4.718	4.586	—	26.10	10.31	7.55	3.00	120.00	14.00	6.46	9.92	0.23	173.800
HSFZH01CJB_01	2014-01-30	11.6	6.85	2.287	1.022	6.258	2.412	—	11.05	4.37	3.20	0.54	79.00	15.00	1.55	1.08	0.00	123.300
HSFFZ10CDX_01	2014-04-30	18.8	6.60	1.362	0.972	1.822	4.064	—	15.47	6.11	4.48	1.29	38.00	5.00	7.82	3.03	0.04	55.600
HSFZH01CJB_01	2014-04-30	18.8	6.96	2.724	0.807	4.906	1.971	—	12.00	7.71	5.64	0.93	32.00	18.00	1.34	1.92	0.06	49.700
HSFFZ10CDX_01	2014-07-30	26.6	5.61	1.158	0.157	0.351	0.749	—	2.25	0.89	0.65	0.71	30.00	2.00	6.45	1.78	0.02	47.000
HSFZH01CJB_01	2014-07-30	26.6	6.65	0.723	0.488	0.702	1.844	—	7.05	2.78	2.04	1.10	35.00	19.00	1.24	1.91	0.04	54.200
HSFFZ10CDX_01	2014-10-30	22.0	6.53	2.958	0.878	4.865	2.336	—	12.48	4.93	3.61	1.03	72.00	8.00	0.86	2.14	0.05	110.800
HSFZH01CJB_01	2014-10-30	22.0	6.66	1.401	0.982	1.922	4.212	—	8.93	3.53	2.59	1.88	34.00	13.00	3.88	3.62	0.04	55.100
HSFFZ10CDX_01	2015-05-01	31.7	7.13	2.472	4.326	5.590	3.168	—	11.73	2.30	4.49	0.11	67.00	22.00	6.43	1.21	0.03	118.100
HSFZH01CJB_01	2015-05-01	22.6	6.71	11.886	4.143	8.678	1.873	—	32.86	7.63	9.35	0.19	77.00	32.00	0.80	2.26	0.00	114.200
HSFFZ10CDX_01	2015-07-31	31.0	7.75	1.824	3.117	1.195	0.946	—	7.04	3.70	0.78	2.05	41.00	10.00	8.52	3.50	0.03	70.500
HSFZH01CJB_01	2015-07-31	26.1	6.06	8.658	1.541	5.074	1.115	—	20.18	2.78	0.00	0.00	43.00	0.00	6.39	0.80	0.00	69.200
HSFFZ10CDX_01	2015-10-31	26.8	6.75	2.442	4.055	2.241	1.346	—	9.39	4.32	0.86	2.66	36.00	10.30	1.97	4.74	0.00	58.400
HSFZH01CJB_01	2015-10-31	26.9	6.30	6.432	1.983	6.041	1.268	—	25.81	2.68	1.54	0.02	38.00	0.00	5.62	1.18	0.00	57.500

3.3.4　雨水水质数据集

3.3.4.1　概况

本数据集收录了 2005—2015 年鹤山站定点定位采集的雨水水质分析数据，包括观测样地、采样时间、水温、pH、矿化度、硫酸根离子（SO_4^{2-}）含量、非溶性物质总含量、电导率，温度单位为℃，硫酸根离子和非溶性物质含量单位为 mg/L，电导率单位为 mS/cm。进行数据收集的长期观测样地为主要代表鹤山站及周边区域大气降雨特征的鹤山站气象观测场（HSFQX01）。

调查和数据采集频度按中国生态系统研究网络（CERN）长期监测规范丛书《陆地生态系统水环境观测指标与规范》要求进行，观测频率为 4 次/年（每年的 1、4、7、10 月），根据实际年度降雨分布情况，监测月份存在年度差异。

3.3.4.2　数据采集和处理方法

于月底在固定采样点采集水样，当天送回实验室，尽快过滤分装，对不能立即测定的项目，处理后于 4 ℃冰箱保存，并尽快分析测试。数据均为直接测定数据。2015 年起采集水样统一寄送 CERN 水分分中心（中国科学院地理科学与资源研究所），由分中心统一分析测试。

3.3.4.3　数据质量控制和处理方法

数据质量控制方法按照《中国生态系统研究网络（CERN）长期观测质量管理规范》丛书《陆地生态系统水环境观测质量保证与质量控制》的要求进行，集中测试的质量控制由分中心按规范要求进行，所有台站的标准统一，水质分析测试方法见表 3-80。

表 3-80　鹤山站雨水水质分析方法

指标名称	单位	小数位数	数据获取方法
水温	℃	1	pH 计
pH	无量纲	2	pH 计
矿化度	mg/L	2	烘干法称量
硫酸根离子（SO_4^{2-}）含量	mg/L	3	硫酸钡浊度法
非溶性物质总含量	mg/L	2	质量法
电导率	mS/cm	2	电导率仪

3.3.4.4　数据价值/数据使用方法和建议

雨水水质数据价值和使用方法参照第 3 章 3.3.3.4。

3.3.4.5　数据

数据见表 3-81。

表 3-81　鹤山站雨水水质观测数据

年	月	样地代码	水温/℃	pH	矿化度/ (mg/L)	硫酸根离子 (SO_4^{2-}) 含量/ (mg/L)	非溶性物质总含量/ (mg/L)	电导率/ (mS/cm)
2005	1	HSFQX01CYS_01	13.5	4.00	25.71	70.292	125.00	—
2005	4	HSFQX01CYS_01	16.8	4.00	28.33	31.906	91.00	—
2005	7	HSFQX01CYS_01	27.3	5.15	264.00	5.298	62.67	—
2005	10	HSFQX01CYS_01	20.8	4.63	154.00	2.471	52.33	—
2006	3	HSFQX01CYS_01	13.0	4.47	177.00	20.108	101.30	—

（续）

年	月	样地代码	水温/℃	pH	矿化度/ (mg/L)	硫酸根离子 (SO_4^{2-}) 含量/ (mg/L)	非溶性物质总含量/ (mg/L)	电导率/ (mS/cm)
2006	4	HSFQX01CYS_01	16.0	5.22	142.00	15.603	61.23	—
2006	7	HSFQX01CYS_01	27.0	3.68	86.00	22.039	53.25	—
2006	10	HSFQX01CYS_01	20.0	4.99	46.00	2.731	42.33	—
2007	1	HSFQX01CYS_01	13.7	4.46	200.00	10.364	0.00	—
2007	2	HSFQX01CYS_01	18.4	5.15	—	5.896	—	—
2007	4	HSFQX01CYS_01	22.2	4.73	—	9.610	1.50	—
2007	5	HSFQX01CYS_01	26.2	4.46	—	1.415	—	—
2007	6	HSFQX01CYS_01	27.2	5.13	—	0.303	—	—
2007	8	HSFQX01CYS_01	26.8	4.97	200.00	3.840	0.05	—
2007	9	HSFQX01CYS_01	26.3	4.59	—	4.132	0.17	—
2007	10	HSFQX01CYS_01	20.6	4.77	—	82.997	0.25	—
2008	1	HSFQX01CYS_01	7.8	4.10	77.50	9.622	0.02	—
2008	4	HSFQX01CYS_01	22.8	4.03	—	14.817	0.08	—
2008	7	HSFQX01CYS_01	26.6	5.34	135.00	14.817	0.03	—
2008	10	HSFQX01CYS_01	22.1	4.75	65.00	4.158	0.04	—
2009	1	HSFQX01CYS_01	11.3	5.15	42.00	60.750	55.85	226.00
2009	4	HSFQX01CYS_01	12.3	4.62	32.00	3.711	70.34	64.00
2009	7	HSFQX01CYS_01	—	5.41	102.00	1.451	11.32	57.30
2009	10	HSFQX01CYS_01	—	4.99	108.00	8.740	33.54	56.10
2010	1	HSFQX01CYS_01	11.3	4.38	182.00	45.333	93.91	236.00
2010	4	HSFQX01CYS_01	12.3	4.32	40.00	3.175	89.18	47.20
2010	7	HSFQX01CYS_01	28.3	5.06	32.00	2.419	83.43	14.67
2010	10	HSFQX01CYS_01	20.8	4.84	32.00	8.740	97.35	69.60
2011	3	HSFQX01CYS_01	13.2	4.16	70.10	11.025	115.60	93.40
2011	4	HSFQX01CYS_01	23.2	4.32	41.20	3.175	83.13	43.80
2011	8	HSFQX01CYS_01	25.8	4.97	34.60	2.182	82.56	24.70
2011	10	HSFQX01CYS_01	19.6	4.85	52.00	1.800	109.13	62.50
2012	2	HSFQX01CYS_01	8.2	5.03	97.60	23.550	99.15	124.30
2012	4	HSFQX01CYS_01	21.9	4.98	40.10	0.660	65.35	43.30
2012	8	HSFQX01CYS_01	27.3	6.08	46.70	1.150	45.53	52.70
2012	9	HSFQX01CYS_01	24.6	5.04	38.60	1.210	56.33	45.40
2013	1	HSFQX01CYS_01	—	6.80	18.17	4.282	56.30	28.11
2013	4	HSFQX01CYS_01	—	6.37	30.56	6.405	63.30	47.05
2013	7	HSFQX01CYS_01	—	6.10	4.33	0.991	156.30	6.76
2013	10	HSFQX01CYS_01	—	6.03	11.42	2.457	155.30	17.75
2014	1	HSFQX01CYS_01	11.6	4.11	34.29	4.792	34.78	53.16
2014	4	HSFQX01CYS_01	18.8	4.36	25.46	4.992	24.83	39.57

（续）

年	月	样地代码	水温/℃	pH	矿化度/(mg/L)	硫酸根离子(SO_4^{2-})含量/(mg/L)	非溶性物质总含量/(mg/L)	电导率/(mS/cm)
2014	7	HSFQX01CYS_01	26.6	4.84	4.41	1.240	0.78	6.90
2014	10	HSFQX01CYS_01	22.0	4.11	27.57	3.982	63.78	42.78
2015	1	HSFQX01CYS_01	9.2	4.21	41.59	8.722	136.00	64.34
2015	2	HSFQX01CYS_01	19.4	3.98	58.30	9.329	305.71	90.06
2015	4	HSFQX01CYS_01	20.5	3.69	75.95	10.420	373.71	117.70
2015	5	HSFQX01CYS_01	24.1	5.53	21.19	5.177	189.71	33.23
2015	6	HSFQX01CYS_01	28.4	5.31	10.70	2.142	9.71	16.82
2015	7	HSFQX01CYS_01	27.5	4.01	32.69	6.375	285.56	50.33
2015	8	HSFQX01CYS_01	25.2	4.22	18.19	3.391	261.56	28.36
2015	9	HSFQX01CYS_01	24.0	4.70	6.22	1.726	241.56	9.71
2015	10	HSFQX01CYS_01	23.6	5.17	5.85	1.452	195.56	9.13
2015	12	HSFQX01CYS_01	11.2	4.76	22.39	5.562	53.56	36.85

3.3.5　土壤水分常数数据集

3.3.5.1　概况

本数据集收录了 2005 年鹤山站土壤水分常数数据，包括观测时间、观测样地、取样层次、土壤类型、土壤质地、土壤完全持水量、土壤田间持水量、土壤凋萎含水量、土壤孔隙度、土壤容重、土壤水分特征曲线。取样层次单位为 cm，土壤持水量、土壤孔隙度单位为％，土壤容重单位为 g/cm³。进行样品采集的长期观测样地包括鹤山站气象观测场（HSFQX01）、鹤山站马占相思林综合观测场（HSFZH01）、鹤山站乡土林辅助观测场（HSFFZ01）和鹤山站针叶林站区调查点（HSFZQ01）。

3.3.5.2　数据采集和处理方法

调查和数据采集频度按中国生态系统研究网络（CERN）长期监测规范丛书《陆地生态系统水环境观测指标与规范》要求进行，观测频率为每 10 年 1 次。

数据集收录的数据由鹤山站采集样品，委托中国科学院水利部水土保持研究所进行样品分析测定，测定方法为压力膜法。土壤水分特征方程式为：$\theta = a - b\psi_m$，a、b 为参数，θ 为土壤质量含水率，ψ_m 为土壤基质势（单位为 bar）。

3.3.5.3　数据质量控制和处理方法

数据质量控制按照《中国生态系统研究网络（CERN）长期观测质量管理规范》丛书《陆地生态系统水环境观测质量保证与质量控制》的相关要求进行。

3.3.5.4　数据价值/数据使用方法和建议

土壤水分常数代表土壤维持水分的能力和最大可利用水分的量，在森林生态系统水循环、植物水分利用等方面具有一定的借鉴意义，该数据可用于森林生态系统各类型植物水分利用效率、森林水土保持等相关领域研究及为森林经营管理提供服务。

本数据集原始数据可通过广东鹤山森林生态系统国家野外科学观测研究站（http://hsf.cern.ac.cn/）"资源服务"下的"数据服务"页面申请获取。

3.3.5.5　数据

数据见表 3-82。

表 3 - 82 鹤山站土壤水分常数观测数据

年	月	样地代码	取样层次/cm	土壤类型	土壤质地	土壤完全持水量/%	土壤田间持水量/%	土壤凋萎含水量/%	土壤孔隙度/%	土壤容重/(g/cm³)	土壤水分特征曲线方程
2005	9	HSFZH01CTS_01	0~20	赤红壤	壤土	68.44	27.37	16	48.65	1.33	$\theta=30.095-1.403\,8\psi_m$, $R^2=0.700\,4$
2005	9	HSFZH01CTS_01	20~40	赤红壤	壤土	61.89	28.44	17.88	44.49	1.46	$\theta=30.095-1.403\,8\psi_m$, $R^2=0.700\,4$
2005	9	HSFZH01CTS_01	40~60	赤红壤	壤土	61.94	30.25	18.43	45.96	1.47	$\theta=30.095-1.403\,8\psi_m$, $R^2=0.700\,4$
2005	9	HSFZH01CTS_01	60~80	赤红壤	壤土	64.41	31.69	20.43	43.22	1.55	$\theta=30.095-1.403\,8\psi_m$, $R^2=0.700\,4$
2005	9	HSFZH01CTS_01	80~100	赤红壤	壤土	62.52	30.08	19.32	44.77	1.53	$\theta=30.095-1.403\,8\psi_m$, $R^2=0.700\,4$
2005	9	HSFQX01CTS_01	0~20	赤红壤	壤土	46.32	22.67	13.31	45.28	1.45	$\theta=14.695-1.947\,9\psi_m$, $R^2=0.920\,7$
2005	9	HSFQX01CTS_01	20~40	赤红壤	壤土	39.47	17.61	10.51	38.83	1.67	$\theta=14.695-1.947\,9\psi_m$, $R^2=0.920\,7$
2005	9	HSFQX01CTS_01	40~60	赤红壤	壤土	37.58	18.35	11.14	40.00	1.68	$\theta=14.695-1.947\,9\psi_m$, $R^2=0.920\,7$
2005	9	HSFQX01CTS_01	60~80	赤红壤	壤土	35.9	17.48	10.29	42.18	1.59	$\theta=14.695-1.947\,9\psi_m$, $R^2=0.920\,7$
2005	9	HSFQX01CTS_01	80~100	赤红壤	壤土	35.87	16.91	9.41	41.89	1.54	$\theta=14.695-1.947\,9\psi_m$, $R^2=0.920\,7$
2005	9	HSFFZ01CTS_01	0~20	赤红壤	壤土	56.08	22.17	14.15	44.65	1.43	$\theta=25.13-3.051\,5\psi_m$, $R^2=0.982\,6$
2005	9	HSFFZ01CTS_01	20~40	赤红壤	壤土	55.82	28.74	19.56	41.43	1.54	$\theta=25.13-3.051\,5\psi_m$, $R^2=0.982\,6$
2005	9	HSFFZ01CTS_01	40~60	赤红壤	壤土	61.67	27.48	17.81	46.48	1.46	$\theta=25.13-3.051\,5\psi_m$, $R^2=0.982\,6$
2005	9	HSFFZ01CTS_01	60~80	赤红壤	壤土	63.88	27.55	17.89	43.79	1.53	$\theta=25.13-3.051\,5\psi_m$, $R^2=0.982\,6$
2005	9	HSFFZ01CTS_01	80~100	赤红壤	壤土	68.29	31.83	21.32	44.49	1.54	$\theta=25.13-3.051\,5\psi_m$, $R^2=0.982\,6$
2005	9	HSFZQ01CTS_01	0~20	赤红壤	壤土	53.99	23.53	13.89	47.08	1.37	$\theta=23.049-3.397\,4\psi_m$, $R^2=0.979\,2$
2005	9	HSFZQ01CTS_01	20~40	赤红壤	壤土	49.26	24.99	14.68	41.65	1.53	$\theta=23.049-3.397\,4\psi_m$, $R^2=0.979\,2$
2005	9	HSFZQ01CTS_01	40~60	赤红壤	壤土	55.28	25.22	15.23	44.37	1.51	$\theta=23.049-3.397\,4\psi_m$, $R^2=0.979\,2$
2005	9	HSFZQ01CTS_01	60~80	赤红壤	壤土	56.78	25.30	14.78	45.36	1.49	$\theta=23.049-3.397\,4\psi_m$, $R^2=0.979\,2$
2005	9	HSFZQ01CTS_01	80~100	赤红壤	壤土	57.65	28.59	17.94	43.06	1.58	$\theta=23.049-3.397\,4\psi_m$, $R^2=0.979\,2$

3.3.6　蒸发量数据集

3.3.6.1　概况

本数据集收录了 2005—2015 年鹤山站定点定位观测的水面蒸发量数据，包括观测样地、观测时间、月蒸发量、水温。蒸发量数据单位为 mm，水温单位为℃。进行数据收集的长期观测样地为鹤山站气象观测场（HSFQX01）。

3.3.6.2　数据采集和处理方法

数据采集频度按中国生态系统研究网络（CERN）长期监测规范丛书《陆地生态系统水环境观测指标与规范》要求进行，观测频率为 2 次/d 或者自动观测 1 次/h。

用 E-601 蒸发皿，采用游标卡尺制成的测针进行观测，数据剔除降水量，与前日测量值的差值即为日蒸发量数据。

蒸发量＝前一日水面高度＋降水量（以雨量器观测值为准）－测量时水面高度

3.3.6.3　数据质量控制和处理方法

保持蒸发皿清洁，清除掉入的虫、杂物等。保持水面无漂浮物，水中无小虫及悬浮物，无青苔，水质变差要及时更换蒸发皿水。保持观测用水与地面自然水体相似。

3.3.6.4　数据价值/数据使用方法和建议

水面蒸发量是地球地表热量平衡和水量平衡的组成部分，是水循环中直接受土地利用和气候变化影响的因子，也是热能交换的重要因子。在估算陆地蒸发、进行水量平衡等方面具有重要的应用价值。数据可服务于气候变化、水分循环研究，也可为水利设计、区域水分资源利用、土壤水分调节、气候区划等方面提供支撑服务。

本数据集原始数据可通过广东鹤山森林生态系统国家野外科学观测研究站（http：//hsf.cern.ac.cn/）"资源服务"下的"数据服务"页面申请获取。

3.3.6.5　数据

数据见表 3-83。

表 3-83　蒸发量观测数据

年	月	样地代码	月蒸发量/mm	水温/℃
2005	1	HSFQX01CZF_01	49	13.5
2005	2	HSFQX01CZF_01	51	14.7
2005	3	HSFQX01CZF_01	44	17.5
2005	4	HSFQX01CZF_01	24.8	22.9
2005	5	HSFQX01CZF_01	28.6	28.8
2005	6	HSFQX01CZF_01	—	28.6
2005	7	HSFQX01CZF_01	142.3	30.6
2005	8	HSFQX01CZF_01	100.1	31.2
2005	9	HSFQX01CZF_01	92.2	29.2
2005	10	HSFQX01CZF_01	140	24.3
2005	11	HSFQX01CZF_01	97.5	24.4
2005	12	HSFQX01CZF_01	99.9	16.4
2006	1	HSFQX01CZF_01	67.3	16.3

（续）

年	月	样地代码	月蒸发量/mm	水温/℃
2006	2	HSFQX01CZF_01	80.5	17.9
2006	3	HSFQX01CZF_01	63.7	17.6
2006	4	HSFQX01CZF_01	74	22.5
2006	5	HSFQX01CZF_01	61.6	25.7
2006	6	HSFQX01CZF_01	50.9	—
2006	7	HSFQX01CZF_01	93.1	—
2006	8	HSFQX01CZF_01	94.5	—
2006	9	HSFQX01CZF_01	86.3	26.9
2006	10	HSFQX01CZF_01	87.3	26.9
2006	11	HSFQX01CZF_01	83.6	21.7
2006	12	HSFQX01CZF_01	93.3	16.3
2007	1	HSFQX01CZF_01	75	14.6
2007	2	HSFQX01CZF_01	53.3	19.1
2007	3	HSFQX01CZF_01	38	19.4
2007	4	HSFQX01CZF_01	35.8	22.1
2007	5	HSFQX01CZF_01	76.8	27.3
2007	6	HSFQX01CZF_01	52.6	29.5
2007	7	HSFQX01CZF_01	99.7	31.2
2007	8	HSFQX01CZF_01	52.2	29.0
2007	9	HSFQX01CZF_01	97.7	26.9
2007	10	HSFQX01CZF_01	106.5	24.0
2007	11	HSFQX01CZF_01	126.1	17.9
2007	12	HSFQX01CZF_01	86.8	16.4
2008	1	HSFQX01CZF_01	101	12.1
2008	2	HSFQX01CZF_01	58.3	9.6
2008	3	HSFQX01CZF_01	78.1	16.5
2008	4	HSFQX01CZF_01	57.7	19.6
2008	5	HSFQX01CZF_01	5.1	23.9
2008	6	HSFQX01CZF_01	182.4	25.3
2008	7	HSFQX01CZF_01	170.3	27.8
2008	8	HSFQX01CZF_01	83.1	27.1
2008	9	HSFQX01CZF_01	140.5	26.2
2008	10	HSFQX01CZF_01	153.9	23.1

（续）

年	月	样地代码	月蒸发量/mm	水温/℃
2008	11	HSFQX01CZF＿01	118.7	17.1
2008	12	HSFQX01CZF＿01	97.3	13.3
2009	1	HSFQX01CZF＿01	92.9	13.8
2009	2	HSFQX01CZF＿01	65	19.3
2009	3	HSFQX01CZF＿01	30	16.3
2009	4	HSFQX01CZF＿01	30.3	18.8
2009	5	HSFQX01CZF＿01	36.6	23.3
2009	6	HSFQX01CZF＿01	29	—
2009	7	HSFQX01CZF＿01	43.8	—
2009	8	HSFQX01CZF＿01	50.5	—
2009	9	HSFQX01CZF＿01	96.4	—
2009	10	HSFQX01CZF＿01	112.4	—
2009	11	HSFQX01CZF＿01	82.6	—
2009	12	HSFQX01CZF＿01	86.9	—
2010	1	HSFQX01CZF＿01	52.2	14.8
2010	2	HSFQX01CZF＿01	64.8	15.9
2010	3	HSFQX01CZF＿01	63.6	17.5
2010	4	HSFQX01CZF＿01	65.7	19.0
2010	5	HSFQX01CZF＿01	79.3	24.1
2010	6	HSFQX01CZF＿01	59.6	25.0
2010	7	HSFQX01CZF＿01	133.9	26.5
2010	8	HSFQX01CZF＿01	64.4	26.2
2010	9	HSFQX01CZF＿01	101.1	26.1
2010	10	HSFQX01CZF＿01	118.1	20.3
2010	11	HSFQX01CZF＿01	79.5	16.4
2010	12	HSFQX01CZF＿01	62.4	12.7
2011	1	HSFQX01CZF＿01	85.8	7.1
2011	2	HSFQX01CZF＿01	63.33	13.3
2011	3	HSFQX01CZF＿01	80.9	13.1
2011	4	HSFQX01CZF＿01	85.9	20.5
2011	5	HSFQX01CZF＿01	82.7	22.7
2011	6	HSFQX01CZF＿01	86	25.8
2011	7	HSFQX01CZF＿01	104.5	26.3

（续）

年	月	样地代码	月蒸发量/mm	水温/℃
2011	8	HSFQX01CZF_01	99.5	26.3
2011	9	HSFQX01CZF_01	110.1	24.7
2011	10	HSFQX01CZF_01	108.7	21.3
2011	11	HSFQX01CZF_01	78.2	19.3
2011	12	HSFQX01CZF_01	96.9	11.1
2012	1	HSFQX01CZF_01	60.8	9.6
2012	2	HSFQX01CZF_01	61.4	12.7
2012	3	HSFQX01CZF_01	71.1	16.4
2012	4	HSFQX01CZF_01	68.1	21.9
2012	5	HSFQX01CZF_01	86.5	25.2
2012	6	HSFQX01CZF_01	74.5	25.1
2012	7	HSFQX01CZF_01	80.2	26.0
2012	8	HSFQX01CZF_01	86	25.8
2012	9	HSFQX01CZF_01	112.1	23.5
2012	10	HSFQX01CZF_01	81.5	21.2
2012	11	HSFQX01CZF_01	58.1	17.9
2012	12	HSFQX01CZF_01	57.3	13.1
2013	1	HSFQX01CZF_01	65.1	13.3
2013	2	HSFQX01CZF_01	55.1	17.2
2013	3	HSFQX01CZF_01	62.6	19.4
2013	4	HSFQX01CZF_01	51.8	21.0
2013	5	HSFQX01CZF_01	62.9	25.8
2013	6	HSFQX01CZF_01	92.8	26.7
2013	7	HSFQX01CZF_01	77.6	26.8
2013	8	HSFQX01CZF_01	64.7	27.1
2013	9	HSFQX01CZF_01	76.9	25.9
2013	10	HSFQX01CZF_01	116.8	21.6
2013	11	HSFQX01CZF_01	79.7	18.5
2013	12	HSFQX01CZF_01	73	11.4
2014	1	HSFQX01CZF_01	49.9	11.5
2014	2	HSFQX01CZF_01	41.3	11.9
2014	3	HSFQX01CZF_01	50.8	16.2
2014	4	HSFQX01CZF_01	47.8	21.4

（续）

年	月	样地代码	月蒸发量/mm	水温/℃
2014	5	HSFQX01CZF_01	57	24.0
2014	6	HSFQX01CZF_01	87.2	26.2
2014	7	HSFQX01CZF_01	95.2	26.8
2014	8	HSFQX01CZF_01	97.5	26.0
2014	9	HSFQX01CZF_01	98.5	25.5
2014	10	HSFQX01CZF_01	106.7	22.0
2014	11	HSFQX01CZF_01	66.2	18.3
2014	12	HSFQX01CZF_01	75.2	10.9
2015	1	HSFQX01CZF_01	59.9	12.3
2015	2	HSFQX01CZF_01	37.7	15.1
2015	3	HSFQX01CZF_01	45.5	17.6
2015	4	HSFQX01CZF_01	83.1	20.7
2015	5	HSFQX01CZF_01	73.1	25.0
2015	6	HSFQX01CZF_01	99.5	26.5
2015	7	HSFQX01CZF_01	105.3	26.0
2015	8	HSFQX01CZF_01	111.9	26.0
2015	9	HSFQX01CZF_01	87.8	25.4
2015	10	HSFQX01CZF_01	80.8	21.7
2015	11	HSFQX01CZF_01	77.7	19.5
2015	12	HSFQX01CZF_01	61.3	13.8

3.3.7　地下水位数据集

3.2.7.1　概况

本数据集收录了 2005—2013 年鹤山站地下水位观测数据。包括观测时间、观测样地、植被类型、地下水埋深、地面高程（测量管口到地面的高度）等。地下水埋深和地面高程单位为 m。进行调查和数据收集的长期观测样地为鹤山站地下水位观测点（HSFFZ10）。

3.3.7.2　数据采集和处理方法

调查和数据采集频度按中国生态系统研究网络（CERN）长期监测规范丛书《陆地生态系统水环境观测指标与规范》要求进行，观测频率为每 5 d 1 次。

数据为人工测定原始数据。2005—2013 年地下水位观测井在站林果苗复合生态系统集水区出口，后由于所处区域土地利用方式改变导致观测井被破坏，2016 年在附近区域重新选点新建地下水井进行观测。

3.3.7.3　数据质量控制和处理方法

数据质量控制按照《中国生态系统研究网络（CERN）长期观测质量管理规范》丛书《陆地生态系统水环境观测质量保证与质量控制》的相关要求进行。

3.3.7.4 数据价值/数据使用方法和建议

地下水受降水和地表水体补给的影响，是森林生态系统水分循环和水源涵养的重要指标，数据可服务于全球变化、生态系统水分循环、水土保持以及森林水源涵养等方面的研究。

本数据集原始数据可通过广东鹤山森林生态系统国家野外科学观测研究站（http：//hsf. cern. ac. cn/）"资源服务"下的"数据服务"页面申请获取。

3.3.7.5 数据

数据见表3-84。

表 3 - 84　鹤山站地下水位观测数据

年	月	样地代码	观测点名称	植被名称	地下水埋深/m	标准差/m	有效数据/条	地面高程/m
2005	1	HSFFZ10CDX_01	林果苗复合生态系统	大叶相思	0.60	0.01	4	0.2
2005	2	HSFFZ10CDX_01	林果苗复合生态系统	大叶相思	0.63	0.02	6	0.2
2005	3	HSFFZ10CDX_01	林果苗复合生态系统	大叶相思	0.60	0.03	6	0.2
2005	4	HSFFZ10CDX_01	林果苗复合生态系统	大叶相思	0.56	0.01	6	0.2
2005	5	HSFFZ10CDX_01	林果苗复合生态系统	大叶相思	0.46	0.10	6	0.2
2005	6	HSFFZ10CDX_01	林果苗复合生态系统	大叶相思	−0.02	0.21	5	0.2
2005	7	HSFFZ10CDX_01	林果苗复合生态系统	大叶相思	−0.20	0.07	5	0.2
2005	8	HSFFZ10CDX_01	林果苗复合生态系统	大叶相思	−0.04	0.05	6	0.2
2005	9	HSFFZ10CDX_01	林果苗复合生态系统	大叶相思	0.08	0.03	6	0.2
2005	10	HSFFZ10CDX_01	林果苗复合生态系统	大叶相思	0.20	0.05	6	0.2
2005	11	HSFFZ10CDX_01	林果苗复合生态系统	大叶相思	0.32	0.04	5	0.2
2005	12	HSFFZ10CDX_01	林果苗复合生态系统	大叶相思	0.43	0.04	6	0.2
2006	1	HSFFZ10CDX_01	林果苗复合生态系统	大叶相思	0.47	0.02	6	0.2
2006	10	HSFFZ10CDX_01	林果苗复合生态系统	大叶相思	0.22	0.01	6	0.2
2006	11	HSFFZ10CDX_01	林果苗复合生态系统	大叶相思	0.28	0.10	6	0.2
2006	12	HSFFZ10CDX_01	林果苗复合生态系统	大叶相思	0.30	0.01	6	0.2
2006	2	HSFFZ10CDX_01	林果苗复合生态系统	大叶相思	0.50	0.07	5	0.2
2006	3	HSFFZ10CDX_01	林果苗复合生态系统	大叶相思	0.50	0.06	5	0.2
2006	4	HSFFZ10CDX_01	林果苗复合生态系统	大叶相思	0.52	0.07	5	0.2
2006	5	HSFFZ10CDX_01	林果苗复合生态系统	大叶相思	0.05	0.03	5	0.2
2006	7	HSFFZ10CDX_01	林果苗复合生态系统	大叶相思	−0.17	0.03	5	0.2
2006	8	HSFFZ10CDX_01	林果苗复合生态系统	大叶相思	−0.23	0.03	5	0.2
2006	9	HSFFZ10CDX_01	林果苗复合生态系统	大叶相思	−0.08	0.03	5	0.2
2007	1	HSFFZ10CDX_01	林果苗复合生态系统	大叶相思	0.43	0.03	5	0.2
2007	2	HSFFZ10CDX_01	林果苗复合生态系统	大叶相思	0.49	0.03	5	0.2
2007	3	HSFFZ10CDX_01	林果苗复合生态系统	大叶相思	0.55	0.06	4	0.2
2007	4	HSFFZ10CDX_01	林果苗复合生态系统	大叶相思	0.52	0.02	5	0.2

（续）

年	月	样地代码	观测点名称	植被名称	地下水埋深/m	标准差/m	有效数据/条	地面高程/m
2007	5	HSFFZ10CDX_01	林果苗复合生态系统	大叶相思	0.43	0.03	5	0.2
2007	6	HSFFZ10CDX_01	林果苗复合生态系统	大叶相思	0.27	0.11	5	0.2
2007	7	HSFFZ10CDX_01	林果苗复合生态系统	大叶相思	0.18	0.17	5	0.2
2007	8	HSFFZ10CDX_01	林果苗复合生态系统	大叶相思	0.29	0.00	5	0.2
2007	9	HSFFZ10CDX_01	林果苗复合生态系统	大叶相思	0.21	0.00	5	0.2
2007	10	HSFFZ10CDX_01	林果苗复合生态系统	大叶相思	0.32	0.13	6	0.2
2007	11	HSFFZ10CDX_01	林果苗复合生态系统	大叶相思	0.41	0.06	5	0.2
2007	12	HSFFZ10CDX_01	林果苗复合生态系统	大叶相思	0.49	0.05	5	0.2
2008	1	HSFFZ10CDX_01	林果苗复合生态系统	大叶相思	0.48	0.03	5	0.2
2008	2	HSFFZ10CDX_01	林果苗复合生态系统	大叶相思	0.45	0.03	4	0.2
2008	3	HSFFZ10CDX_01	林果苗复合生态系统	大叶相思	0.53	0.02	5	0.2
2008	4	HSFFZ10CDX_01	林果苗复合生态系统	大叶相思	0.48	0.03	6	0.2
2008	5	HSFFZ10CDX_01	林果苗复合生态系统	大叶相思	0.34	0.05	6	0.2
2008	6	HSFFZ10CDX_01	林果苗复合生态系统	大叶相思	−0.18	0.23	5	0.2
2008	7	HSFFZ10CDX_01	林果苗复合生态系统	大叶相思	−0.25	0.02	5	0.2
2008	8	HSFFZ10CDX_01	林果苗复合生态系统	大叶相思	−0.25	0.08	5	0.2
2008	9	HSFFZ10CDX_01	林果苗复合生态系统	大叶相思	−0.08	0.07	5	0.2
2008	10	HSFFZ10CDX_01	林果苗复合生态系统	大叶相思	−0.09	0.04	5	0.2
2008	11	HSFFZ10CDX_01	林果苗复合生态系统	大叶相思	0.05	0.04	5	0.2
2008	12	HSFFZ10CDX_01	林果苗复合生态系统	大叶相思	0.18	0.03	5	0.2
2009	1	HSFFZ10CDX_01	林果苗复合生态系统	大叶相思	0.27	0.03	6	0.2
2009	2	HSFFZ10CDX_01	林果苗复合生态系统	大叶相思	0.35	0.04	5	0.2
2009	3	HSFFZ10CDX_01	林果苗复合生态系统	大叶相思	0.30	0.05	4	0.2
2009	4	HSFFZ10CDX_01	林果苗复合生态系统	大叶相思	0.22	0.03	5	0.2
2009	5	HSFFZ10CDX_01	林果苗复合生态系统	大叶相思	0.16	0.05	5	0.2
2009	6	HSFFZ10CDX_01	林果苗复合生态系统	大叶相思	−0.05	0.11	5	0.2
2009	7	HSFFZ10CDX_01	林果苗复合生态系统	大叶相思	−0.08	0.05	5	0.2
2009	8	HSFFZ10CDX_01	林果苗复合生态系统	大叶相思	−0.20	0.04	5	0.2
2009	9	HSFFZ10CDX_01	林果苗复合生态系统	大叶相思	−0.08	0.02	5	0.2
2009	10	HSFFZ10CDX_01	林果苗复合生态系统	大叶相思	0.04	0.06	5	0.2
2009	11	HSFFZ10CDX_01	林果苗复合生态系统	大叶相思	0.16	0.04	5	0.2
2009	12	HSFFZ10CDX_01	林果苗复合生态系统	大叶相思	0.24	0.04	5	0.2

（续）

年	月	样地代码	观测点名称	植被名称	地下水埋深/ m	标准差/m	有效数据/ 条	地面高程/ m
2010	1	HSFFZ10CDX_01	林果苗复合生态系统	大叶相思	0.24	0.02	4	0.2
2010	2	HSFFZ10CDX_01	林果苗复合生态系统	大叶相思	0.24	0.06	5	0.2
2010	3	HSFFZ10CDX_01	林果苗复合生态系统	大叶相思	0.34	0.06	4	0.2
2010	4	HSFFZ10CDX_01	林果苗复合生态系统	大叶相思	0.23	0.02	5	0.2
2010	5	HSFFZ10CDX_01	林果苗复合生态系统	大叶相思	−0.04	0.03	5	0.2
2010	6	HSFFZ10CDX_01	林果苗复合生态系统	大叶相思	−0.22	0.04	4	0.2
2010	7	HSFFZ10CDX_01	林果苗复合生态系统	大叶相思	−0.11	0.21	5	0.2
2010	8	HSFFZ10CDX_01	林果苗复合生态系统	大叶相思	−0.08	0.08	5	0.2
2010	9	HSFFZ10CDX_01	林果苗复合生态系统	大叶相思	−0.15	0.06	5	0.2
2010	10	HSFFZ10CDX_01	林果苗复合生态系统	大叶相思	−0.22	0.06	5	0.2
2010	11	HSFFZ10CDX_01	林果苗复合生态系统	大叶相思	0.00	0.05	5	0.2
2010	12	HSFFZ10CDX_01	林果苗复合生态系统	大叶相思	0.12	0.07	5	0.2
2011	1	HSFFZ10CDX_01	林果苗复合生态系统	大叶相思	0.25	0.04	2	0.2
2011	2	HSFFZ10CDX_01	林果苗复合生态系统	大叶相思	0.29	0.02	5	0.2
2011	3	HSFFZ10CDX_01	林果苗复合生态系统	大叶相思	0.32	0.06	5	0.2
2011	4	HSFFZ10CDX_01	林果苗复合生态系统	大叶相思	0.36	0.05	6	0.2
2011	5	HSFFZ10CDX_01	林果苗复合生态系统	大叶相思	0.34	0.01	5	0.2
2011	6	HSFFZ10CDX_01	林果苗复合生态系统	大叶相思	0.24	0.05	5	0.2
2011	7	HSFFZ10CDX_01	林果苗复合生态系统	大叶相思	0.04	0.03	5	0.2
2011	8	HSFFZ10CDX_01	林果苗复合生态系统	大叶相思	0.12	0.08	5	0.2
2011	9	HSFFZ10CDX_01	林果苗复合生态系统	大叶相思	0.26	0.01	4	0.2
2011	10	HSFFZ10CDX_01	林果苗复合生态系统	大叶相思	0.24	0.04	5	0.2
2011	11	HSFFZ10CDX_01	林果苗复合生态系统	大叶相思	0.22	0.07	5	0.2
2011	12	HSFFZ10CDX_01	林果苗复合生态系统	大叶相思	0.32	0.03	5	0.2
2012	1	HSFFZ10CDX_01	林果苗复合生态系统	大叶相思	0.25	0.02	5	0.2
2012	2	HSFFZ10CDX_01	林果苗复合生态系统	大叶相思	0.16	0.02	6	0.2
2012	3	HSFFZ10CDX_01	林果苗复合生态系统	大叶相思	−0.05	0.02	5	0.2
2012	4	HSFFZ10CDX_01	林果苗复合生态系统	大叶相思	−0.14	0.06	5	0.2
2012	5	HSFFZ10CDX_01	林果苗复合生态系统	大叶相思	−0.19	0.05	5	0.2
2012	6	HSFFZ10CDX_01	林果苗复合生态系统	大叶相思	−0.13	0.08	5	0.2
2012	7	HSFFZ10CDX_01	林果苗复合生态系统	大叶相思	−0.16	0.02	5	0.2
2012	8	HSFFZ10CDX_01	林果苗复合生态系统	大叶相思	−0.06	0.02	5	0.2

（续）

年	月	样地代码	观测点名称	植被名称	地下水埋深/m	标准差/m	有效数据/条	地面高程/m
2012	9	HSFFZ10CDX＿01	林果苗复合生态系统	大叶相思	−0.01	0.04	6	0.2
2012	10	HSFFZ10CDX＿01	林果苗复合生态系统	大叶相思	0.17	0.01	5	0.2
2012	11	HSFFZ10CDX＿01	林果苗复合生态系统	大叶相思	0.29	0.06	5	0.2
2012	12	HSFFZ10CDX＿01	林果苗复合生态系统	大叶相思	0.31	0.02	4	0.2
2013	1	HSFFZ10CDX＿01	林果苗复合生态系统	大叶相思	0.23	0.04	5	0.2
2013	2	HSFFZ10CDX＿01	林果苗复合生态系统	大叶相思	0.30	0.01	6	0.2
2013	3	HSFFZ10CDX＿01	林果苗复合生态系统	大叶相思	0.18	0.19	6	0.2
2013	4	HSFFZ10CDX＿01	林果苗复合生态系统	大叶相思	0.00	0.06	6	0.2
2013	5	HSFFZ10CDX＿01	林果苗复合生态系统	大叶相思	−0.14	0.02	6	0.2
2013	6	HSFFZ10CDX＿01	林果苗复合生态系统	大叶相思	−0.14	0.00	6	0.2
2013	7	HSFFZ10CDX＿01	林果苗复合生态系统	大叶相思	−0.20	0.01	6	0.2
2013	8	HSFFZ10CDX＿01	林果苗复合生态系统	大叶相思	−0.20	0.02	6	0.2
2013	9	HSFFZ10CDX＿01	林果苗复合生态系统	大叶相思	−0.12	0.38	10	0.2
2013	10	HSFFZ10CDX＿01	林果苗复合生态系统	大叶相思	0.02	0.06	7	0.2
2013	11	HSFFZ10CDX＿01	林果苗复合生态系统	大叶相思	0.12	0.04	7	0.2
2013	12	HSFFZ10CDX＿01	林果苗复合生态系统	大叶相思	0.14	0.06	6	0.2

3.4　气象观测数据

　　鹤山站气象观测数据收录了 2005—2015 年鹤山站气象自动观测和人工观测数据，采集地点为鹤山站气象观测场（112°54′N，22°41′E）。自动观测数据采用芬兰 VAISALA 生产的 MILOS520 和 MAWS301 自动气象站采集，由中国生态系统研究网络（CERN）大气分中心开发的"生态气象工作站"软件自动统计生成，并对缺失数据、异常数据进行审核标注；人工观测数据为每天 8：00、14：00、20：00 定时观测。

3.4.1　大气气压数据集

3.4.1.1　概况

　　本数据集收录了 2005—2015 年鹤山站定位观测的大气气压数据，分人工观测和自动观测数据，人工观测数据为每天定时观测数据，自动观测数据为每小时自动观测数据统计平均所得。数据包括观测时间、大气气压月平均值等，气压数据单位为 hPa。进行数据收集的长期观测样地为鹤山站气象观测场（HSFQX01）。

3.4.1.2　数据采集和处理方法

　　观测数据按中国生态系统研究网络（CERN）长期监测规范丛书《陆地生态系统大气环境观测指标与规范》要求进行，人工观测为每天 8：00、14：00 和 20：00 定时观测，自动观测为 1 次/h。

　　人工观测数据由空盒气压计直接观测所得；自动观测数据由仪器自动采集，人工下载的原始数据经软件自动统计生成报表数据，从数据报表中提取每日平均值，进行月平均统计所得。

3.4.1.3　数据质量控制和处理方法

经常对仪器进行检查、维护，保证仪器正常运行，保证数据采集完整性。人工及自动观测数据处理完成后，会自动生成报表，最后经软件程序设定进行自动计算和审核，审核参数根据实际情况及经验值设定。

3.4.1.4　数据价值/数据使用方法和建议

气象要素是生态系统观测的四大要素之一，在进行森林生态系统研究时，背景资料中最重要的部分就是气象及生境要素。该数据除用于背景信息外，可服务于全球变化研究、生态系统过程研究、林业经营管理、森林防火预警等。

本数据集原始数据可通过广东鹤山森林生态系统国家野外科学观测研究站（http：//hsf. cern. ac. cn/）"资源服务"下的"数据服务"页面申请获取。

3.4.1.5　数据

数据见表 3 - 85。

表 3 - 85　鹤山站气象站（人工、自动）气压数据

年	月	人工观测数据		自动观测数据	
		气压/hPa	有效数据/条	气压/hPa	有效数据/条
2005	1	1 002.3	31	1 022.9	29
2005	2	999.7	28	1 020.2	28
2005	3	1 000.8	31	1 017.2	31
2005	4	996.5	30	1 012.6	29
2005	5	990.6	31	1 005.9	27
2005	6	989.4	30	1 002.6	20
2005	7	1 184.4	31	1 003.8	31
2005	8	1 085.7	31	1 003.0	27
2005	9	991.7	30	1 007.1	24
2005	10	988.6	31	1 013.9	30
2005	11	989.4	30	1 014.6	30
2005	12	1 003.7	31	1 019.6	31
2006	1	1 001.7	31	1 016.5	31
2006	2	1 002.7	28	1 017.6	28
2006	3	997.1	31	1 012.9	31
2006	4	993.5	30	1 008.9	30
2006	5	993.5	31	1 007.6	31
2006	6	990.1	30	1 004.0	30
2006	7	986.0	31	1 000.3	30
2006	8	988.8	31	1 002.5	31
2006	9	991.6	30	1 007.5	30
2006	10	998.0	31	1 012.3	31
2006	11	998.0	30	1 013.6	30
2006	12	1 002.9	31	1 019.1	31
2007	1	1 003.4	31	1 020.6	31

（续）

年	月	人工观测数据		自动观测数据	
		气压/hPa	有效数据/条	气压/hPa	有效数据/条
2007	2	999.1	28	1 014.8	28
2007	3	996.3	31	1 012.7	31
2007	4	996.3	30	1 012.0	29
2007	5	991.7	31	1 006.8	31
2007	6	989.6	30	1 003.2	30
2007	7	989.3	31	1 003.6	31
2007	8	986.5	31	1 001.3	31
2007	9	990.1	30	1 005.3	19
2007	10	997.0	31	1 011.7	31
2007	11	999.9	30	1 015.7	30
2007	12	1 000.5	31	1 016.2	31
2008	1	1 001.5	31	1 018.1	31
2008	2	1 004.0	29	1 019.8	29
2008	3	996.0	31	1 013.2	31
2008	4	993.7	30	1 009.6	30
2008	5	990.3	31	1 005.6	30
2008	6	988.9	30	1 003.2	30
2008	7	987.9	31	1 002.9	31
2008	8	981.0	31	1 003.3	31
2008	9	990.3	30	1 005.8	26
2008	10	995.7	31	1 012.0	29
2008	11	1 000.0	30	1 016.5	30
2008	12	1 001.4	31	1 018.1	31
2009	1	1 004.6	31	1 020.2	31
2009	2	996.6	28	1 012.7	27
2009	3	996.1	31	1 014.1	9
2009	4	995.0	30	1 010.0	29
2009	5	991.9	31	1 008.1	30
2009	6	987.6	30	1 002.1	29
2009	7	988.0	31	1 002.4	31
2009	8	987.4	31	1 002.5	31
2009	9	990.3	30	1 004.4	30

（续）

年	月	人工观测数据		自动观测数据	
		气压/hPa	有效数据/条	气压/hPa	有效数据/条
2009	10	993.7	31	1 010.4	31
2009	11	999.8	30	1 016.4	30
2009	12	1 001.3	31	1 017.7	31
2010	1	1 001.6	31	1 018.6	30
2010	2	996.8	28	1 014.1	28
2010	3	997.5	31	1 014.5	31
2010	4	896.7	27	1 012.2	26
2010	5	990.6	31	1 005.9	31
2010	6	990.3	30	1 005.0	30
2010	7	991.1	31	1 005.4	30
2010	8	990.4	31	1 006.5	14
2010	9	1 067.9	30	1 006.4	29
2010	10	993.4	31	1 010.4	30
2010	11	988.1	30	1 015.2	30
2010	12	997.7	31	1 014.8	28
2011	1	1 002.4	31	1 020.6	31
2011	2	998.4	28	1 014.9	28
2011	3	999.6	31	1 017.0	31
2011	4	995.8	30	1 011.4	30
2011	5	991.4	31	1 006.8	31
2011	6	988.1	30	1 002.4	29
2011	7	986.4	31	1 001.9	30
2011	8	988.3	31	1 003.8	30
2011	9	989.7	30	1 005.7	28
2011	10	996.2	31	1 012.2	30
2011	11	997.1	30	1 013.7	30
2011	12	969.9	31	1 019.8	30
2012	1	1 001.9	31	1 018.1	31
2012	2	978.7	29	1 015.0	29
2012	3	1 000.5	31	1 013.4	31
2012	4	974.3	30	1 008.7	27
2012	5	982.6	31	1 004.6	28

（续）

年	月	人工观测数据		自动观测数据	
		气压/hPa	有效数据/条	气压/hPa	有效数据/条
2012	6	966.6	30	998.8	30
2012	7	990.6	31	1 001.9	31
2012	8	957.8	31	1 001.1	30
2012	9	985.6	30	1 008.3	30
2012	10	1 000.0	31	1 012.1	30
2012	11	1 001.1	30	1 013.7	30
2012	12	1 003.3	31	1 016.9	30
2013	1	1 005.7	31	1 018.8	31
2013	2	979.2	28	1 016.1	28
2013	3	990.0	31	1 012.8	30
2013	4	964.3	29	1 009.8	30
2013	5	993.9	31	1 005.8	24
2013	6	991.0	30	1 002.6	27
2013	7	971.0	31	1 004.4	29
2013	8	990.5	31	1 002.2	31
2013	9	994.2	30	1 006.6	26
2013	10	999.7	31	1 012.3	31
2013	11	991.5	30	1 015.7	29
2013	12	994.0	31	1 018.4	31
2014	1	1 005.8	31	1 019.4	30
2014	2	1 002.7	28	1 015.9	28
2014	3	1 001.7	31	1 015.0	30
2014	4	998.3	30	1 010.8	30
2014	5	994.1	31	1 006.7	30
2014	6	978.3	30	1 001.2	30
2014	7	980.1	31	1 004.3	30
2014	8	992.4	31	1 006.3	31
2014	9	994.2	30	1 008.2	30
2014	10	989.3	31	1 014.7	31
2014	11	990.6	30	1 017.2	30

（续）

年	月	人工观测数据		自动观测数据	
		气压/hPa	有效数据/条	气压/hPa	有效数据/条
2014	12	1 006.7	31	1 022.6	31
2015	1	1 005.7	31	1 021.4	31
2015	2	1 003.4	28	1 019.0	28
2015	3	1 001.9	31	1 017.3	31
2015	4	998.9	30	1 013.5	30
2015	5	993.3	31	1 007.6	31
2015	6	992.1	30	1 006.3	30
2015	7	989.6	31	1 003.7	31
2015	8	991.5	31	1 005.8	31
2015	9	984.4	30	1 009.9	30
2015	10	989.1	31	1 014.5	31
2015	11	1 002.5	30	1 017.8	30
2015	12	1 005.8	31	1 022.0	22

3.4.2 平均风速（风向）数据集

3.4.2.1 概况

本数据集收录了 2005—2015 年鹤山站定位观测的风速（风向）数据，分人工观测和自动观测数据，人工观测数据为每天定时观测数据，自动观测数据为每小时自动观测数据统计平均值。数据包括观测时间、月平均风速、10 min 平均风速、10 min 平均风向等，风速单位为 m/s。数据收集的长期观测样地为鹤山站气象观测场（HSFQX01）。

3.4.2.2 数据采集和处理方法

观测数据按中国生态系统研究网络（CERN）长期监测规范丛书《陆地生态系统大气环境观测指标与规范》要求进行，人工观测为每天 8：00、14：00 和 20：00 定时观测，自动观测为 1 次/h。

人工观测数据由电接风速风向仪直接观测所得；自动观测数据由仪器自动采集，人工下载的原始数据经软件自动统计生成报表数据，从数据报表中提取每日平均值，进行月平均统计所得。

3.4.2.3 数据质量控制和处理方法

数据质量控制和处理方法参考第 3 章 3.4.1.3。

3.4.2.4 数据价值/数据使用方法和建议

数据价值和数据使用方法参考第 3 章 3.4.1.4。

3.4.2.5 数据

数据见表 3 - 86。

表 3-86　鹤山站气象站（人工、自动）风向、风速数据

年	月	人工观测数据		自动观测数据		
		平均风速/（m/s）	有效数据/条	10 min 平均风速/（m/s）	10 min 平均风向	有效数据/条
2005	1	2.5	31	2.3	269°	29
2005	2	2.6	28	2.2	259°	28
2005	3	2.2	31	1.9	229°	31
2005	4	2.3	30	1.5	194°	29
2005	5	2.1	31	1.4	152°	27
2005	6	1.8	28	1.0	158°	20
2005	7	1.7	31	1.2	160°	31
2005	8	2.0	31	1.2	174°	27
2005	9	2.2	30	1.8	242°	24
2005	10	2.8	31	2.1	242°	30
2005	11	2.6	30	2.0	220°	30
2005	12	3.5	31	3.0	291°	31
2006	1	2.8	31	2.2	205°	31
2006	2	2.5	28	1.9	206°	28
2006	3	2.2	31	1.6	178°	31
2006	4	2.6	30	1.5	136°	30
2006	5	2.5	31	1.7	171	31
2006	6	1.8	30	1.0	104°	30
2006	7	1.9	31	1.2	111°	30
2006	8	1.9	31	1.2	115°	31
2006	9	2.3	30	1.6	192°	30
2006	10	1.7	31	1.1	161°	31
2006	11	2.4	30	2.0	229°	30
2006	12	3.3	31	2.7	226°	31
2007	1	3.0	31	2.6	218°	31
2007	2	1.5	28	1.4	189°	28
2007	3	2.3	31	1.9	190°	31
2007	4	2.3	30	1.8	201°	29
2007	5	1.4	31	1.3	177°	31
2007	6	1.3	30	1.1	182°	30
2007	7	1.7	31	1.5	172°	31
2007	8	1.6	31	1.5	189°	31

（续）

年	月	人工观测数据		自动观测数据		
		平均风速/（m/s）	有效数据/条	10 min 平均风速/（m/s）	10 min 平均风向	有效数据/条
2007	9	2.0	30	1.8	219°	30
2007	10	2.4	31	2.1	209°	31
2007	11	2.9	30	2.7	230°	30
2007	12	2.3	31	2.0	200°	31
2008	1	3.0	31	2.8	187°	31
2008	2	3.0	29	2.8	213°	29
2008	3	1.8	31	1.5	172°	31
2008	4	1.8	30	1.6	189°	30
2008	5	1.7	31	1.3	173°	30
2008	6	1.5	30	1.2	173°	30
2008	7	1.2	31	1.2	177°	31
2008	8	1.6	31	1.5	180°	31
2008	9	1.6	30	1.1	153°	30
2008	10	1.8	31	0.2	16°	31
2008	11	2.5	30	0.8	31°	30
2008	12	2.0	31	2.2	128°	31
2009	1	1.9	31	2.5	138°	31
2009	2	1.3	28	1.3	226°	28
2009	3	2.4	31	0.7	43°	31
2009	4	1.7	30	1.3	195°	30
2009	5	1.8	31	1.3	217°	31
2009	6	1.6	30	1.1	226°	30
2009	7	1.8	31	1.3	238°	31
2009	8	1.8	31	1.2	185°	31
2009	9	2.0	30	1.8	170°	30
2009	10	2.0	31	1.6	130°	31
2009	11	2.9	30	2.6	150°	30
2009	12	2.1	31	2.0	132°	31
2010	1	2.0	31	1.9	140°	31
2010	2	2.0	28	1.8	178°	28
2010	3	2.1	31	1.8	174°	31
2010	4	1.8	30	1.0	131°	30

（续）

年	月	人工观测数据		自动观测数据		
		平均风速/（m/s）	有效数据/条	10 min 平均风速/（m/s）	10 min 平均风向	有效数据/条
2010	5	1.8	31	0.8	199°	31
2010	6	1.9	30	0.7	199°	30
2010	7	1.6	31	0.7	238°	31
2010	8	1.5	31	0.6	159°	31
2010	9	1.3	30	1.5	161°	30
2010	10	3.3	31	4.7	105°	31
2010	11	1.9	30	1.4	117°	30
2010	12	2.2	31	1.7	135°	31
2011	1	3.3	31	3.2	194°	31
2011	2	1.5	28	1.7	210°	28
2011	3	2.4	31	2.3	207°	31
2011	4	1.5	30	1.3	221°	30
2011	5	1.9	31	1.6	226°	31
2011	6	1.8	30	1.3	210°	30
2011	7	1.7	31	1.1	160°	31
2011	8	1.6	31	1.2	167°	31
2011	9	2.3	30	1.9	192°	30
2011	10	2.1	31	2.0	183°	31
2011	11	2.1	30	1.9	185°	30
2011	12	2.8	31	2.9	187°	31
2012	1	2.2	31	2.5	191°	31
2012	2	2.2	29	2.1	194°	29
2012	3	1.2	31	1.6	200°	31
2012	4	0.6	30	1.3	195°	30
2012	5	0.9	31	1.1	193°	31
2012	6	0.8	30	1.1	191°	30
2012	7	0.8	31	0.9	162°	31
2012	8	0.4	31	0.6	111°	31
2012	9	1.0	30	1.0	135°	30
2012	10	0.8	31	1.0	146°	31
2012	11	2.0	30	1.7	202°	30
2012	12	2.6	31	2.1	220°	31

（续）

年	月	人工观测数据		自动观测数据		
		平均风速/（m/s）	有效数据/条	10 min 平均风速/（m/s）	10 min 平均风向	有效数据/条
2013	1	2.6	31	1.9	225°	31
2013	2	2.0	28	1.5	164°	28
2013	3	1.5	31	1.1	134°	31
2013	4	1.4	30	1.3	142°	30
2013	5	1.5	31	0.7	92°	31
2013	6	2.0	30	1.2	118°	30
2013	7	1.0	31	0.9	108°	31
2013	8	1.5	31	0.7	86°	31
2013	9	1.5	30	1.2	145°	30
2013	10	2.2	31	1.9	228°	31
2013	11	2.3	30	2.1	222°	30
2013	12	2.5	31	2.5	243°	31
2014	1	1.9	31	1.7	194°	31
2014	2	2.4	28	1.9	185°	28
2014	3	1.6	31	1.4	181°	31
2014	4	0.7	30	1.0	136°	30
2014	5	1.2	31	1.1	126°	31
2014	6	0.8	30	0.9	118°	30
2014	7	0.9	31	0.7	147°	31
2014	8	0.7	31	0.5	188°	31
2014	9	1.2	30	0.9	174°	30
2014	10	1.4	31	1.1	185°	31
2014	11	1.6	30	1.4	129°	30
2014	12	3.0	31	2.3	95°	31
2015	1	1.9	31	1.5	138°	31
2015	2	1.4	28	0.9	156°	28
2015	3	1.3	31	1.0	131°	31
2015	4	1.7	30	1.3	152°	30
2015	5	1.0	31	0.7	167°	31
2015	6	1.1	30	0.7	177°	30
2015	7	1.5	31	1.0	166°	31
2015	8	0.6	31	0.6	197°	31

（续）

年	月	人工观测数据		自动观测数据		
		平均风速/（m/s）	有效数据/条	10 min 平均风速/（m/s）	10 min 平均风向	有效数据/条
2015	9	0.9	30	0.8	170°	30
2015	10	1.3	31	1.5	143°	31
2015	11	1.6	30	1.5	127°	30
2015	12	2.3	31	1.5	66°	31

注：0°（即360°）是北风，90°是东风，180°是南风，270°是西风，其余风向可由此计算。

3.4.3　气温数据集

3.4.3.1　概况

本数据集收录了 2005—2015 年鹤山站定位观测的气温数据，分人工观测和自动观测数据，人工观测数据为每天定时观测数据，自动观测数据为每小时自动观测数据统计平均值。数据包括观测时间、月平均气温（最高温度、最低温度）等，气温单位为℃。数据收集的长期观测样地为鹤山站气象观测场（HSFQX01）。

3.4.3.2　数据采集和处理方法

观测数据按中国生态系统研究网络（CERN）长期监测规范丛书《陆地生态系统大气环境观测指标与规范》要求进行，人工观测为每天 8：00、14：00 和 20：00 定时观测，自动观测为 1 次/h。

人工观测数据由百叶箱内放置的干球温度表、最高和最低气温表直接观测所得；自动观测数据由仪器自动采集，人工下载的原始数据经软件自动统计生成报表数据，从数据报表中提取每日平均值，进行月平均统计所得。

3.4.3.3　数据质量控制和处理方法

数据质量控制和处理方法参考第 3 章 3.4.1.3。

3.4.3.4　数据价值/数据使用方法和建议

数据价值和数据使用方法参考第 3 章 3.4.1.4。

3.4.3.5　数据

数据见表 3-87。

表 3-87　鹤山站气象站（人工、自动）气温数据

年	月	人工观测数据				自动观测数据			
		气温/℃	最高温度/℃	最低温度/℃	有效数据/条	气温/℃	最高温度/℃	最低温度/℃	有效数据/条
2005	1	13.1	26.0	2.0	31	13.4	27.0	2.3	29
2005	2	13.7	33.2	5.2	28	13.8	28.3	5.5	28
2005	3	16.5	29.4	5.2	30	16.5	30.1	5.9	31
2005	4	21.8	32.0	11.6	30	22.0	32.1	12.0	29
2005	5	26.6	35.4	19.8	31	27.1	36.4	20.6	27
2005	6	26.9	38.0	22.5	30	26.9	36.8	22.5	20
2005	7	28.6	38.5	22.6	31	28.8	39.2	22.8	31
2005	8	27.8	36.8	23.2	31	27.7	37.3	22.8	27

（续）

年	月	人工观测数据				自动观测数据			
		气温/℃	最高温度/℃	最低温度/℃	有效数据/条	气温/℃	最高温度/℃	最低温度/℃	有效数据/条
2005	9	27.1	39.0	19.5	30	27.3	35.5	22.5	24
2005	10	24.4	35.0	16.5	31	24.5	34.1	16.8	30
2005	11	21.3	33.2	11.4	30	21.4	34.0	11.8	30
2005	12	14.2	25.5	4.5	31	14.6	26.1	5.0	31
2006	1	14.9	29.0	4.5	31	15.1	30.1	5.2	31
2006	2	16.6	28.1	6.0	28	16.6	28.5	6.1	28
2006	3	17.4	28.5	5.0	31	17.6	29.1	5.6	31
2006	4	23.3	37.6	10.5	30	23.3	36.8	11.1	30
2006	5	24.7	34.5	17.0	29	24.9	35.2	17.5	31
2006	6	26.8	36.0	21.0	30	26.9	37.0	0.0	30
2006	7	28.8	38.5	23.0	31	29.1	38.8	23.1	30
2006	8	27.9	36.0	23.2	31	27.9	36.6	23.2	31
2006	9	25.6	35.5	17.8	30	25.7	36.9	18.2	30
2006	10	25.6	32.5	18.0	31	25.5	33.3	18.4	31
2006	11	21.2	31.6	12.5	30	21.1	32.6	12.5	30
2006	12	15.4	27.5	6.5	31	15.5	26.4	7.0	31
2007	1	13.4	24.0	6.0	31	13.3	24.5	6.6	31
2007	2	18.5	29.6	6.0	28	18.4	30.7	6.3	28
2007	3	18.5	30.0	7.0	31	18.6	30.7	7.5	31
2007	4	20.7	33.0	8.8	30	20.6	34.7	9.4	29
2007	5	25.9	35.2	18.5	29	26.0	36.6	18.6	31
2007	6	27.6	44.6	22.2	30	27.8	37.5	22.6	30
2007	7	29.3	44.6	23.8	31	29.2	37.3	23.8	31
2007	8	27.9	37.5	23.0	29	27.9	37.9	23.2	31
2007	9	27.0	34.2	21.6	30	26.9	34.8	22.0	30
2007	10	24.5	34.3	15.8	31	24.2	34.9	17.1	31
2007	11	19.2	30.6	8.5	30	18.9	30.1	8.5	30
2007	12	17.2	28.8	9.0	31	17.0	28.9	9.4	31
2008	1	12.3	29.2	3.6	31	12.2	30.2	4.1	31
2008	2	10.5	23.5	3.0	29	10.7	24.1	3.4	29
2008	3	19.4	28.8	6.6	31	19.2	29.8	7.3	31
2008	4	22.2	32.0	13.5	29	22.4	32.7	14.0	30

（续）

年	月	人工观测数据				自动观测数据			
		气温/℃	最高温度/℃	最低温度/℃	有效数据/条	气温/℃	最高温度/℃	最低温度/℃	有效数据/条
2008	5	24.8	34.7	17.5	31	24.7	35.3	17.8	30
2008	6	26.1	35.6	19.5	30	26.3	37.2	19.3	30
2008	7	28.1	37.6	22.0	31	28.1	38.9	22.8	31
2008	8	27.8	37.8	22.5	31	27.9	38.0	22.1	31
2008	9	28.0	43.0	21.8	30	27.4	36.9	21.8	26
2008	10	25.4	37.8	19.8	29	25.3	33.6	19.8	29
2008	11	19.7	37.7	8.0	30	19.5	33.3	8.1	30
2008	12	15.3	37.7	5.0	31	15.5	28.7	5.2	31
2009	1	12.4	26.7	3.5	31	12.9	27.4	3.9	31
2009	2	20.8	32.2	7.2	28	76.6	32.8	9.9	27
2009	3	17.4	31.5	7.6	31	87.7	21.1	9.8	11
2009	4	21.1	30.6	13.5	30	21.7	31.0	13.6	29
2009	5	24.9	34.0	17.0	30	25.0	35.9	17.1	30
2009	6	27.6	36.8	20.6	30	27.4	37.2	21.6	29
2009	7	28.6	37.0	23.0	31	28.5	37.7	22.9	31
2009	8	29.0	36.6	23.5	31	28.8	37.8	22.6	31
2009	9	28.3	36.5	23.2	30	28.1	37.4	23.2	30
2009	10	25.2	34.2	18.5	31	25.1	33.5	18.3	31
2009	11	17.6	34.2	5.5	30	17.5	31.9	5.7	30
2009	12	15.0	26.2	6.0	31	15.0	27.3	6.2	31
2010	1	14.1	27.2	6.2	31	14.3	28.1	6.6	31
2010	2	16.3	30.5	4.8	28	15.6	31.3	0.0	28
2010	3	18.8	30.5	5.2	31	18.8	31.3	5.4	31
2010	4	19.6	30.5	9.8	30	17.7	30.8	9.9	26
2010	5	25.7	33.5	16.5	31	25.6	34.5	18.5	31
2010	6	25.8	34.5	19.6	30	26.1	35.7	19.7	30
2010	7	29.0	36.8	23.4	31	28.7	38.3	22.9	31
2010	8	28.4	36.7	23.5	31	28.0	38.0	23.2	31
2010	9	27.5	36.8	21.8	30	27.2	36.5	21.7	30
2010	10	23.6	36.5	13.0	31	22.5	34.5	13.0	30
2010	11	19.8	30.5	12.2	30	19.6	30.1	12.1	30
2010	12	15.6	28.8	2.2	31	14.6	29.6	2.2	30

（续）

年	月	人工观测数据				自动观测数据			
		气温/℃	最高温度/℃	最低温度/℃	有效数据/条	气温/℃	最高温度/℃	最低温度/℃	有效数据/条
2011	1	9.6	21.6	2.5	31	8.8	18.8	2.3	31
2011	2	14.9	27.8	5.5	28	14.0	28.5	0.0	28
2011	3	15.8	28.5	9.5	31	15.5	29.8	9.0	31
2011	4	23.1	32.6	13.4	30	22.6	33.8	13.2	30
2011	5	25.2	34.3	12.4	31	24.9	36.2	17.5	31
2011	6	28.2	36.6	22.4	30	27.2	37.0	22.6	29
2011	7	28.4	35.7	23.6	31	27.8	37.7	23.5	30
2011	8	29.1	36.0	22.7	31	28.4	37.3	22.3	30
2011	9	27.5	36.0	19.8	30	25.9	35.7	20.0	28
2011	10	23.8	34.6	17.5	31	22.7	31.2	17.7	30
2011	11	21.9	31.7	14.2	30	21.1	31.9	14.0	30
2011	12	14.1	24.0	6.0	31	13.6	23.5	5.8	30
2012	1	11.0	24.6	3.5	31	10.9	24.9	3.3	31
2012	2	13.4	28.4	3.5	29	13.6	30.4	5.9	29
2012	3	17.1	31.0	5.8	31	17.7	31.5	8.5	31
2012	4	22.0	33.3	10.7	30	21.6	34.0	15.1	27
2012	5	25.9	35.3	11.5	31	25.3	36.3	19.6	28
2012	6	27.2	35.2	16.0	30	27.2	36.7	22.6	30
2012	7	27.7	37.3	20.0	31	27.9	36.6	23.5	31
2012	8	28.0	36.5	18.3	31	28.9	37.2	23.0	30
2012	9	25.5	36.5	14.3	30	26.3	37.0	20.0	30
2012	10	23.7	32.3	12.3	31	23.4	32.7	16.5	30
2012	11	18.9	32.2	8.5	30	19.4	32.5	9.7	30
2012	12	14.4	28.4	1.8	31	14.3	29.6	3.4	30
2013	1	13.3	24.8	1.7	31	13.9	25.5	4.5	31
2013	2	16.8	27.9	6.7	28	16.9	29.3	0.0	28
2013	3	17.7	—	—	31	19.5	30.7	8.6	30
2013	4	19.9	32.3	—	30	20.9	33.8	12.4	30
2013	5	25.3	34.8	17.5	31	19.0	35.5	17.4	24
2013	6	27.5	35.4	20.5	30	24.9	38.0	20.4	27
2013	7	27.3	37.4	18.5	31	26.4	38.5	23.2	29
2013	8	27.5	35.4	19.0	31	27.5	38.1	22.9	31

（续）

年	月	人工观测数据				自动观测数据			
		气温/℃	最高温度/℃	最低温度/℃	有效数据/条	气温/℃	最高温度/℃	最低温度/℃	有效数据/条
2013	9	26.6	34.8	21.0	30	23.5	35.8	21.2	26
2013	10	24.0	33.5	13.0	31	24.1	35	13.7	31
2013	11	19.3	30.4	8.5	30	19.1	30.7	8.5	29
2013	12	11.6	—	—	31	12.8	24.9	5.3	31
2014	1	13.9	27.0	3.4	31	14.1	28.2	3.7	30
2014	2	12.8	28.2	−1.0	28	12.8	28.9	0.0	28
2014	3	17.2	28.8	8.0	31	16.9	30.2	10.4	30
2014	4	22.3	32.3	15.5	30	22.5	34.1	15.6	30
2014	5	25.2	35.2	16.6	31	25.1	36.5	16.8	30
2014	6	28.2	36.7	22.0	30	28.4	38.1	22.0	30
2014	7	29.2	36.8	23.7	31	28.2	38.1	23.5	30
2014	8	28.2	40.5	23.0	31	28.1	37.6	22.8	31
2014	9	27.6	35.6	22.5	30	27.5	35.9	22.7	30
2014	10	24.5	34.8	18.0	31	24.6	33.8	18.1	31
2014	11	20.0	32.4	13.5	30	20.3	32.9	13.6	30
2014	12	13.2	22.8	5.0	31	13.1	23.9	5.2	31
2015	1	14.1	26.7	5.0	31	14.6	27.0	6.5	31
2015	2	16.4	27.8	7.0	28	16.1	28.0	0.0	28
2015	3	18.2	29.8	10.4	31	18.3	30.6	10.5	31
2015	4	22.4	33.4	12.5	30	22.5	34.3	12.3	30
2015	5	26.2	35.2	9.4	31	26.3	35.6	19.5	31
2015	6	28.6	36.5	23.2	30	28.4	36.9	23.2	30
2015	7	28.1	36.7	22.8	31	27.9	37.2	22.6	31
2015	8	28.1	36.8	22.7	31	28.2	36.7	22.7	31
2015	9	27.2	34.4	21.5	30	27.1	35.5	22.4	30
2015	10	24.1	33.2	15.9	31	24.1	32.7	15.8	31
2015	11	21.2	31.3	11.0	30	21.2	31.5	11.1	30
2015	12	14.8	26.8	5.5	31	10.9	26.6	5.5	22

3.4.4　相对湿度数据集

3.4.4.1　概况

本数据集收录了 2005—2015 年鹤山站定位观测的相对湿度数据，分为人工观测和自动观测数据，人工观测数据为每天定时观测数据，自动观测数据为每小时自动观测数据统计平均值。数据包括观测时间、月平均相对湿度等，相对湿度数据单位为％。数据收集的长期观测样地为鹤山站气象观测场（HSFQX01）。

3.4.4.2 数据采集和处理方法

观测数据按中国生态系统研究网络（CERN）长期监测规范丛书《陆地生态系统大气环境观测指标与规范》要求进行，人工观测为每天 8：00、14：00 和 20：00 定时观测，自动观测为 1 次/h。

人工观测数据由百叶箱内放置的毛发湿度计直接观测所得；自动观测数据由仪器自动采集，人工下载的原始数据经软件自动统计生成报表数据，从数据报表中提取每日平均值，进行月平均统计所得。

3.4.4.3 数据质量控制和处理方法

经常对仪器进行检查、维护，保证仪器正常运行，保证数据采集完整性，人工观测经常定期维护毛发湿度计；自动观测传感器湿敏电容定期清洁及更换相关配件。人工及自动观测数据处理完成后，会自动生成报表，最后经软件程序设定进行自动计算和审核，审核参数根据实际情况及经验值设定。

3.4.4.4 数据价值/数据使用方法和建议

数据价值和数据使用方法参考第 3 章 3.4.1.4。

3.4.4.5 数据

数据见表 3-88。

表 3-88 鹤山站气象站（人工、自动）相对湿度数据

年	月	人工观测数据		自动观测数据	
		相对湿度/%	有效数据/条	相对湿度/%	有效数据/条
2005	1	65.3	31	68	28
2005	2	80.1	28	84	28
2005	3	76.2	29	77	31
2005	4	80.1	29	82	29
2005	5	80.7	31	82	27
2005	6	83.8	30	87	20
2005	7	74.1	31	76	31
2005	8	80.8	31	83	27
2005	9	78.1	30	77	24
2005	10	68.5	31	67	30
2005	11	68.7	30	67	30
2005	12	56.3	31	49	31
2006	1	70.5	31	70	31
2006	2	73.7	27	73	28
2006	3	79.6	31	83	31
2006	4	81.1	29	84	30
2006	5	79.4	29	82	31
2006	6	85.2	28	90	30

（续）

年	月	人工观测数据		自动观测数据	
		相对湿度/%	有效数据/条	相对湿度/%	有效数据/条
2006	7	79.2	29	82	30
2006	8	80	31	85	31
2006	9	76	30	79	30
2006	10	75.9	31	78	31
2006	11	72	30	70	30
2006	12	64.2	31	63	31
2007	1	69.8	30	66	31
2007	2	83	28	79	28
2007	3	93.8	31	86	31
2007	4	92.7	30	82	29
2007	5	92.2	31	79	31
2007	6	87.6	30	85	30
2007	7	81.1	31	78	31
2007	8	84.6	31	81	31
2007	9	78.4	30	74	30
2007	10	72.6	31	68	31
2007	11	59	30	54	30
2007	12	71.8	31	65	31
2008	1	80.7	31	67	31
2008	2	79.8	29	64	29
2008	3	83.9	31	71	31
2008	4	92.5	30	82	30
2008	5	91.9	31	82	30
2008	6	95.4	30	87	30
2008	7	92.6	31	81	31
2008	8	95.1	21	80	31
2008	9	88.1	9	78	26
2008	10	74.6	31	79	29
2008	11	61.8	30	63	30
2008	12	62.4	31	59	31
2009	1	59.3	31	58	31
2009	2	74.8	28	76	27

（续）

年	月	人工观测数据		自动观测数据	
		相对湿度/%	有效数据/条	相对湿度/%	有效数据/条
2009	3	82.3	30	88	9
2009	4	78.3	30	79	29
2009	5	78.3	30	81	30
2009	6	83	30	86	29
2009	7	80.2	31	85	31
2009	8	79.6	31	84	31
2009	9	78.3	30	82	30
2009	10	71.5	31	71	31
2009	11	70	30	71	30
2009	12	76.6	31	77	31
2010	1	82.1	31	85	31
2010	2	91	28	92	28
2010	3	82.3	31	82	31
2010	4	91.5	30	92	18
2010	5	87.8	31	89	24
2010	6	92.6	30	93	29
2010	7	89.6	31	86	31
2010	8	94.9	31	87	26
2010	9	90.5	30	86	23
2010	10	73.4	31	75	30
2010	11	69.3	30	67	30
2010	12	70.6	31	59	28
2011	1	68.9	31	63	31
2011	2	79.6	28	77	28
2011	3	75.1	31	72	31
2011	4	75.5	30	74	30
2011	5	79.3	31	80	31
2011	6	84.2	30	84	29
2011	7	85.9	31	85	24
2011	8	80.1	31	79	30
2011	9	77.2	30	76	28
2011	10	78.2	31	77	30

（续）

年	月	人工观测数据		自动观测数据	
		相对湿度/%	有效数据/条	相对湿度/%	有效数据/条
2011	11	78.3	30	74	29
2011	12	60.6	31	54	30
2012	1	87.9	31	83	28
2012	2	82.6	29	79	27
2012	3	85.7	31	79	19
2012	4	90.2	30	86	19
2012	5	88.3	31	87	28
2012	6	87.3	30	86	30
2012	7	86	31	86	31
2012	8	84.4	31	82	30
2012	9	81.2	30	78	30
2012	10	78.9	31	76	30
2012	11	86.8	30	84	30
2012	12	84.1	31	84	29
2013	1	80	31	78	31
2013	2	86.4	28	84	28
2013	3	87.5	31	86	28
2013	4	89.3	30	91	25
2013	5	92	31	90	17
2013	6	88.7	30	88	27
2013	7	92.4	31	90	29
2013	8	91.8	31	90	31
2013	9	89	30	79	20
2013	10	77.5	31	63	31
2013	11	82.6	30	71	29
2013	12	70.7	31	59	31
2014	1	77.7	31	63	30
2014	2	91.6	28	80	28
2014	3	92.4	31	84	30
2014	4	97.2	30	88	30
2014	5	98.1	31	90	30
2014	6	95.4	30	85	30

（续）

年	月	人工观测数据		自动观测数据	
		相对湿度/%	有效数据/条	相对湿度/%	有效数据/条
2014	7	95.5	31	84	30
2014	8	96.2	31	86	31
2014	9	97.2	30	84	30
2014	10	94.5	31	73	31
2014	11	97.3	30	81	30
2014	12	93.7	31	69	31
2015	1	96.1	31	72	31
2015	2	98.8	28	80	28
2015	3	100	31	91	31
2015	4	98.9	30	80	30
2015	5	100	31	92	31
2015	6	93.7	30	88	30
2015	7	84	31	86	31
2015	8	82.8	31	84	31
2015	9	83.3	30	86	30
2015	10	78.1	31	80	31
2015	11	80.2	30	82	30
2015	12	80.1	31	79	22

3.4.5　地表温度数据集

3.4.5.1　概况

本数据集收录了 2005—2015 年鹤山站定位观测的地表温度数据，分为人工观测和自动观测数据，人工观测数据为每天定时观测数据，自动观测数据为每小时自动观测数据统计平均值。数据包括观测时间、月平均地表温度等，地表温度单位为℃。数据收集的长期观测样地为鹤山站气象观测场（HS-FQX01）。

3.4.5.2　数据采集和处理方法

观测数据按中国生态系统研究网络（CERN）长期监测规范丛书《陆地生态系统大气环境观测指标与规范》要求进行，人工观测为每天 8：00、14：00 和 20：00 定时观测，自动观测为 1 次/h。

人工观测数据由直接观测所得；自动观测数据由仪器自动采集，人工下载的原始数据经软件自动统计生成报表数据，从数据报表中提取每日平均值，进行月平均统计所得。

3.4.5.3　数据质量控制和处理方法

经常对仪器进行检查、维护，保证仪器正常运行，保证数据采集完整性，人工观测点保持温度计安装位置土壤疏松，感应部位不裸露。人工及自动观测数据处理完成后，会自动生成报表，最后经软件程序设定进行自动计算和审核，审核参数根据实际情况及经验值设定。

3.4.5.4　数据价值/数据使用方法和建议

数据价值和数据使用方法参考第 3 章 3.4.1.4。

3.4.5.5　数据

数据见表 3-89。

表 3-89　鹤山站气象站（人工、自动）地表温度数据

年	月	人工观测数据		自动观测数据	
		地表温度/℃	有效数据/条	地表温度/℃	有效数据/条
2005	1	14.6	31	14.4	29
2005	2	14	28	14.7	28
2005	3	15.7	30	16.4	31
2005	4	21.3	30	22.5	29
2005	5	26.9	31	28	27
2005	6	27	30	28.3	20
2005	7	30.4	31	32.2	31
2005	8	28.5	31	29.6	26
2005	9	27.1	30	25.9	5
2005	10	25.8	31	26.2	30
2005	11	22.6	30	24	30
2005	12	14.5	31	16.5	31
2006	1	14.7	31	17.2	31
2006	2	16.6	28	18.9	28
2006	3	16.6	31	18.5	31
2006	4	23.4	30	24.4	30
2006	5	25.4	29	27	31
2006	6	27.3	30	28.9	30
2006	7	29.7	31	31.7	30
2006	8	28.5	31	29.8	31
2006	9	26.1	30	27.8	30
2006	10	25.8	31	26.8	31
2006	11	21.1	30	21.5	30
2006	12	15.2	31	15.6	31
2007	1	13.7	31	14.2	31
2007	2	18.6	28	19.1	28
2007	3	18.1	31	19.3	31
2007	4	21	30	21.8	29
2007	5	27.5	31	27	31
2007	6	28.4	30	29.3	30
2007	7	31.3	30	30.9	31
2007	8	28.7	31	29.4	31
2007	9	27.2	30	28.4	30
2007	10	25.7	31	26.2	31

（续）

年	月	人工观测数据		自动观测数据	
		地表温度/℃	有效数据/条	地表温度/℃	有效数据/条
2007	11	20	30	20.9	30
2007	12	17.7	31	19	31
2008	1	13.1	31	14.8	31
2008	2	10.6	29	12	29
2008	3	19.3	31	20.7	31
2008	4	22.8	30	23.6	30
2008	5	25.8	31	26.6	30
2008	6	27.3	30	28.1	30
2008	7	29.6	30	30.5	31
2008	8	29.1	30	30.5	31
2008	9	28.8	30	29.9	26
2008	10	25.5	31	27.2	29
2008	11	19.7	29	21.2	30
2008	12	15.6	31	16.7	31
2009	1	13.6	31	13.8	31
2009	2	22	28	22.3	27
2009	3	17.2	30	15.8	9
2009	4	21.6	30	22.8	29
2009	5	26.8	31	27.7	30
2009	6	28.6	29	29.3	29
2009	7	30.6	31	30.4	31
2009	8	30.5	29	30.4	31
2009	9	29.1	30	29.2	30
2009	10	29	31	25.9	31
2009	11	18.2	30	18.9	30
2009	12	14.6	31	16.2	31
2010	1	13.6	31	15.4	31
2010	2	15.8	28	17.1	28
2010	3	18.9	31	19.4	31
2010	4	19.3	30	20.2	26
2010	5	26.4	31	25.4	31
2010	6	26.6	30	26.4	30

（续）

年	月	人工观测数据		自动观测数据	
		地表温度/℃	有效数据/条	地表温度/℃	有效数据/条
2010	7	30.8	31	31.6	30
2010	8	29.7	31	30.6	20
2010	9	28.6	30	29.4	29
2010	10	23.5	31	25.8	30
2010	11	20.2	30	21.2	30
2010	12	15.2	31	16.8	28
2011	1	10.4	31	13.1	31
2011	2	15.2	28	17.5	28
2011	3	16.1	31	18.6	31
2011	4	24.4	30	26.2	30
2011	5	26.5	31	27.7	31
2011	6	26	30	30.2	29
2011	7	29.8	31	30.4	30
2011	8	31	31	31.2	30
2011	9	29.5	30	29.7	28
2011	10	24.2	31	25.5	30
2011	11	21.8	30	23	30
2011	12	15.1	31	16.4	30
2012	1	11.9	31	13.8	31
2012	2	13.6	29	15.9	29
2012	3	16.9	31	19.2	31
2012	4	21.7	30	24.1	27
2012	5	26.2	31	27.9	28
2012	6	27.6	30	28.2	30
2012	7	28.3	31	28.6	31
2012	8	28.5	31	28.7	30
2012	9	25.8	30	28.3	30
2012	10	24.2	31	26	30
2012	11	18.9	30	21.1	30
2012	12	14.6	31	16.7	30
2013	1	14.5	31	15.6	31
2013	2	18.7	28	19.1	28

（续）

年	月	人工观测数据		自动观测数据	
		地表温度/℃	有效数据/条	地表温度/℃	有效数据/条
2013	3	20.9	31	21	30
2013	4	21.1	30	22.1	30
2013	5	27.2	31	26.2	24
2013	6	29.5	30	28.9	27
2013	7	29.3	31	29.8	29
2013	8	29.1	31	29.4	31
2013	9	27.6	30	28.7	26
2013	10	24.5	31	26.3	31
2013	11	19.7	30	21.4	29
2013	12	12	31	14.3	31
2014	1	13.9	31	15.8	30
2014	2	14	28	15.3	28
2014	3	18.8	31	19	30
2014	4	23.5	30	24	30
2014	5	26.8	31	26.7	30
2014	6	30.6	30	29.7	30
2014	7	31.9	31	30.3	30
2014	8	31.3	31	29.7	31
2014	9	30.1	30	28.6	30
2014	10	27.1	31	25.1	31
2014	11	21.5	30	21	30
2014	12	13.7	31	14.9	31
2015	1	14.9	31	16.1	31
2015	2	17.9	28	18.4	28
2015	3	19.4	31	20.4	31
2015	4	25.2	30	25.8	30
2015	5	28.6	31	28.2	31
2015	6	31.4	30	30.2	30
2015	7	30.7	31	31.1	31
2015	8	31.4	31	32.4	31
2015	9	29	30	30	30
2015	10	25.5	31	26.8	31

（续）

年	月	人工观测数据		自动观测数据	
		地表温度/℃	有效数据/条	地表温度/℃	有效数据/条
2015	11	22.3	30	23.8	30
2015	12	15.4	31	17.3	22

3.4.6　降水量数据集

3.4.6.1　概况

本数据集收录了 2005—2015 年鹤山站定位观测的降水量数据，分为人工观测和自动观测数据，人工观测数据为每天定时观测数据，自动观测数据为每小时自动观测数据统计平均值。数据包括观测时间、月降水量等，降水量单位为 mm。进行调查和数据收集的长期观测样地为鹤山站气象观测场（HSFQX01）。

3.4.6.2　数据采集和处理方法

观测数据按中国生态系统研究网络（CERN）长期监测规范丛书《陆地生态系统大气环境观测指标与规范》要求进行，人工观测为每天 20：00 定时观测，自动观测为 1 次/h。

人工观测数据由带量杯的雨量计及虹吸式雨量计直接观测所得；自动观测数据由仪器自动采集，人工下载的原始数据经软件自动统计生成报表数据，从数据报表中提取每日平均值，进行月降水量统计所得。

3.4.6.3　数据质量控制和处理方法

经常对仪器进行检查、维护，保证仪器正常运行，保证数据采集完整性，经常性检查人工或自动观测的雨量传感器，是否有灰尘或杂物堵塞。人工及自动数据处理完成后，会自动生成报表，最后经软件程序设定进行自动计算和审核，审核参数根据实际情况及经验值设定。

3.4.6.4　数据价值/数据使用方法和建议

数据价值和数据使用方法参考第 3 章 3.4.1.4。

3.4.6.5　数据

数据见表 3-90。

表 3-90　鹤山站气象站（人工、自动）降水量数据

年	月	人工观测数据		自动观测数据	
		降水量/mm	有效数据/条	降水量/mm	有效数据/条
2005	1	0.0	31	9.0	29
2005	2	28.8	28	41.6	28
2005	3	168.7	31	101.0	31
2005	4	62.6	30	64.8	29
2005	5	160.5	31	179.0	27
2005	6	464.7	30	357.8	20
2005	7	178.3	31	110.8	31
2005	8	231.0	31	191.6	30

286

（续）

年	月	人工观测数据		自动观测数据	
		降水量/mm	有效数据/条	降水量/mm	有效数据/条
2005	9	132.6	30	85.8	24
2005	10	8.3	31	8.2	30
2005	11	0.0	30	0.4	30
2005	12	0.0	31	0.2	31
2006	1	16.6	31	16.8	31
2006	2	72.6	28	72.0	28
2006	3	48.7	31	53.6	31
2006	4	88.1	30	90.4	30
2006	5	511.5	31	257.4	31
2006	6	496.7	30	97.6	30
2006	7	231.1	31	12.0	30
2006	8	504.9	31	103.6	31
2006	9	113.6	30	118.0	30
2006	10	51.9	31	74.2	31
2006	11	67.2	30	50.2	30
2006	12	22.5	31	22.4	31
2007	1	10.2	31	10.4	31
2007	2	39.1	28	37.6	28
2007	3	15.7	31	18.2	31
2007	4	149.3	30	144.4	29
2007	5	200.1	31	199.8	31
2007	6	233.6	30	219.8	30
2007	7	131.2	31	132.8	31
2007	8	272.5	31	252.8	31
2007	9	115.6	30	111.0	30
2007	10	24.4	31	25.0	31
2007	11	2.9	30	1.2	30
2007	12	9.1	31	0.4	31
2008	1	118.3	31	106.8	31
2008	2	31.6	29	30.4	29
2008	3	51.5	31	51.4	31
2008	4	85.3	30	78.0	30
2008	5	258.4	31	160.4	30
2008	6	762.6	30	186.8	30

（续）

年	月	人工观测数据		自动观测数据	
		降水量/mm	有效数据/条	降水量/mm	有效数据/条
2008	7	205.2	31	196.0	31
2008	8	184.1	31	247.8	31
2008	9	161.9	30	131.6	30
2008	10	103.6	31	97.6	31
2008	11	14.1	30	14.8	30
2008	12	6.5	31	6.0	31
2009	1	4.8	31	10.0	31
2009	2	3.1	28	3.8	28
2009	3	161.9	31	63.8	31
2009	4	162.5	30	147.0	30
2009	5	311.3	31	291.4	31
2009	6	134.0	30	160.0	30
2009	7	323.3	31	307.8	31
2009	8	227.2	31	236.2	31
2009	9	127.2	30	154.8	30
2009	10	21.4	31	23.8	31
2009	11	52.1	30	54.4	30
2009	12	64.2	31	67.2	31
2010	1	11.0	31	51.2	31
2010	2	33.1	28	119.2	28
2010	3	14.0	31	18.6	31
2010	4	225.0	30	198.8	30
2010	5	292.5	31	269.6	31
2010	6	338.7	30	309.4	30
2010	7	206.2	31	194.8	31
2010	8	117.7	31	119.2	31
2010	9	287.7	30	163.2	30
2010	10	31.5	31	0.0	31
2010	11	0.0	30	0.0	30
2010	12	21.1	31	0.0	31
2011	1	28.6	31	0.0	31
2011	2	43.1	28	0.0	28
2011	3	29.1	31	72.8	31
2011	4	40.4	30	42.8	30

（续）

年	月	人工观测数据		自动观测数据	
		降水量/mm	有效数据/条	降水量/mm	有效数据/条
2011	5	105.9	31	104.4	31
2011	6	306.1	30	291.0	30
2011	7	232.9	31	197.4	31
2011	8	70.2	31	77.6	31
2011	9	68.0	30	75.0	30
2011	10	87.6	31	89.8	31
2011	11	109.8	30	135.8	30
2011	12	0.0	31	0.0	31
2012	1	65.1	31	66.8	31
2012	2	25.6	29	77.4	29
2012	3	41.0	31	43.4	31
2012	4	318.4	30	299.0	30
2012	5	419.6	31	9.8	31
2012	6	208.6	30	194.2	30
2012	7	322.2	31	176.0	31
2012	8	170.5	31	189.3	31
2012	9	193.1	30	181.8	30
2012	10	102.0	31	100.6	31
2012	11	148.3	30	0.0	30
2012	12	78.1	31	0.0	31
2013	1	9.4	31	0.0	31
2013	2	2.7	28	0.0	28
2013	3	166.0	31	146.6	31
2013	4	205.8	30	214.2	30
2013	5	338.2	31	308.0	31
2013	6	114.0	30	89.0	30
2013	7	273.7	31	276.6	31
2013	8	498.6	31	440.8	31
2013	9	157.2	30	145.6	30
2013	10	0.0	31	0.0	31
2013	11	79.2	30	89.4	30
2013	12	106.1	31	121.8	31
2014	1	0.0	31	0.0	31
2014	2	32.2	28	40.8	28
2014	3	164.3	31	196.4	31
2014	4	94.2	30	165.6	30
2014	5	450.9	31	404.2	31

（续）

年	月	人工观测数据		自动观测数据	
		降水量/mm	有效数据/条	降水量/mm	有效数据/条
2014	6	125.7	30	5.8	30
2014	7	74.2	31	2.4	31
2014	8	233.7	31	18.4	31
2014	9	190.1	30	56.0	30
2014	10	23.3	31	0.0	31
2014	11	17.4	30	0.2	30
2014	12	52.3	31	3.6	31
2015	1	57.6	31	97.2	31
2015	2	26.8	28	0.2	28
2015	3	34.1	31	6.2	31
2015	4	51.2	30	1.6	30
2015	5	474.9	31	469.3	31
2015	6	176.4	30	176.2	30
2015	7	154.7	31	139.2	31
2015	8	148.9	31	0.0	31
2015	9	143.0	30	116.6	30
2015	10	443.7	31	0.0	31
2015	11	14.9	30	0.0	30
2015	12	127.4	31	25.8	31

3.4.7　土壤温度数据集

3.4.7.1　概况

本数据集收录了 2005—2015 年鹤山站定位观测的土壤温度数据，数据为每小时自动观测数据统计平均值。数据包括观测时间、土壤层次、分层月平均土壤温度等，土壤温度单位为℃。数据收集的长期观测样地为鹤山站气象观测场（HSFQX01）。

3.4.7.2　数据采集和处理方法

观测数据按中国生态系统研究网络（CERN）长期监测规范丛书《陆地生态系统大气环境观测指标与规范》要求进行，自动观测频率为 1 次/h。

土壤温度自动观测数据由仪器自动采集，人工下载的原始数据经软件自动统计生成报表数据，从数据报表中提取每日平均值，进行月平均统计所得。

3.4.7.3　数据质量控制和处理方法

经常对仪器进行检查、维护，保证仪器正常运行，保证数据采集完整性。数据处理完成后，会自动生成报表，最后经软件程序设定进行自动计算和审核，审核参数根据实际情况及经验值设定。

3.4.7.4　数据价值/数据使用方法和建议

数据价值和数据使用方法参考第 3 章 3.4.1.4。

3.4.7.5　数据

数据见表 3-91。

表 3-91　鹤山站气象站土壤温度自动观测数据

年	月	5 cm 土壤温度/℃	有效数据/条	10 cm 土壤温度/℃	有效数据/条	15 cm 土壤温度/℃	有效数据/条	20 cm 土壤温度/℃	有效数据/条	40 cm 土壤温度/℃	有效数据/条	60 cm 土壤温度/℃	有效数据/条	100 cm 土壤温度/℃	有效数据/条
2005	1	14.7	29	14.9	29	15.2	29	15.3	29	15.7	29	16.3	29	17.4	29
2005	2	15.2	28	15.4	28	15.6	28	15.7	28	16.1	28	16.6	28	17.3	28
2005	3	16.5	31	16.5	31	16.5	31	16.5	31	16.3	31	16.4	31	16.7	31
2005	4	22.3	29	22.2	29	22.1	29	22	29	21.4	29	21	29	20.2	29
2005	5	28	27	27.8	27	27.7	27	27.6	27	26.7	27	26.1	27	24.8	27
2005	6	28.1	20	28.1	20	28.1	20	28.1	20	27.7	20	27.5	20	26.8	20
2005	7	30	31	30	31	30	31	29.9	31	29.3	31	29	31	28	31
2005	8	29.3	26	29.3	26	29.4	26	29.4	26	29	26	28.9	26	28.4	26
2005	9	26.5	5	26.9	5	27.2	5	27.4	5	27.9	5	28.2	5	28.1	5
2005	10	25.7	30	25.9	30	26.1	30	26.2	30	26.4	30	26.6	30	26.8	30
2005	11	22.7	30	22.9	30	23.1	30	23.2	30	23.6	30	24	30	24.5	30
2005	12	16.4	31	16.7	31	17	31	17.2	31	18	31	18.9	31	20.3	31
2006	1	16.7	31	16.9	31	17	31	17.1	31	17.4	31	17.9	31	18.7	31
2006	2	18.3	28	18.4	28	18.6	28	18.6	28	18.7	28	18.8	28	19.1	28
2006	3	18.2	31	18.2	31	18.3	31	18.3	31	18.2	31	18.4	31	18.7	31
2006	4	23.9	30	23.7	30	23.7	30	23.6	30	22.8	30	22.4	30	21.6	30
2006	5	26	31	26	31	26	31	25.9	31	25.5	31	25.2	31	24.5	31
2006	6	28	30	27.8	30	27.8	30	27.8	30	27.1	30	26.8	30	26.1	30
2006	7	30.4	30	30.3	30	30.4	30	30.3	30	29.6	30	29.2	30	28.2	30
2006	8	29.1	31	29	31	29.1	31	29	31	28.5	31	28.3	31	27.8	31
2006	9	27.3	30	27.4	30	27.5	30	27.5	30	27.4	30	27.5	30	27.5	30
2006	10	26.5	31	26.6	31	26.7	31	26.7	31	26.6	31	26.7	31	26.6	31

（续）

年	月	5 cm 土壤温度/℃	有效数据/条	10 cm 土壤温度/℃	有效数据/条	15 cm 土壤温度/℃	有效数据/条	20 cm 土壤温度/℃	有效数据/条	40 cm 土壤温度/℃	有效数据/条	60 cm 土壤温度/℃	有效数据/条	100 cm 土壤温度/℃	有效数据/条
2006	11	22	30	22.3	30	22.5	30	22.6	30	23	30	23.5	30	24.2	30
2006	12	16.9	31	17.2	31	17.5	31	17.7	31	18.5	31	19.3	31	20.7	31
2007	1	14.7	31	15	31	15.2	31	15.3	31	15.9	31	16.6	31	17.8	31
2007	2	18.3	28	18.3	28	18.3	28	18.3	28	18	28	18	28	18	28
2007	3	19.2	31	19.3	31	19.3	31	19.3	31	19.2	31	19.2	31	19.3	31
2007	4	21.5	29	21.5	29	21.6	29	21.6	29	21.3	29	21.2	29	20.8	29
2007	5	26.2	31	26	31	26	31	25.9	31	25.2	31	24.8	31	23.9	31
2007	6	28.8	30	28.7	30	28.7	30	28.7	30	28.1	30	27.7	30	26.7	30
2007	7	30.2	31	30.1	31	30.2	31	30.1	31	29.6	31	29.3	31	28.4	31
2007	8	29.1	31	29.1	31	29.2	31	29.2	31	28.9	31	28.8	31	28.3	31
2007	9	27.7	30	27.8	30	27.9	30	27.9	30	27.8	30	27.9	30	27.6	30
2007	10	25.5	31	25.6	31	25.8	31	25.9	31	26.1	31	26.3	31	26.5	31
2007	11	20	30	20.3	30	20.6	30	20.8	30	21.5	30	22.2	30	23.2	30
2007	12	18.2	31	18.4	31	18.6	31	18.7	31	19.1	31	19.6	31	20.5	31
2008	1	14.8	31	15.1	31	15.4	31	15.6	31	16.3	31	17.1	31	18.4	31
2008	2	12.1	29	12.2	29	12.4	29	12.5	29	12.8	29	13.4	29	14.6	29
2008	3	19.2	31	19.1	31	19.1	31	19	31	18.5	31	18.2	31	17.8	31
2008	4	22.8	30	22.7	30	22.7	30	22.6	30	22.1	30	21.8	30	21.1	30
2008	5	25.6	30	25.5	30	25.5	30	25.4	30	24.8	30	24.4	30	23.5	30
2008	6	27.4	30	27.3	30	27.3	30	27.3	30	26.8	30	26.6	30	26.1	30

（续）

年	月	5 cm 土壤温度/℃	有效数据/条	10 cm 土壤温度/℃	有效数据/条	15 cm 土壤温度/℃	有效数据/条	20 cm 土壤温度/℃	有效数据/条	40 cm 土壤温度/℃	有效数据/条	60 cm 土壤温度/℃	有效数据/条	100 cm 土壤温度/℃	有效数据/条
2008	7	29.1	31	29	31	29	31	28.9	31	28.3	31	28	31	27.2	31
2008	8	29.3	31	29.2	31	29.2	31	29.2	31	28.7	31	28.6	31	28	31
2008	9	29	26	29	26	29.1	26	29	26	28.8	26	28.6	26	28.1	26
2008	10	26.4	28	26.5	28	26.6	28	26.7	28	26.6	28	26.8	28	26.7	28
2008	11	21	30	21.4	30	21.7	30	21.9	30	22.6	30	23.3	30	24.2	30
2008	12	16.1	31	16.4	31	16.7	31	16.9	31	17.6	31	18.3	31	19.7	31
2009	1	13.7	31	14	31	14.2	31	14.4	31	15.1	31	15.8	31	17.2	31
2009	2	20.3	27	20.1	27	20.1	27	19.9	27	19.3	27	19	27	18.6	27
2009	3	17.2	9	17.5	9	17.8	9	18	9	18.7	9	19.4	9	20.1	9
2009	4	22.2	28	22.1	28	22.2	28	22.1	28	21.7	28	21.6	28	21.1	28
2009	5	25.8	30	25.6	30	25.6	30	25.5	30	24.9	30	24.5	30	23.7	30
2009	6	28.4	29	28.3	29	28.2	29	28.1	29	27.5	29	27.1	29	26.2	29
2009	7	29.6	31	29.5	31	29.5	31	29.4	31	28.8	31	28.5	31	27.7	31
2009	8	29.9	31	29.8	31	29.8	31	29.8	31	29.4	31	29.2	31	28.6	31
2009	9	29	30	29	30	29.1	30	29.1	30	29.1	30	28.8	30	28.4	30
2009	10	25.8	31	25.9	31	26.1	31	26.1	31	26.3	31	26.5	31	26.8	31
2009	11	19.7	30	20.1	30	20.3	30	20.5	30	21.3	30	22	30	23.3	30
2009	12	16.9	31	17.1	31	17.4	31	17.5	31	18.1	31	18.7	31	19.8	31
2010	1	15.6	31	15.8	31	15.9	31	16	31	16.3	31	16.7	31	17.7	31
2010	2	17.1	28	17.2	28	17.3	28	17.3	28	17.3	28	17.5	28	18	28

（续）

年	月	5 cm 土壤温度/℃	有效数据/条	10 cm 土壤温度/℃	有效数据/条	15 cm 土壤温度/℃	有效数据/条	20 cm 土壤温度/℃	有效数据/条	40 cm 土壤温度/℃	有效数据/条	60 cm 土壤温度/℃	有效数据/条	100 cm 土壤温度/℃	有效数据/条
2010	3	19.5	31	19.5	31	19.6	31	19.6	31	19.3	31	19.3	31	19.2	31
2010	4	20.4	26	20.4	26	20.5	26	20.4	26	20.2	26	20.2	26	20	26
2010	5	25.1	31	24.9	31	24.9	31	24.8	31	24	31	23.6	31	22.7	31
2010	6	26.3	30	26.3	30	26.3	30	26.2	30	25.7	30	25.5	30	24.8	30
2010	7	29	30	28.9	30	28.9	30	28.9	30	28.3	30	28	30	27	30
2010	8	29	20	29	20	29.1	20	29	20	28.8	20	28.6	20	28	20
2010	9	28.3	29	28.4	29	28.4	29	28.4	29	28.2	29	28.2	29	27.9	29
2010	10	25.3	30	25.5	30	25.7	30	25.8	30	26.1	30	26.3	30	26.5	30
2010	11	20.4	30	20.6	30	20.8	30	21	30	21.4	30	21.9	30	22.8	30
2010	12	16.9	28	17.3	28	17.5	28	17.7	28	18.5	28	19.2	28	20.4	28
2011	1	12.4	31	12.7	31	13	31	13.1	31	13.8	31	14.7	31	16.3	31
2011	2	15.5	28	15.5	28	15.6	28	15.6	28	15.5	28	15.7	28	16.2	28
2011	3	17.1	31	17.2	31	17.3	31	17.3	31	17.3	31	17.5	31	17.6	31
2011	4	22.7	30	22.5	30	22.5	30	22.3	30	21.5	30	21	30	20.1	30
2011	5	25.7	31	25.6	31	25.6	31	25.6	31	24.9	31	24.6	31	23.6	31
2011	6	28.6	29	28.5	29	28.5	29	28.4	29	27.7	29	27.3	29	26.2	29
2011	7	29.1	30	29	30	29.1	30	29	30	28.5	30	28.3	30	27.5	30
2011	8	29.3	30	29.2	30	29.3	30	29.2	30	28.8	30	28.6	30	28	30
2011	9	28.4	28	28.4	28	28.5	28	28.5	28	28.3	28	28.3	28	27.9	28
2011	10	24.9	30	25	30	25.2	30	25.3	30	25.4	30	25.6	30	25.9	30

（续）

年	月	5 cm土壤温度/℃	有效数据/条	10 cm土壤温度/℃	有效数据/条	15 cm土壤温度/℃	有效数据/条	20 cm土壤温度/℃	有效数据/条	40 cm土壤温度/℃	有效数据/条	60 cm土壤温度/℃	有效数据/条	100 cm土壤温度/℃	有效数据/条
2011	11	22.5	30	22.6	30	22.8	30	22.9	30	23.1	30	23.4	30	23.9	30
2011	12	16.1	30	16.5	30	16.8	30	17	30	17.8	30	18.7	30	20.1	30
2012	1	13.9	31	14.2	31	14.4	31	14.5	31	15.2	31	15.9	31	17.2	31
2012	2	15.3	29	15.4	29	15.6	29	15.6	29	15.7	29	16	29	16.5	29
2012	3	18.2	31	18.1	31	18.1	31	18.1	31	17.7	31	17.6	31	17.5	31
2012	4	23.1	27	23	27	23	27	22.9	27	22.2	27	21.8	27	21	27
2012	5	27.4	28	27.3	28	27.3	28	27.2	28	26.5	28	26	28	24.9	28
2012	6	27.8	30	27.8	30	27.8	30	27.7	30	27.2	30	26.9	30	26.1	30
2012	7	28.2	31	28.1	31	28.2	31	28.1	31	27.7	31	27.5	31	26.9	31
2012	8	28.2	30	28.2	30	28.3	30	28.2	30	27.8	30	27.7	30	27.1	30
2012	9	27.7	30	27.7	30	27.7	30	27.7	30	27.4	30	27.4	30	27	30
2012	10	25.5	30	25.6	30	25.7	30	25.7	30	25.7	30	25.9	30	25.9	30
2012	11	21.6	30	21.8	30	22	30	22.1	30	22.5	30	23	30	23.6	30
2012	12	17.2	30	17.4	30	17.7	30	17.8	30	18.4	30	19	30	20.1	30
2013	1	15.4	31	15.6	31	15.8	31	15.8	31	16.1	31	16.6	31	17.6	31
2013	2	18.8	28	18.8	28	18.9	28	18.8	28	18.6	28	18.7	28	18.8	28
2013	3	20.6	30	20.5	30	20.6	30	20.5	30	20.2	30	20.1	30	19.9	30
2013	4	21.8	30	21.7	30	21.7	30	21.7	30	21.3	30	21.1	30	20.8	30
2013	5	25.5	24	25.3	24	25.3	24	25.2	24	24.4	24	24	24	23.1	24
2013	6	28	27	27.9	27	27.9	27	27.8	27	27.2	27	26.9	27	26	27

（续）

年	月	5 cm 土壤温度/℃	有效数据/条	10 cm 土壤温度/℃	有效数据/条	15 cm 土壤温度/℃	有效数据/条	20 cm 土壤温度/℃	有效数据/条	40 cm 土壤温度/℃	有效数据/条	60 cm 土壤温度/℃	有效数据/条	100 cm 土壤温度/℃	有效数据/条
2013	7	28.6	29	28.6	29	28.7	29	28.6	29	28.2	29	27.9	29	27.2	29
2013	8	28.5	31	28.5	31	28.6	31	28.6	31	28.2	31	28	31	27.5	31
2013	9	27.7	26	27.7	26	27.9	26	27.9	26	27.7	26	27.7	26	27.4	26
2013	10	24.9	31	25.1	31	25.2	31	25.3	31	25.4	31	25.6	31	25.9	31
2013	11	21.4	29	21.7	29	21.9	29	22.1	29	22.5	29	22.9	29	23.5	29
2013	12	14.5	31	14.9	31	15.2	31	15.4	31	16.3	31	17.2	31	18.9	31
2014	1	14.7	30	14.8	30	15	30	15	30	15.1	30	15.5	30	16.4	30
2014	2	14.9	28	15	28	15.2	28	15.2	28	15.4	28	15.7	28	16.4	28
2014	3	18.2	30	18.1	30	18.1	30	18.1	30	17.7	30	17.6	30	17.4	30
2014	4	23.1	30	22.9	30	22.9	30	22.8	30	22.1	30	21.7	30	20.8	30
2014	5	25.8	30	25.6	30	25.5	30	25.4	30	24.7	30	24.2	30	23.2	30
2014	6	29	30	28.8	30	28.8	30	28.6	30	27.8	30	27.3	30	26.1	30
2014	7	30.3	30	30.2	30	30.2	30	30.2	30	29.6	30	29.2	30	28.2	30
2014	8	30	31	30	31	30	31	30	31	29.8	31	29.5	31	28.8	31
2014	9	29.5	30	29.5	30	29.5	30	29.5	30	29.3	30	29.1	30	28.7	30
2014	10	26.4	31	26.6	31	26.7	31	26.8	31	27.1	31	27.4	31	27.5	31
2014	11	22.1	30	22.2	30	22.5	30	22.6	30	23.3	30	23.8	30	24.5	30
2014	12	15.5	31	15.8	31	16.3	31	16.6	31	18.1	31	19.1	31	20.7	31
2015	1	15.5	31	15.6	31	15.8	31	15.9	31	16.4	31	16.9	31	17.9	31
2015	2	17.8	28	17.8	28	17.8	28	17.8	28	17.8	28	17.8	28	18.1	28

（续）

年	月	5 cm 土壤温度/℃	有效数据/条	10 cm 土壤温度/℃	有效数据/条	15 cm 土壤温度/℃	有效数据/条	20 cm 土壤温度/℃	有效数据/条	40 cm 土壤温度/℃	有效数据/条	60 cm 土壤温度/℃	有效数据/条	100 cm 土壤温度/℃	有效数据/条
2015	3	19.8	31	19.8	31	19.8	31	19.8	31	19.7	31	19.7	31	19.6	31
2015	4	24.1	30	24	30	23.9	30	23.8	30	23.2	30	22.8	30	22.1	30
2015	5	27.9	31	27.7	31	27.6	31	27.5	31	26.8	31	26.3	31	25.4	31
2015	6	30.5	30	30.3	30	30.2	30	30.1	30	29.4	30	28.9	30	27.8	30
2015	7	30.3	31	30.3	31	30.3	31	30.2	31	30	31	29.7	31	28.9	31
2015	8	30.3	31	30.2	31	30.2	31	30.2	31	29.9	31	29.6	31	29	31
2015	9	28.9	30	28.9	30	28.9	30	28.9	30	28.8	30	28.8	30	28.5	30
2015	10	25.9	31	26.1	31	26.2	31	26.3	31	26.5	31	26.7	31	26.9	31
2015	11	23.7	30	23.9	30	24.1	30	24.2	30	24.7	30	25.1	30	25.5	30
2015	12	18	22	18.1	22	18.3	22	18.5	22	19.2	22	19.9	22	21	22

3.4.8　太阳辐射数据集

3.4.8.1　概况

本数据集收录了 2005—2015 年鹤山站定位观测的太阳辐射数据，数据为每小时自动观测数据统计平均值。数据包括观测时间、总辐射总量、净辐射总量、反射辐射总量、光合有效辐射总量。数据收集的长期观测样地为鹤山站气象观测场（HSFQX01）。

3.4.8.2　数据采集和处理方法

观测数据按中国生态系统研究网络（CERN）长期监测规范丛书《陆地生态系统大气环境观测指标与规范》要求进行，自动观测频率为 1 次/h。

太阳辐射数据由仪器自动采集，人工下载的原始数据经软件自动统计生成报表数据，从数据报表中提取每日平均值，进行月平均统计所得。

3.4.8.3　数据质量控制和处理方法

经常对仪器进行检查、维护，保证仪器正常运行，保证数据采集完整性，定期清洁辐射传感器，保持表面清洁，及时更换传感器干燥剂等。每年对传感器进行灵敏度标定，更新程序中各辐射表的灵敏度，保证数据质量。数据处理完成后，会自动生成报表，最后经软件程序设定进行自动计算和审核，审核参数根据实际情况及经验值设定。

3.4.8.4　数据价值/数据使用方法和建议

数据价值和数据使用方法参考第 3 章 3.4.1.4。

3.4.8.5　数据

数据见表 3-92。

表 3-92　鹤山站气象站太阳辐射数据

年	月	总辐射总量/ (MJ/m²)	净辐射总量/ (MJ/m²)	反射辐射总量/ (MJ/m²)	光合有效辐射总量/ [mol/ (m²/s)]
2005	1	8.9	2.6	1.8	15.4
2005	2	5.5	2.3	0.9	9.6
2005	3	8.0	3.7	1.4	15.0
2005	4	9.2	4.5	1.5	17.4
2005	5	14.0	7.6	2.4	27.6
2005	6	10.0	5.1	1.7	19.9
2005	7	18.2	9.8	3.4	35.5
2005	8	14.1	7.6	2.4	27.1
2005	9	13.2	6.3	2.0	24.8
2005	10	15.3	4.4	3.3	29.1
2005	11	13.0	3.4	2.8	25.8
2005	12	10.4	2.2	2.4	20.0
2006	1	9.3	3.4	1.7	17.4
2006	2	9.5	3.9	1.6	17.7
2006	3	7.8	3.4	1.2	14.0
2006	4	11.5	5.9	1.7	−2.5

（续）

年	月	总辐射总量/ （MJ/m²）	净辐射总量/ （MJ/m²）	反射辐射总量/ （MJ/m²）	光合有效辐射总量/ ［mol/（m²/s）］
2006	5	13.5	7.0	2.2	24.8
2006	6	13.1	6.9	2.0	23.6
2006	7	16.6	9.1	2.6	29.9
2006	8	15.3	8.1	2.3	26.2
2006	9	14.5	7.5	2.2	23.6
2006	10	13.2	6.1	2.1	20.9
2006	11	10.3	4.1	1.7	16.3
2006	12	12.0	4.3	1.9	22.3
2007	1	10.3	3.9	1.9	18.7
2007	2	9.3	3.9	1.5	16.8
2007	3	6.9	3.4	1.0	12.5
2007	4	10.7	5.4	1.6	18.6
2007	5	16.1	9.0	2.4	27.6
2007	6	15.2	8.4	2.4	26.5
2007	7	21.2	12.6	3.4	36.9
2007	8	15.8	8.9	2.3	27.6
2007	9	14.5	8.0	2.2	24.4
2007	10	14.1	7.7	2.3	22.7
2007	11	13.5	5.2	2.3	23.0
2007	12	10.4	3.9	1.7	17.2
2008	1	9.5	3.6	1.5	15.5
2008	2	8.7	3.6	1.4	14.6
2008	3	11.5	5.8	1.7	19.1
2008	4	9.4	4.8	1.3	14.8
2008	5	12.3	6.7	1.8	20.3
2008	6	12.3	7.7	1.8	20.4
2008	7	18.1	18.5	2.3	30.6
2008	8	17.5	22.7	2.2	28.4
2008	9	16.2	—	2.0	26.3
2008	10	13.1	6.7	1.5	22.9
2008	11	13.7	5.3	1.8	23.6
2008	12	11.3	4.0	1.6	18.0

（续）

年	月	总辐射总量/ (MJ/m²)	净辐射总量/ (MJ/m²)	反射辐射总量/ (MJ/m²)	光合有效辐射总量/ [mol/ (m²/s)]
2009	1	11.9	4.1	2.1	21.7
2009	2	12.0	5.7	1.8	—
2009	3	4.6	1.9	0.7	—
2009	4	10.7	5.5	1.6	—
2009	5	14.6	9.2	2.1	—
2009	6	15.8	9.0	2.3	—
2009	7	18.3	10.6	2.7	—
2009	8	18.3	10.7	2.7	—
2009	9	15.8	8.6	2.3	—
2009	10	15.9	8.0	2.2	—
2009	11	11.9	5.3	1.7	—
2009	12	8.5	6.2	1.2	—
2010	1	7.1	19.5	0.9	2.8
2010	2	7.0	3.4	0.9	7.1
2010	3	10.6	5.3	1.6	20.8
2010	4	6.8	3.6	1.0	15.8
2010	5	12.9	7.4	1.9	27.4
2010	6	10.9	5.7	1.8	30.3
2010	7	19.0	10.6	2.6	47.1
2010	8	18.3	9.4	2.7	44.8
2010	9	14.7	7.2	2.2	42.4
2010	10	13.1	6.6	2.1	27.1
2010	11	13.5	5.3	2.3	22.6
2010	12	9.6	3.4	1.6	16.5
2011	1	10.1	4.4	1.6	16.3
2011	2	9.4	9.0	1.4	15.4
2011	3	9.5	11.5	1.4	15.3
2011	4	15.2	19.7	2.1	24.2
2011	5	15.1	13.4	2.2	25.1
2011	6	16.3	13.4	2.5	27.7
2011	7	17.1	12.3	2.5	28.7
2011	8	20.3	20.0	2.9	34.3

(续)

年	月	总辐射总量/ (MJ/m²)	净辐射总量/ (MJ/m²)	反射辐射总量/ (MJ/m²)	光合有效辐射总量/ [mol/ (m²/s)]
2011	9	14.7	11.8	2.1	24.0
2011	10	12.3	16.0	1.8	19.8
2011	11	11.3	18.4	1.7	17.5
2011	12	11.9	4.9	1.9	17.7
2012	1	6.2	2.6	0.9	9.7
2012	2	7.3	4.3	1.0	12.0
2012	3	9.1	5.2	1.2	14.5
2012	4	10.6	7.0	1.5	17.4
2012	5	14.3	8.5	2.2	24.1
2012	6	15.2	8.6	2.6	26.3
2012	7	—	—	—	—
2012	8	16.6	9.9	2.4	29.1
2012	9	15.9	8.8	2.3	27.1
2012	10	14.0	6.9	2.2	22.3
2012	11	8.5	3.8	1.4	19.2
2012	12	7.6	3.3	1.3	16.6
2013	1	10.0	4.4	1.7	18.4
2013	2	9.6	6.0	1.5	18.3
2013	3	8.9	13.5	1.4	16.4
2013	4	8.0	4.3	1.2	15.1
2013	5	10.1	5.9	1.6	18.9
2013	6	15.3	8.8	2.6	26.3
2013	7	14.1	7.5	2.0	26.1
2013	8	14.3	7.7	2.3	26.0
2013	9	13.1	6.8	2.2	22.9
2013	10	15.3	7.2	2.7	8.7
2013	11	9.9	4.1	1.6	—
2013	12	11.0	4.0	2.0	0.0
2014	1	11.9	4.6	2.1	0.0
2014	2	8.0	3.6	1.2	—
2014	3	7.2	3.7	1.0	—
2014	4	8.9	4.7	1.4	—

（续）

年	月	总辐射总量/ (MJ/m²)	净辐射总量/ (MJ/m²)	反射辐射总量/ (MJ/m²)	光合有效辐射总量/ [mol/ (m²/s)]
2014	5	11.9	6.9	2.0	—
2014	6	15.7	8.7	2.5	15.7
2014	7	17.2	9.8	2.7	34.2
2014	8	16.2	9.2	2.9	32.3
2014	9	16.3	8.8	2.9	29.9
2014	10	14.6	7.0	2.7	26.2
2014	11	8.8	3.8	1.5	15.5
2014	12	8.8	3.2	1.5	15.0
2015	1	10.9	4.2	1.8	18.3
2015	2	8.8	4.0	1.4	15.1
2015	3	6.6	3.4	0.9	11.2
2015	4	14.7	8.0	2.3	24.3
2015	5	11.5	6.5	1.7	19.0
2015	6	18.5	11.0	3.2	29.5
2015	7	16.0	8.8	2.7	24.6
2015	8	17.0	9.5	2.9	25.0
2015	9	14.9	8.4	2.5	20.7
2015	10	12.7	6.2	2.1	16.8
2015	11	9.7	4.5	1.5	12.2
2015	12	—	—	—	—

第4章

·····□□□□□□□□□□□□□□□□□□□□□□□□

特色研究数据

4.1 鹤山站共和试验区长期观测数据集

4.1.1 土壤养分含量数据集

4.1.1.1 概况

本数据集收录了鹤山站共和试验区建设初期各样地土壤养分数据，其中包括 2005 年各样地表层土壤有机质含量和全氮含量，2006 年各样地表层土壤 pH、有机质含量和全氮含量，2005 年与 2009 年表层土壤碳、氮密度及容重数据。相关样地分布信息详见图 1-2。

4.1.1.2 数据采集、处理方法及质量控制

(1) 样地设置。鹤山站共和试验区位于广东省中西部（112°50′E，22°34′N），平均海拔为 60.7 m，受季风湿润气候影响，地带性土壤为砖红壤性红壤。年均气温 22.6 ℃，最热月为 7 月，平均温度 29.2 ℃，最冷月为 1 月，平均温度 12.6 ℃，年均降水量 1 700 mm，年蒸发量 1 600 mm。有明显的干湿季交替，湿季 3—9 月，干季从 10 月到翌年 2 月。1984—2006 年，多年平均降水量为 1 295 mm，80%的水量分布在雨季。该样地建立于 2005 年 2 月，占地面积约 50 hm²，同年 4—5 月种植人工林，株行距 2 m×3 m，种植密度为 167 株/hm²，样地配置详见表 2-1 和表 2-2。

(2) 样品采集。土壤样品采用土钻法进行取样，将土壤表面的植物残留物和杂质清理干净，用土钻采取土壤样品；取样后装入布袋内，带回实验室，将土壤中根系和大于 2 mm 的石砾挑出后自然风干，过 0.25 mm 筛后备用。2005 年取样深度为 0～10 cm 和 10～20 cm，2006 年取样深度为 0～5 cm 和 5～10 cm，每 5 钻混合为 1 个土壤样品，每层 3 个重复（数据见表 4-1 和表 4-2）。

容重采用环刀法进行测定，采集深度为 0～10 cm 和 10～20 cm。用深度 5 cm、体积 100 cm³ 的环刀，从上至下依次取样，样地重复为 3 个。2005 年样地建设背景调查，试验区尚未进行样地划分与栽种配置的植物，取 3 个样点重复为本底土壤容重数据；2009 年选取 6 种植被类型，3 个样地，共采集 18 个样地样品。2005 年与 2009 年，土壤碳密度和氮密度分析的采样采用土钻法，分层为 0～10 cm 和 10～20 cm（数据见表 4-3）。

4.1.1.3 数据价值/数据使用方法和建议

该数据为试验区建设初期基础的土壤背景值及初始值，对该试验平台后期开展的实验具有较大的参考价值，数据可服务于该实验平台后期研究工作，人工林早期植被恢复中土壤、氮碳循环及生态系统服务功能等方面的研究。

4.1.1.4 数据

数据见表 4-1 至表 4-3。

表 4 - 1　鹤山站共和试验区 2005 年土壤有机质含量和全氮含量

样地号	采样层次/cm	有机质含量/（g/kg）		全氮含量/（g/kg）		重复数
		平均值	标准差	平均值	标准差	
1	0～10	26.25	13.02	0.679	0.111	3
	10～20	9.95	0.03	0.411	0.045	3
2	0～10	17.82	6.64	0.613	0.190	3
	10～20	11.72	2.19	0.315	0.126	3
3	0～10	23.80	13.92	0.592	0.094	3
	10～20	14.37	2.86	0.467	0.076	3
4	0～10	23.76	6.94	0.772	0.097	3
	10～20	11.65	4.27	0.493	0.048	3
5	0～10	18.26	4.81	0.705	0.056	3
	10～20	11.27	4.27	0.463	0.007	3
6	0～10	25.99	6.49	0.803	0.092	3
	10～20	14.65	8.65	0.542	0.028	3
7	0～10	29.03	9.43	0.824	0.104	3
	10～20	20.68	4.55	0.599	0.013	3
8	0～10	29.63	3.76	0.813	0.141	3
	10～20	20.12	5.47	0.462	0.102	3
9	0～10	22.14	6.28	0.847	0.031	3
	10～20	19.29	2.80	0.533	0.036	3
10	0～10	26.79	1.54	0.675	0.103	3
	10～20	12.24	3.67	0.389	0.041	3
11	0～10	31.29	1.21	0.819	0.097	3
	10～20	22.38	17.95	0.357	0.110	3
12	0～10	25.91	2.61	0.867	0.049	3
	10～20	10.67	1.37	0.433	0.018	3
13	0～10	25.13	2.27	0.857	0.021	3
	10～20	12.03	1.19	0.480	0.066	3
14	0～10	19.59	5.06	0.632	0.092	3
	10～20	10.56	1.76	0.368	0.060	3
15	0～10	20.01	4.25	0.642	0.076	3
	10～20	10.84	2.13	0.441	0.030	3
16	0～10	26.46	5.30	1.021	0.238	3
	10～20	14.14	1.25	0.788	0.236	3

（续）

样地号	采样层次/cm	有机质含量/（g/kg）		全氮含量/（g/kg）		重复数
		平均值	标准差	平均值	标准差	
17	0～10	25.77	7.41	1.069	0.269	3
	10～20	11.61	2.16	0.553	0.029	3
18	0～10	29.28	7.63	0.992	0.240	3
	10～20	14.90	0.82	0.529	0.040	3
19a、19b	0～10	23.10	3.50	0.753	0.016	3
	10～20	13.32	1.47	0.505	0.025	3
20	0～10	23.49	2.26	0.725	0.025	3
	10～20	13.47	2.60	0.518	0.079	3
21	0～10	26.08	4.19	0.905	0.178	3
	10～20	16.06	3.53	0.640	0.078	3
22	0～10	24.90	2.57	0.863	0.093	3
	10～20	13.48	2.68	0.510	0.046	3
23	0～10	22.92	2.19	0.711	0.158	3
	10～20	10.92	1.93	0.431	0.082	3
24	0～10	20.31	1.82	0.704	0.015	3
	10～20	12.52	2.06	0.488	0.062	3
25a、25b	0～10	23.28	6.47	0.806	0.132	3
	10～20	17.33	5.69	0.523	0.071	3
26	0～10	23.60	4.20	0.775	0.172	3
	10～20	12.00	2.52	0.447	0.187	3
27	0～10	20.01	3.74	0.767	0.163	3
	10～20	17.60	4.41	0.479	0.132	3
28	0～10	31.55	1.64	1.099	0.101	3
	10～20	15.95	0.51	0.570	0.047	3
29	0～10	20.71	2.18	0.580	0.139	3
	10～20	6.72	2.77	0.274	0.121	3
30	0～10	16.33	3.53	0.418	0.042	3
	10～20	7.50	1.50	0.246	0.071	3
31	0～10	20.72	2.09	0.610	0.201	3
	10～20	13.86	5.90	0.504	0.157	3
32	0～10	26.03	4.23	0.933	0.129	3
	10～20	15.81	1.39	0.544	0.013	3

（续）

样地号	采样层次/cm	有机质含量/（g/kg）		全氮含量/（g/kg）		重复数
		平均值	标准差	平均值	标准差	
33	0～10	30.37	5.49	1.087	0.168	3
	10～20	14.62	1.28	0.551	0.086	3
34a、34b	0～10	31.93	10.34	1.054	0.193	3
	10～20	14.75	2.00	0.628	0.111	3
35	0～10	23.29	5.42	0.914	0.139	3
	10～20	13.45	2.37	0.549	0.067	3
36	0～10	28.93	3.86	1.151	0.101	3
	10～20	19.53	5.86	0.618	0.060	3
37	0～10	33.43	5.46	1.174	0.189	3
	10～20	17.43	2.34	0.748	0.072	3
38	0～10	23.50	3.27	0.767	0.062	3
	10～20	12.42	0.79	0.493	0.031	3

表 4-2　鹤山站共和试验区 2006 年土壤 pH、有机质含量和全氮含量

样地号	采样层次/cm	pH		有机质含量/（g/kg）		全氮含量/（g/kg）		重复数
		平均值	标准差	平均值	标准差	平均值	标准差	
1	0～5	3.94	0.072	29.41	7.48	1.795	0.407	3
	5～10	3.96	0.015	21.54	2.69	1.373	0.188	3
2	0～5	3.97	0.012	25.52	2.32	0.975	0.104	3
	5～10	3.96	0.032	18.26	4.51	0.687	0.162	3
3	0～5	3.98	0.061	23.84	8.28	1.183	0.368	3
	5～10	3.95	0.036	17.55	4.09	0.853	0.290	3
4	0～5	3.91	0.023	27.42	2.65	1.225	0.054	3
	5～10	3.92	0.031	19.47	2.01	0.959	0.126	3
5	0～5	3.94	0.029	27.39	6.38	1.128	0.260	3
	5～10	3.93	0.006	17.56	3.23	0.751	0.128	3
6	0～5	3.91	0.000	27.54	6.29	1.063	0.174	3
	5～10	3.94	0.012	17.30	0.46	0.681	0.039	3
7	0～5	4.07	0.006	37.90	7.70	1.149	0.297	3
	5～10	4.03	0.058	19.82	11.83	0.837	0.278	3
8	0～5	3.87	0.000	31.80	3.98	1.093	0.090	3
	5～10	3.92	0.044	21.08	2.27	0.793	0.048	3

（续）

样地号	采样层次/cm	pH		有机质含量/（g/kg）		全氮含量/（g/kg）		重复数
		平均值	标准差	平均值	标准差	平均值	标准差	
9	0～5	4.01	0.081	24.30	4.99	0.949	0.113	3
	5～10	4.10	0.036	16.82	1.29	0.692	0.066	3
10	0～5	4.05	0.110	25.27	10.59	0.816	0.233	3
	5～10	4.06	0.072	16.74	0.41	0.556	0.081	3
11	0～5	3.86	0.047	36.72	1.41	1.169	0.122	3
	5～10	3.86	0.057	17.85	2.32	0.720	0.085	3
12	0～5	3.87	0.065	21.19	9.81	0.674	0.320	3
	5～10	3.92	0.065	13.73	8.03	0.419	0.404	3
13	0～5	3.81	0.020	31.45	1.77	1.006	0.053	3
	5～10	3.88	0.025	14.60	3.12	0.615	0.135	3
14	0～5	3.79	0.099	35.78	0.49	1.015	0.014	3
	5～10	3.89	0.021	19.54	5.77	0.636	0.119	3
15	0～5	3.88	0.121	25.30	7.86	0.757	0.187	3
	5～10	3.88	0.075	16.05	3.84	0.238	0.412	3
16	0～5	3.81	0.055	28.26	3.04	0.968	0.071	3
	5～10	3.86	0.070	18.36	2.47	0.716	0.040	3
17	0～5	3.90	0.060	25.79	16.04	0.820	0.018	3
	5～10	3.91	0.117	11.31	5.15	0.378	0.055	3
18	0～5	3.83	0.074	41.04	5.76	1.466	0.092	3
	5～10	3.85	0.045	22.36	6.28	0.863	0.204	3
19a	0～5	3.94	0.055	19.84	11.88	0.824	0.419	3
	5～10	4.01	0.055	13.42	2.85	0.487	0.076	3
19b	0～5	3.95	0.031	20.08	4.06	0.719	0.113	3
	5～10	3.90	0.053	46.89	17.59	1.396	0.419	3
20	0～5	3.85	0.021	28.07	5.34	0.935	0.258	3
	5～10	3.88	0.017	19.00	4.74	0.704	0.177	3
21	0～5	3.85	0.036	31.74	6.56	1.013	0.117	3
	5～10	3.82	0.026	19.12	2.58	0.660	0.031	3
22	0～5	3.78	0.032	30.21	2.86	1.013	0.020	3
	5～10	3.87	0.015	21.85	3.19	0.821	0.096	3
23	0～5	3.88	0.006	25.77	6.31	0.861	0.239	3
	5～10	3.91	0.021	15.84	3.59	0.582	0.076	3

（续）

样地号	采样层次/cm	pH		有机质含量/（g/kg）		全氮含量/（g/kg）		重复数
		平均值	标准差	平均值	标准差	平均值	标准差	
24	0～5	3.89	0.056	34.69	3.05	1.245	0.113	3
	5～10	3.90	0.046	20.11	1.27	0.735	0.041	3
25a、25b	0～5	3.83	0.068	29.62	2.93	1.061	0.127	3
	5～10	3.87	0.017	19.35	2.30	0.720	0.095	3
26	0～5	3.82	0.080	24.93	11.66	0.770	0.134	3
	5～10	3.94	0.046	15.80	3.60	0.641	0.058	3
27	0～5	3.88	0.017	34.39	6.37	1.143	0.346	3
	5～10	3.95	0.025	20.96	5.80	0.720	0.109	3
28	0～5	3.81	0.087	33.82	8.50	1.210	0.305	3
	5～10	3.93	0.052	22.68	7.05	0.806	0.302	3
29	0～5	4.02	0.050	30.45	1.69	1.025	0.127	3
	5～10	4.01	0.050	23.22	5.11	0.757	0.234	3
30	0～5	3.93	0.058	27.51	4.64	0.812	0.160	3
	5～10	4.00	0.045	12.32	1.36	0.409	0.050	3
31	0～5	3.86	0.053	33.85	5.73	1.185	0.173	3
	5～10	3.91	0.017	19.97	1.44	0.741	0.110	3
32	0～5	3.79	0.053	36.27	9.54	1.168	0.298	3
	5～10	3.91	0.047	18.83	2.43	0.695	0.094	3
33	0～5	3.84	0.064	51.01	6.85	1.682	0.120	3
	5～10	3.94	0.044	29.73	1.49	1.038	0.096	3
34a、34b	0～5	3.82	0.021	50.61	19.05	1.605	0.463	3
	5～10	3.89	0.032	26.87	6.58	0.998	0.269	3
35	0～5	3.84	0.076	34.31	7.75	1.177	0.248	3
	5～10	3.83	0.017	18.11	1.87	0.710	0.093	3
36	0～5	3.86	0.052	45.89	11.29	1.460	0.456	3
	5～10	3.90	0.040	32.00	2.47	0.997	0.034	3
37	0～5	3.82	0.021	29.33	5.94	1.124	0.176	3
	5～10	3.86	0.038	18.45	4.27	0.766	0.069	3
38	0～5	3.90	0.115	30.34	2.79	1.115	0.072	3
	5～10	3.93	0.057	19.15	0.41	0.782	0.012	3

表 4 - 3　鹤山站共和试验区 2005 年和 2009 年表层土壤碳、氮密度及容重

树种	2005 年						2009 年					
	0～10 cm			10～20 cm			0～10 cm			10～20 cm		
	土壤碳密度/(t/hm²)	土壤氮密度/(t/hm²)	容重/(g/cm³)	土壤碳密度/(t/hm²)	土壤氮密度/(t/hm²)	容重/(g/cm³)	土壤碳密度/(t/hm²)	土壤氮密度/(t/hm²)	容重/(g/cm³)	土壤碳密度/(t/hm²)	土壤氮密度/(t/hm²)	容重/(g/cm³)
厚荚相思纯林	19.00±1.08	1.04±0.09		10.8±1.71	0.72±0.08		15.80±1.30	1.01±0.28	1.33±0.03	7.86±1.97	0.72±0.19	1.42±0.02
红锥纯林	18.30±6.18	1.07±0.41	1.31	9.93±4.52	0.71±0.35	1.45	15.00±4.61	1.03±0.36	1.30±0.06	8.06±2.04	0.66±0.10	1.35±0.11
尾叶桉纯林	14.90±2.57	0.78±0.22		8.79±2.44	0.54±0.19		13.30±1.04	0.86±0.23	1.28±0.01	7.55±1.45	0.56±0.24	1.39±0.06
10种树种混交林	20.40±3.22	1.34±0.13		11.5±1.83	0.80±0.02		15.50±2.30	1.15±0.13	1.27±0.04	9.77±1.72	0.84±0.12	1.4±0.026
28种树种混交林	17.20±1.29	0.94±0.12		10.5±1.00	0.69±0.04		13.80±0.77	0.97±0.11	1.28±0.04	9.39±2.07	0.86±0.11	1.59±0.29
草坡	18.20±2.63	0.98±0.21		10.2±2.65	0.67±0.10		15.20±2.79	1.01±0.34	1.27±0.04	9.34±3.58	0.73±0.31	1.35±0.04

注：对于 2005 年的样地土壤容重背景数据，各样地使用了试验区划分为多个植被类型样地前的土壤采样分析数据。

4.1.2　南亚热带幼龄人工林生态系统碳储量及分布格局研究数据集

4.1.2.1　概况

CO_2 是主要的温室气体之一。CO_2 浓度的增加更易引起突发的气候变化和一些不可逆转的气候变化。例如，CO_2 浓度增加会导致全球平均温度增加、降水格局改变、海平面上升等，将使生态系统的功能和结构发生改变。植造人工林作为固碳减排的一项重要措施，对减缓 CO_2 浓度升高和全球变暖具有十分重要的意义。

近些年来，中国森林植被的碳汇功能显著提高，人工林是其主要贡献者，占中国森林碳汇总增长量的 80%（Fang et al.，2007）。世界人工林面积 2.64 亿 hm^2，其中我国人工林面积 6 933 万 hm^2，位居世界第一（FAO，2010；国家林业和草原局，2014）。目前，我国人工林大部分为中幼龄林（Huang et al.，2012），具有很大的固碳潜力。我国人工林 60% 以上分布在亚热带地区（Wang et al.，2010），而对亚热带地区人工林的碳储量研究主要集中于比较针叶林和阔叶林、纯林和混交林以及乡土树种林和外来树种林的植被生物量碳储量（Wang et al.，2009；Zheng et al.，2008），缺乏长期的定位监测和系统的比较。

在人工林生态系统中，乔木各组织器官间的碳分配是影响陆地碳固定的重要因素（McMurtrie et al.，2013）。林龄影响着碳库和通量的分配（Pregitzer et al.，2004），在不同发育阶段，碳累积格局也不一样（Tang et al.，2011），而对不同林型的生物量碳在植物地上地下分配的研究相对缺乏。土地利用方式同样影响着土壤碳库（Bolliger et al.，2008），评价不同林型下土壤碳库大小对估算整个人工林生态系统碳储量具有重要意义。

4.1.2.2　数据采集和处理方法

本研究在鹤山站共和样地种植前有烧山处理的 4 个人工林（尾叶桉纯林、厚荚相思纯林、红锥纯林、10 种树种混交林）和 1 个草坡（烧山后未种植乔木，封育自然恢复）中进行。

（1）地上活体植被碳估算。乔木生物量采用异速生长方程进行模拟。乔木调查采用每木调查法。标准木选取方法：依据样方调查中乔木的胸径范围确定，以每 4 cm 作为一个径级，根据每一径级中该物种的株数占总株树的比例，确定其在选取的标准木中的比例和标准木的总株数。每个树种选取 5～10 株标准木进行生物量测定。砍伐标准木后，地上部分（树干、枝条、树叶）按分层切割法分器官测定生物量，地下部分的根则采用挖掘法全部挖出。野外直接称取各器官组织的总鲜重，再在各器官组织中分别选取有代表性的一部分，称量鲜重后带回实验室，65 ℃ 下烘干至恒重称干重，计算含水量，最后根据各器官组织的含水量和总鲜重计算每株标准木各器官的总干重。再用胸径和树高建立生物量预测模型估算乔木生物量。

$$Biomass = a \times (D^2 \times H)^b$$

式中，D 为胸径（cm），H 为树高（m），$Biomass$ 为生物量干重（kg），a、b 为统计参数。

种植后的第 1 年、第 3 年、第 4 年和第 6 年的 11 月，即 1 龄林、3 龄林、4 龄林和 6 龄林，对固定样方内的林木进行每木测定，胸径测定起始径级为 1 cm，树高用测高仪测定。根据已建立的生物量预测模型计算植物各器官的生物量（表 4-4）。假定 0.5 作为乔木碳含量换算系数，将乔木生物量转换为乔木生物量碳储量（Baishya et al.，2009），乔木生物量碳储量分为地上部分和地下根。

表 4-4　主要乔木及灌木异速生长方程

树干分级	植被类型	地上生物量		地下生物量		植物样本数
		回归方程	相关系数	回归方程	相关系数	
乔木（胸径≥1 cm 或高度≥1.5 m）	尾叶桉	$y = 0.169\ 1x^{0.747\ 2}$	0.946 2	$y = 0.172\ 3x^{0.563}$	0.894 2	12
	厚荚相思	$y = 0.417\ 1x^{0.620\ 1}$	0.975 0	$y = 0.056\ 2x^{0.672\ 5}$	0.914 1	12

（续）

树干分级	植被类型	地上生物量		地下生物量		植物样本数
		回归方程	相关系数	回归方程	相关系数	
乔木（胸径<1 cm且树高<1.5 m）	枫香树	$y=0.289\,4x^{0.740\,5}$	0.859 8	$y=0.136\,0x^{0.673}$	0.785 0	9
	深山含笑	$y=0.141\,9x^{0.969\,4}$	0.993 2	$y=0.064\,0x^{0.646\,4}$	0.713 9	5
	灰木莲	$y=0.635\,5x^{0.475\,1}$	0.812 3	$y=0.063\,5x^{0.662\,8}$	0.899 4	9
	观光木	$y=0.146\,6x^{0.830\,9}$	0.936 7	$y=0.044\,2x^{0.725\,6}$	0.884 6	7
	华润楠	$y=1.144\,7x^{0.582}$	0.950 0	$y=0.366\,3x^{0.508\,1}$	0.969 3	7
	猴樟	$y=0.376x^{0.517\,1}$	0.852 1	$y=0.101\,7x^{0.688\,3}$	0.871 4	8
	醉香含笑	$y=0.201\,0x^{0.801\,3}$	0.802 2	$y=0.038x^{0.799\,9}$	0.859 3	9
	阴香	$y=0.966\,5x^{0.301\,5}$	0.753 5	$y=0.337\,6x^{0.240\,2}$	0.844 6	5
	红锥	$y=0.292\,6x^{0.716\,2}$	0.955 5	$y=0.101\,7x^{0.594\,1}$	0.823 8	9
	潺槁木姜子	$y=0.151\,8x^{0.743\,5}$	0.813 0	$y=0.033\,7x^{0.791\,3}$	0.750 0	8
	鼠刺锥	$y=0.377\,8x^{0.614}$	0.878 2	$y=0.071\,8x^{0.704\,4}$	0.954 8	5
	日本杜英	$y=0.093\,8x^{0.858\,9}$	0.784 1	$y=0.028\,9x^{0.846\,9}$	0.671 2	5
	山鸡椒	$y=0.049\,7x^{1.052\,9}$	0.834 8	$y=0.001\,9x^{1.502\,4}$	0.754 9	6
	马尾松	$y=0.024\,5x^{1.020\,9}$	0.971 1	$y=0.012\,6x^{0.902\,4}$	0.968 5	5
灌草	枫香树	$y=0.040\,7x^{0.914\,7}$	0.987 9	$y=0.033\,6x^{0.77}$	0.999 7	5
	红锥	$y=0.138\,8x^{0.709\,6}$	0.945 7	$y=0.001\,3x^{1.236\,5}$	0.987 1	5
	华润楠	$y=0.058\,7x^{0.908\,2}$	0.999 1	$y=0.031\,9x^{0.763\,1}$	0.993 0	5
	醉香含笑	$y=0.003\,9x^{1.443\,5}$	0.962 9	$y=0.002x^{1.232\,3}$	0.919 2	5
	潺槁木姜子	$y=0.022\,7x^{1.012\,5}$	0.931 9	$y=0.002\,2x^{1.235\,9}$	0.838 1	6
	鼠刺锥	$y=0.050\,6x^{0.899}$	0.972 4	$y=0.008\,2x^{0.995\,3}$	0.984 4	5
	日本杜英	$y=0.131\,6x^{0.695\,9}$	0.782 7	$y=0.042\,3x^{0.682\,7}$	0.694 5	5
	山鸡椒	$y=0.004\,3x^{1.360\,7}$	0.908 0	$y=0.000\,4x^{1.518\,3}$	0.759 7	7
	白背叶	$y=0.100\,4x^{0.401\,8}$	0.759 0	$y=0.036\,4x^{0.367\,6}$	0.646 6	8
	石改王木	$y=0.040\,2x^{0.947\,1}$	0.669 5	$y=0.005\,5x^{1.112\,2}$	0.898 7	8
	栀子	$y=0.055\,6x^{0.963\,6}$	0.881 4	$y=0.029\,5x^{0.599\,1}$	0.663 5	7
	决明	$y=0.026\,7x^{1.307\,5}$	0.964 9	$y=0.011\,7x^{1.165\,2}$	0.895 5	7
	桃金娘	$y=0.457\,1x^{0.734\,6}$	0.696 4	$y=0.214\,4x^{0.881\,3}$	0.627 0	7
	印度野牡丹	$y=0.063\,0x^{0.830}$	0.826 0	$y=0.042\,0x^{0.358}$	0.694 0	7
	秤星树	$y=0.156\,9x^{0.589\,9}$	0.835 5	$y=0.049\,8x^{0.624\,8}$	0.819 2	11
	白花灯笼	$y=0.035\,1x^{0.767\,5}$	0.920 1	$y=0.009\,2x^{0.667\,3}$	0.839 3	12

注：x代表胸径（单位为 cm）的平方与树高（单位为 m）的乘积。当胸径小于 1 cm 且树高低于 1.5 m 时，x中的胸径为基径。

　　灌木生物量采用异速生长方程进行模拟。每种灌木物种选取 5～10 株标准木进行生物量测定。砍伐标准木后，地上部分按分层切割法分器官测定生物量，地下部分则采用全根挖掘法测定生物量，灌木干重计算与乔木生物量计算方法一致，再利用基径和株高建立的生物量预测模型 $Biomass = a \times (D^2 \times H)\,b$ [a，b 为统计参数，D 为基径（cm），H 为树高（m）] 估算灌木生物量。在林龄为 1 龄、3 龄、4 龄和 6 龄时，将每个 30 m×30 m 的固定样方分割成 9 个 10 m×10 m 的亚样方，再将每个 10 m×10 m 的亚样方均分为 4 个 5 m×5 m 的小样方，在每 4 个小样方选取对角的 2 个 5 m×5 m 小样方，测定其中所有灌木的基径和株高，用胸径尺测量基径，卷尺测量株高。每个样方中的灌木调查小样方都被记录下来作为下一次调查的依据。根据已建立的生物量预测模型计算植物各器官的生物量。假定 0.5 作为灌木碳含量换算系数，将灌木生物量转换为灌木生物量碳储量（Baishya et al.，2009）。

草本生物量采用全株收获法测定。草本生物量的测定仅在 6 龄时。为了不破坏固定样地，在每个固定样方附近立地条件相似的地方选择上、中、下 3 个坡位，每个坡位选择 1 个 1 m×1 m 小样方，每个样地 3 个 1 m×1 m 小样方，采用全株收获法测定草本的地上地下部分的生物量，同时带回实验室，65 ℃下烘干至恒重测定其干重，再计算单位面积草本植物的现存量。将每个样方的烘干样品分别混匀，取部分烘干样品磨碎过筛，用重铬酸钾-硫酸氧化法测定其碳含量（董鸣，1996），根据以下公式计算 6 龄时草本生物量碳储量。

$$植物生物量碳储量＝植物生物量×样品含碳量$$

（2）地被物现存生物量碳估算。本文中地被物不包含活的草本植物，仅指枯枝落叶层物质。地被物现存生物量测定是在种植后的第 6 年，与草本生物量测定同步进行。在收获完草本植物地上部分后收集地被物，带回实验室下烘干至恒重称量其干重，计算单位面积地被物的现存生物量。然后将每个样方的烘干样品分别混匀，取一部分磨碎过 60 目筛，用重铬酸钾-硫酸氧化法测定其碳含量，根据以下公式计算 6 龄林地被物现存生物量碳储量。

$$地被物现存生物量碳储量＝地被物生物量×地被物的碳含量$$

土壤团聚体各粒径占总团聚体比例按以下公式计算。

$$各级团聚体含量＝各级团聚体的烘干重/烘干样品重×100\%$$

4.1.2.3　数据质量控制和评估

通过插入标准物质来控制数据的准确度。

4.1.2.4　数据价值/数据使用方法和建议

该数据为南亚热带早期人工植被恢复尤其在幼龄期的生态系统碳储量和格局提供数据支撑，可服务于人工植被恢复过程中土壤氮、碳循环及生态系统服务功能评估等方面研究。

4.1.2.5　数据

数据见表 4-5 至表 4-7。

表 4-5　6 龄人工林不同林型的总植被碳储量

人工林类型	总活体植被碳储量/（t/hm²）		地被物碳储量/（t/hm²）	总碳储量/（t/hm²）
	总地上活体植被碳储量	总根系碳储量		
草坡	11.05±0.20	2.43±0.53	1.48±0.36	14.96±1.09
尾叶桉林	34.64±6.46	8.57±1.70	3.33±0.95	46.54±8.93
厚荚相思林	31.54±4.16	6.45±0.64	6.41±1.31	44.40±5.90
红锥林	16.63±3.73	3.23±0.51	4.80±0.30	24.67±4.04
10 种树种混交林	19.21±1.41	3.66±0.12	2.92±0.52	25.78±1.14

注：数据为平均值±标准误差，$n=3$。

表 4-6　6 龄人工林不同林型的总碳储量的分配比例

人工林类型	植被地上部分/%		植被根/%		地被物/%		土壤/%		重复数
	平均值	标准差	平均值	标准差	平均值	标准差	平均值	标准差	
草坡	46.11	6.07	11.27	0.89	4.36	1.18	38.26	7.49	3
尾叶桉林	41.70	5.49	8.56	0.56	8.31	1.32	41.43	5.63	3
厚荚相思林	26.09	10.19	5.07	1.40	7.55	0.95	61.29	11.09	3
红锥林	32.49	2.59	6.22	0.52	5.11	2.19	56.18	4.16	3
10 种树种混交林	26.37	6.73	6.08	0.43	4.49	1.00	63.06	6.12	3

表 4 - 7　不同林型土壤有机碳含量及团聚体各粒径比例

土层深度/cm	人工林类型	土壤有机碳含量/（g/kg）	土壤团聚体比例/%			
			>2 mm	0.25～2 mm	0.053～0.25 mm	<0.053 mm
0～10	草坡	20.15±3.55	39.35±3.12	51.04±1.58	6.75±0.93	2.86±0.61
	尾叶桉林	18.63±3.77	37.76±8.47	48.95±5.55	10.39±2.69	2.89±0.51
	厚荚相思林	23.80±2.33	39.46±5.50	44.25±0.97	13.01±3.74	3.28±0.91
	红锥林	25.70±1.67	31.07±11.78	53.67±10.14	11.68±2.19	3.58±0.31
	10 种树种混交林	25.43±2.55	54.33±9.07	37.21±9.24	6.14±0.69	2.32±0.26
10～20	草坡	11.55±2.05	31.25±3.02	51.62±0.38	13.14±2.28	3.98±1.13
	尾叶桉林	9.27±1.59	22.95±3.79	51.06±7.04	17.18±5.21	8.82±3.55
	厚荚相思林	12.33±2.37	32.20±11.13	41.62±3.36	19.40±5.77	6.79±3.06
	红锥林	12.20±1.39	19.87±6.55	50.82±9.19	25.15±9.54	4.15±1.26
	10 种树种混交林	9.80±1.01	23.67±6.57	50.09±6.40	18.58±7.54	7.66±3.76
20～40	草坡	7.30±0.60	3.63±1.21	63.26±0.58	27.21±0.78	5.89±1.01
	尾叶桉林	6.40±1.77	7.33±0.74	60.69±3.64	24.52±2.43	7.46±0.97
	厚荚相思林	6.23±0.23	5.09±3.68	57.46±2.23	28.36±4.14	9.09±2.60
	红锥林	8.47±2.09	6.31±1.47	53.03±10.45	30.58±9.42	10.08±2.51
	10 种树种混交林	5.70±0.81	10.86±5.58	52.55±2.43	23.26±2.87	13.33±3.95
40～60	草坡	5.50±1.00	5.80±0.14	59.42±2.21a	25.56±1.52	9.22±0.83
	尾叶桉林	4.50±1.35	16.32±6.37	45.53±6.65ab	27.80±2.13	10.34±2.44
	厚荚相思林	4.27±0.61	2.70±0.72	59.99±3.12a	29.40±1.21	7.91±2.62
	红锥林	4.97±1.69	9.14±3.42	47.38±4.42ab	33.62±5.62	9.86±1.90
	10 种树种混交林	3.97±0.52	14.57±9.42	40.94±5.68b	33.09±2.85	11.40±1.98

注：数据为平均值±标准误差，$n=3$。

4.1.3　幼龄人工林土壤微生物群落组成和结构数据集

4.1.3.1　概况

　　利用土壤微生物学特性指示土壤健康、土地利用方式改变、环境干扰等的研究有很多。van Bruggen and Semenov（2000）总结了前人的研究认为，微生物可以指示土壤健康状况和环境压力。在过去的 20 年，新的微生物学研究方法［如微生物鉴定系统，变性梯度凝胶电泳（DGGE），磷脂脂肪酸（PLFA）分析，实时荧光定量核酸扩增检测系统（qPCR）等］的出现，使微生物群落组成方面的研究迅速增多（赵杰，2012；孙毓鑫，2009；朱小林，2014）。磷脂脂肪酸（PLFA）是构成活体细胞膜的重要组成成分，磷脂脂肪酸分析可以用来估算微生物量和微生物的群落结构（Frostegård and Bååth，1996）。

　　为了深入研究植被恢复结构、功能变化过程并开展长期监测研究，2005 年在鹤山共和镇建立了 70 多 hm² 的野外实验样地，其中包括 2 类草坡（烧山和不烧山）、4 种纯林（厚荚相思纯林、红锥纯林、桉树烧山纯林和不烧山纯林），每个处理 3 个随机重复样地，每个样地面积 1 hm²。

4.1.3.2　数据采集和处理方法

　　（1）采样方法。草坡和桉树的烧山和不烧山处理的土壤微生物共分 3 次采样，采样时间分别为 2006 年 10 月、2007 年 12 月和 2008 年 7 月。在 12 个实验样地的固定样方（30 m×30 m）周围分上、中、下坡 3 个区组采样，采样层次为 0～10 cm，样品为混合样，每个混合样用钢筒取 5 点小土体混合而成，共 36 个样品。2006 年 10 月只采集了烧山桉林（14、19b、30 号样地）、烧山草坡（15、32 号样地）、不烧山草坡（9 号样地）的样品。样品过 2 mm 筛后，于−20 ℃保存至分析。

　　土壤养分共分 4 次采样，采样时间分别为 2005 年 3 月、2006 年 10 月、2007 年 5 月和 2008 年 3 月。在每个样地的上、中、下坡各选取地势平坦且具有代表性的 3 个点（$n=9$），分析土壤有机碳和全氮含量状况。

　　选择尾叶桉林下（19a，19b，25b 号样地）5 种灌木种类栀子、秤星树、山鸡椒、桃金娘、印度野牡丹各 3 株，设断根和对照处理，于 2012 年 2 月（干季）和 2012 年 7 月（湿季），在每个小样方内随机选取 3 个点用土钻（内径 5 cm）取样，采土深度为 0～20 cm，挑除土壤样品中的植物根系和沙石，过 2 mm 筛后混合均匀，分为两份，一份用于测定土壤理化性质，另一份低温保存用于测定土壤微生物特性。

　　（2）实验方法。土壤微生物用磷脂脂肪酸分析，提取流程主要参照 Bossio and Scow（1998）的方法。准确称取冷冻干燥后的土壤样品 8.00 g，置于 35 mL 离心管中，加入 5 mL 磷酸缓冲液，再加 6 mL 氯仿、12 mL 甲醇。振荡 2 h，浸提液用离心机 3 500 r/min 离心 10 min，将上层离心液倒入已装有 12 mL 氯仿、12 mL 磷酸缓冲液的分液漏斗中，再加 23 mL 氯仿-甲醇-磷酸盐提取液（体积比为 1∶2∶0.8）于离心管的剩余土壤中，手工摇动后，振荡 0.5 h，浸提液用离心机 3 500 r/min 离心 10 min，上层离心液倒入分液漏斗中，振荡 2 min，静置过夜。将分液漏斗底层液体（氯仿相）放入大试管中，在 30～32 ℃水浴条件下用高纯氮气吹干，用 5 份 200 μL 氯仿转移浓缩磷脂到活性硅胶柱，分别用氯仿、丙酮和甲醇淋洗硅胶柱，弃去氯仿和丙酮淋洗液，收集甲醇淋洗液。甲醇淋洗液在 32 ℃水浴条件下用高纯氮气吹干，依次加入 1 mL 1∶1 的甲醇∶甲苯，1 mL 0.2 mol/L 氢氧化钾，振荡。37 ℃水浴加热 15 min。稍冷后加入 0.3 mL 醋酸、2 mL 己烷、2 mL 纯水，低速振荡 10 min，提取上层溶液；再加入 2 mL 己烷，提取上层溶液，与第一次提取的上层溶液混合，用高纯氮气吹干，得甲酯化的脂肪酸（fatty acid methyl esters，FAMEs）样品。样品定容到 200 μL，再加入19∶0 甲基酯作内标，在气相色谱仪（Hewlett-Packard 6890）上采用 MIDI 软件系统进行分析，测定各磷脂脂肪酸组分浓度，对比各化合物及混合标样中的各种 FAMEs 的保留时间，以鉴定化合物，确定各组分的量。

4.1.3.3　数据质量控制和评估

　　数据测定结果均采用平均值，统计分析采用 SPSS 11.5 和 Excel 2003 软件处理。显著性水平以 $P<0.05$ 表示，PLFA 的命名采用以下原则：以碳原子数∶双键数和双键距离分子末端位置命名，a 和 i 分别表示支链的反异构和异构，cy 表示环丙烷脂肪酸，c 表示直链顺单烯，t 表示直链，反单烯 10Me 表示一个甲基团在距离分子末端第 10 个碳原子上，br 表示不知道甲基的位置（Ponder Jr et al.，2009；Bååth et al.，1995；Bossio and Scow，1998）。表征土壤微生物的磷脂脂肪酸见表 4-8（孙毓鑫，2009）。

表 4-8　表征土壤微生物的磷脂脂肪酸

生物组分	磷脂脂肪酸
革兰氏阳性菌	i14∶0，i15∶0，i16∶0，a15∶0，i17∶0，a17∶0
革兰氏阴性菌	15∶0 3OH，16∶1 2OH，16∶1 7c，cy17∶0，cy19∶0
普通细菌	15∶0，17∶0
总细菌	i15∶0，a15∶0，15∶0，i16∶0，16∶1ω5c，16∶1∶9c，16∶1∶7c，16∶1∶115∶0，15∶0，i16∶0，16∶1ω0，a17∶0995；Bossio 5c，i19∶0
真菌	18∶1ω9，18∶2ω6，18∶3ω6，18∶3ω3

（续）

生物组分	磷脂脂肪酸
放线菌	10Me16∶0, 10Me17∶0, 10Me18∶0
硅藻	16∶1ω13t, 16∶2ω4c, 16∶3ωc, 16∶4ω1c, 20∶5ω3c
单不饱和脂肪酸	16∶1ω7c, 18∶1ω9c
环丙基脂肪酸	cy17∶0, cy19∶0
环丙基脂肪酸/前体	cy17∶0/16∶1ω7c; cy19∶0/18∶1ω7c
反式/顺式单不饱和脂肪酸	16∶1ω7t/c, 18∶1ω9t/c
直链饱和脂肪酸	11∶0, 12∶0, 13∶0, 14∶0, 15∶0, 16∶0, 17∶0, 18∶0, 19∶0 和 20∶0
支链饱和脂肪酸	i15∶0, a15∶0, i16∶0, i17∶0 和 a17∶0
原生动物	20∶4ω6, 20∶3ω6, 20∶2ω6
绿藻	16∶1ω13t, 18∶2ω6c, 18∶1ω9c, 18∶3ω3c, 18∶4ω3c
丛枝菌根	16∶1ω5c
外生菌根	18∶2ω6c

4.1.3.4　数据

数据见表 4-9 到表 4-12。

表 4-9　不同火烧迹地的土壤有机碳和全氮含量

火烧迹地	年	月	土壤层次/cm	土壤有机碳含量/（g/kg）		土壤总氮含量/（g/kg）		碳氮比	
				未火烧	火烧	未火烧	火烧	未火烧	火烧
火烧前	2005	3	0～20	16.36±0.66	—	0.67±0.02	—	24.47±0.72	—
桉林	2006	10	0～5	16.59±1.51	18.54±1.73	1.00±0.08	1.06±0.08	17.09±0.66	19.77±0.47
			5～10	10.91±0.69	9.93±0.82	0.66±0.03	0.66±0.05	15.74±1.15	17.10±0.67
	2007	5	0～5	—	14.46±3.86	—	0.66±0.09	—	20.84±4.13
			5～10	—	6.52±1.85	—	0.56±0.13	—	11.76±2.02
	2008	3	0～10	23.54±3.19	14.45±2.12	0.72±0.06	0.52±0.04	31.60±1.80	26.54±2.51
草坡	2006	10	0～5	17.50±1.16	17.59±1.68	1.04±0.08	1.24±0.18	16.15±0.61	15.55±1.56
			5～10	10.82±0.79	10.91±0.69	0.69±0.04	0.77±0.18	15.90±0.68	13.03±1.40
	2007	5	0～5	—	19.74±4.18	—	1.17±0.22	—	17.62±2.04
			5～10	—	12.40±1.32	—	0.72±0.09	—	18.10±1.53
	2008	3	0～10	18.97±2.09	18.11±2.35	0.59±0.03	0.62±0.05	31.62±2.39	28.36±1.85

注：样品数 $n=9$，—表示没有采样。

表 4-10　火烧迹地磷脂脂肪酸总量、真菌和细菌量、革兰氏阴性菌和革兰氏阴性菌量

群落组分	桉林					草坡					
	2006	2007		2008		2006		2007		2008	
	火烧	未火烧	火烧	未火烧	火烧	未火烧	火烧	未火烧	火烧	未火烧	火烧
硬脂脂肪酸总量/(ng/g)	480±59	907±84	1 011±166	1 133±183	1 362±140	498±121	286±50	1 258±102	655±16	1 027±125	994±137
硬脂脂肪酸真菌量/(ng/g)	24.3±2.3	27.6±4.3	11.2±0.2	57.8±12.7	37.6±6.2	21.3±1.2	11.2±1.0	28.4±1.3	16.1±2.8	66.4±12.7	29.5±2.6
硬脂脂肪酸细菌量/(ng/g)	125.6±10.2	204.0±25.3	139.2±28.1	279.7±57.4	228.5±25.3	99.6±3.8	76.2±4.9	127.5±13.3	96.5±20.7	281.0±45.0	174.5±21.0
硬脂脂肪酸革兰氏阳性菌量/(ng/g)	91.9±9.8	123.4±13.6	98.6±20.3	161.5±30.8	128.7±15.1	79.6±2.3	55.3±6.7	82.3±7.8	63.1±14.0	161.7±22.5	105.3±13.0
硬脂脂肪酸革兰氏阴性菌量/(ng/g)	69.6±6.9	101.8±15.4	69.9±16.8	119.7±23.7	105.3±12.1	60.1±0.5	43.2±2.0	59.6±10.8	51.3±11.3	117.9±18.4	77.9±8.2
硬脂脂肪酸真菌量/硬脂脂肪酸细菌量	0.19±0.02	0.15±0.03	0.06±0.01	0.28±0.07	0.20±0.06	0.22±0.02	0.15±0.01	0.36±0.14	0.11±0.01	0.37±0.09	0.15±0.04
硬脂脂肪酸革兰氏阳性菌量/硬脂脂肪酸革兰氏阴性菌量	1.32±0.06	1.82±0.47	1.33±0.13	1.23±0.06	1.37±0.03	1.32±0.04	1.28±0.07	1.34±0.16	1.85±0.36	1.35±0.06	1.39±0.05

表 4 - 11　桉林下 5 种灌木不同季节和处理下土壤 pH、有机碳及微生物生物量碳、氮含量的变化

季节	处理	灌木树种	pH		土壤有机碳含量/（g/kg）		微生物生物量碳含量/（mg/kg）		微生物生物量氮含量/（mg/kg）		重复数
			平均值	标准差	平均值	标准差	平均值	标准差	平均值	标准差	
干季	对照	栀子	3.88	0.08	19.45	1.09	113.07	79.42	17.22	9.44	3
		秤星树	3.89	0.05	21.63	1.71	140.43	37.51	17.22	9.44	3
		山鸡椒	3.94	0.03	17.53	1.29	99.93	43.55	19.48	8.32	3
		桃金娘	3.84	0.03	21.98	7.13	76.20	97.35	20.23	17.65	3
		印度野牡丹	3.88	0.05	17.70	3.31	89.35	54.62	14.57	3.44	3
	断根	栀子	3.92	0.05	16.59	0.40	149.36	12.55	47.34	26.52	3
		秤星树	3.93	0.07	20.57	6.34	113.22	9.43	24.07	9.80	3
		山鸡椒	3.97	0.05	16.72	0.71	131.35	74.84	24.99	10.46	3
		桃金娘	3.83	0.00	21.68	4.21	72.66	30.96	18.08	6.09	3
		印度野牡丹	3.97	0.05	17.35	5.01	112.24	62.64	15.69	5.98	3
雨季	对照	栀子	4.18	0.31	17.79	0.73	43.64	25.07	7.38	4.03	3
		秤星树	3.88	0.13	20.22	4.25	56.37	37.32	9.43	7.26	3
		山鸡椒	3.95	0.14	19.63	3.27	52.74	29.36	10.65	3.83	3
		桃金娘	3.94	0.09	22.27	7.21	173.82	166.95	6.25	3.33	3
		印度野牡丹	3.93	0.09	16.08	2.22	34.41	16.20	5.53	1.68	3
	断根	栀子	3.93	0.14	18.82	6.57	90.12	64.70	12.53	6.60	3
		秤星树	3.91	0.09	22.02	3.89	48.56	19.25	10.72	2.68	3
		山鸡椒	4.05	0.11	15.93	1.65	65.30	45.57	8.82	5.54	3
		桃金娘	3.89	0.17	20.35	5.76	65.25	57.99	6.49	4.15	3
		印度野牡丹	3.95	0.03	14.33	2.51	114.78	100.80	6.16	0.38	3

表 4 - 12　桉林下 5 种灌木不同季节和处理下土壤微生物群落和结构的变化

季节	处理	灌木树种	硬脂脂肪酸 细菌量/(ng/g) 平均值	标准差	硬脂脂肪酸 真菌量/(ng/g) 平均值	标准差	硬脂脂肪酸 革兰氏阴性菌量/(ng/g) 平均值	标准差	硬脂脂肪酸 革兰氏阴性菌量/(ng/g) 平均值	标准差	硬脂脂肪酸 放线菌量/(ng/g) 平均值	标准差	重复数
干季	对照	栀子	2 894.3	219.1	137.3	27.1	1 204.5	26.6	247.4	142.9	421.8	243.5	3
		秤星树	3 073.6	575.4	163.8	66.2	1 256.7	197.3	256.5	148.1	444.6	256.7	3
		山鸡椒	3 453.7	1 413.6	180.7	109.1	1 412.0	475.1	317.1	183.1	465.5	268.8	3
		桃金娘	3 009.0	312.3	144.7	20.6	1 215.5	185.8	281.2	162.3	406.6	234.8	3
		印度野牡丹	2 494.9	558.1	129.8	49.0	1 028.2	132.7	214.6	123.9	355.0	205.0	3
	断根	栀子	2 686.7	121.9	128.6	18.5	1 192.5	114.5	294.0	169.7	355.7	205.4	3
		秤星树	3 209.7	427.6	151.6	28.4	1 352.9	100.2	284.4	164.2	472.0	272.5	3
		山鸡椒	3 044.4	525.6	159.9	54.3	1 231.1	181.1	289.7	167.2	402.2	232.2	3
		桃金娘	2 902.4	442.9	152.4	50.7	1 304.5	101.3	293.0	169.2	435.6	251.5	3
		印度野牡丹	2 682.5	722.2	156.0	46.7	1 107.9	263.9	265.0	153.0	368.6	212.8	3
雨季	对照	栀子	1 392.6	262.2	63.7	6.0	602.3	113.4	167.1	96.5	184.3	106.4	3
		秤星树	1 536.5	423.2	70.5	11.0	646.7	136.0	167.9	97.0	188.3	108.7	3
		山鸡椒	1 982.8	350.5	89.4	25.1	964.4	30.9	206.2	119.0	291.3	168.2	3
		桃金娘	1 907.0	607.2	83.6	38.0	790.4	161.6	188.3	108.7	239.4	138.2	3
		印度野牡丹	1 373.0	165.0	62.0	11.0	555.4	28.4	144.1	83.2	166.1	95.9	3
	断根	栀子	1 583.2	630.9	70.5	13.5	663.6	273.1	171.1	98.8	189.2	109.3	3
		秤星树	1 769.7	225.3	79.7	5.2	719.7	202.1	204.0	117.8	213.0	123.0	3
		山鸡椒	2 289.3	631.2	99.1	18.5	874.3	328.9	224.9	129.8	251.5	145.2	3
		桃金娘	2 066.8	439.6	89.5	8.1	966.5	343.2	236.8	136.7	297.3	171.6	3
		印度野牡丹	1 501.0	315.6	75.2	18.2	666.4	157.7	188.3	108.7	194.2	112.1	3

森林生态系统卷

4.1.4　幼龄人工林土壤动物的组成数据集

4.1.4.1　概况

　　土壤生物是地下生态系统的重要组分，在推动土壤物质转换、能量流动和生物地化循环中起着重要作用。Coleman 等（2004）按照体宽将土壤生物划分为以下 4 大功能群：①微生物。细菌、真菌、放线菌等。②小型土壤动物。原生动物、线虫等。③中型土壤动物。跳虫、蜱螨等。④大型土壤动物。蚯蚓、蚂蚁、白蚁等。Killham（1994）将植物根系也作为土壤生物的一个组成部分。土壤微生物是控制有机质周转和矿化速率的主要组分，是陆地生态系统的主要驱动因子；小型土壤动物主要通过调节微生物的有机酸和菌丝的产生从而影响土壤结构中团聚体的形成；中型土壤动物主要通过排泄物加速土壤腐殖质的形成从而改善土壤结构；大型土壤动物通过排泄、掘穴、取食和消化等对土壤过程的物质循环和能量流动做出贡献；植物根系为土壤生物（尤其是根际微生物）提供资源，根的生长运动对土壤大多数物理特性有重要影响（Killham，1994；Coleman et al.，2004）。

　　线虫作为指示生物的重要优势是线虫的食性和生活史策略是众多土壤生物中研究最透彻的，并且依据此发展出一系列描述线虫群落的指数，如各种成熟指数（maturity index，MI）、结构指数（structure index，SI）和富集指数（enrichment index，EI）等（傅声雷，2007；邵元虎和傅声雷，2007；Bongers，1990；Yeates et al.，1993；Bongers and Bongers，1998；Yeates，1998；Ferris et al.，2001；Yeates，2003）。食性和生活史策略是研究生态学中的食物网关系、资源的利用、抗干扰能力的重要工具。

　　小型土壤节肢动物（螨虫、跳虫）也经常被用作指示生物指示环境污染、土壤健康、土地利用和森林经营等（Tranvik and Eijsackers，1989；Ruf，1998；van Straalen，1998；Fountain and Hopkin，2001；Lock and Janssen，2003；Ponge et al.，2003；Maleque et al.，2006）。大多数研究利用节肢动物某类群的总密度或某一科属的密度来指示这些变化。

4.1.4.2　数据采集和处理方法

　　2008 年 4 月，在鹤山站共和试验区选取乡土树种混交人工林的 6 个样地，选取快速生长和有固氮能力的豆科植物翅荚决明 [Senna alata (L.) Roxb.] 作为替代和添加种植的林下灌木种类，种植株行距 1 m×1 m。对林下植被进行处理：①对照（Control）（保持原状，不去灌草，不种决明）。②不去灌草，种决明（CA）。③去灌草，不种决明（UR）。④去灌草，种决明（UR+CA）。每个处理 6 个重复，共 24 个样方。每个试验小区内设置 1 个 1 m×1 m 的小样方，小样方距离树干 2 m 左右，样方周围在尽量减少土壤扰动的情况下挖 0.5 m 深的窄沟，切断根系，并插入 PVC 板防止根系进入，原土回填沟中，小样方内清除地上部分的全部植被并在整个试验过程中保持无植被状态，作为处理，⑤剔除所有植物（PR）。为了让小样方内的根完全分解，断根后放置 4 个月以上。

　　2008 年 8 月（湿季）和 2009 年 1 月（干季），在混交林的每个重复样地内随机选取 6 个点用土钻（内径 5 cm）取样，采土深度为 0～5 cm 和 5～10 cm，将每层的 6 个土样混合，挑除土壤样品中的植物根系和沙石，过 2 mm 筛混合均匀，用于测定土壤理化性质、土壤微生物（只测 0～5 cm）和土壤线虫。

　　土壤线虫用 Baermann 湿漏斗法提取测定（Barker，1985）。每个土壤样品用 50 g 鲜土提取，提取的线虫用热福尔马林溶液杀死固定，线虫和福尔马林混合溶液的甲醛含量约为 4 %，在倒置显微镜下观察计数。

　　2008 年 8 月和 2009 年 1 月，在混交林内再随机选取 3 个点用土钻（内径 5 cm）取样，采土深度为 0～5 cm 和 5～10 cm，将每层的 3 个土样混合，挑除土壤样品中的植物根系和沙石，捏碎混合均匀，用于提取小型土壤节肢动物。

　　土壤节肢动物用 Tullgren 干漏斗法提取测定。

4.1.4.3　数据质量控制和评估

每个样品的前 100 条线虫制成片子，在光学显微镜下根据常用的检索表鉴定营养类群和科属，样品中不足 100 条线虫，鉴定所有线虫。根据 Yeates 等（1993）线虫营养类群划分体系将线虫划分为 5 个营养类群：食细菌类、食真菌类、植食类、杂食类、捕食类；并对线虫进行 c-p 值的划分。土壤节肢动物在倒置显微镜下计数，螨虫和跳虫在解剖镜下鉴定到科属水平。

4.1.4.4　数据

数据见表 4-13 至表 4-15。

表 4-13　不同林下处理对线虫属密度（个/100g 干土）的影响（$n=6$）

季节	土层	属	功能群	处理（平均值±标准误）				
				Control	CA	UR	UR+CA	PR
湿季	0~5 cm	类双胃属 *Diplogasteroides*	Ba1	0.0±0.0	0.0±0.0	1.0±0.7	0.0±0.0	0.0±0.0
		钩唇属 *Diploscapter*	Ba1	0.0±0.0	9.0±8.9	1.0±1.0	0.0±0.0	0.0±0.0
		盆咽属 *Panagrolaimus*	Ba1	28.1±28.1	6.4±6.4	0.0±0.0	0.0±0.0	7.5+7.0
		Prodontorhabditis	Ba1	4.0±4.0	1.0±0.6	0.0±0.0	0.0±0.0	0.0±0.0
		小杆属 *Rhabditis*	Ba1	5.7±2.3	3.6±1.7	6.2±3.9	0.5±0.5	15.8±14.7
		拟丽突属 *Acrobeloides*	Ba2	32.0±12.6	19.0±11.8	29.0±12.5	22.0±7.3	33.0±9.4
		真头叶属 *Eucephalobus*	Ba2	1.0±1.0	0.0±0.0	0.0±0.0	12.0±7.9	8.0±4.2
		Heterocephalobellus	Ba2	5.0±5.0	4.0±3.6	3.0±3.2	1.0±1.0	2.0±1.5
		Metacrolobus	Ba2	1.0±0.6	1.0±0.7	0.0±0.0	1.0±0.9	5.0±3.5
		绕线属 *Plectus*	Ba2	17.5±7.1	14.6±8.4	2.9±1.7	10.3±4.9	6.4±2.5
		威尔斯属 *Wilsonema*	Ba2	0.0±0.0b	0.0±0.0b	3.0±1.5ab	3.0±2.7ab	4.0±1.7a
		Metateratocephalus	Ba3	0.0±0.0	1.0±1.0	0.0±0.0	0.0±0.0	0.0±0.0
		似杯咽属 *Paracyatholaimus*	Ba3	2.0±1.4	5.0±4.2	4.0±3.2	20.0±9.6	10.0±3.5
		棱咽属 *Prismatolaimus*	Ba3	9.0±6.0	20.0±6.9	14.0±5.4	14.0±6.8	9.0±4.3
		无咽属 *Alaimus*	Ba4	0.0±0.0	3.0±3.0	3.0±3.0	3.0±3.0	0.0±0.0
		滑刃属 *Aphelenchoides*	Fu2	61.5±21.6	59.1±6.0	47.4±15.0	31.2±7.8	69.0±13.7
		真滑刃属 *Aphelenchus*	Fu2	0.0±0.0	0.0±0.0	0.0±0.0	0.0±0.0	0.0±0.0
		茎属 *Ditylenchus*	Fu2	45.0±14.2	20.8±10.4	91.0±58.2	37.5±6.4	66.5±21.9
		丝尾垫刃属 *Filenchus*	Fu2	93.0±62.4	10.5±9.6	209.9±205.4	7.0±4.5	9.3±4.4
		假海矛属 *Pseudhalenchus*	Fu2	0.0±0.0	0.0±0.0	0.0±0.0	0.0±0.0	1.0±1.0
		膜皮属 *Diphtherophora*	Fu3	14.0±10.7	2.7±1.3	14.6±7.5	5.1±2.7	1.3±1.0
		Allodorylaimus	Om4	3.4±2.5	0.5±0.5	0.0±0.0	0.0±0.0	0.3±0.3
		盘腔属 *Discomyctus*	Om4	0.0±0.0	0.0±0.0	1.0±0.7	0.0±0.0	0.0±0.0
		表矛线属 *Epidorylaimus*	Om4	4.0±4.0	11.0±10.1	4.0±3.1	5.0±4.7	3.0±2.0
		真矛线属 *Eudorylaimus*	Om4	1.0±1.0	18.0±9.9	0.0±0.0	6.0±3.9	1.0±0.4
		微矛属 *Microdorylaimus*	Om4	6.0±4.9	24.0±15.7	9.0±3.6	14.0±6.0	1.0±0.9

（续）

季节	土层	属	功能群	处理（平均值±标准误）				
				Control	CA	UR	UR+CA	PR
		前矛线属 *Prodorylaimus*	Om4	10.0±9.3	1.0±1.4	1.0±0.8	2.0±2.0	1.0±0.4
		索努斯属 *Thonus*	Om4	11.0±9.8	4.0±2.1	14.0±12.5	1.0±0.7	2.0±2.1
		桑尼属 *Thornia*	Om4	7.7±7.7	3.9±2.6	1.4±0.9	0.0±0.0	0.0±0.0
		金线属 *Chrysonema*	Om5	0.0±0.0	3.0±2.7	1.0±0.6	4.0±2.7	0.0±0.0
		牙咽属 *Dorylaimellus*	Om5	6.1±5.0	0.0±0.0	0.6±0.6	0.0±0.0	1.3±1.3
		库曼属 *Coomansus*	Pr4	3.0±3.0	0.0±0.0	0.0±0.0	0.0±0.0	0.0±0.0
		基齿属 *Iotonchus*	Pr4	52.2±18.6	69.3±41.7	10.0±4.6	1.8±1.2	1.5±1.0
		Trachypleurosum	Pr5	0.0±0.0	0.0±0.0	0.0±0.0	1.0±0.8	0.0±0.0
		细纹垫刃属 *Lelenchus*	Pl2	6.6±4.3	14.0±8.1	3.2±2.4	8.9±5.6	9.6±6.4
		裸矛属 *Psilenchus*	Pl2	0.0±0.0	0.0±0.0	0.0±0.0	0.0±0.0	1.0±0.6
		垫刃属 *Tylenchus*	Pl2	5.0±3.1	59.0±36.9	13.0±7.4	13.0±6.8	23.0±9.5
		小环线虫属 *Criconemella*	Pl3	0.0±0.0	0.0±0.0	0.0±0.0	0.0±0.0	1.0±0.7
		螺旋属 *Helicotylenchus*	Pl3	48.6±48.6	428.0±409.8	3.3±2.5	571.3±413.2	71.2±52.9
		针属 *Paratylenchus*	Pl3	0.0±0.0	1.0±0.6	6.0±6.0	0.0±0.0	1.0±0.7
		短体属 *Pratylenchus*	Pl3	5.0±2.9	4.0±2.4	4.0±2.6	47.0±32.7	4.0±1.4
		拟盘旋属 *Rotylenchoides*	Pl3	2.6±2.6	4.1±4.1	0.0±0.0	0.0±0.0	26.2±22.0
		盘旋属 *Rotylenchus*	Pl3	0.0±0.0	0.0±0.0	2.0±1.7	54.0±54.0	6.0±5.5
		Trophurus	Pl3	58.8±58.8	0.0±0.0	0.0±0.0	7.3±7.3	4.1±4.1
		毛刺属 *Trichodorus*	Pl4	9.0±4.4	11.0±9.4	17.0±12.3	0.0±0.0	0.0±0.0
		长针属 *Longidorus*	Pl5	0.0±0.0	2.0±2.4	0.0±0.0	0.0±0.0	0.0±0.0
		剑属 *Xiphinema*	Pl5	0.0±0.0	2.0±1.6	0.0±0.0	0.0±0.0	0.0±0.0
	5~10 cm	类双胃属 *Diplogasteroides*	Ba1	0.0±0.0	0.0±0.0	3.0±3.0	0.0±0.0	0.0±0.0
		唇属 *Diploscapter*	Ba1	0.8±0.8	2.2±2.2	4.9±4.9	0.0±0.0	3.4±3.4
		盆咽属 *Panagrolaimus*	Ba1	2.4±2.4	0.0±0.0	0.0±0.0	0.0±0.0	3.0±2.8
		Prodontorhabditis	Ba1	0.0±0.0	0.0±0.0	5.0±5.0	0.0±0.0	1.0±1.3
		小杆属 *Rhabditis*	Ba1	4.0±4.0	5.4±2.5	6.4±6.4	0.0±0.0	1.1±1.0
		拟丽突属 *Acrobeloides*	Ba2	20.1±4.9	22.2±9.1	35.9±11.8	54.8±26.4	19.0±5.0
		真头叶属 *Eucephalobus*	Ba2	1.0±1.2	2.0±1.5	11.0±10.5	9.0±6.8	1.0±0.5
		Heterocephalobellus	Ba2	2.3±1.6	0.5±0.5	0.0±0.0	0.0±0.0	0.4±0.4
		Metacrolobus	Ba2	5.0±3.7	0.0±0.0	1.0±1.0	9.0±7.4	8.0±4.1
		绕线属 *Plectus*	Ba2	2.0±1.4	8.0±4.3	0.0±0.0	11.0±7.1	5.0±2.2
		威尔斯属 *Wilsonema*	Ba2	1.0±0.5	3.0±1.6	2.0±1.4	0.0±0.0	7.0±2.5

（续）

季节	土层	属	功能群	处理（平均值±标准误）				
				Control	CA	UR	UR+CA	PR
		Metateratocephalus	Ba3	0.0±0.0	0.0±0.0	0.0±0.0	2.0±2.0	0.0±0.0
		似杯咽属 *Paracyatholaimus*	Ba3	4.0±3.7	2.0±1.8	3.0±2.0	1.0±0.9	5.0±2.7
		棱咽属 *Prismatolaimus*	Ba3	17.0±12.6	18.0±8.0	21.0±13.1	16.0±7.0	3.0±1.0
		异畸头属 *Steratocephalus*	Ba3	0.0±0.0	0.0±0.0	0.0±0.0	0.0±0.0	1.0±0.9
		无咽属 *Alaimus*	Ba4	0.0±0.0	2.0±1.2	5.0±5.0	7.0±6.7	0.0±0.0
		滑刃属 *Aphelenchoides*	Fu2	18.3±4.8	42.8±20.6	28.2±15.3	40.7±20.2	43.1±6.7
		真滑刃属 *Aphelenchus*	Fu2	0.0±0.0	0.0±0.0	0.0±0.0	0.0±0.0	1.0±0.9
		茎属 *Ditylenchus*	Fu2	84.0±77.6	22.0±5.0	112.0±74.1	23.0±6.9	26.0±7.4
		丝尾垫刃属 *Filenchus*	Fu2	84.0±71.4	4.0±4.0	420.0±405.2	3.0±2.3	6.0±4.0
		假海矛属 *Pseudhalenchus*	Fu2	0.0±0.0	5.0±5.0	0.0±0.0	0.0±0.0	0.0±0.0
		膜皮属 *Diphtherophora*	Fu3	15.3±9.0	13.2±5.8	24.2±19.8	13.9±13.4	0.6±0.4
		Allodorylaimus	Om4	2.3±1.6	0.0±0.0	0.8±0.8	0.0±0.0	0.0±0.0
		盘腔属 *Discomyctus*	Om4	0.0±0.0	0.0±0.0	1.0±0.5	0.0±0.0	1.0±1.0
		表矛线属 *Epidorylaimus*	Om4	3.6±1.9	7.9±5.6	6.3±4.9	11.1±7.7	1.0±0.7
		真矛线属 *Eudorylaimus*	Om4	1.6±1.6	13.9±11.5	1.3±1.3	4.2±2.9	2.3±1.0
		微矛属 *Microdorylaimus*	Om4	2.4±1.6	7.0±5.8	9.1±5.9	11.0±7.1	0.6±0.3
		前矛线属 *Prodorylaimus*	Om4	0.0±0.0	4.0±2.7	0.0±0.0	0.0±0.0	0.0±0.0
		索努斯属 *Thonus*	Om4	1.0±1.2	1.0±0.8	8.0±7.7	0.0±0.0	0.0±0.0
		桑尼属 *Thornia*	Om4	0.0±0.0	1.0±0.6	0.0±0.0	0.0±0.0	0.0±0.0
		小无环咽属 *Aporcelaimellus*	Om5	1.0±0.8	0.0±0.0	0.0±0.0	7.0±6.7	0.0±0.0
		鄂针属 *Belondira*	Om5	2.0±1.5	0.0±0.0	0.0±0.0	0.0±0.0	0.0±0.0
		金线属 *Chrysonema*	Om5	0.0±0.0	5.0±3.3	0.0±0.0	8.0±6.5	1.0±0.7
		牙咽属 *Dorylaimellus*	Om5	0.0±0.0	1.0±0.6	0.0±0.0	0.0±0.0	0.0±0.0
		Stenonchulus	Pr3	0.0±0.0	4.0±3.7	0.0±0.0	0.0±0.0	0.0±0.0
		三裂体属 *Trischistoma*	Pr3	0.0±0.0	4.0±3.7	0.0±0.0	9.0±6.5	0.0±0.0
		库曼属 *Coomansus*	Pr4	0.0±0.0	0.0±0.0	1.0±0.5	0.0±0.0	0.0±0.0
		基齿属 *Iotonchus*	Pr4	6.0±3.6	28.0±18.6	2.0±1.2	4.0±2.9	0.0±0.0
		细纹垫刃属 *Lelenchus*	Pl2	9.0±4.2	10.0±5.5	9.0±5.6	7.0±6.2	3.0±1.5
		垫刃属 *Tylenchus*	Pl2	11.1±7.6	9.2±6.3	14.9±10.2	1.8±1.3	8.7±5.9
		小环线虫属 *Criconemella*	Pl3	0.0±0.0	0.0±0.0	2.0±2.0	0.0±0.0	0.0±0.1
		螺旋属 *Helicotylenchus*	Pl3	12.0±12.0	573.4±501.1	3.8±3.8	791.1±644.1	168.8±88.6
		针属 *Paratylenchus*	Pl3	0.0±0.0	0.0±0.0	0.0±0.0	0.0±0.0	6.0±6.0

（续）

季节	土层	属	功能群	处理（平均值±标准误）				
				Control	CA	UR	UR+CA	PR
		短体属 *Pratylenchus*	Pl3	15.2±14.2	10.3±5.3	2.7±2.7	46.6±21.0	8.7±3.8
		拟盘旋属 *Rotylenchoides*	Pl3	2.4±2.4	5.3±3.5	0.0±0.0	620.5±620.5	4.1±3.5
		盘旋属 *Rotylenchus*	Pl3	7.2±7.2	0.6±0.6	1.3±1.3	0.0±0.0	51.7±51.2
		Trophurus	Pl3	12.8±12.8	0.6±0.6	3.8±3.8	0.5±0.5	25.7±25.7
		毛刺属 *Trichodorus*	Pl4	3.0±2.3	12.0±11.8	3.0±2.7	0.0±0.0	8.0±7.7
		长针属 *Longidorus*	Pl5	0.0±0.0	2.0±1.4	0.0±0.0	0.0±0.0	0.0±0.0
		剑属 *Xiphinema*	Pl5	0.0±0.0	4.0±3.9	0.0±0.0	0.0±0.0	0.0±0.0
干季	0~5 cm	唇属 *Diploscapter*	Ba1	0.0±0.0	0.0±0.0	0.0±0.0	2.0±1.9	1.0±0.8
		Prodontorhabditis	Ba1	3.0±3.0	6.0±5.8	0.0±0.0	0.0±0.0	0.0±0.0
		小杆属 *Rhabditis*	Ba1	2.0±2.0	0.0±0.0	2.0±1.4	0.0±0.0	0.0±0.0
		拟丽突属 *Acrobeloides*	Ba2	111.6±58.1	73.8±35.0	36.4±12.7	35.1±17.4	22.0±5.9
		Acrolobus	Ba2	0.0±0.0	2.0±2.0	0.0±0.0	2.0±1.8	1.0±0.6
		真头叶属 *Eucephalobus*	Ba2	22.0±8.3	14.3±6.8	6.9±2.4	1.8±1.2	4.3±2.3
		真矛线属 *Eudorylaimus*	Ba2	6.2±4.8	16.4±8.4	0.9±0.5	4.0±3.4	2.0±1.4
		Heterocephalobellus	Ba2	0.0±0.0	0.0±0.0	4.0±3.6	0.0±0.0	2.0±1.6
		Metacrolobus	Ba2	1.0±1.0	0.0±0.0	1.0±1.0	2.0±1.5	0.0±0.0
		伪丽突属 *Nothacrobeles*	Ba2	16.0±10.6	7.0±7.0	8.0±7.3	3.0±2.6	2.0±0.9
		绕线属 *Plectus*	Ba2	22.4±12.6	33.9±13.2	3.4±1.4	5.2±1.8	4.8±2.6
		威尔斯属 *Wilsonema*	Ba2	6.0±3.6	3.0±2.4	2.0±1.7	0.0±0.0	3.0±2.5
		Zeldia	Ba2	6.0±6	35.0±34.9	9.0±5.7	4.0±2.3	2.0±1.2
		似杯咽属 *Paracyatholaimus*	Ba3	6.0±4.4	1.0±1.0	2.0±1.2	0.0±0.0	1.0±0.9
		棱咽属 *Prismatolaimus*	Ba3	39.6±17.8	29.6±8.0	11.2±3.9	17.0±8.0	11.1±5.2
		无咽属 *Alaimus*	Ba4	0.0±0.0	3.0±3.0	2.0±1.2	0.0±0.0	1.0±0.7
		滑刃属 *Aphelenchoides*	Fu2	119.9±42.3	104.3±40.0	42.1±14.5	92.3±20.0	53.2±15.3
		茎属 *Ditylenchus*	Fu2	136.0±37.1	184.7±50.6	132.1±57.9	64.5±4.3	127.6±48.5
		丝尾垫刃属 *Filenchus*	Fu2	246.7±99.1	135.9±57.4	23.8±3.9	28.8±18.8	30.1±18.7
		长尾滑刃属 *Seinura*	Fu2	0.0±0.0	0.0±0.0	4.0±3.9	0.0±0.0	0.0±0.0
		膜皮属 *Diphtherophora*	Fu3	7.3±5.0	0.0±0.0	0.4±0.4	0.0±0.0	0.0±0.0
		表矛线属 *Epidorylaimus*	Om4	4.0±3.8	7.0±5.7	3.0±2.3	2.0±1.3	0.0±0.0
		微矛属 *Microdorylaimus*	Om4	9.2±4.7	37.4±14.5	4.0±2.2	4.7±2.5	1.1±1.1
		前矛线属 *Prodorylaimus*	Om4	0.0±0.0	0.0±0.0	3.0±2.7	0.0±0.0	0.0±0.0
		索努斯属 *Thonus*	Om4	36.0±28.9	9.4±8.9	0.0±0.0	0.0±0.0	0.0±0.0

（续）

季节	土层	属	功能群	处理（平均值±标准误）				
				Control	CA	UR	UR+CA	PR
		桑尼属 *Thornia*	Om4	4.0±3.7	3.0±3.0	0.0±0.0	0.0±0.0	0.0±0.0
		金线属 *Chrysonema*	Om5	0.0±0.0	6.0±3.9	0.0±0.0	2.0±1.2	0.0±0.0
		牙咽属 *Dorylaimellus*	Om5	4.0±3.7	0.0±0.0	0.0±0.0	0.0±0.0	0.0±0.0
		Stenonchulus	Pr3	0.0±0.0	1.0±1.0	0.0±0.0	0.0±0.0	0.0±0.0
		三孔属 *Tripyla*	Pr3	0.0±0.0	0.0±0.0	0.0±0.0	1.0±0.9	0.0±0.0
		基齿属 *Iotonchus*	Pr4	9.0±5.8	4.0±2.1	0.0±0.0	1.0±0.7	2.0±1.4
		细纹垫刃属 *Lelenchus*	Pl2	90.2±60.0	11.7±7.1	4.2±2.8	6.7±6.7	5.0±3.2
		剑尾垫刃属 *Malenchus*	Pl2	0.0±0.0	0.0±0.0	1.0±0.6	1.0±1.0	0.0±0.0
		垫刃属 *Tylenchus*	Pl2	5.0±4.9	2.0±2.0	1.0±0.8	0.0±0.0	0.0±0.0
		螺旋属 *Helicotylenchus*	Pl3	19.8±19.8	159.5±109.2	0.0±0.0	70.8±43.7	41.9±23.4
		短体属 *Pratylenchus*	Pl3	6.0±4.7	11.0±5.4	2.0±1.5	12.0±7.1	1.0±0.4
		肾状属 *Rotylenchulus*	Pl3	0.0±0.0	122.0±122.0	0.0±0.0	72.0±66.3	6.0±4.1
		端垫刃属 *Telotylenchus*	Pl3	212.4±212.4	0.0±0.0	2.5±2.5	0.9±0.9	1.4±1.4
		毛刺属 *Trichodorus*	Pl4	17.0±11.8	0.0±0.0	1.0±0.9	1.0±1.0	0.0±0.0
		长针属 *Longidorus*	Pl5	0.0±0.0	0.0±0.0	1.0±0.9	0.0±0.0	0.0±0.0
	5~10 cm	*Prodontorhabditis*	Ba1	18.0±18.0	5.0±3.2	0.0±0.0	0.0±0.0	0.0±0.0
		小杆属 *Rhabditis*	Ba1	11.0±10.8	1.0±0.8	0.0±0.0	0.0±0.0	0.0±0.0
		拟丽突属 *Acrobeloides*	Ba2	68.1±41.8	26.0±8.7	32.5±9.2	15.7±4.9	17.3±2.8
		Acrolobus	Ba2	0.0±0.0	6.0±4.2	3.0±1.7	2.0±1.0	4.0±1.9
		真头叶属 *Eucephalobus*	Ba2	25.9±15.7	16.9±6.6	5.8±3.5	10.0±7.0	8.3±3.7
		真矛线属 *Eudorylaimus*	Ba2	1.7±1.2	0.0±0.0	0.4±0.4	5.3±2.5	1.0±0.5
		Heterocephalobellus	Ba2	0.0±0.0	1.0±0.8	1.0±0.9	1.0±0.6	1.0±0.4
		Metacrolobus	Ba2	19.0±14.7	0.0±0.0	0.0±0.0	0.0±0.0	0.0±0.0
		伪丽突属 *Nothacrobeles*	Ba2	4.0±3.4	1.0±0.8	3.0±2.2	8.0±7.3	1.0±0.4
		绕线属 *Plectus*	Ba2	18.5±14.9	13.7±5.1	3.4±1.3	8.6±4.7	7.3±3.4
		威尔斯属 *Wilsonema*	Ba2	3.0±1.9	1.0±1.0	1.0±0.8	3.0±2.4	7.0±3.8
		Zeldia	Ba2	4.0±4.0	13.0±7.0	3.0±1.8	3.0±2.4	6.0±2.5
		似杯咽属 *Paracyatholaimus*	Ba3	1.0±1.0	6.0±3.7	0.0±0.0	0.0±0.0	1.0±0.7
		棱咽属 *Prismatolaimus*	Ba3	18.0±10.2	37.0±13.6	10.0±2.8	15.0±4.7	4.0±1.4
		无咽属 *Alaimus*	Ba4	1.0±0.8	1.0±0.6	1.0±0.8	0.0±0.0	0.0±0.0
		滑刃属 *Aphelenchoides*	Fu2	69.0±31.1a	31.2±9.6b	16.4±7.4b	22.4±10.7b	20.6±3.5b
		茎属 *Ditylenchus*	Fu2	49.3±13.2	87.3±39.4	102.5±54.9	52.1±17.7	55.8±8.9

（续）

季节	土层	属	功能群	处理（平均值±标准误）				
				Control	CA	UR	UR+CA	PR
		丝尾垫刃属 *Filenchus*	Fu2	159.7±68.6	24.3±11.8	15.9±6.7	28.3±15.9	17.5±2.9
		长尾滑刃属 *Seinura*	Fu2	0.0±0.0	0.0±0.0	20.0±20.0	0.0±0.0	1.0±1.5
		膜皮属 *Diphtherophora*	Fu3	7.0±6.4	0.0±0.0	1.0±0.8	0.0±0.0	0.0±0.0
		表矛线属 *Epidorylaimus*	Om4	2.0±1.4	0.0±0.0	0.0±0.0	1.0±0.6	0.0±0.0
		微矛属 *Microdorylaimus*	Om4	4.0±2.1	2.0±1.5	3.0±2.3	1.0±1.0	1.0±0.4
		索努斯属 *Thonus*	Om4	5.8±3.7	5.0±3.2	1.2±0.8	0.0±0.0	0.5±0.4
		桑尼属 *Thornia*	Om4	0.0±0.0	2.0±1.5	0.0±0.0	0.0±0.0	0.0±0.0
		金线属 *Chrysonema*	Om5	2.0±2.0	5.0±3.5	0.0±0.0	3.0±2.4	0.0±0.0
		三裂体属 *Trischistoma*	Pr3	0.0±0.0	1.0±0.6	0.0±0.0	0.0±0.0	0.0±0.0
		基齿属 *Iotonchus*	Pr4	0.0±0.0	6.0±3.1	1.0±0.9	0.0±0.0	1.0±0.6
		细纹垫刃属 *Lelenchus*	Pl2	36.0±17.8	13.6±4.7	0.8±0.5	2.4±2.0	3.9±2.3
		剑尾垫刃属 *Malenchus*	Pl2	0.0±0.0	1.0±1.0	1.0±0.8	0.0±0.0	0.0±0.0
		垫刃属 *Tylenchus*	Pl2	1.0±0.9	5.0±5.0	0.0±0.0	1.0±0.6	1.0±1.1
		小环线虫属 *Criconemella*	Pl3	9.0±8.6	0.0±0.0	0.0±0.0	0.0±0.0	0.0±0.0
		螺旋属 *Helicotylenchus*	Pl3	0.0±0.0	209.0±120.1	1.0±0.8	194.0±155.8	54.0±34.1
		短体属 *Pratylenchus*	Pl3	0.0±0.0	5.0±3.6	2.0±1.0	5.0±2.2	1.0±0.3
		肾状属 *Rotylenchulus*	Pl3	0.0±0.0	38.0±38.0	0.0±0.0	15.0±13.4	62.0±41.2
		端垫刃属 *Telotylenchus*	Pl3	67.9±67.9	0.0±0.0	0.4±0.4	0.0±0.0	0.2±0.2
		毛刺属 *Trichodorus*	Pl4	2.0±1.4	5.0±3.0	4.0±4.0	44.0±43.6	1.0±1.0
		剑属 *Xiphinema*	Pl5	0.0±0.0	0.0±0.0	1.0±0.8	0.0±0.0	0.0±0.0

注：数字后面的不同字母表示处理间有显著差异；Ba，Fu，Om，Pr 和 Pl 分别代表食细菌、食真菌、杂食、捕食和植食性线虫，后面的数字表示 *cp* 值。

表 4-14　湿季林下处理对螨虫科属密度（个/m²）的影响

土层	属	处理（平均值±标准误差）				
		Control	CA	UR	UR+CA	PR
0～5 cm	粉螨科 *Acaridae*	0.0±0.0	106.2±106.2	0.0±0.0	0.0±0.0	0.0±0.0
	神蕊螨属 *Agistemus*	0.0±0.0	106.5±106.5	0.0±0.0	0.0±0.0	0.0±0.0
	异懒甲螨属 *Allonothrus*	273.6±273.6	110.2±110.2	0.0±0.0	0.0±0.0	0.0±0.0
	原甲螨属 *Archegozetes*	0.0±0.0	220.4±220.3	122.7±122.7	207.2±134.2	0.0±0.0
	直卷甲螨属 *Archoplophora*	5 794.3±2 213.3	5 171.5±1 623.2	1 566.2±1 021.8	5 575.1±1 811.1	2 053.2±544.4
	弓奥甲螨属 *Arcoppia*	91.2±91.2	0.0±0.0	0.0±0.0	0.0±0.0	0.0±0.0
	尖棱甲螨属 *Ceratozetes*	91.2±91.2	781.1±430.1	162.1±162.1	351.9±246.6	115.9±80.7

（续）

土层	属	处理（平均值±标准误差）				
		Control	CA	UR	UR+CA	PR
	隆奥甲螨属 *Condyloppia*	169.9±169.9	0.0±0.0	284.8±182.7	99.1±99.1	0.0±0.0
	隐奥甲螨属 *Cryptoppia*	0.0±0.0	110.2±110.2	84.9±84.9	0.0±0.0	0.0±0.0
	上罗甲螨科 Epilohmanniidae	524.6±424.7	354.3±211.6	84.9±84.9	229.6±145.7	109.6±61.1
	革板螨属 *Gamasholaspis*	118.9±118.9	0.0±0.0	0.0±0.0	180.1±114.7	0.0±0.0
	全盾螨属 *Holaspulus*	0.0±0.0	0.0±0.0	0.0±0.0	122.3±122.3	0.0±0.0
	爪哇甲螨属 *Javacarus*	273.6±273.6	0.0±0.0	84.9±84.9	0.0±0.0	0.0±0.0
	厉螨科 LaeclapidaePr	0.0±0.0	322.5±218.8	0.0±0.0	107.3±107.3	67.2±67.2
	盲甲螨属 *Malaconothrus*	346.2±240.8	264.2±264.2	230.5±168.5	391.5±180.5	67.2±46.7
	微奥甲螨属 *Microppia*	118.9±118.9	2 500.0±1 877.9	284.8±182.7	427.7±205.6	262.2±118.3
	小棱甲螨属 *Microzetes*	0.0±0.0	0.0±0.0	0.0±0.0	244.6±244.6	0.0±0.0
	多奥甲螨属 *Multioppia*	0.0±0.0	0.0±0.0	0.0±0.0	421.8±215.1	45.7±45.7
	奥甲螨属 *Oppia*	0.0±0.0	0.0±0.0	810.7±810.7	0.0±0.0	0.0±0.0
	厚厉螨属 *Pachylaelaps*	0.0±0.0	0.0±0.0	122.7±122.7	0.0±0.0	0.0±0.0
	派盾螨科 ParholaspidaePr	0.0±0.0	0.0±0.0	122.7±122.7	0.0±0.0	0.0±0.0
	小派盾螨属 *Parholaspulus*Pr	108.4±108.4	692.4±654.9	0.0±0.0	0.0±0.0	0.0±0.0
	派盾螨属 *Parolaspis*	0.0±0.0	0.0±0.0	0.0±0.0	122.3±122.3	0.0±0.0
	Phyllhermannia	118.9±118.9	762.1±234.2	407.5±265.6	1 249.9±694.3	95.1±95.1
	植绥螨科 Phytoseiidae	0.0±0.0	0.0±0.0	0.0±0.0	0.0±0.0	70.8±70.8
	平懒甲螨属 *Platynothrus*	1 550.1±1 550.1	0.0±0.0	0.0±0.0	0.0±0.0	47.8±47.8
	普劳螨属 *Pulaeus*Pr	0.0±0.0	244.9±209.0	0.0±0.0	0.0±0.0	36.4±36.4
	胭脂螨属 *Rhodacarus*Pr	926.8±806.2ab	2 263.2±641.3a	901.6±477.7ab	506.7±237.6b	174.1±135.5b
	三皱甲螨属 *Rhysotritia*	1 726.0±1 608.2	836.4±493.5	0.0±0.0	169.9±169.9	0.0±0.0
	菌甲螨 *Scheloribates*	4 203.3±3 441.3	3 890.1±3 064.1	882.3±352.3	1 342.2±297.3	535.5±188.9
	盾螨科 ScutacaridaePr	0.0±0.0	486.4±208.6	169.9±169.9	99.1±99.1	92.0±92.0
	盖头甲螨属 *Tectocepheus*	379.7±272.9	2 136.2±877.4	648.5±628.5	0.0±0.0	48.6±30.8
	礼服甲螨属 *Trhypochthonius*	0.0±0.0	127.4±127.4	162.1±162.1	0.0±0.0	0.0±0.0
	三盲甲螨属 *Trimalaconothrus*	0.0±0.0	0.0±0.0	0.0±0.0	0.0±0.0	35.4±35.4
	食酪螨属 *Tyrophagus*	0.0±0.0	0.0±0.0	0.0±0.0	203.3±132.5	113.6±78.7
	木单翼甲螨属 *Xylobates*	0.0±0.0	0.0±0.0	0.0±0.0	192.2±122.8	0.0±0.0
5~10 cm	粉螨科 Acaridae	0.0±0.0	91.0±91.0	0.0±0.0	0.0±0.0	84.9±84.9
	直卷甲螨属 *Archoplophora*	5 769.3±3 281.3	898.8±695.2	2 632.0±2 259.0	2 685.0±1 441.8	1 536.7±244.1
	尖棱甲螨属 *Ceratozetes*	0.0±0.0	182.0±182.0	0.0±0.0	424.6±424.6	51.0±51.0

（续）

土层	属	处理（平均值±标准误差）				
		Control	CA	UR	UR+CA	PR
	隆奥甲螨属 *Condyloppia*	0.0±0.0	0.0±0.0	0.0±0.0	0.0±0.0	51.0±51.0
	上罗甲螨科 Epilohmannidae	509.6±509.6	339.7±339.7	372.4±258.4	792.6±792.6	31.9±31.8
	革板螨属 *Gamasholaspis*	0.0±0.0	0.0±0.0	0.0±0.0	0.0±0.0	39.4±39.4
	爪哇甲螨属 *Javacarus*	110.4±110.4	0.0±0.0	594.5±594.5	0.0±0.0	39.4±39.4
	厉螨科 Laeclapidae[Pr]	328.8±224.1	191.1±191.1	0.0±0.0	0.0±0.0	0.0±0.0
	盲甲螨属 *Malaconothrus*	0.0±0.0	182.0±182.0	0.0±0.0	318.5±318.5	124.4±58.1
	微奥甲螨属 *Microppia*	552.0±362.8	283.1±283.1	588.0±587.9	404.8±256.5	133.5±133.5
	小棱甲螨属 *Microzetes*	110.4±110.4	0.0±0.0	0.0±0.0	0.0±0.0	0.0±0.0
	多奥甲螨属 *Multioppia*	0.0±0.0	182.0±182.0	0.0±0.0	339.7±339.7	185.4±133.2
	小奥甲螨属 *Oppiella*	0.0±0.0	91.0±91.0	0.0±0.0	91.5±91.5	0.0±0.0
	小派盾螨属 *Parholaspulus*[Pr]	0.0±0.0	91.0±91.0	0.0±0.0	0.0±0.0	0.0±0.0
	Phyllhermannia	220.8±220.8	273.0±273.0	117.6±117.6	308.6±214.9	76.1±52.1
	四奥甲螨属 *Quadroppia*	0.0±0.0	0.0±0.0	0.0±0.0	91.5±91.5	0.0±0.0
	胭脂螨属 *Rhodacarus*[Pr]	481.3±340.9	339.7±339.7	447.9±327.7	424.6±424.6	160.8±91.3
	三皱甲螨属 *Rhysotritia*	212.3±212.3	169.9±169.9	0.0±0.0	905.9±905.9	143.9±113.4
	菌甲螨 *Scheloribates*	1 312.7±1 069.8	1 669.2±807.1	367.6±175.9	1 076.1±618.2	621.7±312.7
	盾螨科 Scutacaridae[Pr]	0.0±0.0	91.0±91.0	0.0±0.0	0.0±0.0	0.0±0.0
	盖头甲螨属 *Tectocepheus*	218.4±218.4	0.0±0.0	0.0±0.0	707.7±582.5	0.0±0.0
	食酪螨属 *Tyrophagus*	0.0±0.0	84.9±84.9	165.1±161.5	0.0±0.0	78.2±54.0
	尾足螨科 Uropodidae[Pr]	0.0±0.0	0.0±0.0	0.0±0.0	339.7±339.7	0.0±0.0
	毛罗甲螨属 *Vepracarus*	110.4±110.4	0.0±0.0	235.2±235.2	91.5±91.5	25.5±25.5
	木单翼甲螨属 *Xylobates*	0.0±0.0	191.1±191.1	0.0±0.0	0.0±0.0	35.4±35.4

注：螨虫科或属名后的上标"Pr"表示是捕食性；数字后面的不同字母表示处理间有显著差异。

表 4-15 干季不同处理对土壤中跳虫属密度（个/m²）的影响

土层	属	处理（平均值±标准误差）				
		Control	CA	UR	UR+CA	PR
0~5 cm	长跳属 *Entomobrya*	0.0±0.0	0.0±0.0	0.0±0.0	84.9±84.9	0.0±0.0
	异角跳属 *Heteromurus*	84.9±84.9	0.0±0.0	0.0±0.0	0.0±0.0	0.0±0.0
	拟裸长角跳属 *Pseudosinella*	84.9±84.9	169.9±169.9	0.0±0.0	84.9±84.9	21.2±21.2
	原等跳属 *Proisotoma*	509.6±416.0	934.2±622.9	679.4±364.3	594.5±403.7	63.7±43.5
	小等跳属 *Isotomiella*	594.5±424.4	679.4±251.9	254.8±254.8	84.9±84.9	191.1±122.0
	裔符跳属 *Folsomides*	84.9±84.9	84.9±84.9	0.0±0.0	0.0±0.0	84.9±63.0

（续）

土层	属	处理（平均值±标准误差）				
		Control	CA	UR	UR+CA	PR
5~10 cm	球角跳属 *Hypogastrura*	0.0±0.0	0.0±0.0	0.0±0.0	84.9±84.9	0.0±0.0
	四刺跳属 *Ceratophysella*	0.0±0.0	0.0±0.0	0.0±0.0	84.9±84.9	63.7±43.5
	原跳属 *Protanura*	424.6±276.5	424.6±424.6	0.0±0.0	84.9±84.9	0.0±0.0
	短吻跳属 *Brachystomella*	169.9±169.9	764.3±366.3	934.2±594.5	84.9±84.9	63.7±43.5
	Thalassaphorura	2 293.0±2 095.8	169.9±169.9	84.9±84.9	0.0±0.0	84.9±84.9
	异角跳属 *Heteromurus*	0.0±0.0	0.0±0.0	0.0±0.0	84.9±84.9	0.0±0.0
	Lepidosinella	0.0±0.0	0.0±0.0	0.0±0.0	84.9±84.9	0.0±0.0
	拟裸长角跳属 *Pseudosinella*	84.9±84.9	0.0±0.0	0.0±0.0	0.0±0.0	42.5±26.9
	原等跳属 *Proisotoma*	254.8±174.0	424.6±204.5	254.8±254.8	84.9±84.9	212.3±121.6
	小等跳属 *Isotomiella*	424.6±276.5	0.0±0.0	84.9±84.9	84.9±84.9	382.2±183.1
	裔符跳属 *Folsomides*	0.0±0.0	0.0±0.0	0.0±0.0	0.0±0.0	42.5±42.5
	四刺跳属 *Ceratophysella*	0.0±0.0	0.0±0.0	0.0±0.0	254.8±174.0	21.2±21.2
	短吻跳属 *Brachystomella*	0.0±0.0	0.0±0.0	509.6±509.6	84.9±84.9	42.5±26.9
	Thalassaphorura	679.4±583.5	0.0±0.0	0.0±0.0	0.0±0.0	0.0±0.0
	附圆跳属 *Sminthurinus*	84.9±84.9	0.0±0.0	0.0±0.0	0.0±0.0	0.0±0.0

4.1.5　鹤山站共和试验区植被调查本底数据集

4.1.5.1　概述

本数据集收录了鹤山站共和试验区 2006 年植被调查数据，数据包括观测时间、样地编号、调查样地（方）面积、植物种名、平均胸径或平均基径、平均高度、株数等，样地（方）面积单位为 m²、株数单位为株、平均胸径或平均基径单位为 cm、平均高度单位为 m 或 cm。数据产生的长期观测样地为鹤山站共和试验区 1~38 号样地。

鹤山站共和试验区建于 2005 年，当年 5 月完成样地处理和林木种植；2006 年 10 月进行第一次植被调查。

4.1.5.2　数据采集和处理方法

本数据集基于鹤山站共和试验区设置的永久样方（30 m×30 m）每木调查，经过数据录入与反复核对，对植物中文名称的订正，数据计算汇总形成的数据集。调查参照中国生态系统研究网络（CERN）长期监测规范丛书《陆地生态系统生物观测规范》。

4.1.5.3　数据质量控制和评估

数据质量控制和评估参考第 3 章 3.1.1.3。

4.1.5.4　数据价值/数据使用方法和建议

鹤山站开展大型野外多处理植被恢复系列及人工林经营控制实验，对早期人工林植被恢复树种组成、配置及功能变化开展长期系统研究，深入开展退化生态系统退化和恢复机理研究，探讨退化生态系统恢复方法和技术及人工林经营与管理技术。对南方典型人工林植被恢复、经营管理等提供支撑服务。

本数据集原始数据可通过广东鹤山森林生态系统国家野外科学观测研究站（http：//hsf. cern. ac. cn），"资源服务"下的"数据服务"页面申请获取。

4.1.5.5 数据

数据见表 4 - 16 至表 4 - 19。

表 4 - 16　共和试验区 2006 年乔木层调查数据

序号	年	月	样地编号	样地面积/m²	植物种名	株数/株	平均胸径/cm	平均高度/m
1	2006	10	1	900	山鸡椒	19	1.7	2.31
2	2006	10	1	900	白楸	2	2.3	1.78
3	2006	10	1	900	光叶山黄麻	76	1.6	1.93
4	2006	10	2	900	尾叶桉	36	3.2	3.11
5	2006	10	2	900	光叶山黄麻	23	1.1	2.17
6	2006	10	2	900	山鸡椒	4	1.9	2.25
7	2006	10	2	900	白楸	1	1.2	1.70
8	2006	10	2	900	三桠苦	1	1.6	2.20
9	2006	10	3	900	尾叶桉	112	3.5	3.65
10	2006	10	3	900	光叶山黄麻	9	1.9	1.88
11	2006	10	3	900	白背叶	1	2.0	1.90
12	2006	10	3	900	山鸡椒	8	1.5	2.11
13	2006	10	3	900	厚荚相思	1	1.3	3.20
14	2006	10	4	900	山鸡椒	10	1.7	2.25
15	2006	10	4	900	尾叶桉	1	5.0	4.00
16	2006	10	5	900	光叶山黄麻	2	1.7	2.10
17	2006	10	6	900	厚荚相思	88	2.2	2.64
18	2006	10	6	900	光叶山黄麻	49	2.3	1.91
19	2006	10	6	900	山鸡椒	21	1.8	2.27
20	2006	10	7	900	尾叶桉	111	3.0	3.32
21	2006	10	7	900	山鸡椒	26	1.4	2.25
22	2006	10	7	900	光叶山黄麻	23	2.1	2.24
23	2006	10	8	900	尾叶桉	82	3.5	3.96
24	2006	10	8	900	楝叶吴萸	3	2.1	2.60
25	2006	10	8	900	光叶山黄麻	85	2.3	2.15
26	2006	10	8	900	山鸡椒	13	2.0	2.95
27	2006	10	8	900	三桠苦	1	1.2	2.20

（续）

序号	年	月	样地编号	样地面积/m²	植物种名	株数/株	平均胸径/cm	平均高度/m
28	2006	10	8	900	野漆	2	1.1	1.90
29	2006	10	9	900	光叶山黄麻	37	1.9	1.94
30	2006	10	9	900	山鸡椒	26	2.2	2.42
31	2006	10	9	900	野漆	3	1.3	2.33
32	2006	10	9	900	白楸	1	1.3	1.70
33	2006	10	9	900	尾叶桉	5	4.3	4.08
34	2006	10	10	900	山鸡椒	25	2.3	2.68
35	2006	10	10	900	光叶山黄麻	17	1.5	2.18
36	2006	10	10	900	秤星树	1	2.2	1.75
37	2006	10	10	900	白楸	1	1.1	1.70
38	2006	10	11	900	尾叶桉	56	4.2	4.86
39	2006	10	11	900	山鸡椒	1	2.2	3.20
40	2006	10	11	900	灰木莲	1	1	1.90
41	2006	10	12	900	厚荚相思	129	5.8	3.00
42	2006	10	12	900	光叶山黄麻	2	1.3	1.80
43	2006	10	13	900	尾叶桉	42	4.9	4.95
44	2006	10	13	900	光叶山黄麻	1	1.3	2.00
45	2006	10	13	900	灰木莲	2	1.2	1.93
46	2006	10	13	900	厚荚相思	3	4.4	3.77
47	2006	10	13	900	枫香树	1	2.4	1.70
48	2006	10	14	900	尾叶桉	135	4.6	4.45
49	2006	10	14	900	山鸡椒	1	1	2.30
50	2006	10	14	900	厚荚相思	1	3	2.70
51	2006	10	15	900	本样方内无乔木层物种			
52	2006	10	16	900	灰木莲	2	1	1.70
53	2006	10	16	900	尾叶桉	76	4.1	4.50
54	2006	10	16	900	光叶山黄麻	2	1.3	2.20
55	2006	10	16	900	山鸡椒	5	1.2	2.40
56	2006	10	17	900	尾叶桉	6	2.6	2.60
57	2006	10	18	900	尾叶桉	26	4.7	4.90
58	2006	10	18	900	光叶山黄麻	4	1.1	2.10
59	2006	10	18	900	灰木莲	2	1.1	1.80

（续）

序号	年	月	样地编号	样地面积/m²	植物种名	株数/株	平均胸径/cm	平均高度/m
60	2006	10	18	900	秤星树	2	1.0	1.70
61	2006	10	18	900	厚荚相思	5	2.8	3.80
62	2006	10	19a	900	尾叶桉	106	8.6	4.50
63	2006	10	19a	900	厚荚相思	7	4.6	2.60
64	2006	10	19a	900	光叶山黄麻	2	1.4	3.90
65	2006	10	19a	900	山鸡椒	2	3.4	1.80
66	2006	10	19b	900	尾叶桉	93	8.6	4.90
67	2006	10	19b	900	光叶山黄麻	18	2.8	1.90
68	2006	10	19b	900	山鸡椒	1	3.0	2.10
69	2006	10	19b	900	厚荚相思	11	7.7	2.90
70	2006	10	19b	900	秤星树	2	1.0	2.40
71	2006	10	20	900	厚荚相思	196	2.7	2.90
72	2006	10	20	900	野漆	1	1.1	2.10
73	2006	10	20	900	光叶山黄麻	4	2.0	1.90
74	2006	10	21	900	尾叶桉	90	4.4	4.80
75	2006	10	21	900	山鸡椒	2	1.7	2.90
76	2006	10	21	900	光叶山黄麻	10	1.3	2.10
77	2006	10	21	900	枫香树	1	2.4	2.00
78	2006	10	22	900	尾叶桉	67	4.1	3.80
79	2006	10	22	900	枫香树	2	1.1	2.10
80	2006	10	23	900	尾叶桉	111	4.2	4.10
81	2006	10	23	900	山鸡椒	2	1.0	2.10
82	2006	10	24	900	山鸡椒	1	1.8	2.70
83	2006	10	24	900	野漆	2	1.8	2.30
84	2006	10	24	900	岗松	1	1.3	3.60
85	2006	10	25	900	尾叶桉	91	4.3	4.10
86	2006	10	25	900	海南蒲桃	2	4.7	5.50
87	2006	10	25	900	光叶山黄麻	5	3.5	1.80
88	2006	10	26	900	尾叶桉	6	6.3	5.00
89	2006	10	26	900	光叶山黄麻	1	1.0	2.00
90	2006	10	27	900	尾叶桉	127	3.7	4.20
91	2006	10	27	900	厚荚相思	3	2.4	2.80

（续）

序号	年	月	样地编号	样地面积/ m²	植物种名	株数/株	平均胸径/ cm	平均高度/ m
92	2006	10	27	900	山鸡椒	6	1.7	2.30
93	2006	10	28	900	山鸡椒	1	1.1	2.10
94	2006	10	29	900	本样方内无乔木层物种			
95	2006	10	30	900	尾叶桉	136	4	4.30
96	2006	10	30	900	光叶山黄麻	2	2.3	2.20
97	2006	10	31	900	尾叶桉	1	5.2	3.50
98	2006	10	32	900	本样方内无乔木层物种			
99	2006	10	33	900	尾叶桉	61	4.2	4.40
100	2006	10	33	900	山鸡椒	3	1.4	2.40
101	2006	10	33	900	厚荚相思	3	2.5	2.50
102	2006	10	34	900	厚荚相思	3	3	3.20
103	2006	10	34	900	尾叶桉	67	4.7	5.00
104	2006	10	34	900	野漆	1	1.6	2.40
105	2006	10	35	900	光叶山黄麻	1	1.4	2.00
106	2006	10	35	900	尾叶桉	1	1.8	2.30
107	2006	10	35	900	灰木莲	1	1.1	2.00
108	2006	10	36	900	尾叶桉	43	4.2	4.20
109	2006	10	36	900	光叶山黄麻	3	2.4	1.70
110	2006	10	37	900	山鸡椒	1	1.1	1.80
111	2006	10	38	900	尾叶桉	117	4	3.50
112	2006	10	38	900	光叶山黄麻	93	1.9	2.00
113	2006	10	38	900	山鸡椒	130	1.7	2.40
114	2006	10	38	900	山乌桕	1	1.5	2.50
115	2006	10	38	900	野漆	3	4.5	2.20

表 4-17 共和试验区 2006 年灌木层调查数据

序号	年	月	样地编号	样地面积/ m²	植物种名	株数/株	平均基径/ cm	平均高度/ cm
1	2006	10	1	450	白背叶	1	2	180
2	2006	10	1	450	白花灯笼	30	0.7	70.7
3	2006	10	1	450	白楸	13	1.3	140.6
4	2006	10	1	450	潺槁木姜子	1	1.3	110
5	2006	10	1	450	秤星树	6	2.4	160
6	2006	10	1	450	岗松	149	0.4	69.1

（续）

序号	年	月	样地编号	样地面积/m²	植物种名	株数/株	平均基径/cm	平均高度/cm
7	2006	10	1	450	光叶山黄麻	911	1.2	150.8
8	2006	10	1	450	了哥王	1	0.2	45
9	2006	10	1	450	米碎花	7	0.8	104
10	2006	10	1	450	山鸡椒	55	1.4	157.1
11	2006	10	1	450	湿地松	6	2.3	93.3
12	2006	10	1	450	石斑木	6	0.6	71.7
13	2006	10	1	450	桃金娘	349	0.8	82.5
14	2006	10	1	450	印度野牡丹	1	0.2	60
15	2006	10	1	450	野漆	3	2.9	170
16	2006	10	1	450	栀子	10	1.2	107
17	2006	10	2	450	白背叶	23	1.2	135.7
18	2006	10	2	450	白花灯笼	239	0.4	41.3
19	2006	10	2	450	白楸	36	0.9	144.1
20	2006	10	2	450	变叶榕	3	0.3	70
21	2006	10	2	450	潺槁木姜子	4	0.4	70
22	2006	10	2	450	秤星树	7	1.7	101.4
23	2006	10	2	450	枫香树	12	1.7	103.3
24	2006	10	2	450	岗松	274	0.3	63.3
25	2006	10	2	450	光叶山黄麻	158	1.7	138.4
26	2006	10	2	450	海南蒲桃	3	1	84.7
27	2006	10	2	450	猴樟	4	1.2	60
28	2006	10	2	450	华润楠	15	1.3	69.4
29	2006	10	2	450	灰木莲	7	1.4	103.7
30	2006	10	2	450	假苹婆	2	0.7	23
31	2006	10	2	450	毛果杜英	2	1	65
32	2006	10	2	450	岭南山竹子	3	0.6	41
33	2006	10	2	450	猫尾木	2	0.4	24
34	2006	10	2	450	米碎花	1	0.4	60
35	2006	10	2	450	秋枫	2	0.7	52.5
36	2006	10	2	450	三桠苦	4	1.5	160
37	2006	10	2	450	山鸡椒	44	1.7	175
38	2006	10	2	450	湿地松	1	2.2	85

（续）

序号	年	月	样地编号	样地面积/m²	植物种名	株数/株	平均基径/cm	平均高度/cm
39	2006	10	2	450	桃金娘	167	0.5	51.9
40	2006	10	2	450	尾叶桉	28	1	123.2
41	2006	10	2	450	印度野牡丹	9	0.4	36.7
42	2006	10	2	450	野漆	1	1.2	130
43	2006	10	2	450	阴香	16	0.8	65.9
44	2006	10	2	450	紫檀	1	0.6	50
45	2006	10	2	450	栀子	4	0.4	56.3
46	2006	10	3	450	白背叶	7	1.4	142.9
47	2006	10	3	450	白花灯笼	185	0.6	41.8
48	2006	10	3	450	白楸	13	1	86.2
49	2006	10	3	450	变叶榕	4	0.7	125
50	2006	10	3	450	潺槁木姜子	1	1.1	75
51	2006	10	3	450	秤星树	1	0.7	90
52	2006	10	3	450	岗松	119	0.4	83.5
53	2006	10	3	450	光叶山黄麻	251	1.3	147.2
54	2006	10	3	450	马尾松	1	0.8	150
55	2006	10	3	450	马占相思	1	1.2	130
56	2006	10	3	450	山鸡椒	33	1.8	197.3
57	2006	10	3	450	石斑木	1	1.1	120
58	2006	10	3	450	桃金娘	124	0.6	64.2
59	2006	10	3	450	尾叶桉	9	1.8	169.2
60	2006	10	3	450	印度野牡丹	2	0.4	64
61	2006	10	3	450	栀子	1	0.6	60
62	2006	10	4	450	白花灯笼	299	0.5	58.7
63	2006	10	4	450	变叶榕	3	0.5	80
64	2006	10	4	450	潺槁木姜子	1	1	80
65	2006	10	4	450	秤星树	4	1.2	110
66	2006	10	4	450	枫香树	26	1.8	119.4
67	2006	10	4	450	岗松	180	0.3	71.3
68	2006	10	4	450	观光木	1	0.2	50
69	2006	10	4	450	光叶山黄麻	171	1.8	158
70	2006	10	4	450	红锥	11	0.5	41.5

（续）

序号	年	月	样地编号	样地面积/m²	植物种名	株数/株	平均基径/cm	平均高度/cm
71	2006	10	4	450	猴樟	11	0.9	64.01818
72	2006	10	4	450	华润楠	12	1.2	73.8
73	2006	10	4	450	灰木莲	5	1.5	126.8
74	2006	10	4	450	蓝花楹	1	0.7	30
75	2006	10	4	450	岭南山竹子	7	0.6	49.1
76	2006	10	4	450	猫尾木	11	0.7	34.3
77	2006	10	4	450	米碎花	4	1.2	110
78	2006	10	4	450	秋枫	1	0.5	23
79	2006	10	4	450	山鸡椒	57	1.8	171.9
80	2006	10	4	450	深山含笑	1	0.6	65
81	2006	10	4	450	桃金娘	199	0.6	54.6
82	2006	10	4	450	阴香	19	1.1	68.7
83	2006	10	4	450	银桦	8	0.9	89.8
84	2006	10	4	450	栀子	4	0.6	62.5
85	2006	10	4	450	醉香含笑	5	0.8	54.8
86	2006	10	5	450	白背叶	1	1.3	145
87	2006	10	5	450	白花灯笼	287	0.5	53
88	2006	10	5	450	白楸	8	1.1	131.3
89	2006	10	5	450	变叶榕	1	0.8	90
90	2006	10	5	450	潺槁木姜子	2	0.7	60
91	2006	10	5	450	秤星树	1	0.5	50
92	2006	10	5	450	凤凰木	1	0.6	45
93	2006	10	5	450	岗松	556	0.3	61.5
94	2006	10	5	450	光叶山黄麻	257	1.8	162.5
95	2006	10	5	450	海南菜豆树	4	0.5	32.5
96	2006	10	5	450	红锥	62	0.6	52
97	2006	10	5	450	了哥王	1	0.1	30
98	2006	10	5	450	岭南山竹子	13	0.561538	35.50769
99	2006	10	5	450	马尾松	1	2.1	95
100	2006	10	5	450	猫尾木	2	0.4	25
101	2006	10	5	450	米碎花	3	0.8	80
102	2006	10	5	450	秋枫	4	0.6	33

（续）

序号	年	月	样地编号	样地面积/m²	植物种名	株数/株	平均基径/cm	平均高度/cm
103	2006	10	5	450	猴樟	23	0.7	65.7
104	2006	10	5	450	山鸡椒	37	1.4	151.9
105	2006	10	5	450	深山含笑	3	0.6	34.3
106	2006	10	5	450	石斑木	6	0.6	70
107	2006	10	5	450	桃金娘	140	0.4	55.3
108	2006	10	5	450	印度野牡丹	41	0.5	45.1
109	2006	10	5	450	银桦	1	1.2	140
110	2006	10	5	450	栀子	2	0.5	57.5
111	2006	10	5	450	醉香含笑	2	0.4	40
112	2006	10	6	450	白背叶	21	1.6	132.4
113	2006	10	6	450	白花灯笼	125	0.4	73
114	2006	10	6	450	白楸	10	1.2	126.2
115	2006	10	6	450	潺槁木姜子	1	1.3	91
116	2006	10	6	450	秤星树	17	1.8	155.9
117	2006	10	6	450	岗松	37	0.3	62.2
118	2006	10	6	450	广东金钱草	1	1.3	140
119	2006	10	6	450	光叶山黄麻	233	1.3	145.5
120	2006	10	6	450	厚荚相思	37	1.4	163.7
121	2006	10	6	450	米碎花	8	0.8	87.5
122	2006	10	6	450	山鸡椒	44	1.4	152.1
123	2006	10	6	450	山牡荆	1	0.2	90
124	2006	10	6	450	石斑木	1	0.6	120
125	2006	10	6	450	桃金娘	206	0.5	62
126	2006	10	6	450	铜钱树	3	0.4	50
127	2006	10	6	450	印度野牡丹	46	0.6	66.4
128	2006	10	6	450	野漆	2	1	97
129	2006	10	6	450	栀子	8	0.7	58.8
130	2006	10	7	450	白花灯笼	334	0.6	47.2
131	2006	10	7	450	白楸	18	0.6	92.8
132	2006	10	7	450	变叶榕	5	0.6	76.6
133	2006	10	7	450	秤星树	10	1.4	127.5
134	2006	10	7	450	岗松	76	0.3	84.6

（续）

序号	年	月	样地编号	样地面积/m²	植物种名	株数/株	平均基径/cm	平均高度/cm
135	2006	10	7	450	光叶山黄麻	130	1.6	143.1
136	2006	10	7	450	马尾松	3	1.7	85
137	2006	10	7	450	三桠苦	2	1.2	105
138	2006	10	7	450	山鸡椒	54	1.5	172.4
139	2006	10	7	450	湿地松	1	0.8	55
140	2006	10	7	450	桃金娘	166	0.8	66.5
141	2006	10	7	450	铜钱树	1	0.8	100
142	2006	10	7	450	尾叶桉	16	1.2	154.8
143	2006	10	7	450	野漆	2	1.9	150
144	2006	10	7	450	栀子	8	0.6	44
145	2006	10	8	450	白花灯笼	175	0.5	50.8
146	2006	10	8	450	白楸	4	1.1	171.3
147	2006	10	8	450	变叶榕	4	0.5	120
148	2006	10	8	450	秤星树	10	1.1	143
149	2006	10	8	450	凤凰木	1	0.3	20
150	2006	10	8	450	岗松	19	0.5	87.4
151	2006	10	8	450	光叶山黄麻	334	1.6	160.3
152	2006	10	8	450	灰木莲	3	0.7	44
153	2006	10	8	450	毛果杜英	2	0.9	42.5
154	2006	10	8	450	岭南山竹子	1	0.2	50
155	2006	10	8	450	木荷	4	0.5	56
156	2006	10	8	450	人面子	1	0.2	30
157	2006	10	8	450	三桠苦	12	1.3	126.9
158	2006	10	8	450	山鸡椒	8	1.3	135.6
159	2006	10	8	450	湿地松	1	1.5	100
160	2006	10	8	450	石斑木	2	0.6	80
161	2006	10	8	450	桃金娘	134	0.5	55.4
162	2006	10	8	450	尾叶桉	18	1.7	159.4
163	2006	10	8	450	五桠果	1	0.5	40
164	2006	10	8	450	印度野牡丹	3	0.5	60
165	2006	10	8	450	野漆	2	0.5	63.5
166	2006	10	8	450	阴香	4	0.5	50.5

（续）

序号	年	月	样地 编号	样地面积/ m²	植物 种名	株数/株	平均基径/ cm	平均高度/ cm
167	2006	10	8	450	猴樟	2	0.5	60
168	2006	10	9	450	白背叶	7	2	148.6
169	2006	10	9	450	白花灯笼	18	0.5	59.7
170	2006	10	9	450	白楸	14	1.2	148.6
171	2006	10	9	450	潺槁木姜子	3	0.7	84
172	2006	10	9	450	秤星树	9	1.7	138.9
173	2006	10	9	450	岗松	39	0.1	68.7
174	2006	10	9	450	光叶山黄麻	106	1.5	151.9
175	2006	10	9	450	九节	4	1.5	90
176	2006	10	9	450	了哥王	1	0.8	65
177	2006	10	9	450	马尾松	2	1.1	170
178	2006	10	9	450	米碎花	5	1	125
179	2006	10	9	450	三桠苦	1	1.3	100
180	2006	10	9	450	山鸡椒	74	2	214.6
181	2006	10	9	450	山油柑	1	0.7	103
182	2006	10	9	450	湿地松	7	1.9	147.7
183	2006	10	9	450	石斑木	5	0.9	116
184	2006	10	9	450	桃金娘	166	0.7	73.7
185	2006	10	9	450	印度野牡丹	6	0.3	30
186	2006	10	9	450	野漆	2	1.1	145
187	2006	10	9	450	银柴	1	1.5	90
188	2006	10	10	450	白花灯笼	48	0.4	51.4
189	2006	10	10	450	白楸	7	0.9	63.7
190	2006	10	10	450	潺槁木姜子	1	1.7	110
191	2006	10	10	450	粗叶榕	1	1.8	150
192	2006	10	10	450	岗松	112	0.3	69.2
193	2006	10	10	450	光叶山黄麻	43	1.7	133
194	2006	10	10	450	了哥王	1	0.7	80
195	2006	10	10	450	马尾松	3	2.9	151
196	2006	10	10	450	山鸡椒	42	1.8	215.8
197	2006	10	10	450	山芝麻	5	0.6	130
198	2006	10	10	450	石斑木	4	0.8	85

（续）

序号	年	月	样地编号	样地面积/m²	植物种名	株数/株	平均基径/cm	平均高度/cm
199	2006	10	10	450	桃金娘	142	0.6	62.9
200	2006	10	10	450	印度野牡丹	48	0.6	63.4
201	2006	10	10	450	野漆	2	2	145
202	2006	10	10	450	栀子	1	0.7	44
203	2006	10	11	450	白花灯笼	23	0.3	34.7
204	2006	10	11	450	白楸	3	1.2	118
205	2006	10	11	450	秤星树	15	1.3	91.2
206	2006	10	11	450	枫香树	9	1.9	109.4
207	2006	10	11	450	岗松	37	0.2	56.8
208	2006	10	11	450	观光木	2	0.5	45
209	2006	10	11	450	光叶山黄麻	234	1.6	157.5
210	2006	10	11	450	华润楠	31	1.5	90.5
211	2006	10	11	450	灰木莲	4	2.6	171.5
212	2006	10	11	450	蓝花楹	10	0.9	80.1
213	2006	10	11	450	米碎花	23	0.6	64.8
214	2006	10	11	450	秋枫	1	0.4	12
215	2006	10	11	450	山鸡椒	4	2	125
216	2006	10	11	450	深山含笑	1	0.9	47
217	2006	10	11	450	石斑木	4	1.1	63.3
218	2006	10	11	450	桃金娘	149	0.5	43.3
219	2006	10	11	450	尾叶桉	6	1.6	174.8
220	2006	10	11	450	五桠果	3	0.7	43
221	2006	10	11	450	印度野牡丹	6	0.2	36.2
222	2006	10	11	450	阴香	22	1.3	89.7
223	2006	10	11	450	栀子	4	0.7	68
224	2006	10	12	450	白花灯笼	28	0.5	46
225	2006	10	12	450	秤星树	1	1.5	120
226	2006	10	12	450	岗松	30	0.2	51
227	2006	10	12	450	光叶山黄麻	46	1.4	124.9
228	2006	10	12	450	厚荚相思	4	2.1	167.5
229	2006	10	12	450	了哥王	9	0.5	62.7
230	2006	10	12	450	楝叶吴萸	1	0.5	130

（续）

序号	年	月	样地编号	样地面积/m²	植物种名	株数/株	平均基径/cm	平均高度/cm
231	2006	10	12	450	米碎花	22	0.6	68.7
232	2006	10	12	450	山鸡椒	5	1.7	144.6
233	2006	10	12	450	山芝麻	1	0.3	75
234	2006	10	12	450	石斑木	10	0.5	44.2
235	2006	10	12	450	桃金娘	172	0.6	56.5
236	2006	10	12	450	印度野牡丹	2	0.3	32.5
237	2006	10	12	450	栀子	4	0.4	41.8
238	2006	10	13	450	白花灯笼	78	0.5	47.9
239	2006	10	13	450	白楸	1	0.7	60
240	2006	10	13	450	秤星树	20	1	20.9
241	2006	10	13	450	枫香树	16	1.9	139.8
242	2006	10	13	450	岗松	178	0.2	46.8
243	2006	10	13	450	观光木	3	0.5	55.3
244	2006	10	13	450	光叶山黄麻	52	1.6	134.8
245	2006	10	13	450	华润楠	10	2.5	113.1
246	2006	10	13	450	灰木莲	11	2.4	142
247	2006	10	13	450	蓝花楹	2	1.2	115
248	2006	10	13	450	了哥王	6	0.3	60
249	2006	10	13	450	秋枫	1	0.7	60
250	2006	10	13	450	山鸡椒	1	0.2	68
251	2006	10	13	450	山芝麻	1	0.4	80
252	2006	10	13	450	石斑木	8	0.8	1
253	2006	10	13	450	桃金娘	315	0.4	40.6
254	2006	10	13	450	尾叶桉	3	1.7	146.7
255	2006	10	13	450	印度野牡丹	1	0.3	43
256	2006	10	13	450	阴香	10	1.9	124.1
257	2006	10	13	450	栀子	3	0.8	67
258	2006	10	13	450	醉香含笑	2	2.2	86
259	2006	10	14	450	白花灯笼	72	0.5	43.3
260	2006	10	14	450	潺槁木姜子	2	0.8	50
261	2006	10	14	450	秤星树	1	0.6	80
262	2006	10	14	450	岗松	90	0.2	47.2

（续）

序号	年	月	样地编号	样地面积/m²	植物种名	株数/株	平均基径/cm	平均高度/cm
263	2006	10	14	450	光叶山黄麻	51	1.2	103.9
264	2006	10	14	450	了哥王	5	0.3	50
265	2006	10	14	450	山鸡椒	1	1.6	140
266	2006	10	14	450	石斑木	17	0.5	72.6
267	2006	10	14	450	桃金娘	224	0.5	45.5
268	2006	10	14	450	尾叶桉	3	1.2	170
269	2006	10	15	450	白花灯笼	356	0.4	33.2
270	2006	10	15	450	变叶榕	3	0.3	25
271	2006	10	15	450	粗叶榕	3	1.1	90
272	2006	10	15	450	岗松	237	0.3	57.7
273	2006	10	15	450	光叶山黄麻	63	1.5	92.3
274	2006	10	15	450	秋枫	1	0.3	30
275	2006	10	15	450	三桠苦	1	0.7	48
276	2006	10	15	450	山鸡椒	3	2	110
277	2006	10	15	450	桃金娘	62	0.5	48.4
278	2006	10	15	450	印度野牡丹	16	0.6	51.4
279	2006	10	15	450	阴香	2	0.5	49
280	2006	10	16	450	白花灯笼	30	0.5	67.5
281	2006	10	16	450	秤星树	9	1.3	131.1
282	2006	10	16	450	枫香树	6	1.7	111.5
283	2006	10	16	450	岗松	48	0.3	45.2
284	2006	10	16	450	光叶山黄麻	50	1.3	129.6
285	2006	10	16	450	华润楠	11	1.6	99.1
286	2006	10	16	450	灰木莲	1	0.8	166
287	2006	10	16	450	蓝花楹	1	0.7	90
288	2006	10	16	450	山鸡椒	1	1.2	110
289	2006	10	16	450	山芝麻	2	0.5	112.5
290	2006	10	16	450	桃金娘	70	0.4	55.2
291	2006	10	16	450	尾叶桉	1	2.5	150
292	2006	10	16	450	五桠果	1	0.8	60
293	2006	10	16	450	印度野牡丹	10	0.4	44
294	2006	10	16	450	阴香	11	1.4	111.8

（续）

序号	年	月	样地编号	样地面积/m²	植物种名	株数/株	平均基径/cm	平均高度/cm
295	2006	10	17	450	白花灯笼	194	0.5	53.7
296	2006	10	17	450	秤星树	2	0.6	70
297	2006	10	17	450	枫香树	14	2.1	104.7
298	2006	10	17	450	岗松	426	0.3	47.1
299	2006	10	17	450	观光木	1	0.4	40
300	2006	10	17	450	光叶山黄麻	101	1.7	103.7
301	2006	10	17	450	西南木荷	1	0.8	74
302	2006	10	17	450	华润楠	51	1.6	80.9
303	2006	10	17	450	灰木莲	11	1.9	95.4
304	2006	10	17	450	毛果杜英	1	0.7	50
305	2006	10	17	450	蓝花楹	22	1.2	79.1
306	2006	10	17	450	了哥王	3	0.4	70
307	2006	10	17	450	米碎花	7	1.3	130
308	2006	10	17	450	木荷	3	0.7	65
309	2006	10	17	450	秋枫	11	0.9	59.26364
310	2006	10	17	450	桃金娘	322	0.7	56.9
311	2006	10	17	450	尾叶桉	1	2.4	250
312	2006	10	17	450	印度野牡丹	1	0.6	90
313	2006	10	17	450	阴香	46	1.1	80.3
314	2006	10	17	450	栀子	6	0.6	48.3
315	2006	10	18	450	白背叶	9	1	112.2
316	2006	10	18	450	白花灯笼	310	0.5	44.4
317	2006	10	18	450	变叶榕	5	0.7	114
318	2006	10	18	450	潺槁木姜子	2	1	80
319	2006	10	18	450	秤星树	9	1	77.8
320	2006	10	18	450	枫香树	8	2.1	115
321	2006	10	18	450	岗松	96	0.2	46.3
322	2006	10	18	450	观光木	5	0.5	52
323	2006	10	18	450	光叶山黄麻	66	1.6	132.2
324	2006	10	18	450	华润楠	24	2	98.3
325	2006	10	18	450	灰木莲	11	2	138.2
326	2006	10	18	450	蓝花楹	7	1.3	81

342

（续）

序号	年	月	样地编号	样地面积/m²	植物种名	株数/株	平均基径/cm	平均高度/cm
327	2006	10	18	450	了哥王	1	0.7	60
328	2006	10	18	450	秋枫	5	0.9	50.8
329	2006	10	18	450	三花冬青	4	0.5	55
330	2006	10	18	450	石斑木	1	0.4	80
331	2006	10	18	450	桃金娘	134	0.5	53.6
332	2006	10	18	450	尾叶桉	5	1.6	94.6
333	2006	10	18	450	五桠果	2	0.5	42.5
334	2006	10	18	450	印度野牡丹	1	0.3	43
335	2006	10	18	450	阴香	20	1.7	105.4
336	2006	10	18	450	栀子	11	0.6	62.7
337	2006	10	18	450	醉香含笑	2	0.4	31
338	2006	10	19a	450	白花灯笼	132	0.4	51.4
339	2006	10	19a	450	白楸	1	1.2	160
340	2006	10	19a	450	豺皮樟	1	0.3	30
341	2006	10	19a	450	潺槁木姜子	1	1.6	90
342	2006	10	19a	450	秤星树	7	1	88.4
343	2006	10	19a	450	粗叶榕	1	0.5	37
344	2006	10	19a	450	岗松	89	0.2	63.7
345	2006	10	19a	450	光叶山黄麻	32	1.5	123.3
346	2006	10	19a	450	山鸡椒	5	1	96.6
347	2006	10	19a	450	山芝麻	1	0.4	78
348	2006	10	19a	450	石斑木	6	0.5	59.2
349	2006	10	19a	450	桃金娘	157	0.3	172.9
350	2006	10	19a	450	尾叶桉	1	2.3	110
351	2006	10	19b	450	白背叶	2	1.1	110.5
352	2006	10	19b	450	白花灯笼	406	0.4	59.9
353	2006	10	19b	450	潺槁木姜子	10	2	70.5
354	2006	10	19b	450	秤星树	28	1.8	128.2
355	2006	10	19b	450	岗松	32	0.3	58.2
356	2006	10	19b	450	光叶山黄麻	74	1.2	165.6
357	2006	10	19b	450	黄牛木	1	0.3	30
358	2006	10	19b	450	了哥王	1	0.1	40

（续）

序号	年	月	样地编号	样地面积/m²	植物种名	株数/株	平均基径/cm	平均高度/cm
359	2006	10	19b	450	山鸡椒	1	2.5	110
360	2006	10	19b	450	山芝麻	1	0.6	90
361	2006	10	19b	450	石斑木	1	0.4	44
362	2006	10	19b	450	桃金娘	70	0.3	41.9
363	2006	10	19b	450	尾叶桉	1	3.8	90
364	2006	10	19b	450	印度野牡丹	9	0.5	57
365	2006	10	19b	450	银柴	2	0.8	130
366	2006	10	19b	450	栀子	22	0.6	102.2
367	2006	10	20	450	白花灯笼	214	0.5	54.8
368	2006	10	20	450	白楸	7	1.3	141
369	2006	10	20	450	秤星树	10	2.6	92.7
370	2006	10	20	450	岗松	48	0.3	55.8
371	2006	10	20	450	光叶山黄麻	69	1.3	118.8
372	2006	10	20	450	厚荚相思	3	1.3	170
373	2006	10	20	450	楝	1	0.9	230
374	2006	10	20	450	了哥王	14	0.3	83.1
375	2006	10	20	450	山鸡椒	1	0.7	73
376	2006	10	20	450	石斑木	18	1.3	84.3
377	2006	10	20	450	桃金娘	262	0.4	44.5
378	2006	10	20	450	印度野牡丹	3	1.2	43
379	2006	10	20	450	野漆	3	1.2	158.3
380	2006	10	20	450	栀子	20	0.5	74.8
381	2006	10	21	450	白背叶	9	0.7	130
382	2006	10	21	450	白花灯笼	261	0.5	77.7
383	2006	10	21	450	白楸	4	0.8	120.5
384	2006	10	21	450	变叶榕	13	0.5	89.8
385	2006	10	21	450	秤星树	3	2.3	115
386	2006	10	21	450	枫香树	5	1.3	84
387	2006	10	21	450	岗松	52	0.2	46.4
388	2006	10	21	450	观光木	7	0.5	47.4
389	2006	10	21	450	光叶山黄麻	60	1.6	157.9
390	2006	10	21	450	华润楠	1	2.5	120

（续）

序号	年	月	样地编号	样地面积/m²	植物种名	株数/株	平均基径/cm	平均高度/cm
391	2006	10	21	450	灰木莲	4	1.5	128
392	2006	10	21	450	蓝花楹	4	0.9	72
393	2006	10	21	450	了哥王	5	0.6	67
394	2006	10	21	450	山鸡椒	5	1.1	116
395	2006	10	21	450	深山含笑	3	0.5	41.7
396	2006	10	21	450	石斑木	9	0.8	87.2
397	2006	10	21	450	桃金娘	177	0.5	51.6
398	2006	10	21	450	尾叶桉	4	1	104.5
399	2006	10	21	450	五桠果	1	0.4	50
400	2006	10	21	450	野漆	2	1.2	160
401	2006	10	21	450	阴香	8	1.3	105
402	2006	10	21	450	栀子	46	0.8	84
403	2006	10	22	450	白背叶	3	1	153.3
404	2006	10	22	450	白花灯笼	77	0.6	67.9
405	2006	10	22	450	白楸	2	2.4	115
406	2006	10	22	450	豺皮樟	4	0.5	80
407	2006	10	22	450	秤星树	2	0.4	70
408	2006	10	22	450	枫香树	8	2.7	146
409	2006	10	22	450	岗松	125	0.2	60.2
410	2006	10	22	450	观光木	6	0.6	58.3
411	2006	10	22	450	光叶山黄麻	41	1.5	134.1
412	2006	10	22	450	华润楠	32	1.6	103.6
413	2006	10	22	450	灰木莲	25	1.7	128.8
414	2006	10	22	450	九节	3	1.1	70
415	2006	10	22	450	蓝花楹	7	1.1	85.1
416	2006	10	22	450	了哥王	1	0.6	60
417	2006	10	22	450	秋枫	1	1.6	100
418	2006	10	22	450	山鸡椒	8	1.5	133.3
419	2006	10	22	450	石斑木	7	0.6	101.7
420	2006	10	22	450	桃金娘	138	0.6	66.7
421	2006	10	22	450	尾叶桉	9	1.3	161.9
422	2006	10	22	450	五桠果	1	0.8	50

（续）

序号	年	月	样地编号	样地面积/m²	植物种名	株数/株	平均基径/cm	平均高度/cm
423	2006	10	22	450	印度野牡丹	9	0.7	62.2
424	2006	10	22	450	阴香	20	1.4	107.8
425	2006	10	22	450	栀子	10	0.7	87.7
426	2006	10	23	450	白花灯笼	32	0.6	50.2
427	2006	10	23	450	岗松	8	0.6	119.6
428	2006	10	23	450	光叶山黄麻	1	0.5	100
429	2006	10	23	450	山鸡椒	2	1.2	148
430	2006	10	23	450	桃金娘	63	1	101.1
431	2006	10	23	450	尾叶桉	7	1.1	133.4
432	2006	10	23	450	印度野牡丹	2	0.3	58.5
433	2006	10	23	450	栀子	15	0.8	103.2
434	2006	10	24	450	白花灯笼	51	0.9	103.3
435	2006	10	24	450	岗松	11	0.9	150.9
436	2006	10	24	450	光叶山黄麻	1	1.6	170
437	2006	10	24	450	山鸡椒	9	1.5	184.9
438	2006	10	24	450	桃金娘	49	1.4	114.3
439	2006	10	24	450	印度野牡丹	1	0.4	80
440	2006	10	24	450	栀子	11	0.6	66.8
441	2006	10	25	450	白背叶	7	0.8	100
442	2006	10	25	450	白花灯笼	219	0.5	55.9
443	2006	10	25	450	白楸	6	0.7	153.3
444	2006	10	25	450	秤星树	1	0.3	53
445	2006	10	25	450	岗松	236	0.2	47.1
446	2006	10	25	450	光叶山黄麻	18	1.2	96.2
447	2006	10	25	450	海南菜豆树	11	0.1	15.9
448	2006	10	25	450	海南蒲桃	17	0.9	74.1
449	2006	10	25	450	华润楠	1	0.2	24
450	2006	10	25	450	灰木莲	2	1.4	83
451	2006	10	25	450	乐昌含笑	5	0.3	30
452	2006	10	25	450	了哥王	1	0.3	53
453	2006	10	25	450	米碎花	1	0.2	60
454	2006	10	25	450	秋枫	1	0.5	30

(续)

序号	年	月	样地编号	样地面积/m²	植物种名	株数/株	平均基径/cm	平均高度/cm
455	2006	10	25	450	山鸡椒	3	0.8	115.3
456	2006	10	25	450	石斑木	5	0.7	95.6
457	2006	10	25	450	桃金娘	59	0.5	50.8
458	2006	10	25	450	尾叶桉	7	1.3	128.6
459	2006	10	25	450	印度野牡丹	24	0.5	35.8
460	2006	10	25	450	阴香	1	0.3	60
461	2006	10	25	450	紫檀	6	0.6	26.2
462	2006	10	25	450	栀子	7	0.7	101.3
463	2006	10	26	450	白花灯笼	353	0.4	31.9
464	2006	10	26	450	白楸	2	0.9	83
465	2006	10	26	450	秤星树	1	3	90
466	2006	10	26	450	地桃花	5	0.4	50
467	2006	10	26	450	枫香树	30	2	112.8
468	2006	10	26	450	岗松	403	0.3	57.8
469	2006	10	26	450	光叶山黄麻	50	1.9	123.3
470	2006	10	26	450	海南蒲桃	2	1.6	109
471	2006	10	26	450	厚荚相思	3	1.5	144.7
472	2006	10	26	450	华润楠	30	1.6	81.6
473	2006	10	26	450	灰木莲	10	2.5	123.9
474	2006	10	26	450	了哥王	15	0.7	63.5
475	2006	10	26	450	岭南山竹子	4	0.4	42.8
476	2006	10	26	450	秋枫	11	0.8	46.3
477	2006	10	26	450	人面子	2	0.4	27
478	2006	10	26	450	山鸡椒	1	2	130
479	2006	10	26	450	山芝麻	1	0.6	94
480	2006	10	26	450	深山含笑	2	1.2	64
481	2006	10	26	450	石斑木	22	0.7	62
482	2006	10	26	450	算盘子	5	0.7	112
483	2006	10	26	450	桃金娘	135	0.5	46.9
484	2006	10	26	450	尾叶桉	1	1.8	185
485	2006	10	26	450	五桠果	1	0.3	28
486	2006	10	26	450	印度野牡丹	10	0.6	49.9

（续）

序号	年	月	样地编号	样地面积/ m²	植物种名	株数/株	平均基径/ cm	平均高度/ cm
487	2006	10	26	450	野漆	1	2.6	130
488	2006	10	26	450	阴香	54	1.6	97.2
489	2006	10	26	450	银桦	3	1.5	104
490	2006	10	26	450	猴樟	3	1.4	78.3
491	2006	10	26	450	栀子	3	0.6	62.3
492	2006	10	26	450	醉香含笑	1	0.2	31
493	2006	10	27	450	白花灯笼	77	0.6	106.6
494	2006	10	27	450	变叶榕	3	0.8	91
495	2006	10	27	450	豺皮樟	2	1.2	140
496	2006	10	27	450	光叶山黄麻	3	1.8	173.3
497	2006	10	27	450	了哥王	1	0.2	73
498	2006	10	27	450	米碎花	1	0.3	50
499	2006	10	27	450	山鸡椒	5	1.6	142.6
500	2006	10	27	450	石斑木	7	0.6	46.4
501	2006	10	27	450	桃金娘	17	0.7	67.1
502	2006	10	27	450	尾叶桉	5	1.5	170.8
503	2006	10	27	450	栀子	18	0.8	102.3
504	2006	10	28	450	白花灯笼	286	0.6	43.4
505	2006	10	28	450	枫香树	21	1.8	106.8
506	2006	10	28	450	岗松	153	0.2	64.5
507	2006	10	28	450	观光木	3	0.5	53
508	2006	10	28	450	光叶山黄麻	42	1.9	112.5
509	2006	10	28	450	红锥	34	0.5	47.9
510	2006	10	28	450	华润楠	45	1.6	82.4
511	2006	10	28	450	灰木莲	20	2.1	118.4
512	2006	10	28	450	蓝花楹	7	0.7	59.7
513	2006	10	28	450	了哥王	7	0.5	65
514	2006	10	28	450	秋枫	8	1.2	76.3
515	2006	10	28	450	山鸡椒	2	2	137.5
516	2006	10	28	450	石斑木	1	0.1	38
517	2006	10	28	450	桃金娘	282	0.4	57.3
518	2006	10	28	450	五桠果	1	1	70

（续）

序号	年	月	样地编号	样地面积/m²	植物种名	株数/株	平均基径/cm	平均高度/cm
519	2006	10	28	450	印度野牡丹	4	1.8	60
520	2006	10	28	450	阴香	38	1.3	80.7
521	2006	10	28	450	栀子	8	0.5	70
522	2006	10	29	450	白花灯笼	360	0.3	31
523	2006	10	29	450	潺槁木姜子	1	1.2	60
524	2006	10	29	450	秤星树	10	1.1	95.6
525	2006	10	29	450	对叶榕	1	0.7	24
526	2006	10	29	450	岗松	244	0.2	60.2
527	2006	10	29	450	光叶山黄麻	113	1.7	122.2
528	2006	10	29	450	红锥	150	1.1	81
529	2006	10	29	450	华润楠	2	0.4	38.5
530	2006	10	29	450	山鸡椒	4	1.5	118
531	2006	10	29	450	山芝麻	3	0.2	71
532	2006	10	29	450	桃金娘	145	0.5	48.3
533	2006	10	29	450	印度野牡丹	14	0.6	37.2
534	2006	10	29	450	野漆	3	1.6	160
535	2006	10	29	450	银柴	1	0.7	76
536	2006	10	30	450	白背叶	5	1.1	97
537	2006	10	30	450	白花灯笼	28	0.4	31.6
538	2006	10	30	450	白楸	1	1.6	210
539	2006	10	30	450	岗松	128	0.3	60.9
540	2006	10	30	450	光叶山黄麻	10	0.9	115.5
541	2006	10	30	450	桃金娘	77	0.4	59.8
542	2006	10	30	450	尾叶桉	1	1.5	180
543	2006	10	30	450	印度野牡丹	44	0.7	69.2
544	2006	10	31	450	白背叶	2	0.7	35
545	2006	10	31	450	白花灯笼	95	0.5	71.6
546	2006	10	31	450	白楸	1	1.2	120
547	2006	10	31	450	海南菜豆树	6	1.116 667	52.833 33
548	2006	10	31	450	潺槁木姜子	3	1.2	93.3
549	2006	10	31	450	秤星树	5	0.5	130
550	2006	10	31	450	枫香树	32	1.7	104.7

（续）

序号	年	月	样地编号	样地面积/m²	植物种名	株数/株	平均基径/cm	平均高度/cm
551	2006	10	31	450	岗松	14	0.5	73.6
552	2006	10	31	450	光叶山黄麻	26	1.7	105.6
553	2006	10	31	450	厚荚相思	1	2.8	260
554	2006	10	31	450	华润楠	19	1.3	87.7
555	2006	10	31	450	幌伞枫	2	0.8	35
556	2006	10	31	450	灰木莲	6	1.9	99
557	2006	10	31	450	假苹婆	4	0.5	42.3
558	2006	10	31	450	毛果杜英	7	0.8	52.4
559	2006	10	31	450	蓝花楹	6	0.8	54.7
560	2006	10	31	450	岭南山竹子	8	0.6	56.4
561	2006	10	31	450	秋枫	8	1.137 5	59.287 5
562	2006	10	31	450	人面子	2	0.7	46
563	2006	10	31	450	日本杜英	1	0.8	40
564	2006	10	31	450	猴樟	2	1	72.5
565	2006	10	31	450	山鸡椒	8	0.9	93.4
566	2006	10	31	450	深山含笑	5	0.9	64.6
567	2006	10	31	450	石斑木	8	0.6	83.8
568	2006	10	31	450	桃金娘	479	0.7	80.1
569	2006	10	31	450	印度野牡丹	70	0.6	44.9
570	2006	10	31	450	野漆	6	1.5	138.3
571	2006	10	31	450	阴香	22	1.1	71.8
572	2006	10	31	450	栀子	42	0.9	80
573	2006	10	31	450	醉香含笑	5	1.7	63.6
574	2006	10	32	450	白花灯笼	1	0.3	50
575	2006	10	32	450	秤星树	1	1.2	100
576	2006	10	32	450	岗松	249	0.4	49.7
577	2006	10	32	450	山鸡椒	1	0.4	70
578	2006	10	32	450	桃金娘	49	0.6	50.4
579	2006	10	33	450	白花灯笼	227	0.4	53.8
580	2006	10	33	450	白楸	1	1.2	160
581	2006	10	33	450	秤星树	1	0.7	120
582	2006	10	33	450	枫香树	15	1.3	97.7

（续）

序号	年	月	样地编号	样地面积/m²	植物种名	株数/株	平均基径/cm	平均高度/cm
583	2006	10	33	450	岗松	20	0.2	48.5
584	2006	10	33	450	观光木	4	0.5	52.5
585	2006	10	33	450	光叶山黄麻	27	1.3	111.7
586	2006	10	33	450	华润楠	20	1.5	82.4
587	2006	10	33	450	灰木莲	3	1.2	171.3
588	2006	10	33	450	蓝花楹	5	0.9	82
589	2006	10	33	450	了哥王	1	0.1	40
590	2006	10	33	450	秋枫	2	0.5	31.5
591	2006	10	33	450	山鸡椒	20	1.4	135.1
592	2006	10	33	450	石斑木	6	0.3	50
593	2006	10	33	450	桃金娘	70	0.7	60.6
594	2006	10	33	450	尾叶桉	2	1.1	118.5
595	2006	10	33	450	五桠果	2	0.8	65.5
596	2006	10	33	450	印度野牡丹	56	0.6	66.5
597	2006	10	33	450	阴香	5	1.1	83
598	2006	10	33	450	银柴	1	0.5	150
599	2006	10	34	450	白花灯笼	77	0.4	48.5
600	2006	10	34	450	变叶榕	1	0.6	115
601	2006	10	34	450	潺槁木姜子	7	1.6	117.1
602	2006	10	34	450	秤星树	1	0.7	210
603	2006	10	34	450	枫香树	5	1.3	71.8
604	2006	10	34	450	岗松	49	0.4	73.9
605	2006	10	34	450	观光木	9	0.6	46.3
606	2006	10	34	450	光叶山黄麻	82	1.1	125.4
607	2006	10	34	450	华润楠	8	1.9	90.9
608	2006	10	34	450	灰木莲	3	2.5	151.7
609	2006	10	34	450	蓝花楹	4	0.6	53
610	2006	10	34	450	了哥王	1	0.2	80
611	2006	10	34	450	米碎花	25	3.3	32.9
612	2006	10	34	450	秋枫	1	1.2	110
613	2006	10	34	450	三桠苦	1	0.8	80
614	2006	10	34	450	山鸡椒	19	1.4	173.3

（续）

序号	年	月	样地编号	样地面积/m²	植物种名	株数/株	平均基径/cm	平均高度/cm
615	2006	10	34	450	山芝麻	7	0.5	39
616	2006	10	34	450	石斑木	5	1	10.7
617	2006	10	34	450	桃金娘	88	0.6	50.7
618	2006	10	34	450	尾叶桉	5	1.2	125
619	2006	10	34	450	印度野牡丹	4	0.4	75
620	2006	10	34	450	阴香	5	1.1	106.2
621	2006	10	34	450	银柴	1	0.5	55
622	2006	10	34	450	醉香含笑	2	0.6	55
623	2006	10	35	450	白花灯笼	214	0.5	69.1
624	2006	10	35	450	白楸	1	0.5	160
625	2006	10	35	450	变叶榕	1	0.7	75
626	2006	10	35	450	潺槁木姜子	2	1.1	65
627	2006	10	35	450	秤星树	10	1.2	95.5
628	2006	10	35	450	粗叶榕	1	0.4	50
629	2006	10	35	450	枫香树	27	1.7	115.2
630	2006	10	35	450	岗松	270	0.3	62
631	2006	10	35	450	光叶山黄麻	107	1.6	124.1
632	2006	10	35	450	华润楠	42	1.6	99.5
633	2006	10	35	450	灰木莲	9	1.8	128
634	2006	10	35	450	了哥王	2	0.3	30
635	2006	10	35	450	岭南山竹子	1	0.5	50
636	2006	10	35	450	米碎花	1	0.3	60
637	2006	10	35	450	秋枫	4	0.7	72
638	2006	10	35	450	三桠苦	9	0.8	82.2
639	2006	10	35	450	山鸡椒	13	1.8	139.2
640	2006	10	35	450	山芝麻	1	0.6	72
641	2006	10	35	450	深山含笑	15	0.9	60.1
642	2006	10	35	450	桃金娘	345	0.6	62.5
643	2006	10	35	450	尾叶桉	3	1.6	176.7
644	2006	10	35	450	五桠果	1	0.4	53
645	2006	10	35	450	印度野牡丹	19	0.5	41.3
646	2006	10	35	450	阴香	35	1.2	85

（续）

序号	年	月	样地编号	样地面积/m²	植物种名	株数/株	平均基径/cm	平均高度/cm
647	2006	10	35	450	栀子	1	1.4	80
648	2006	10	35	450	醉香含笑	1	0.3	100
649	2006	10	36	450	白花灯笼	301	0.4	42.9
650	2006	10	36	450	白楸	3	1	102
651	2006	10	36	450	茶	15	0.5	100
652	2006	10	36	450	潺槁木姜子	9	1.7	72.3
653	2006	10	36	450	秤星树	9	2.4	150
654	2006	10	36	450	鹅掌柴	1	1.5	58
655	2006	10	36	450	枫香树	25	1.7	106.8
656	2006	10	36	450	岗松	395	0.2	52.6
657	2006	10	36	450	光叶山黄麻	86	1.5	100.6
658	2006	10	36	450	华润楠	27	1.8	92.1
659	2006	10	36	450	灰木莲	6	2.2	120.8
660	2006	10	36	450	乐昌含笑	1	1.5	73
661	2006	10	36	450	了哥王	2	0.3	50
662	2006	10	36	450	米碎花	9	1	85.1
663	2006	10	36	450	秋枫	2	0.7	55
664	2006	10	36	450	三花冬青	5	1.1	93.8
665	2006	10	36	450	山鸡椒	32	1.3	120.9
666	2006	10	36	450	山芝麻	1	2	100
667	2006	10	36	450	深山含笑	3	0.7	79.3
668	2006	10	36	450	石斑木	1	0.1	72
669	2006	10	36	450	桃金娘	165	0.6	52.5
670	2006	10	36	450	尾叶桉	10	1.4	144.3
671	2006	10	36	450	印度野牡丹	14	0.7	47.4
672	2006	10	36	450	阴香	19	0.8	75.7
673	2006	10	36	450	栀子	2	0.6	67
674	2006	10	36	450	醉香含笑	13	1.3	63.4
675	2006	10	37	450	白花灯笼	139	0.5	48.9
676	2006	10	37	450	白楸	1	1.2	80
677	2006	10	37	450	变叶榕	1	0.8	73
678	2006	10	37	450	秤星树	1	2.1	120

（续）

序号	年	月	样地编号	样地面积/m²	植物种名	株数/株	平均基径/cm	平均高度/cm
679	2006	10	37	450	岗松	175	0.3	65.1
680	2006	10	37	450	光叶山黄麻	67	1.6	123.1
681	2006	10	37	450	海南蒲桃	2	0.4	57
682	2006	10	37	450	红锥	89	1	77.8
683	2006	10	37	450	米碎花	1	0.8	100
684	2006	10	37	450	山鸡椒	12	1.6	121.2
685	2006	10	37	450	山芝麻	1	0.3	110
686	2006	10	37	450	石斑木	4	0.6	110
687	2006	10	37	450	桃金娘	125	0.4	49
688	2006	10	37	450	印度野牡丹	17	0.4	27.2
689	2006	10	38	450	白背叶	3	1.1	133.3
690	2006	10	38	450	白花灯笼	35	0.3	62.4
691	2006	10	38	450	白楸	7	0.6	145
692	2006	10	38	450	潺槁木姜子	2	1.6	220
693	2006	10	38	450	秤星树	26	1.1	142.1
694	2006	10	38	450	岗松	1	0.5	120
695	2006	10	38	450	光叶山黄麻	465	1.2	165.6
696	2006	10	38	450	黑面神	1	0.6	65
697	2006	10	38	450	米碎花	3	0.5	106.7
698	2006	10	38	450	三花冬青	1	1	94
699	2006	10	38	450	山鸡椒	174	1.1	188.5
700	2006	10	38	450	山乌桕	1	1.7	106
701	2006	10	38	450	山芝麻	2	0.4	96
702	2006	10	38	450	石斑木	13	0.8	94.8
703	2006	10	38	450	桃金娘	39	0.4	51.4
704	2006	10	38	450	尾叶桉	9	1	181.1
705	2006	10	38	450	印度野牡丹	9	0.3	70.6
706	2006	10	38	450	野漆	4	1.1	132.5
707	2006	10	38	450	银柴	1	0.8	70
708	2006	10	38	450	栀子	5	0.7	60.8

354

表 4 - 18　共和试验区 2006 年草本层调查数据

序号	年	月	样地编号	样方面积/ m²	植物种名	株数/株	平均高度/ cm
1	2006	10	1	18	芒	14	121.9
2	2006	10	1	18	山菅兰	5	55
3	2006	10	1	18	香附子	4	47.5
4	2006	10	1	18	芒萁	9	44.2
5	2006	10	1	18	异叶双唇蕨	4	32.5
6	2006	10	1	18	华南毛蕨	1	20
7	2006	10	1	18	藿香蓟	11	43.6
8	2006	10	1	18	细毛鸭嘴草	6	48.3
9	2006	10	1	18	大白茅	2	40
10	2006	10	1	18	狗尾草	1	100
11	2006	10	1	18	乌毛蕨	15	65
12	2006	10	1	18	棕叶芦	1	80
13	2006	10	2	18	华南鳞盖蕨	1	80
14	2006	10	2	18	芒	17	125
15	2006	10	2	18	藿香蓟	10	23.7
16	2006	10	2	18	五节芒	6	70
17	2006	10	2	18	芒萁	12	51.3
18	2006	10	2	18	香附子	4	60
19	2006	10	2	18	异叶双唇蕨	18	22.4
20	2006	10	2	18	细毛鸭嘴草	4	63.8
21	2006	10	2	18	乌毛蕨	5	51
22	2006	10	2	18	山菅兰	2	55
23	2006	10	2	18	大白茅	1	35
24	2006	10	3	18	芒	19	106.5
25	2006	10	3	18	山菅兰	1	70
26	2006	10	3	18	藿香蓟	22	36.5
27	2006	10	3	18	香附子	1	40
28	2006	10	3	18	芒萁	11	59.5
29	2006	10	3	18	异叶双唇蕨	1	25
30	2006	10	3	18	细毛鸭嘴草	1	40
31	2006	10	4	18	香附子	5	24.6
32	2006	10	4	18	芒	23	111
33	2006	10	4	18	藿香蓟	15	29.1

（续）

序号	年	月	样地编号	样方面积/m²	植物种名	株数/株	平均高度/cm
34	2006	10	4	18	华南鳞盖蕨	1	40
35	2006	10	4	18	芒萁	3	68.3
36	2006	10	4	18	异叶双唇蕨	2	27.5
37	2006	10	4	18	华南毛蕨	1	10
38	2006	10	4	18	乌毛蕨	1	60
39	2006	10	4	18	扇叶铁线蕨	1	30
40	2006	10	5	18	芒	19	161.6
41	2006	10	5	18	芒萁	7	40.7
42	2006	10	5	18	藿香蓟	23	31.6
43	2006	10	5	18	香附子	4	33.8
44	2006	10	5	18	乌毛蕨	7	45
45	2006	10	5	18	大白茅	1	60
46	2006	10	5	18	小花露籽草	1	60
47	2006	10	5	18	华南鳞盖蕨	1	110
48	2006	10	6	18	藿香蓟	19	26.7
49	2006	10	6	18	芒	17	87.4
50	2006	10	6	18	山菅兰	3	65
51	2006	10	6	18	细毛鸭嘴草	1	60
52	2006	10	6	18	香附子	2	20
53	2006	10	6	18	乌毛蕨	4	38.8
54	2006	10	6	18	芒萁	9	53.9
55	2006	10	6	18	扇叶铁线蕨	1	8
56	2006	10	6	18	华南鳞盖蕨	4	73.8
57	2006	10	6	18	异叶双唇蕨	2	65
58	2006	10	6	18	大白茅	1	10
59	2006	10	7	18	芒	19	112.1
60	2006	10	7	18	香附子	3	17
61	2006	10	7	18	藿香蓟	17	34.5
62	2006	10	7	18	异叶双唇蕨	5	32
63	2006	10	7	18	芒萁	4	57.5

（续）

序号	年	月	样地编号	样方面积/m²	植物种名	株数/株	平均高度/cm
64	2006	10	7	18	小花露籽草	1	50
65	2006	10	7	18	乌毛蕨	4	36.3
66	2006	10	7	18	铁线蕨	1	40
67	2006	10	7	18	扇叶铁线蕨	1	20
68	2006	10	7	18	细毛鸭嘴草	2	13.5
69	2006	10	7	18	山菅兰	1	50
70	2006	10	8	18	五节芒	5	90
71	2006	10	8	18	细毛鸭嘴草	4	52.5
72	2006	10	8	18	大白茅	2	80
73	2006	10	8	18	乌毛蕨	5	41
74	2006	10	8	18	芒	18	92.5
75	2006	10	8	18	藿香蓟	15	48.9
76	2006	10	8	18	香附子	6	26.7
77	2006	10	8	18	芒萁	4	40.3
78	2006	10	8	18	山菅兰	1	70
79	2006	10	8	18	异叶双唇蕨	10	32.8
80	2006	10	8	18	华南鳞盖蕨	2	55
81	2006	10	9	18	芒	15	124.3
82	2006	10	9	18	芒萁	10	67
83	2006	10	9	18	藿香蓟	13	35.4
84	2006	10	9	18	华南毛蕨	4	19.3
85	2006	10	9	18	华南鳞盖蕨	1	40
86	2006	10	9	18	乌毛蕨	1	20
87	2006	10	9	18	异叶双唇蕨	7	28.6
88	2006	10	9	18	铁线蕨	3	24.3
89	2006	10	9	18	细毛鸭嘴草	5	77
90	2006	10	9	18	画眉草	1	60
91	2006	10	9	18	山菅兰	2	40
92	2006	10	10	18	芒	18	160.9
93	2006	10	10	18	乌毛蕨	9	37.8

（续）

序号	年	月	样地编号	样方面积/ m²	植物种名	株数/株	平均高度/ cm
94	2006	10	10	18	藿香蓟	7	17
95	2006	10	10	18	芒萁	6	65
96	2006	10	10	18	山菅兰	1	40
97	2006	10	10	18	香附子	3	65
98	2006	10	10	18	猪屎豆	1	12
99	2006	10	11	18	藿香蓟	67	26.3
100	2006	10	11	18	芒	3	29
101	2006	10	11	18	异叶双唇蕨	21	22.4
102	2006	10	11	18	香附子	4	25
103	2006	10	11	18	芒萁	4	31
104	2006	10	11	18	铁线蕨	1	30
105	2006	10	11	18	山菅兰	1	50
106	2006	10	11	18	细毛鸭嘴草	1	30
107	2006	10	11	18	五节芒	5	70
108	2006	10	11	18	华南毛蕨	1	30
109	2006	10	12	18	细毛鸭嘴草	3	24.3
110	2006	10	12	18	香附子	3	36.7
111	2006	10	12	18	异叶双唇蕨	6	25.5
112	2006	10	12	18	芒	6	62.5
113	2006	10	12	18	乌毛蕨	1	8
114	2006	10	12	18	芒萁	4	60
115	2006	10	12	18	藿香蓟	5	43.2
116	2006	10	13	18	芒萁	3	71.7
117	2006	10	13	18	香附子	24	36.9
118	2006	10	13	18	藿香蓟	8	60.4
119	2006	10	13	18	华南毛蕨	3	30
120	2006	10	13	18	异叶双唇蕨	1	41
121	2006	10	13	18	细毛鸭嘴草	3	87.3
122	2006	10	13	18	芒	1	140
123	2006	10	13	18	小花露籽草	1	20

（续）

序号	年	月	样地编号	样方面积/m²	植物种名	株数/株	平均高度/cm
124	2006	10	13	18	乌毛蕨	1	20
125	2006	10	14	18	芒萁	9	52.3
126	2006	10	14	18	香附子	7	31.4
127	2006	10	14	18	华南毛蕨	3	23
128	2006	10	14	18	山菅兰	2	32.5
129	2006	10	14	18	异叶双唇蕨	5	26.4
130	2006	10	14	18	细毛鸭嘴草	1	40
131	2006	10	14	18	芒	1	30
132	2006	10	14	18	乌毛蕨	1	25
133	2006	10	14	18	藿香蓟	1	60
134	2006	10	15	18	异叶双唇蕨	4	23.8
135	2006	10	15	18	乌毛蕨	4	26.3
136	2006	10	15	18	香附子	4	34.5
137	2006	10	15	18	牛筋草	1	30
138	2006	10	15	18	芒	3	37.3
139	2006	10	15	18	华南鳞盖蕨	1	5
140	2006	10	15	18	芒萁	7	42.9
141	2006	10	16	18	芒萁	17	78.2
142	2006	10	16	18	异叶双唇蕨	6	20.3
143	2006	10	16	18	芒	1	20
144	2006	10	16	18	香附子	6	28.3
145	2006	10	16	18	乌毛蕨	2	25
146	2006	10	16	18	山菅兰	2	65
147	2006	10	16	18	细毛鸭嘴草	1	30
148	2006	10	16	18	藿香蓟	2	27.5
149	2006	10	17	18	芒萁	16	46.9
150	2006	10	17	18	乌毛蕨	3	31.7
151	2006	10	17	18	异叶双唇蕨	2	17.5
152	2006	10	17	18	香附子	8	34
153	2006	10	17	18	藿香蓟	31	3.9

（续）

序号	年	月	样地编号	样方面积/m²	植物种名	株数/株	平均高度/cm
154	2006	10	17	18	铁线蕨	1	30
155	2006	10	17	18	大盖球子草	1	60
156	2006	10	17	18	细毛鸭嘴草	2	65
157	2006	10	17	18	华南毛蕨	1	16
158	2006	10	17	18	蜈蚣草	1	3
159	2006	10	18	18	芒萁	15	48.1
160	2006	10	18	18	乌毛蕨	2	27.5
161	2006	10	18	18	异叶双唇蕨	7	28
162	2006	10	18	18	细毛鸭嘴草	1	40
163	2006	10	18	18	香附子	1	35
164	2006	10	18	18	藿香蓟	1	55
165	2006	10	19a	18	芒萁	155	40.8
166	2006	10	19a	18	细毛鸭嘴草	1	20
167	2006	10	19a	18	华南毛蕨	2	24.5
168	2006	10	19a	18	异叶双唇蕨	10	13.6
169	2006	10	19a	18	扇叶铁线蕨	6	16
170	2006	10	19a	18	小花露籽草	1	20
171	2006	10	19a	18	香附子	2	27.5
172	2006	10	19a	18	铁线蕨	3	8.3
173	2006	10	19b	18	乌毛蕨	2	27.5
174	2006	10	19b	18	香附子	2	22.5
175	2006	10	19b	18	异叶双唇蕨	2	14
176	2006	10	19b	18	扇叶铁线蕨	1	30
177	2006	10	19b	18	芒萁	2	69.5
178	2006	10	19b	18	藿香蓟	2	29
179	2006	10	19b	18	蜈蚣草	1	3
180	2006	10	20	18	异叶双唇蕨	2	7.5
181	2006	10	20	18	扇叶铁线蕨	1	30
182	2006	10	20	18	芒萁	25	49.4
183	2006	10	20	18	铁线蕨	3	29.3

（续）

序号	年	月	样地编号	样方面积/m²	植物种名	株数/株	平均高度/cm
184	2006	10	20	18	香附子	10	19.2
185	2006	10	20	18	乌毛蕨	5	28.6
186	2006	10	20	18	华南毛蕨	1	15
187	2006	10	20	18	山菅兰	1	100
188	2006	10	21	18	五节芒	1	40
189	2006	10	21	18	芒萁	15	59.7
190	2006	10	21	18	山菅兰	5	84
191	2006	10	21	18	藿香蓟	1	65
192	2006	10	21	18	异叶双唇蕨	8	30.5
193	2006	10	21	18	香附子	4	15
194	2006	10	22	18	芒萁	16	69.1
195	2006	10	22	18	异叶双唇蕨	47	17.3
196	2006	10	22	18	细毛鸭嘴草	9	64.4
197	2006	10	22	18	铁线蕨	1	15
198	2006	10	22	18	五节芒	1	200
199	2006	10	22	18	芒	1	80
200	2006	10	22	18	香附子	1	12
201	2006	10	22	18	山菅兰	4	78.3
202	2006	10	22	18	藿香蓟	1	80
203	2006	10	22	18	乌毛蕨	2	45
204	2006	10	23	18	芒萁	18	87.8
205	2006	10	24	18	芒萁	18	96.9
206	2006	10	25	18	细毛鸭嘴草	7	68.6
207	2006	10	25	18	香附子	3	30
208	2006	10	25	18	异叶双唇蕨	6	34
209	2006	10	25	18	芒萁	12	58.3
210	2006	10	25	18	山菅兰	3	60
211	2006	10	25	18	乌毛蕨	6	43.5
212	2006	10	25	18	芒	6	58
213	2006	10	25	18	扇叶铁线蕨	1	15

（续）

序号	年	月	样地编号	样方面积/m²	植物种名	株数/株	平均高度/cm
214	2006	10	25	18	华南毛蕨	3	50
215	2006	10	25	18	藿香蓟	1	35
216	2006	10	26	18	芒萁	15	33.1
217	2006	10	26	18	异叶双唇蕨	4	18.8
218	2006	10	26	18	香附子	5	28.4
219	2006	10	26	18	芒	2	42.5
220	2006	10	26	18	乌毛蕨	3	34.7
221	2006	10	26	18	小花露籽草	1	50
222	2006	10	27	18	芒萁	79	47.5
223	2006	10	27	18	香附子	1	53
224	2006	10	27	18	异叶双唇蕨	1	10
225	2006	10	27	18	乌毛蕨	1	10
226	2006	10	28	18	乌毛蕨	2	40
227	2006	10	28	18	异叶双唇蕨	6	23.5
228	2006	10	28	18	芒萁	39	21.6
229	2006	10	28	18	香附子	8	48.4
230	2006	10	28	18	扇叶铁线蕨	1	20
231	2006	10	28	18	小花露籽草	1	50
232	2006	10	29	18	芒萁	92	31
233	2006	10	29	18	乌毛蕨	4	17.5
234	2006	10	29	18	香附子	5	36.8
235	2006	10	29	18	藿香蓟	57	8.1
236	2006	10	29	18	异叶双唇蕨	2	22.5
237	2006	10	29	18	扇叶铁线蕨	1	20
238	2006	10	30	18	芒萁	34	36
239	2006	10	30	18	香附子	4	44
240	2006	10	30	18	小花露籽草	1	70
241	2006	10	30	18	芒	1	40
242	2006	10	31	18	芒萁	14	48.1
243	2006	10	31	18	乌毛蕨	1	15

（续）

序号	年	月	样地编号	样方面积/m²	植物种名	株数/株	平均高度/cm
244	2006	10	31	18	异叶双唇蕨	7	33.6
245	2006	10	31	18	山菅兰	2	62.5
246	2006	10	31	18	扇叶铁线蕨	2	13.5
247	2006	10	31	18	华南毛蕨	3	24.3
248	2006	10	31	18	藿香蓟	2	70
249	2006	10	31	18	芒	1	110
250	2006	10	31	18	香附子	1	25
251	2006	10	32	18	芒萁	18	47.3
252	2006	10	32	18	香附子	3	36.7
253	2006	10	33	18	芒萁	15	67.7
254	2006	10	33	18	细毛鸭嘴草	3	44.3
255	2006	10	33	18	乌毛蕨	1	20
256	2006	10	33	18	香附子	5	43
257	2006	10	33	18	藿香蓟	4	46.3
258	2006	10	33	18	芒	4	60.5
259	2006	10	33	18	异叶双唇蕨	6	24.3
260	2006	10	34	18	芒萁	15	56.7
261	2006	10	34	18	藿香蓟	6	51.8
262	2006	10	34	18	香附子	2	35
263	2006	10	34	18	异叶双唇蕨	10	26.8
264	2006	10	34	18	扇叶铁线蕨	2	12.5
265	2006	10	34	18	芒	1	80
266	2006	10	34	18	山菅兰	1	78
267	2006	10	35	18	芒萁	15	62.7
268	2006	10	35	18	藿香蓟	5	57.6
269	2006	10	35	18	香附子	9	37.2
270	2006	10	35	18	异叶双唇蕨	5	29
271	2006	10	35	18	小花露籽草	1	30
272	2006	10	35	18	细毛鸭嘴草	4	68.8
273	2006	10	35	18	乌毛蕨	1	30
274	2006	10	35	18	山菅兰	2	55
275	2006	10	35	18	芒	3	98.3
276	2006	10	36	18	乌毛蕨	4	26.3
277	2006	10	36	18	藿香蓟	5	41

（续）

序号	年	月	样地编号	样方面积/m²	植物种名	株数/株	平均高度/cm
278	2006	10	36	18	芒	2	42.5
279	2006	10	36	18	芒萁	13	54.1
280	2006	10	36	18	香附子	2	40
281	2006	10	36	18	异叶双唇蕨	8	29.5
282	2006	10	36	18	华南毛蕨	2	23
283	2006	10	36	18	扇叶铁线蕨	2	19
284	2006	10	36	18	铁线蕨	1	40
285	2006	10	36	18	蒌蒿	1	150
286	2006	10	37	18	芒	12	95
287	2006	10	37	18	芒萁	19	56.9
288	2006	10	37	18	藿香蓟	7	35.7
289	2006	10	37	18	乌毛蕨	3	33.3
290	2006	10	37	18	细毛鸭嘴草	1	65
291	2006	10	37	18	小花露籽草	1	50
292	2006	10	37	18	香附子	5	49
293	2006	10	37	18	扇叶铁线蕨	1	12
294	2006	10	38	18	芒	16	154.1
295	2006	10	38	18	香附子	4	56.3
296	2006	10	38	18	藿香蓟	15	42
297	2006	10	38	18	狗尾草	4	55
298	2006	10	38	18	小花露籽草	1	50
299	2006	10	38	18	铁线蕨	1	20
300	2006	10	38	18	山菅兰	2	50
301	2006	10	38	18	异叶双唇蕨	1	30

表 4 - 19　共和试验区 2006 年树种更新调查数据

序号	年	月	样地编号	样方面积/m²	植物种名	株数/株	平均基径/cm	平均高度/cm
1	2006	10	1	18	地稔	18	0.3	4.8
2	2006	10	1	18	岗松	7	0.4	77.1
3	2006	10	2	18	岗松	71	0.4	57.9
4	2006	10	2	18	桃金娘	3	0.5	48.3
5	2006	10	2	18	白花灯笼	37	0.2	24.4
6	2006	10	2	18	地稔	6	0.3	4.2
7	2006	10	2	18	石柑子	1	0.3	40.0
8	2006	10	3	18	地稔	3	0.3	4.0

（续）

序号	年	月	样地编号	样方面积/m²	植物种名	株数/株	平均基径/cm	平均高度/cm
9	2006	10	3	18	岗松	12	0.3	28.2
10	2006	10	3	18	印度野牡丹	1	0.5	40.0
11	2006	10	3	18	白花灯笼	3	0.3	33.3
12	2006	10	4	18	地棯	3	0.3	4.0
13	2006	10	4	18	白花灯笼	6	0.3	25.0
14	2006	10	4	18	岗松	6	0.4	38.3
15	2006	10	4	18	桃金娘	1	0.2	40.0
16	2006	10	4	18	光叶山黄麻	1	0.2	5.0
17	2006	10	5	18	地棯	6	0.3	10.0
18	2006	10	5	18	白花灯笼	11	0.3	43.6
19	2006	10	6	18	岗松	4	0.3	53.8
20	2006	10	6	18	桃金娘	1	0.2	40.0
21	2006	10	6	18	白花灯笼	4	0.2	23.0
22	2006	10	6	18	地棯	2	0.3	7.5
23	2006	10	7	18	地棯	2	0.3	5.0
24	2006	10	7	18	岗松	3	0.2	25.0
25	2006	10	7	18	白花灯笼	4	0.3	33.8
26	2006	10	7	18	桃金娘	1	0.2	45.0
27	2006	10	8	18	白花灯笼	2	0.3	21.5
28	2006	10	8	18	岗松	1	0.2	30.0
29	2006	10	8	18	光叶山黄麻	1	0.3	20.0
30	2006	10	8	18	地棯	4	0.3	4.3
31	2006	10	9	18	岗松	8	0.3	33.4
32	2006	10	9	18	白花灯笼	2	0.4	50.0
33	2006	10	10	18	算盘子	1	0.2	8.0
34	2006	10	10	18	岗松	4	0.4	45.0
35	2006	10	10	18	白花灯笼	5	0.4	26.2
36	2006	10	10	18	桃金娘	3	0.8	56.0
37	2006	10	10	18	山芝麻	2	0.3	35.0
38	2006	10	11	18	地棯	3	0.3	2.7
39	2006	10	11	18	桃金娘	3	0.6	60.0
40	2006	10	11	18	岗松	1	0.2	63.0

（续）

序号	年	月	样地编号	样方面积/m²	植物种名	株数/株	平均基径/cm	平均高度/cm
41	2006	10	11	18	白花灯笼	2	0.4	25.0
42	2006	10	12	18	地棯	1	0.3	3.0
43	2006	10	12	18	岗松	6	0.3	32.3
44	2006	10	12	18	白花灯笼	1	0.1	7.0
45	2006	10	12	18	桃金娘	1	0.2	16.0
46	2006	10	12	18	光叶山黄麻	1	0.4	25.0
47	2006	10	13	18	地棯	3	0.3	4.7
48	2006	10	13	18	岗松	40	0.4	47.2
49	2006	10	13	18	桃金娘	3	0.2	22.3
50	2006	10	13	18	白花灯笼	5	0.4	35.0
51	2006	10	13	18	山芝麻	1	0.1	10.0
52	2006	10	14	18	岗松	47	0.1	30.5
53	2006	10	14	18	桃金娘	3	0.3	26.7
54	2006	10	14	18	白花灯笼	3	0.2	28.0
55	2006	10	14	18	栀子	1	0.2	10.0
56	2006	10	14	18	光叶山黄麻	1	0.1	25.0
57	2006	10	15	18	地棯	5	0.3	4.8
58	2006	10	15	18	岗松	7	0.3	34.7
59	2006	10	15	18	白花灯笼	5	0.3	17.4
60	2006	10	16	18	地棯	4	0.3	3.5
61	2006	10	16	18	岗松	28	0.1	44.4
62	2006	10	16	18	白花灯笼	1	0.5	90.0
63	2006	10	17	18	地棯	6	0.3	8.2
64	2006	10	17	18	栀子	1	0.2	50.0
65	2006	10	17	18	岗松	12	0.3	43.3
66	2006	10	17	18	光叶山黄麻	2	0.1	20.0
67	2006	10	17	18	白花灯笼	4	0.3	35.5
68	2006	10	17	18	桃金娘	2	0.4	48.5
69	2006	10	18	18	地棯	10	0.3	2.8
70	2006	10	18	18	桃金娘	4	0.5	51.3
71	2006	10	18	18	岗松	12	0.3	45.6
72	2006	10	18	18	白花灯笼	33	0.3	37.0

（续）

序号	年	月	样地编号	样方面积/m²	植物种名	株数/株	平均基径/cm	平均高度/cm
73	2006	10	19a	18	白花灯笼	9	0.2	14.0
74	2006	10	19a	18	岗松	16	0.2	26.4
75	2006	10	19a	18	印度野牡丹	1	0.8	70.0
76	2006	10	19b	18	白花灯笼	34	0.3	26.1
77	2006	10	19b	18	岗松	12	0.2	31.6
78	2006	10	19b	18	桃金娘	3	0.3	31.3
79	2006	10	19b	18	地棯	4	0.3	3.8
80	2006	10	19b	18	印度野牡丹	3	0.3	24.3
81	2006	10	20	18	桃金娘	3	0.2	18.0
82	2006	10	20	18	白花灯笼	25	0.7	50.1
83	2006	10	20	18	岗松	25	0.2	35.7
84	2006	10	20	18	地棯	3	0.3	4.0
85	2006	10	20	18	白楸	1	0.8	90.0
86	2006	10	20	18	栀子	3	0.8	78.3
87	2006	10	20	18	光叶山黄麻	1	0.9	107.0
88	2006	10	21	18	地棯	3	0.3	3.3
89	2006	10	21	18	白花灯笼	46	0.3	32.0
90	2006	10	21	18	岗松	2	0.2	35.0
91	2006	10	21	18	桃金娘	3	0.2	40.0
92	2006	10	22	18	桃金娘	2	0.6	57.5
93	2006	10	22	18	印度野牡丹	2	0.5	50.0
94	2006	10	22	18	岗松	2	0.2	52.5
95	2006	10	22	18	地棯	3	0.3	3.3
96	2006	10	23	18	白花灯笼	1	0.6	82.0
97	2006	10	23	18	地棯	2	0.3	4.0
98	2006	10	23	18	桃金娘	2	0.5	59.0
99	2006	10	24	18	岗松	2	0.4	65.0
100	2006	10	24	18	白花灯笼	2	0.4	67.5
101	2006	10	24	18	地棯	1	0.3	4.0
102	2006	10	25	18	地棯	6	0.3	3.7
103	2006	10	25	18	桃金娘	1	0.5	60.0
104	2006	10	25	18	岗松	50	0.3	60.0

（续）

序号	年	月	样地编号	样方面积/m²	植物种名	株数/株	平均基径/cm	平均高度/cm
105	2006	10	26	18	岗松	18	0.2	37.2
106	2006	10	26	18	地稔	4	0.3	5.0
107	2006	10	26	18	白花灯笼	23	0.2	18.0
108	2006	10	26	18	桃金娘	5	0.3	30.4
109	2006	10	26	18	印度野牡丹	1	0.3	40.0
110	2006	10	26	18	石斑木	1	0.3	40.0
111	2006	10	27	18	地稔	3	0.3	6.0
112	2006	10	27	18	桃金娘	1	0.7	50.0
113	2006	10	27	18	白花灯笼	4	0.2	22.0
114	2006	10	27	18	岗松	1	0.5	90.0
115	2006	10	28	18	白花灯笼	18	0.3	19.5
116	2006	10	28	18	岗松	30	0.3	60.9
117	2006	10	28	18	地稔	4	0.3	3.8
118	2006	10	28	18	印度野牡丹	1	0.3	38.0
119	2006	10	28	18	桃金娘	1	0.6	28.0
120	2006	10	29	18	岗松	116	0.2	51.4
121	2006	10	29	18	白花灯笼	37	0.4	18.7
122	2006	10	29	18	印度野牡丹	1	0.1	7.0
123	2006	10	29	18	地稔	1	0.3	5.0
124	2006	10	30	18	白花灯笼	5	0.1	5.4
125	2006	10	30	18	岗松	43	0.2	33.9
126	2006	10	30	18	白背叶	2	0.2	12.0
127	2006	10	30	18	桃金娘	1	0.1	17.0
128	2006	10	30	18	地稔	2	0.3	3.5
129	2006	10	30	18	印度野牡丹	1	0.2	24.0
130	2006	10	31	18	地稔	4	0.3	3.0
131	2006	10	31	18	桃金娘	4	0.3	34.3
132	2006	10	31	18	白花灯笼	8	0.3	44.3
133	2006	10	31	18	光叶山黄麻	1	0.4	70.0
134	2006	10	31	18	岗松	2	0.3	35.0
135	2006	10	31	18	印度野牡丹	1	0.3	40.0
136	2006	10	32	18	岗松	7	0.3	34.1

(续)

序号	年	月	样地编号	样方面积/m²	植物种名	株数/株	平均基径/cm	平均高度/cm
137	2006	10	32	18	栀子	1	0.5	70.0
138	2006	10	32	18	地稔	1	0.3	2.0
139	2006	10	33	18	地稔	7	0.3	2.6
140	2006	10	33	18	桃金娘	2	0.4	29.0
141	2006	10	33	18	白花灯笼	4	0.4	34.5
142	2006	10	33	18	印度野牡丹	1	0.3	50.0
143	2006	10	33	18	光叶山黄麻	1	0.2	60.0
144	2006	10	33	18	岗松	25	0.4	50.0
145	2006	10	33	18	山芝麻	1	0.4	43.0
146	2006	10	34	18	了哥王	1	0.3	40.0
147	2006	10	34	18	岗松	5	0.3	29.0
148	2006	10	34	18	桃金娘	2	0.3	26.5
149	2006	10	34	18	白花灯笼	1	0.1	10.0
150	2006	10	34	18	山芝麻	1	0.1	32.0
151	2006	10	35	18	山芝麻	1	0.2	30.0
152	2006	10	35	18	地稔	4	0.3	2.0
153	2006	10	35	18	桃金娘	3	0.3	24.0
154	2006	10	35	18	白花灯笼	1	0.1	35.0
155	2006	10	35	18	印度野牡丹	1	0.6	25.0
156	2006	10	35	18	岗松	6	0.3	30.0
157	2006	10	36	18	地稔	2	0.3	2.0
158	2006	10	36	18	岗松	6	0.2	17.3
159	2006	10	36	18	白花灯笼	6	0.3	22.7
160	2006	10	37	18	桃金娘	2	0.3	25.5
161	2006	10	37	18	地稔	2	0.3	2.0
162	2006	10	37	18	白花灯笼	4	0.3	23.8
163	2006	10	37	18	岗松	10	0.3	55.5
164	2006	10	37	18	印度野牡丹	1	0.3	20.0
165	2006	10	38	18	桃金娘	1	0.1	10.0
166	2006	10	38	18	白花灯笼	1	0.6	60.0

4.2　鹤山站降水控制平台研究数据集

4.2.1　概况

该平台建于 2012 年，利用野外穿透水隔移控制实验来模拟降水量在干季和湿季分配格局的变化，通过观测土壤理化性质、土壤微生物群落结构、细根动态和土壤温室气体排放对 8 种降水处理的响应，并利用同位素技术解析不同降水处理下常绿阔叶林优势树种资源分配策略的变化和温室气体在土壤剖面的产生与扩散过程，深入揭示亚热带常绿阔叶林土壤生态过程对降水量及其季节分配格局变化的响应行为和内在机制；同时结合机理模型分析常绿阔叶林土壤碳的长期动态、源汇关系及其对未来降水格局变化的可能响应。

样地设置：实验采用随机区组设计，每种处理 4 个重复，随机布置于 4 个区组，共设 16 个 12 m×12 m 的样方，受地形限制，区组 1 的 4 个样方比其他 3 个区组的 12 个样方高。共进行 4 种降水处理：①干季更干、湿季更湿处理（drier dry season and wetter wet season，简写为 DD），把干季（10 月至翌年 3 月）67％的大气降水以大棚遮挡的方式隔除，并在湿季（4—9 月）以强降水（约 50 mm）的形式分 4～6 次等量加回样方，保持全年降水总量不变，样方周边挖隔离沟。②延长干季、湿季更湿处理（extended dry season and wetter wet season，简写为 ED），把原来 6 个月的干季时间（10 月至翌年 3 月）延长至 8 个月（10 月至翌年 5 月），具体操作是把 4—5 月 67％的降水量隔除，并在湿季（6—9 月）以强降水（约 50 mm）的形式分 4～6 次等量加回样方，保持全年降水总量不变，样方周边挖隔离沟。③隔离沟对照处理（trenched control，简写为 TC），样方周边挖隔离沟，但样方内无遮雨设施。④空白对照处理（blank control，简写为 BC），样方周边未挖隔离沟，样方内亦无遮雨设施。

本数据集收录了鹤山站长期降水控制实验平台 2012—2014 年基础气象要素、水分条件、凋落物量、土壤基础呼吸及细根生物量数据。数据包括观测时间、月均值等。本数据集观测频率为 1 次/月。

4.2.2　数据采样和处理方法

每月收集数据进行简单统计，计算平均值所得。

4.2.3　数据价值/数据使用方法和建议

该数据可为全球变化研究领域的降水控制联网研究提供数据服务，也可用于森林生态系统管理和相关决策服务。

4.2.4　数据

数据见表 4 - 20 至表 4 - 24。

表 4 - 20　鹤山站降水控制研究平台关键气象要素

年	月	0～10 cm 土壤温度均值/℃	降水总量/mm
2012	11	17.67	100
2012	12	18.36	150
2013	1	19.52	80
2013	2	21.29	20
2013	3	23.88	10

（续）

年	月	0～10 cm 土壤温度均值/℃	降水总量/mm
2013	4	27.07	160
2013	5	28.46	200
2013	6	28.17	340
2013	7	28.24	110
2013	8	26.26	270
2013	9	22.05	490
2013	10	15.36	150
2013	11	13.55	0
2013	12	14.35	80
2014	1	16.90	100
2014	2	21.41	0
2014	3	23.35	30
2014	4	26.79	160
2014	5	27.53	90
2014	6	27.50	450
2014	7	27.07	130
2014	8	24.92	70
2014	9	17.67	240

表 4 - 21　鹤山站降水控制研究平台土壤含水量

年-月-日	TC 对照样方/%		DD 降水处理样方/%	
	平均值	标准差	平均值	标准差
2012 - 11 - 15	24.45	3.14	22.20	2.68
2012 - 12 - 15	26.36	2.97	24.03	3.74
2013 - 01 - 23	24.09	2.37	20.02	2.76
2013 - 02 - 23	24.54	2.65	18.12	3.48
2013 - 03 - 08	23.69	1.23	17.94	3.14
2013 - 03 - 27	22.27	3.02	20.14	4.05
2013 - 05 - 03	31.29	2.74	26.27	2.62
2013 - 05 - 28	27.32	2.00	23.98	3.27
2013 - 07 - 31	24.11	2.22	24.10	6.14
2013 - 08 - 29	26.66	3.11	23.86	1.60
2013 - 10 - 01	32.32	2.37	28.67	4.50
2013 - 10 - 31	20.57	3.58	16.42	4.45
2014 - 01 - 05	22.75	1.23	18.70	2.46

（续）

年-月-日	TC 对照样方/%		DD 降水处理样方/%	
	平均值	标准差	平均值	标准差
2014 - 02 - 09	17.47	1.35	13.49	2.45
2014 - 03 - 01	24.13	2.33	17.44	2.27
2014 - 03 - 26	24.49	2.24	17.02	3.26
2014 - 04 - 26	32.63	2.51	26.84	3.05
2014 - 05 - 30	32.73	3.07	29.45	3.12
2014 - 08 - 01	27.99	2.16	25.58	3.14
2014 - 08 - 29	27.99	2.26	27.02	2.36

表 4 - 22　鹤山站降水控制研究平台凋落物季节动态

年	月	TC 对照样方/ (g/m²)		DD 降水处理样方/ (g/m²)	
		平均值	标准差	平均值	标准差
2012	11	31.44	3.23	33.92	4.19
2012	12	27.40	4.73	24.61	8.15
2013	1	33.92	10.68	26.87	10.26
2013	2	58.46	24.36	36.46	15.92
2013	3	51.93	6.16	30.35	3.65
2013	4	68.84	4.25	54.53	6.45
2013	5	23.09	2.96	19.73	2.64
2013	6	23.40	4.57	26.33	3.69
2013	7	16.59	2.24	19.95	2.68
2013	8	21.22	2.74	23.63	2.91
2013	9	19.96	2.19	22.76	3.18
2013	10	22.10	2.70	20.22	2.84
2013	11	22.82	2.76	19.04	2.04
2013	12	22.64	5.07	12.61	1.62
2014	1	24.74	6.22	15.55	3.12
2014	2	25.64	5.15	12.85	1.70
2014	3	37.92	4.70	27.72	3.40
2014	4	47.24	4.74	54.25	5.66
2014	5	27.01	5.21	23.06	2.53
2014	6	26.54	4.23	29.00	3.22
2014	7	14.94	2.24	22.72	3.70
2014	8	19.38	1.74	25.23	2.76

表 4 - 23　鹤山站降水控制研究平台土壤呼吸数据

| 年-月-日 | 土壤二氧化碳（CO_2）排放速率/[mg/（m^2·h）] | | | | 土壤甲烷（CH_4）排放速率/[mg/（m^2·h）] | | | |
| | TC 对照样方 | | DD 降水处理样方 | | TC 对照样方 | | DD 降水处理样方 | |
	平均值	标准误差	平均值	标准误差	平均值	标准误差	平均值	标准误差
2012 - 10 - 16	146.15	13.79	139.82	10.12	30.85	54.97	−160.74	45.04
2012 - 10 - 31	132.38	10.10	122.21	11.65	−8.64	14.87	−21.07	30.74
2012 - 11 - 15	120.01	14.22	105.37	7.76	29.65	46.52	−90.90	45.40
2012 - 12 - 06	97.82	8.13	71.07	5.11	−37.54	17.80	−39.86	23.82
2012 - 12 - 19	64.08	5.17	87.21	8.49	−133.84	53.15	−69.52	49.66
2012 - 12 - 25	90.08	9.47	80.63	6.43	20.64	29.57	−39.05	32.61
2013 - 01 - 13	65.06	6.41	57.77	6.76	−9.95	9.61	−21.96	15.73
2013 - 01 - 24	71.44	5.02	79.86	7.12	−80.85	18.99	1.83	44.02
2013 - 02 - 12	81.56	9.21	67.12	6.50	−13.82	14.77	−20.27	11.65
2013 - 02 - 24	74.65	6.73	72.02	6.85	−41.41	17.29	−22.60	22.40
2013 - 03 - 19	165.99	13.28	117.84	7.76	29.22	62.82	−121.03	38.72
2013 - 03 - 29	128.92	9.66	98.61	6.00	−61.93	23.52	36.91	35.03
2013 - 04 - 16	88.99	8.74	80.76	5.38	51.37	96.11	110.01	42.46
2013 - 04 - 27	76.85	8.53	84.34	15.63	4.57	21.81	−39.40	29.76
2013 - 05 - 17	84.70	7.59	108.98	9.19	56.74	23.33	−6.17	61.76
2013 - 05 - 28	130.93	9.73	131.42	13.25	0.29	73.71	−26.15	94.62
2013 - 06 - 18	125.96	9.41	127.94	8.73	−68.66	75.47	132.80	53.59
2013 - 06 - 28	101.15	11.99	104.90	9.65	49.53	57.08	−27.72	40.78
2013 - 07 - 16	156.65	14.55	140.85	7.86	−9.27	32.25	−111.30	48.93
2013 - 07 - 30	110.93	8.82	115.39	8.58	−7.80	50.26	103.07	48.66
2013 - 08 - 20	126.16	8.51	146.25	9.21	—	—	—	—
2013 - 08 - 31	101.25	9.32	107.75	5.87	117.36	52.59	−59.36	61.89
2013 - 09 - 13	107.20	8.14	115.35	7.15	−38.56	36.09	121.57	36.04
2013 - 09 - 27	86.96	6.25	87.61	4.32	−14.95	12.01	39.21	20.21
2013 - 10 - 15	91.81	6.02	99.44	9.10	−27.25	36.78	−6.87	23.10
2013 - 10 - 30	85.33	8.42	89.19	11.09	−6.21	26.21	121.86	60.36
2013 - 11 - 12	92.41	9.99	123.85	13.76	27.99	19.17	−29.90	12.82
2013 - 11 - 30	36.93	4.56	55.79	7.12	17.18	13.21	−4.24	8.09
2013 - 12 - 13	46.11	5.86	68.56	14.35	−0.39	6.91	−16.04	6.19
2013 - 12 - 27	29.83	3.87	60.43	11.09	−3.76	10.23	−23.09	8.39
2014 - 01 - 07	60.82	13.44	77.86	14.70	−12.55	10.71	−26.76	13.57

（续）

年-月-日	土壤二氧化碳（CO$_2$）排放速率/[mg/（m^2·h）]				土壤甲烷（CH$_4$）排放速率/[mg/（m^2·h）]			
	TC 对照样方		DD 降水处理样方		TC 对照样方		DD 降水处理样方	
	平均值	标准误差	平均值	标准误差	平均值	标准误差	平均值	标准误差
2014-01-20	42.68	9.09	47.54	3.82	−32.51	7.07	−33.20	13.97
2014-02-16	48.42	4.98	56.13	6.77	−16.41	5.34	−3.94	9.93
2014-02-27	39.88	8.28	60.25	13.24	−7.59	9.01	−6.41	12.94
2014-03-13	34.51	3.26	42.76	4.83	1.93	13.88	−29.04	20.56
2014-03-26	49.94	6.49	51.24	5.01	−65.13	15.68	−45.92	18.63
2014-04-16	61.68	5.80	69.87	4.66	−17.97	15.67	−21.41	16.69
2014-04-29	61.05	8.13	75.15	7.07	5.45	24.66	−0.42	18.63
2014-05-22	83.70	5.96	100.05	8.48	42.57	33.88	−7.13	18.09
2014-05-30	87.16	9.46	86.27	8.57	58.21	33.83	15.84	24.72
2014-06-18	87.42	10.50	85.20	6.81	−34.63	23.98	28.71	18.23
2014-06-29	72.96	5.93	78.07	6.35	−38.37	37.06	49.09	39.67
2014-07-14	111.37	10.40	109.55	10.56	—	—	—	—
2014-07-29	88.33	14.96	71.46	2.87	−0.54	22.87	13.74	12.33
2014-08-19	81.61	9.05	78.75	6.89	32.25	22.10	21.08	19.08
2014-08-28	81.11	5.94	78.69	5.33	−16.49	41.30	−33.24	45.25
2014-09-17	67.67	6.27	100.40	14.60	49.25	53.86	0.41	11.89
2014-09-26	68.77	5.06	63.19	7.23	−194.17	75.02	−123.73	57.12

表 4-24　鹤山站降水控制研究平台植物细根生产与死亡季节动态

年-月-日	细根生产量/（mm/cm^2）				细根死亡量/（mm/cm^2）			
	TC 对照样方		DD 降水处理样方		TC 对照样方		DD 降水处理样方	
	平均值	标准误差	平均值	标准误差	平均值	标准误差	平均值	标准误差
2013-10-15	0.177 0	0.030 9	0.130 0	0.029 6	0.007 3	0.002 5	0.023 6	0.007 6
2013-10-30	0.182 0	0.029 1	0.140 0	0.021 5	0.031 2	0.007 9	0.061 8	0.011 9
2013-11-30	0.205 0	0.038 4	0.251 0	0.064 9	0.061 6	0.019 3	0.058 4	0.017 3
2013-12-27	0.158 0	0.039 1	0.177 0	0.033 2	0.078 5	0.020 0	0.039 0	0.013 8
2014-01-20	0.079 0	0.014 7	0.189 0	0.037 8	0.044 6	0.014 1	0.059 6	0.021 4
2014-02-27	0.120 0	0.027 3	0.217 0	0.064 0	0.070 3	0.014 3	0.073 7	0.029 9
2014-03-13	0.107 0	0.021 4	0.179 0	0.045 6	0.044 2	0.007 1	0.060 7	0.024 4
2014-03-26	0.060 0	0.014 7	0.164 0	0.034 6	0.039 8	0.008 2	0.045 2	0.012 1
2014-04-16	0.058 8	0.014 6	0.171 0	0.023 5	0.062 2	0.013 5	0.262 0	0.093 2
2014-04-29	0.032 5	0.007 3	0.143 0	0.039 9	0.067 7	0.012 5	0.108 0	0.013 2

（续）

年-月-日	细根生产量/（mm/cm²）				细根死亡量/（mm/cm²）			
	TC 对照样方		DD 降水处理样方		TC 对照样方		DD 降水处理样方	
	平均值	标准误差	平均值	标准误差	平均值	标准误差	平均值	标准误差
2014 - 05 - 28	0.148 0	0.071 0	0.209 0	0.044 5	0.141 0	0.037 2	0.208 0	0.038 2
2014 - 06 - 12	0.074 2	0.022 5	0.097 5	0.035 7	0.105 0	0.017 1	0.201 0	0.046 2
2014 - 06 - 30	0.048 7	0.009 3	0.082 9	0.037 8	0.108 0	0.019 7	0.152 0	0.031 2
2014 - 07 - 17	0.051 4	0.010 5	0.066 2	0.021 1	0.100 0	0.024 4	0.092 5	0.025 3
2014 - 07 - 28	0.036 2	0.009 2	0.041 2	0.008 5	0.056 0	0.010 6	0.065 1	0.015 9
2014 - 08 - 18	0.004 3	0.003 0	0.084 4	0.012 9	0.028 3	0.010 6	0.037 4	0.012 3
2014 - 08 - 29	0.076 1	0.018 2	0.046 7	0.013 2	0.011 9	0.006 4	0.042 9	0.011 6
2014 - 09 - 14	0.035 3	0.013 5	0.044 0	0.009 2	0.045 7	0.013 2	0.044 8	0.009 7
2014 - 09 - 25	0.037 1	0.010 1	0.031 4	0.007 9	0.058 3	0.014 5	0.050 7	0.009 8

主要参考文献

陈远其，2015. 南亚热带典型人工林碳分配及土壤碳稳定性研究［D］. 北京：中国科学院大学.

董鸣，1996. 陆地生物群落调查观测与分析［M］. 北京：中国标准出版社.

傅声雷，2007. 土壤生物多样性的研究概况与发展趋势［J］. 生物多样性，15（2）：109 - 115.

国家林业和草原局，2014. 第八次全国森林资源清查主要结果（2009—2013 年）［EB/OL］.（2014 - 02 - 25）［2023 - 03 - 29］. http：//www. forestry. gov. cn/main/65/20140225/659670. html.

鹤山年鉴编辑部，2009. 鹤山年鉴［M］. 北京：中共党史出版社.

焦敏，2014. 降水季节分配变化对南亚热带阔叶混交林凋落物的影响［D］. 北京：中国科学院大学.

邵元虎，傅声雷，2007. 试论土壤线虫多样性在生态系统中的作用［J］. 生物多样性，15（2）：116 - 123.

孙毓鑫，2009. 火烧迹地植被恢复后土壤养分和土壤微生物群落的变化［D］. 北京：中国科学院大学.

佚名，2022. 鹤山概况［EB/OL］.（2022 - 05 - 31）［2022 - 07 - 22］. http：//www. hbhsq. gov. cn/zjhs/hsgk/index. html.

赵杰，2012. 人工林主要管理措施对土壤生物群落的影响［D］. 北京：中国科学院大学.

朱小林，2014. 尾叶桉林下五种灌木生态学特性研究［D］. 北京：中国科学院大学.

Bååth E，Frostegård Å，Pennanen T，et al.，1995. Microbial community structure and pH response in relation to soil organic matter quality in wood-ash fertilized，clear-cut or burned coniferous forest soils［J］. Soil Biology and Biochemistry，27（2）：229 - 240.

Baishya R，Barik S K，Upadhaya K，2009. Distribution pattern of aboveground biomass in natural and plantation forests of humid tropics in northeast India［J］. Tropical Ecology，50（2）：295 - 304.

Barker K R，1985. Nematode extraction and bioassays［M］//Barker K R，Carter C C，Sasser J N. An advanced treatise on Meloidogyne，Vol. II：Methodology. Raleigh：United States Agency for International Development.

Beier C，Beierkuhnlein C，Wohlgemuth T，et al.，2012. Precipitation manipulation experiments-challenges and recommendations for the future［J］. Ecology Letters，15（8）：899 - 911.

Bolliger J，Hagedorn F，Leifeld J，et al.，2008. Effects of land-use change on carbon stocks in Switzerland［J］. Ecosystems，11（6）：895 - 907.

Bongers T，1990. The maturity index：an ecological measure of environmental disturbance based on nematode species composition［J］. Oecologia，83（1）：14 - 19.

Bongers T，Bongers M，1998. Functional diversity of nematodes［J］. Applied Soil Ecology，10（3）：239 - 251.

Bossio D A，Scow K M，1998. Impacts of carbon and flooding on soil microbial communities：Phospholipid fatty acid profiles and substrate utilization patterns［J］. Microbial Ecology，35（3）：265 - 278.

Chen J，Xiao G L，Kuzyakov Y，et al.，2017. Soil nitrogen transformation responses to seasonal precipitation changes are regulated by changes in functional microbial abundance in a subtropical forest［J］. Biogeosciences，14（9）：2513 - 2525.

Coleman D C，Crossley D A，Hendrix P F，2004. Fundamentals of Soil Ecology［M］. Second Edition Burlington：Elsevier Academic Press.

Fang J Y，Guo Z D，Piao S L，et al.，2007. Terrestrial vegetation carbon sinks in China，1981—2000［J］. Science in China Series D：Earth Sciences，50（9）：1341 - 1350.

FAO，2010. Global forest resources assesment 2010：Main report［R］. Rome：FAO.

Ferris H，Bongers T，de Goede R G M，2001. A framework for soil food web diagnostics：Extension of the nematode faunal analysis concept［J］. Applied Soil Ecology，18（1）：13 - 29.

Fountain M T，Hopkin S P，2001. Continuous monitoring of *Folsomia candida*（Insecta：Collembola）in a metal exposure test［J］. Ecotoxicology and Environmental Safety，48（3）：275 - 286.

Frostegård A，Bååth E，1996. The use of phospholipid fatty acid analysis to estimate bacterial and fungal biomass in soil［J］. Biology and Fertility of Soils，22（1）：59 - 65.

He D，Shen W J，Eberwein J，et al.，2017. Diversity and co-occurrence network of soil fungi are more responsive than those of bacteria to shifts in precipitation seasonality in a subtropical forest［J］. Soil Biology and Biochemistry，115：499 - 510.

Huang L，Liu J Y，Shao Q Q，et al.，2012. Carbon sequestration by forestation across China：Past，present，and future［J］. Renewable and Sustainable Energy Reviews，16（2）：1291 - 1299.

Killham K，1994. Soil Ecology［M］. Cambridge（United Kingdom）：Cambridge University Press.

Liu J X，Fang X，Deng Q，et al.，2015. CO_2 enrichment and N addition increase nutrient loss from decomposing leaf litter in subtropical model forest ecosystems［J］. Scientific Reports，5：7952.

Lock K，Janssen C R，2003. Effect of new soil metal immobilizing agents on metal toxicity to terrestrial invertebrates［J］. Environmental Pollution，121（1）：123 - 127.

Maleque M A，Ishii H T，Maeto K，2006. The use of arthropods as indicators of ecosystem integrity in forest management［J］. Journal of Forestry，104（3）：113 - 117.

McMurtrie R E，Dewar R C，2013. New insights into carbon allocation by trees from the hypothesis that annual wood production is maximized［J］. New Phytologist，199（4）：981 - 990.

Mo J，Brown S，et al.，2006. Response of litter decomposition to simulated N deposition in disturbed，rehabilitated and mature forests in subtropical China［J］. Plant and Soil，282：135 - 151.

Ponder Jr F，Tadros M，Loewenstein E F，2009. Microbial properties and litter and soil nutrients after two prescribed fires in developing savannas in an upland Missouri Ozark Forest［J］. Forest Ecology and Management，257（2）：755 - 763.

Ponge J F，Gillet S，Dubs F，et al.，2003. Collembolan communities as bioindicators of land use intensification［J］. Soil Biology and Biochemistry，35（6）：813 - 826.

Pregitzer K S，Euskirchen E S，2004. Carbon cycling and storage in world forests：Biome patterns related to forest age［J］. Global Change Biology，10（12）：2052 - 2077.

Ruf A，1998. A maturity index for predatory soil mites（Mesostigmata：Gamasina）as an indicator of environmental impacts of pollution on forest soils［J］. Applied Soil Ecology，9（1 - 3）：447 - 452.

Song J，Wan S Q，Piao S L，et al.，2019. A meta-analysis of 1119 manipulative experiments on terrestrial carbon-cycling responses to global change［J］. Nature Ecology and Evolution，3（9）：1309 - 1320.

Tan X P，Machmuller M B，Cotrufo M F，et al.，2020. Shifts in fungal biomass and activities of hydrolase and oxidative enzymes explain different responses of litter decomposition to nitrogen addition［J］. Biology and Fertility of Soils，56（3）：423 - 438.

Tang X L，Wang Y P，Zhou G Y，et al.，2011. Different patterns of ecosystem carbon accumulation between a young and an old-growth subtropical forest in Southern China［J］. Plant Ecology，212（8）：1385 - 1395.

Tranvik L，Eijsackers H，1989. On the advantage of *Folsomia fimetarioides* over *Isotomiella minor*（Collembola）in a metal polluted soil［J］. Oecologia，80：195 - 200.

van Bruggen A H C，Semenov A M，2000. In search of biological indicators for soil health and disease suppression［J］. Applied Soil Ecology，15（1）：13 - 24.

van Straalen N M，1998. Evaluation of bioindicator systems derived from soil arthropod communities［J］. Applied Soil Ecology，9（1 - 3）：429 - 437.

Wang F M，Zhu W X，Xia H P，et al.，2010. Nitrogen mineralization and leaching in the early stages of a subtropical reforestation in Southern China［J］. Restoration Ecology，18（s2）：313 - 322.

Wang Q K，Wang S L，Zhang J W，2009. Assessing the effects of vegetation types on carbon storage fifteen years after reforestation on a Chinese fir site［J］. Forest Ecology and Management，258（7）：1437 - 1441.

Yeates G W, 1998. Feeding in free-living soil nematodes: A functional approach [M]. Wallingford: Center for Agriculture and Bioscience International.

Yeates G W, 2003. Nematodes as soil indicators: Functional and biodiversity aspects [J]. Biology and Fertility of Soils, 37 (4): 199-210.

Yeates G W, Bongers T, De Goede R G M, et al., 1993. Feeding habits in soil nematode families and genera-an outline for soil ecologists [J]. Journal of Nematology, 25 (3): 315-331.

Zhao Q, Jian S G, Nunan N, et al., 2017. Altered precipitation seasonality impacts the dominant fungal but rare bacterial taxa in subtropical forest soils [J]. Biology and Fertility of Soils, 53 (2): 231-245.

Zheng H, Ouyang Z Y, Xu W H, et al., 2008. Variation of carbon storage by different reforestation types in the hilly red soil region of southern China [J]. Forest Ecology and Management, 255 (3-4): 1113-1121.

Zhou G Y, Liu S G, Li Z A, et al., 2006. Old-growth forests can accumulate carbon in soils [J]. Science, 314 (5804): 1417.

Zhou G Y, Wei X H, Wu Y P, et al., 2011. Quantifying the hydrological responses to climate change in an intact forested small watershed in Southern China [J]. Global Change Biology, 17 (12): 3736-3746.

图书在版编目（CIP）数据

中国生态系统定位观测与研究数据集．森林生态系统卷．广东鹤山站：2005-2015 / 陈宜瑜总主编；饶兴权，刘素萍，孙聃主编．—北京：中国农业出版社，2023.10

ISBN 978-7-109-31408-5

Ⅰ．①中⋯　Ⅱ．①陈⋯　②饶⋯　③刘⋯　④孙⋯　Ⅲ．①生态系统－统计数据－中国②森林生态系统－统计数据－广东－2005-2015　Ⅳ．①Q147②S718.55

中国国家版本馆 CIP 数据核字（2023）第 210181 号

ZHONGGUO SHENGTAI XITONG DINGWEI GUANCE YU YANJIU SHUJUJI

中国农业出版社出版

地址：北京市朝阳区麦子店街 18 号楼
邮编：100125
责任编辑：李昕昱　　文字编辑：李瑞婷
版式设计：李　文　　责任校对：吴丽婷
印刷：北京印刷一厂
版次：2023 年 10 月第 1 版
印次：2023 年 10 月北京第 1 次印刷
发行：新华书店北京发行所
开本：889mm×1194mm　1/16
印张：24.5
字数：724 千字
定价：188.00 元